石油和化工行业"十四五"

省级一流本科专业建设成果教材

普通高等教育新工科人才培养系列教材

材料科学与工程导论

刘瑞平　程丽乾　冯明　主编

王萌　韩鹏　黄啸　副主编

化学工业出版社

·北京·

内容简介

　　"材料科学与工程导论"是高等教育材料科学与工程类相关专业的技术基础课。本书结合近年来的研究进展，先后介绍了材料的设计方法、材料的表征技术，最后介绍了不同类型的材料，包括金属材料、陶瓷材料、高分子材料、复合材料、新能源材料、纳米材料和生物医用材料等。其中，重点介绍了各种材料的定义、特点和应用等，旨在使学生对材料专业建立基础概念和激发学生对材料专业的学习兴趣。

　　本书可作为高等院校材料科学与工程、材料化学、复合材料、无机非金属材料、新能源材料等专业本科生、研究生的通用教材或教学参考书，也可作为相关专业的研究人员和技术人员的参考用书。

图书在版编目（CIP）数据

材料科学与工程导论 / 刘瑞平，程丽乾，冯明主编.
北京 : 化学工业出版社，2025. 2. --（省级一流本科专业建设成果教材）. -- ISBN 978-7-122-46985-4

Ⅰ. TB3

中国国家版本馆 CIP 数据核字第 2025E559N9 号

责任编辑：陶艳玲　　　　　　　　　文字编辑：张亿鑫
责任校对：刘曦阳　　　　　　　　　装帧设计：关　飞

出版发行：化学工业出版社（北京市东城区青年湖南街 13 号　邮政编码 100011）
印　　装：北京云浩印刷有限责任公司
787mm×1092mm　1/16　印张 20³/₄　字数 475 千字
2025 年 6 月北京第 1 版第 1 次印刷

购书咨询：010-64518888　　　　　　售后服务：010-64518899
网　　址：http://www.cip.com.cn
凡购买本书，如有缺损质量问题，本社销售中心负责调换。

定　　价：68.00 元　　　　　　　　　　版权所有　违者必究

前 言

　　材料是国民经济、社会进步和国家安全的物质基础与先导，材料技术已成为现代工业、国防和高技术发展的共性基础技术，是当前最重要、发展最快的科学技术领域之一。发展材料技术将促进包括新材料产业在内的我国高新技术产业的形成和发展，同时又将带动传统产业和支柱产业的改革和产品的升级换代。材料学科正在由单纯的材料科学与工程向能源、电子、生物医药、环保众多高新科学技术领域交叉融合的方向发展。材料领域科学技术的快速进步，对担负材料科学与工程高等教育和科学研究双重任务的高等学校提出了新的挑战。

　　按照高校本科专业设置和培养目标调整和改革要求，对于材料类专业的学生，在掌握一些特定传统材料的扎实专业知识的同时，也要熟悉其他各类新材料，从而掌握比较全面的材料科学与工程方面的综合知识，提高学生的综合科学素质；对于非材料类专业的理工科学生，甚至人文社科类专业的学生，对材料科学与工程学科有一些基本的认识，了解材料的分类、特性、应用和发展方面的一些基础知识，对拓宽其知识结构，提高人文素质和科学素质也是必要的。

　　基于以上需求，作者在多年的材料类专业教学科研经验积累和大量的科研资料基础上编写了本书，系统论述材料的设计方法、表征技术，介绍金属材料、陶瓷材料、高分子材料、复合材料、纳米材料、新能源材料和生物医用材料等，列举了若干应用实例，以方便读者更深入查阅相关资料。

　　本书基础知识介绍较详尽，涵盖了材料的不同类型，包括金属材料、陶瓷材料、高分子材料、复合材料、新能源材料、纳米材料和生物医用材料等。本书潜移默化地增加了课程思政相关内容，包括党的二十大精神和习近平新时代中国特色社会主义思想等，为全方位提升学生的学习兴趣，实现全员、全程、全课程育人格局提供支撑，可作为高等院校材料科学与工程、材料化学、复合材料、无机非金属材料、新能源材料等专业本科生、研究生的通用教材或教学参考书，也可作为相关专业科研人员和技术人员的参考用书。

本书由中国矿业大学（北京）刘瑞平、程丽乾以及吉林师范大学冯明主编。全书共10章，第1、2、7、8章由中国矿业大学（北京）刘瑞平编写，第3、6章由中国矿业大学（北京）王萌编写，第4章由中国矿业大学（北京）黄啸编写，第5章由中国矿业大学（北京）程丽乾编写，第9章由中国矿业大学（北京）韩鹏编写，第10章由吉林师范大学冯明编写。全书由刘瑞平和冯明统稿。

本书获得中央高校优秀青年团队培育项目（2023YQTD03）资助，在此表示感谢。

由于作者水平有限，疏漏之处恳请读者指正。

编　者
2025 年 1 月

目 录

第6章 高分子材料 / 163

第7章 复合材料 / 208

第8章 新能源材料 / 237

第 9 章　纳米材料 / 285

第 10 章　生物医用材料 / 304

第1章

绪 论

1.1 材料的定义

　　材料的定义有很多种，有的人认为"材料是经过人类劳动取得的劳动对象"，也有人认为"材料是人类用来制造机器、构件、器件和其他产品的物质，但并不是所有物质都可称为材料，如燃料和化工原料、工业化学品、食物和药品等，一般都不算作材料"。以上这些定义都过于宽泛，并未体现材料的真谛。材料的定义应包含以下几点。

　　① 具有一定的组成。材料通常由主要成分和辅助成分按一定比例组成。其中主要成分提供材料的基本性能，辅助成分又可分为工艺性助剂和功能性助剂。

　　② 具有加工性。材料在一定温度和压力下可以加工成型，并在加工后保持一定的形状。

　　③ 具有一定的性质和使用性能。如物理性能、化学性能、力学性能等。

1.2 材料的发展与人类文明

1.2.1 材料与人类的日常生活

　　从历史上的旧石器时代演进到新石器时代，再由新石器时代进步到现今科技高度发达的时代，材料一直在不断地进步发展中，亦可以说是人类文明的代表（图1.1）。所以，可借由某一时期所用的材料去判断当时的科技发展水平或者人类生活的状况。而在当今社会，材料科学的发展更显出其重要性。人们日常生活中所需用到的种种物品皆是由许多不同材料组成，这些材料可能是传统的，也可能是新研发出来的。但不论是何种材料，其优缺点、好与坏，都直接或间接地影响我们的生活。例如现代建筑中纷纷要求使用"防火"建材，可知材料科学亦在人类生活的安全上占有不可忽视的地位。又如电子组件的演进，从体积非常大的真空管、晶体管进步到集成电路（IC），不仅为现代的科技另造高峰，同时也使得电器用品趋于小型化、轻巧化，具备功能强、易于携带等种种好处。人类的生活确实与材料科学息息相关。

图 1.1　人类社会发展进程

随着科技日新月异，许多新材料愈来愈常应用于人类日常生活之中。而除了日常生活，在国防或科技方面，材料科学的发展亦为一不可忽视的重要课题；在医学工程及环境保护上，材料科学的发展亦对其有极大的助益；在航天科技及信息网络的应用上，材料科学的发展更是占有举足轻重的地位。

1.2.2　材料与能源环境

近年来，能源及与之相关的环境问题成为世界各国关注的热点，各个国家纷纷立足本国国情提出了解决能源与环境问题的政策措施。以我国为例，目前我国主要能源产出来自煤，但是煤的开采和直接燃烧会引起较严重的生态和环境污染问题，80%以上的 SO_2、NO_x、汞颗粒物、CO_2 等是由煤炭直接燃烧引起的。因此，用清洁的可再生能源取代煤炭等传统能源是时代的必然。但从我国的国情来看，风能、太阳能和生物质能等可再生能源在短期内很难在总能源平衡中占有一定分量，这种情况与欧洲国家有很大区别。一些欧洲国家的总能耗已经不再增长或增长很少，可再生能源的发展可逐步替代目前在用的化石能源。而我国处于总能耗急剧增长之中，因此可再生能源能起的作用是有限的，短时间内无法替代原有的化石能源消耗。面对较为严峻的能源和环境挑战，我们急需从材料方面去发力，如开发新能源材料和环境材料。

（1）新能源材料

新能源材料主要有太阳能电池材料、储氢材料、固体氧化物电池材料等。IBM 公司目前研制的多层复合太阳能电池，能源转换率可达 40%。氢是无污染、高效的理想能源。氢对一般材料会产生腐蚀，造成氢脆及渗漏，在运输中也易爆炸，因此其利用关键是氢的储存与运输。据报道，美国能源部在全部氢能研究经费中，大约有 50%用于储氢技术。目前储氢材料多为金属化合物，如 $LaNi_5H$、$Ti_{1.2}Mn_{1.6}H_3$ 等，储氢方式是与氢结合形成氢化物，当需要时加热放氢，放完后又可以继续充氢。固体氧化物燃料电池的研究十分活跃，其技术关键是电池材料，如固体电解质薄膜和电池阴极材料，还有质子交换膜型燃料电池用的有机质子交换膜等。新材料把原来习用已久的能源变为新能源，如半导体材料把太阳能转变为电能；燃料电池把燃料所具有的化学能直接转变为电能，大大提高能量的利用率；储氢材料使氢与氧反应直接产生电能，代替过去利用氢气燃料获得高温。材料的组成、结构、制作、加工工艺决定着投资与运行成本，如太阳电池材料决定着光电转换效率；燃料电池的电极材料决定着电池的质量和寿命，材料的制备工艺又决定着能源的成本。

一些新材料可提高储能和能量转化效果，典型的应用就是新型二次电池。镍氢电池、锂离子电池等都是靠电极材料的储能效果和能量转化功能发展起来的新型二次电池。传统的铅酸电池和镉镍电池比能量低，且铅和镉都是有毒金属，对环境的污染严重。新型二次电池性能优良，可循环使用，对环境的污染较小，避免了上述弊病。因此，发展高比能量、无污染的新型二次电池受到科技界和产业界的重视。

（2）环境材料

人类的生产过程从材料的生产-使用-废弃的过程来看，可以说是将大量的资源提取出来，又将大量废弃物排放到自然环境的循环过程。传统的材料研究、开发与生产往往过多地追求良好的使用性能，而对材料的生产、使用和废弃过程中需消耗大量的能源和资源，并造成严重的环境污染、危害人类生存的严峻事实重视不够。为了人类的生存和发展，20 世纪 90 年代初，在可持续性发展理论和应用的推动下，国际材料界出现了一个新的领域——环境材料。在这种材料的研发过程中，既追求良好的使用性能，又要深刻认识到自然资源的有限性和尽可能降低废弃物排放量，并在材料的提取、制备、使用直到废弃与再生的整个过程中都尽可能地减少对环境的影响，因此它也被称为"绿色材料"或者"生态环境材料"。

生态环境材料研究的主要方向有：①减少人均材料流量，降低材料集约化程度；②减少生命周期中的环境负荷，使用生态化的生产工艺；③开发天然能源，使用储量丰富的矿物和天然材料；④避免使用有害物质，使用"清洁"材料；⑤使用长寿命材料，强化再生利用，强化生物降解性；⑥修复环境，强调生态效率（性能-环境负荷比）；⑦环境负荷小的高分子合金设计；⑧可再生循环高分子材料的设计；⑨完全降解高分子材料设计；⑩高分子材料加工和使用过程中产生的有害物质无害化处理技术。环境材料凭借其良好的性能和生态友好性被广泛应用。

生物降解材料是 20 世纪 80 年代后由于环境和能源之间的矛盾凸显而发展起来的一种新型高分子材料。它是指在一定条件下、一定时间内能被细菌、霉菌、藻类等微生物降解的一类高分子材料。真正的生物降解高分子材料在有水存在的环境下，能被酶或微生物水解降解，从而使高分子主链断裂，分子量逐渐变小，以致最终成为单体或代谢成二氧化碳和水。目前在生物降解材料方面研究最热、发展最快的为生物医用降解高分子材料。例如聚乳酸

（PLA）类医用高分子降解材料具有无毒、无刺激性、强度高、易加工成型、生物兼容性好、可生物降解吸收等优点，被广泛用于医疗方面。

新型材料将材料、环境、资源有机地整合为一个整体，将材料的使用性能同保护地球生态环境、保障生活环境及珍惜宝贵能源充分结合起来。因此开发新材料对能源环境意义非凡。

1.2.3　材料与新技术革命

（1）半导体材料与信息产业

制造大规模集成电路的主要材料是单晶硅片。集成电路的功能特性每年都在提高，1965年，摩尔提出了摩尔定律，预言芯片的容量每18个月就要加倍。1971年，一个芯片上有2300个晶体管，2024年，美国Cerebras Systems公司的WSE-3芯片已突破4万亿个晶体管。芯片（图1.2）除用于制造计算机外，还可以制作其他各种电器，如录像机、洗衣机等家用电器，以及各种自动控制设备。现在，在生物技术方面又研制成功了生物芯片。在芯片所用的材料上，人们也在继续探索。1999年，德国汉诺威大学的研究人员研制成功了锗处理器，运算速度比当时的硅处理器提高一倍。可以说，半导体材料是整个电子技术和计算机产业的基础，一个国家在芯片技术方面的成就决定着这个国家在整个战略产业、高技术产业方面的成就。

图1.2　高端芯片

（2）光纤与通信技术

若只有计算机而没有远程通信技术，整个世界的发展不会像今天这样快，而远程通信技术的发展又与光导纤维的问世密切相关。虽然美国著名的科学家贝尔一百多年前就做过用光传输语言的实验，但现代光纤是在英籍华人高琨博士的研究工作基础上发展起来的。1966年高琨博士发现提高玻璃的纯度可以减少光传播过程中的损耗。1970年美国康宁公司将这一科研成果开发为商品，用高纯石英玻璃制造出了现代光导纤维（图1.3）。光导纤维被誉为百年不遇的发明。这种光纤是一种比头发还细的高纯度玻璃丝，一根细丝就能同时传输2000路通话，并且不失真、不受环境干扰、不易被窃听。此外，信号传输特别快，光缆1秒传输的距离若改用铜缆则要20小时。因此，光导纤维的出现使信息传输发生了巨大变化，对国民经济、国防科技以及社会生活都产生了巨大的影响。现在，世界各国都相继建起了大规模光纤电话网和长途干线，并且还铺设了数万千米的跨海洲际通信光缆。光纤传输过程示意见图 1.4，从图中可以看出，光纤通信的实现除了依赖光导纤维以外，还需要有强大能量密度的单色光源。最适合的光源是各类激光，这涉及激光工作物质，也就是固体激光材料。一般用得较多的是刚玉（α-Al_2O_3）中掺杂质量分数 0.05% Cr^{3+} 的红宝石。目前在光纤通信中用得较多的是 GaAs 半导体激光器，其波长为 0.85μm，在传输中衰减仅为 5dB/km。

图 1.3　光导纤维

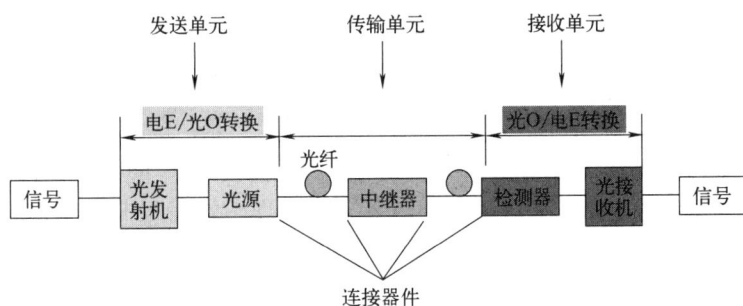

图 1.4　光纤传输过程

（3）激光材料与激光技术

各种激光材料的研究，使得激光技术渗透到许多新技术领域，如用掺铝钇钕石榴石激光器就可以预报地震；在制造业中，激光可以用来加工其他方法难以加工的材料；在医学上，激光手术的应用也越来越广泛；激光雷达已成功地用于工业自动化和无接触的自动测距，激光武器也被投入使用，如激光制导炸弹是使用最多的精确制导武器。

（4）超导材料与科技发展

对超导技术的开发和研究被认为是 20 世纪的最后一次技术革命，这与高温超导材料的发现有关。早在 20 世纪初，低温技术获得了重大突破，人们成功地制取了液态氦，获得了 4K 的低温，发现水银在 4K 温度下突然没有了电阻（图 1.5）。这种零电阻现象具有非常大的实用价值，它可以大大减少电能在输送过程中的损耗，这种优点可用于电力传输，也可用于制造过载限流器、超导变压器等。因此人们在不断地探索具有超导性的材料，希望超导性的

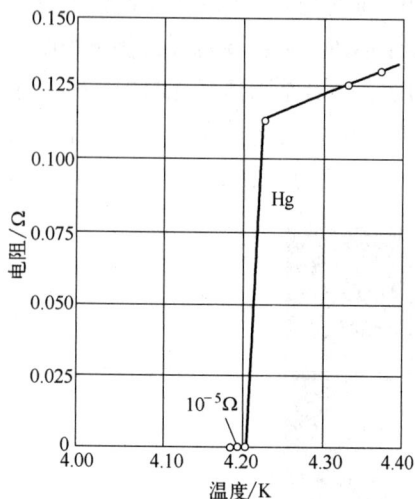

图 1.5　水银样品电阻与温度的关系

温度能高一些。

　　图 1.6 展示了超导材料的发展历程，可以看到从 20 世纪初到 80 年代约 70 年间，出现超导性的温度只提高了不到 30K。但在 20 世纪 80 年代末，超导材料的研究有了突破性的进展，超导临界温度提高到了 125K，已在液氮温度以上。这意味着超导材料的实用化向前迈进了一大步。起初超导的研究主要集中在金属和金属间化合物上，在长时间举足不前之后，人们的目光转向了陶瓷材料，于是，有了突破性进展。在高温超导材料的研究方面，我国处于世界领先水平。中国科学院赵忠贤院士于 1987 年在世界上率先研制出了超导临界温度 90~100K 的 Y-Ba-Cu-O 高温超导体。2000 年 11 月，北京有色金属研究总院试制成功了第一根 116m 长的高温超导带材，2001 年 4 月，清华大学应用超导中心又试制成功 500m 的高温超导带材，使我国成为世界上少数几个拥有这类高科技产品的国家之一。生产出百米长超导带材意味着超导体从实验室进入产业化阶段。高温超导带材的产业化将改变这个世界的面貌，它的价值无异于半个世纪前生产出的半导体。2008 年，日本 Hosono 小组报道了层状结构 LaFeAsO 体系 26K 的超导电性。2014 年，吉林大学崔田教授通过计算预测在 200GPa 高压下，硫化氢的超导临界温度在 191K 至 204K 之间。这个结果迅速吸引了国际超导研究者的注目。同年年底，德国马克斯·普朗克研究所的 Eremets 通过实验证实了这个预测，他们获得了临界温度为 190K 的硫化氢，一年后，临界温度被提高到了 203K，干冰温区突破了。2018 年，麻省理工学院博士、21 岁的曹原一天之内

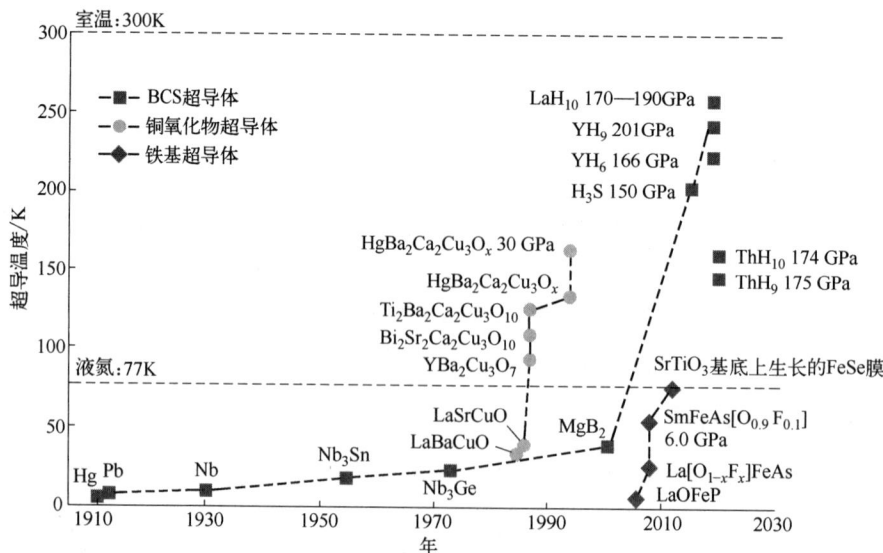

图 1.6　超导材料的发展历程

在 *Nature* 杂志上连续发表两篇文章，论述了双层石墨烯在重叠角度为 1.1° 时，会产生超导现象。虽然其临界温度只有 1.7K，但这是首次发现超导行为与结构如此特别的对应关系，这一发现开辟了超导物理乃至凝聚态物理研究的新方向，无数学者正在跟进。这个成果也成为 2018 年十大科研进展之一。

关于超导应用，特别要提到的是磁悬浮列车，它是利用超导体中强电流引起的强磁场间同性相斥的作用浮起来的。日本、德国都已投入试用，速度达 500km/h。我国西南交通大学于 1994 年 10 月建成了 43m 长的磁悬浮列车试验线，车重 4t。我国已在上海浦东新区建造首条磁悬浮列车示范运营线。图 1.7 为磁悬浮列车的照片。

（5）航空航天材料与科技发展

航空航天技术的发展也离不开新材料。目前已投入使用的各种载人、载物航天飞机每运载 1kg 有效载荷成本费为 1 万美元，这样昂贵的费用使人类征服太空受到了很大限制，所以用尽量轻的满足性能要求的新材料来制作各种航天器势在必行。图 1.8 展示的是美国航天飞机，这种设计每次升空要丢掉一些部件，如两个大的作为助推器的辅助火箭和外部的储箱，它除了在结构上采用单级火箭式全部回收利用的方案外，在材料使用上也有很大的改进，主结构用合成材料。特别要指出的是，航天飞机返回地球时，机身温度超过 1000℃。以前的航天飞机外表面使用的是碳陶瓷片，在二次飞行时许多碳陶瓷片需更换。新的航天飞机外壳用 Ni-Cr-Fe 合金制造，外层的隔热板由一层 TiAl 合金与一层绝热材料组成。

图 1.7 磁悬浮列车

图 1.8 航天飞机

（6）二维纳米材料与科技发展

二维纳米材料是一种具有片状结构，厚度为纳米量级而水平尺寸可以无限延展的材料。2004 年，曼彻斯特大学的 Andre Geim 小组通过机械剥离法成功从石墨中分离出单原子层石墨烯，由此拉开新型二维纳米材料的研究帷幕。石墨烯所具备的高载流子迁移率、超强的力学性能、良好的热力学稳定性、高热导率和大比表面积等优异性能，引起了科学家对新型类石墨烯二维纳米材料的兴趣。

新型二维纳米材料其纳米尺寸的厚度赋予它们非凡的物理、化学、电子和光学特性。例如，由于电子被限定在二维平面，二维纳米材料在凝聚态物理学和电子/光电设备上成为理想材料；大的平面尺寸使其具有极大的比表面积，有利于暴露表面原子提供更多活性位点。二维纳米材料的这些独特性能，使其在能源存储与转化、电子器件、催化反应、生物医药等领域均有重要的潜在应用价值。现今，新型二维纳米材料已被研制出 20 多种，诸如石墨烯、石墨相氮化碳（$g-C_3N_4$）、过渡金属二硫化物（TMDs）、二维过渡金属碳化物或氮化物（MXenes）、层状双金属氢氧化物（LDHs）、过渡金属氧化物（TMOs）、Ⅲ~Ⅵ族层状半导体（MX_4）和无机钙钛矿型化合物（AMX_3）等。

在上述例子中可以清楚地看到：高新技术是推动现代经济和社会发展的强大动力，而新材料是高新技术的基石，新材料的发现推动了高新技术的发展。

1.2.4 材料与国防现代化

随着科学技术的发展，当代战争也表现出了高技术的特点，如使用隐形飞机、反辐射导弹、巡航导弹等，可以实行高密度精确打击，夺取战场主动权。为更好地捍卫我国的领土、领空，保障人民安全，我们必须加强国防的现代化，这也与材料的发展密切相关。图 1.9 所示为美国 B-2 幽灵式轰炸机，其凭借独特的隐形能力、强大的武器系统和出色的作战记录，成为了美国空军战略力量的核心。它的隐形功能一方面是由其外观设计来保证的，另一方面就是在飞机对雷达波强反射的部位覆盖了吸波或反射波材料。整个机身采用了黑色的碳纤维复合材料，保证优异力学性能的同时减轻机身重量。特殊的形状和材料可以使其几乎不受雷达检测，因此它是世界上最难以侦测的飞行器之一。在陆地战中，坦克是把陆地战斗的三要素（火力、机动力和防护力）组合在一起的系统武器。坦克用材料应尽量满足以下要求：机身要轻，这样灵活性才好；装甲外壳要坚固、能防爆破，最好还有隐身功能。目前英国已成功研制出塑料坦克，这种坦克外表面有一层聚合物，能根据外部环境改变颜色，因而有好的隐蔽性；另外，采用多层增强塑料装甲用以抵御高爆炸药或高速炮弹的攻击。

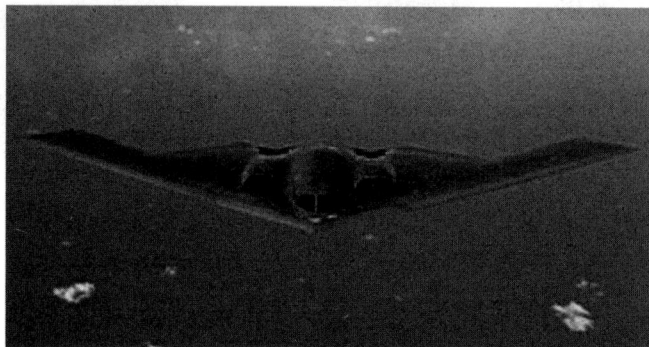

图 1.9　B-2 幽灵式轰炸机

锂离子二次电池是继镍氢电池之后的最新一代可充电电池，由日本索尼公司于 1990 年最先开发成功，并于 1992 年进入电池市场。此后，锂离子电池以其电压高、体积小、质量轻、比能量高、无记忆效应、无污染、自放电小、寿命长等优点，成为目前综合性能最好的电池体系，并广泛地应用于许多高能便携式电子设备上。随着新材料的出现和电池设计技术的改进，锂离子电池的应用范围不断拓展。锂离子电池技术已不是一项单纯的产业技术，它攸关信息产业和新能源产业的发展，更成为现代和未来军事装备不可缺少的重要能源。

军用的水下航行的设备（比如潜艇），在水下航行时间越长，在水面时间越短，其隐蔽性就越强。锂离子电池的质量比容量是铅酸电池的3~4倍，体积比容量是铅酸电池的2倍，大电流放电时间是铅酸电池的数倍，而充电时间可以是铅酸电池的几分之一甚至十几分之一（只要充电机足够大），循环寿命是铅酸电池的3~5倍。按理论推测，用锂离子电池作为常规潜艇的动力源，水下一次航程至少可以提高1倍，水面充电时间也可大大缩短，其隐蔽性将大幅度提高。而在发起攻击后，由于大电流放电时间的延长，可以大幅度延长高速逃逸的里程，提高逃逸航速亦是可能的，这将大大提高潜艇的机动性，增加潜艇的生存能力。另外，锂离子电池是完全密封的，在工作过程中不会释放各种气体，减少了潜艇在水下航行的危险性。同时，锂离子电池在正常工作时，基本上是免维护的，可以大大降低维护成本。由于锂离子电池具有上述优点，已引起各国海军的重视。目前发达军事国家已将锂离子电池应用于微型潜艇和无人水下航行器（UUV），同时正在开发适用于中远程潜艇的锂离子动力电池。

为了提高单兵战场防护能力，防弹衣的高技术化是各国军需装备发展的重点。纵观历史的发展，防弹衣的不断进化清晰可见。在第一次世界大战期间，防弹衣实际是钢制的铠甲，重9kg；后来发展为用尼龙和铝片制作，然后是用玻璃钢（一种高分子基复合材料）制作，现在可完全用化学纤维制作，一种用18层尼龙和凯芙拉纤维（一种芳香族纤维，强度很高）制成的防弹衣只有1.03kg。这种凯芙拉纤维在极热的情况下，不熔化也不流淌，而是凝固起来增加厚度，可以在身体周围形成免致烧伤的保护层。

先进复合材料具有轻质、强度高、模量高、耐高温、耐磨损、结构-功能一体化等优势，有望满足航天、地面国防装备高速运行、极端环境服役条件下对高性能材料的需求。我国材料科研人员深入研究、持续创新，在先进复合材料的结构与性能关系机理研究、材料设计、制备技术创新及装备制造等各方面取得大批关键技术突破和成果，制备的先进复合材料支撑了探月工程、载人航天工程、北斗卫星导航系统等重大工程的成功实施和国防装备的升级换代。我国先进复合材料的研究水平和人才队伍已处于国际先进水平，将在我国未来高科技领域和高质量经济发展中画出浓墨重彩的一笔。

在现代国防中，应用新材料的例子不胜枚举，在此列举的几例只是作简要说明，从中可以清楚地看到新材料在国防现代化中的重要作用。

1.3 材料的分类

工程材料主要可分为三类：金属材料、陶瓷材料和高分子材料。此三类相互组合成复合材料。按使用性能分类，材料则可分为主要利用其力学性能的结构材料和主要利用其物理性能的功能材料。前者用量大，仅钢材全球每年就需8亿多吨；后者用量虽小得多，但对社会文明的进步起了重大作用。

（1）金属材料

这是目前用量最大、使用最广的材料。在金属材料中包括两大类型：钢铁材料和有色金属。有色金属主要包括铝合金、钛合金、铜合金、镍合金等。在机械制造业（如农业机械、电工设备、化工和纺织机械等）中，钢铁材料占90%左右，有色金属约占5%。在汽车制造业中，有色金属与塑料的比例稍大些，例如，1985年美国福特汽车公司的数据为：钢铁占72%，铝合金占5.3%，塑料占8.5%。

就世界范围来说，钢铁材料在20世纪30~50年代处于鼎盛时期。那时，钢铁是材料研发和应用的重点对象，现在有些衰退。例如，美国在1978年钢的年产量为$13.7×10^3$万吨，10年后却降至$7.0×10^3$万吨。究其原因，一方面可能是随着钢的强度和钢材质量的提高，一些经济发达国家钢材的需求量有所减少；另一方面可能是利润的驱使和对未来社会发展的预测，使美国材料的研究重点转向了电子通信材料。而日本的钢铁生产则处于世界领先地位，这与日本钢铁生产的先进工艺装备和在工艺研究上的大量投资有关，最终能以低的成本生产出高质量的钢材。

我国的钢铁工业仍在高速发展。据统计，1994年我国钢产量9261万吨，其中合金钢566万吨，占钢产量的6.1%，即使这样，我国特殊钢的消耗量仍不能满足要求，近几年每年要耗费8亿~9亿美元进口合金钢材，而其中不锈钢板的费用约占50%。钢铁材料虽不属于高科技的先进材料，但因具有优良的力学性能、工艺性能和低的成本，其在21世纪中仍占有重要地位，其他材料如高分子材料、陶瓷或复合材料可能会少量地代替金属材料，但钢铁材料的应用不可能大幅度衰减。正如材料科学家柯垂耳（Cottrell）在题为《我们还将继续使用金属及合金吗?》发言稿的最后结束语中说："我们将继续使用金属及合金，特别是钢。我们的孩子和孙子也将会这样。"由于其他材料的兴起，钢铁材料已经走过了它最辉煌的年代，但它绝不是"夕阳工业"。

除钢铁外，其他的金属材料均称为有色金属。在有色金属中，铝及其合金用得最多，这主要是因为：①重量轻，只有钢的1/3，虽然铝合金的力学性能远不如钢，但如果设计者把减轻重量放在性能要求的首位，最合适的就是铝合金，例如，现今的波音767亚声速飞机，所用材料的81%是铝合金；②有好的导热性和导电性，在远距离输送的电缆中多用铝；③耐大气腐蚀。因此，在美国25%的铝用来制作容器和包装品，20%的铝用作建筑结构，如门窗、框架、滑轨挡板等，还有10%的铝用作导电材料。钛合金的高温强度比铝合金好，也是金属材料中迄今发现的最好的耐蚀材料，但钛的价格比铝贵。钛合金在美国主要用于航空、航天部门，在日本则主要用于化工设备和海洋开发方面。

（2）陶瓷材料

传统的陶瓷材料由黏土、石英、长石等成分组成，主要作为建筑材料使用。而新型结构陶瓷材料，其化学组成和制造工艺都与传统的陶瓷材料大不相同，其成分主要是Al_2O_3、SiC、Si_3N_4等。这种新型结构陶瓷在性能上有许多优点，如：①重量轻；②压缩强度可以和金属相比，甚至超过金属；③熔点高，能耐高温；④耐磨性能好，硬度高；⑤化学稳定性高，有很好的耐蚀性；⑥是电与热的绝缘材料。但它也有两个严重的缺点，即容易脆断和不易加工成型。陶瓷材料若要大力发展，必须克服这两个缺点。在商业市场上，陶瓷材料目前主要应用在电子元件和敏感元件上。日本在电子陶瓷的应用方面具有绝对优势；而美国则企图在先进结构陶瓷方面居于领先地位，研制出了用高温结构陶瓷如 SiN、SiC 来代替燃气轮机叶片用镍基高温合金。

（3）高分子材料

高分子材料又称聚合物，按用途可分为塑料、合成纤维和橡胶三大类型，而塑料中通常又分为通用塑料和工程塑料。通用塑料主要制作薄膜、容器和包装用品，其在塑料生产中约占 70%。聚乙烯可看作通用塑料的代表之一，单聚乙烯的产量就约占整个塑料生产量的 35%。工程塑料主要是指力学性能较高的聚合物，抗拉强度应大于 50MPa，拉伸杨氏模量应大于 2500MPa，冲击韧度应大于 $5.88J/cm^2$。聚酰胺（PA，俗称尼龙，大部分用作合成纤维）和聚碳酸酯（PC）是这类材料的代表。由于聚合物具有优良的电绝缘性能，聚碳酸酯常用作计算机、打字机的外壳、电子通信设备中的联结元件、接线板和控制按钮等。工程塑料中也有利用其特殊物理或化学性能的，如有机玻璃（PMMA）透光率很高，达 92%（普通玻璃 82%），紫外线透过率为 73.5%（普通玻璃仅 0.6%），故适于制作飞机或汽车的窗体玻璃和厂房中的采光天窗等；而聚四氟乙烯（PTFE）有极高的化学稳定性，能耐各种酸碱甚至王水的腐蚀，并在-196~250℃之间有稳定的力学性能，故常用于制作化工管道和泵零件。高分子材料市场规模庞大，据统计，2019 年全球高分子材料市场规模已经达到了 5000 亿美元，其中塑料制品和橡胶制品占据了绝大部分市场份额。预计到 2026 年，全球高分子材料市场规模将达到 6500 亿美元以上。

（4）复合材料

金属、聚合物、陶瓷都各有其优点和缺点，如把两种材料结合在一起，发挥各自的长处，又可在一定程度上克服它们固有的弱点，这就产生了复合材料。现在的复合材料可分为三大类型：塑料基、金属基和陶瓷基的复合材料。商业上用得最多的是塑料基复合材料，而陶瓷基复合材料还处在开发阶段。

因为玻璃纤维有高的弹性模量和强度，并且成本低，而塑料容易加工成型，所以，早在 20 世纪 40 年代末就产生了用玻璃纤维增强树脂的材料，俗称玻璃钢，这是第一代复合材料。在日本有 42% 的玻璃钢用于建筑，25% 用于造船，日本有一半以上的渔船用玻璃钢制造；1981 年美国通用汽车公司，用玻璃钢纤维增强环氧基体的材料制作汽车后桥的叶片弹簧，只用了一片质量为 3.6kg 的复合材料就代替了 10 片总质量为 18.6kg 的钢板弹簧。到 20 世纪 70 年代，碳纤维增强塑料的第二代复合材料开始应用，这类材料在战斗机和直升机上使用量较多，此外，在体育器材方面高尔夫球棒、网球拍、划船桨等也多用此类材料制造。

金属基复合材料目前也应用在航空航天领域。如美国的航天飞机整个机身桁架支柱均用硼纤维增强铝基体（B-Al）复合材料管材，与原设计的铝合金桁架支柱相比，减轻重量 49%。值得注意的是，在民用汽车工业上，20 世纪 80 年代初，日本丰田汽车公司用短碳纤维和 Al_2O_3 颗粒增强的铝基材料制造发动机的活塞，大大提高了寿命并降低了成本。

总的来说，复合材料虽然可实现材料性能的最佳结合，但成本很高。现在除了碳纤维增强塑料的复合材料应用较多外，其他复合材料使用得较少，但作为先进的结构材料来说，这是个重点开发的领域。

1.4 材料科学与工程的基本要素

材料科学是一门科学，它着重于材料本质的发现、分析方面的研究，它的目的在于提供材料结构的统一描绘，或给出模型，并解释这种结构与材料性能之间的关系。材料科学为发展新型材料、充分发挥材料的作用奠定了理论基础。

材料工程属技术的范畴，目的在于采用经济的而又能为社会所接受的生产工艺、加工工艺控制材料的结构、性能和形状以达到使用要求。所谓"为社会所接受"指的是材料制备过程中要考虑与生态环境的协调共存。简言之，就是要控制环境污染。材料工程水平的提高可以大大促进材料的发展。尤其对我们国家来说，许多材料品种少、质量差，包括钢铁材料在内都还有部分依赖进口，主要问题就在于工艺水平较低，而工艺又与设备自动控制等有关，因此材料工程水平的提高有赖于各个行业的共同努力。

总而言之，材料科学与工程研究有关材料的组成、结构和制造工艺与其性质和使用性能间关系，是一门应用基础科学。材料的组成、结构、合成与加工、性质以及使用性能被认为是材料科学与工程的 4 个基本要素。我国著名材料专家师昌绪院士提出组成和结构应该被看成两个不同的要素。这些要素相互作用就构成了材料科学与工程的四面体，如图 1.10 所示。材料性能与使用性能的差异是后者涉及材料的使用环境。应该说，材料科学与材料工程并没有明确的分界线，只是两者的侧重不同。前者侧重于材料结构与其成分、性能及使用性能的联系；后者

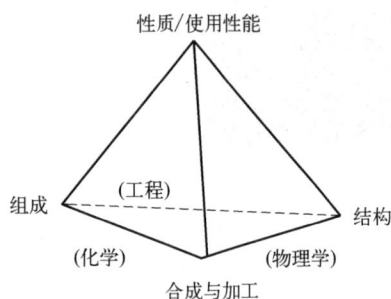

图 1.10 材料科学与工程研究四要素

侧重于材料经济、合理地制备，即工艺与性能和使用性能间的关系，二者相辅相成。实质上，工艺对性能的影响又是通过工艺对结构的改变来实现的。广义上看，材料科学与工程也是门交叉学科，它与许多工程学科如机械工程、化学工程等相重叠。

1.5 材料的发展趋势

开发新材料是目前材料发展的大方向，新材料粗略地可分为两类：一类是设法将以前从未结合在一起的元素结合成新材料；另一类是改进现有的材料。从前文粗略介绍过的新材料可见，更多的新材料属于第二类。当对已有材料改进时，如提高纯度（光纤）、改变其存在形态（单晶硅）或控制其使用条件（低温超导），材料的性能会发生质的变化。因此，对已有材料的认识也是相当有必要的。前面所涉及的材料中只有陶瓷高温超导材料的发现属于第一类。对现有材料改进可以有多种思路。

首先是使用的要求促进了材料的发展，如针对飞机用轻型材料，研制成了 Al-Li 合金；考虑到发动机需要耐高温材料，研制了新型精密陶瓷；还有许多场合要求材料芯部要有高的韧性，表面要耐磨、耐腐蚀，因而必须进行材料的表面改性等。

其次是工艺手段的进步，使材料改进成为可能，新材料才能由理想变成现实。石英玻璃纯度提高、大直径单晶硅片的制造都涉及工艺问题。

第三是向大自然学习。大自然千姿百态，各种物质琳琅满目。虽然人类改造自然征服宇宙取得了巨大成功，但人类对自然的认识和学习还远远不够。众所周知，细胞是具有传感、处理和执行 3 种功能的融合材料，它是在原子、分子水平上进行材料控制，在不同层次上具有自检测（传感功能）、自判断、自结论（处理功能）、自指令、自执行（执行功能）等各种功能，是人类模仿制造智能材料的蓝本。另外，像木头、竹子、贝壳等天然材料都具有独特的结构。以贝壳为例，其成分 95% 为石膏，但其强度却为石膏的 3000 倍，这是由于它的结构非常有特点，是由一种黏性的蛋白质把微米量级的石膏片组合在一起，这样，在受力产生微小裂纹后，会在蛋白质处止裂，因此强度高。人类可以模仿这些结构并进行一些组合，制造出新材料，这些材料统称为仿生材料。实际上，一个新思路往往是一些不同观念的综合，它来源于一个人的综合素质，包括观察事物的能力、生活经验、知识结构、思维方法等。综合素质不是天生的，是后天日积月累培养起来的。培养综合素质有教师、学校的责任，也有同学们自己的责任，关键是能不能自觉地思考。爱因斯坦曾说过："只有个人才能思考，从而能为社会创造新价值。"

新材料产业在发展高新技术、改造和提升传统产业、增强综合国力和国防实力方面起着重要的作用，世界各发达国家都非常重视新材料的发展。随着社会和经济的发展、全球化趋势的加快，新材料产业的发展呈现以下主要特点和趋势。

（1）新材料多学科交叉发展，促进产业进一步融合

随着新材料在信息工程、能源产业、医疗卫生行业、交通运输业、建筑产业中的应用越来越广泛，材料科学工程与生物学、医学、电子学、光学等领域交叉合作研发日益扩大，世界各国都致力于跨越多个部门，把新材料的开发纳入产、学、研一体化的研发平台，以满足各个部门对新材料的种种需求，因而助推了新材料产业的超前发展。

（2）新材料发展驱动力向经济需求转变

从 20 世纪来看，国防和战争的需要、核能的利用和航空航天技术的发展是新材料发展的主要动力。而在 21 世纪，生命科学技术、信息科学技术的发展和经济持续增长将成为新材料发展的最根本动力，工业的全球化更加注重材料的经济性、知识产权价值和与商业战略的关系，新材料在发展绿色工业方面也会起重要作用。未来新材料的发展将在满足军事需求的同时，在很大程度上围绕如何提高人类的生活质量展开。

（3）创新性是新材料发展的根本所在

21 世纪，新材料技术的突破将在很大程度上使材料产品实现智能化、多功能化、环保、复合化、低成本化、长寿命及按用户需求进行定制。这些产品会加快信息产业和生物技术的革命性进展，也能够给制造业、服务业及人们生活方式带来重要影响。新材料的发展正从革新走向革命，开发周期正在缩短，创新性已经成为新材料发展的灵魂。新材料的开发与应用联系更加紧密，针对特定的应用目的，开发新材料可以加快研制速度，提高材料的使用性能，便于新材料迅速走向实际应用，并且可以减少材料的"性能浪费"，从而节约资源。

（4）高性能、低成本及绿色化发展趋势明显

21 世纪，新材料技术的突破将使新材料产品实现高性能化、多功能化、智能化，从而降低生产成本、延长使用寿命、提高新材料产品的附加值和市场竞争力，如新型结构材料主要通过提高强韧性、提高温度适应性、延长寿命以及材料的复合化设计等来降低成本；功能材料以向微型化、多功能化、模块集成化、智能化等方向发展来提升材料的性能。面对资源、环境和人口的巨大压力，生态环境材料及其相关产业的发展日益受到关注。短流程、低污染、低能耗、绿色化生产制造，节约资源以及材料回收循环再利用，是新材料产业满足经济社会可持续发展的必然选择。

总体而言，材料的结构功能复合化、功能材料智能化、材料与器件集成化、制备和使用过程绿色化是材料技术发展的重要方向；逐步实现从仿制到自制、从被动到主动，实现材料品种系列化多样化，建立完整的产业体系是我国新材料产业发展的最终目标。

习题

1. 什么是材料？
2. 阐述人类文明历史与材料发展的关系。
3. 阐述材料科学与工程的概念。
4. 阐述材料科学与工程四个要素之间的关系。
5. 材料按组成、结构特点可分为哪几类？

参考文献

［1］ 顾家琳，杨志刚，等. 材料科学与工程概论［M］. 北京：清华大学出版社，2005.

［2］ 马小娥. 材料科学与工程概论［M］. 北京：中国电力出版社，2009.

［3］ 杜双明，王晓刚. 材料科学与工程概论［M］. 西安：西安科技大学出版社，2011.

［4］ 许并社. 材料科学概论［M］. 北京：北京工业大学出版社，2002.

第2章

材料设计方法

材料设计是材料科学中的一个新兴分支，其内容是应用已有的知识与技术研制具有预期性能的新材料。它的提出始于 20 世纪 50 年代，从 70 年代末期开始有了迅速的发展，特别是近几年来，已经取得了不少引人注目的成果，越来越受到各国的重视。生物技术、信息技术和新材料的发展是现代科学技术发展的三大支柱，其中新材料的发展是当代高新技术的基础，也是现代工业的基石，因此人们对材料的研究、开发和性能提出了越来越高的要求。然而长期以来，材料研究主要采用"炒菜筛选法"或"试错法"，这一般需要依赖大量的试验，造成人力、物力和资源的浪费，设计周期也较长。随着科学技术的发展，一些新的试验设备和方法的出现以及固体理论、分子动力学和计算机模拟等技术的发展，为材料设计提供了理论依据和强有力的技术支持。近年来的材料研究表明，将现代新技术用于材料设计，可用较少的试验获得较为理想的材料，达到事半功倍的效果。

2.1 材料设计的定义与结构层次

2.1.1 材料设计的定义

材料设计的设想始于 20 世纪 50 年代，苏联科学家进行了初期的研究，提出了人工半导体超晶格的概念。到 1985 年，日本学者山岛良绩正式提出了"材料设计学"这一专门的研究方向，将材料设计定义为利用现有的材料、科学知识和实践经验，通过分析和综合，创造出满足特殊要求的新材料的一种活动过程，其目的是改进已有的材料和创造新材料。现在，材料设计已基本形成一套特殊的方法，就是根据性能要求确定设计目标，有效地利用现有资源，通过成分、结构、组织、合成和工艺过程的合理设计来制造材料，其中，关键是材料的成分、结构和组织的设计。

2.1.2 材料设计的结构层次

材料设计的研究范畴按研究对象的时间和空间尺度不同可划分为 4 个层次，即电子层次、原子与分子层次、微观结构组织和宏观层次，从微观到宏观依次关联量子力学、分子动力学、缺陷动力学、微观结构动力学和连续介质力学等理论，如图 2.1 所示。电子层次、原子与分子层次对应的空间尺度大致在 10nm 以下，所对应的学科层次是量子化学、固体物理学等，分子动力学法与蒙特卡罗法是在该层次上常用的研究工具；微观结构对应的空间尺度大致为 μm 级到 mm 级，所对应的学科为材料科学，此时材料被认为是连续介质，不用考虑材料中个别原子和分子的行为，有限元等方法是这一领域研究的主要工具；宏观层次，对材料的性能来说，为了迎合高要求，涉及块体材料在成型与使用中的行为表现，采用的工程模拟等技术。此外，上述各层次对不同的研究任务，其表现作用也不同。如研究电子材料的某些电学特性可能以电子、原子层次的研究为主，研究复合材料的细观力学可能用有限元方法等，因此，不同的材料研究任务可能会采取不同的研究方法。

陶辉锦等根据图 2.1，按照宏观、介观和微观 3 个层次进行了更加简洁和清晰的划分，如图 2.2 所示，图中介观主要是指 0.1~100nm 的尺度范围。在这 3 个层次的结构理论中大尺度层次理论涉及的尺度范围更加细微，三者之间相互关联并存在相互沟通的两座理论桥梁：一是微观与介观之间的量子力学；二是介观与宏观之间的分子动力学。通过这两座桥梁，微观层次的信息传递给介观层次的理论与模型，介观层次获得的信息传递给宏观层次的理论与模型，材料设计的任务就是在宏观层次上全面地理解与把握材料结构与性能的关系，进而根据这种关系更加科学和有效地设计材料成分和制备工艺，最终生产出合乎各种预定性能的新材料。

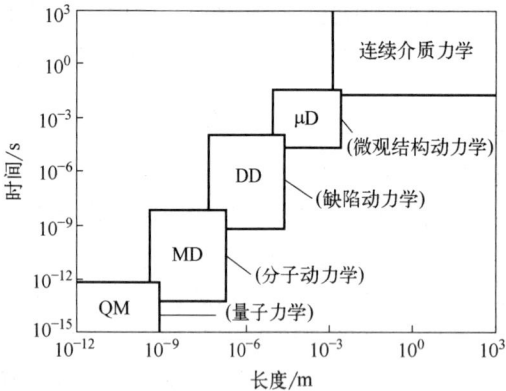

图 2.1 不同时空范围的材料设计理论

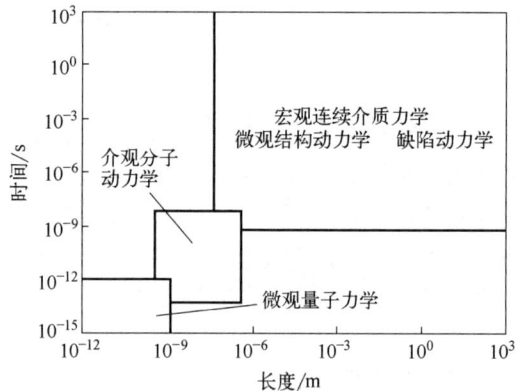

图 2.2 材料设计的结构层次和各层次的相应理论

（1）宏观层次的理论

宏观层次的理论主要包括连续介质力学、结构动力学、缺陷动力学和分子动力学，其中分子动力学主要涉及介观层次的问题，将在介观层次详细阐述。

宏观层次中的连续介质力学是以牛顿定律和连续性假设为基础建立的，其范围很广，包括固体力学和流体力学中的许多学科。根据连续介质力学可以进行金属板料成型时的弹塑性变形有限元模拟，还可以计算颗粒物质、混合物、复合材料、纳米材料的强度。

结构动力学是指在动载荷作用下结构的位移和内力（统称为动力反应）的计算原理和方法。动载荷是指大小、方向和作用位置随时间变化的载荷。工程结构材料在其营运过程中始终会受到各种动载荷的作用，其结构的位移、内力随时间改变，并产生质点加速度。因此，结构动力学主要研究材料在动载荷作用下的响应，材料的动态力学行为和动态力学性能（材料的疲劳、蠕变、损伤、破坏、失效和断裂），以及材料在结构力学行为中的表面、界面效应等。

缺陷动力学主要研究材料中缺陷的产生、扩散、重构、形成、吸收和愈合等动力学过程，其研究对象可分为结构缺陷和化学缺陷两大类。结构缺陷又包括点、线和面 3 种缺陷，其中点缺陷主要指弗伦克尔（Frenkel）缺陷、肖特基（Schottky）缺陷和反位缺陷，线缺陷主要指刃位错和螺位错，面缺陷主要指小角晶界和堆垛层错。化学缺陷主要包括同位素或杂质引起的缺陷和化合物晶体偏离理想配比引起的缺陷。

（2）介观层次的相应理论

介观层次的理论主要包括分子动力学和量子力学，在这一尺度范围内一般采用分子动力学模拟的理论与方法来进行材料科学研究。

分子动力学模拟是一种用来计算多体系平衡和传递性质的经典方法。只有在处理振动频率满足 $h\upsilon > kT$（式中，h 为普朗克常数，约为 $6.626 \times 10^{-34} J \cdot s$；$\upsilon$ 是光子的频率；k 为玻尔兹曼常数；T 为热力学温度）的振动或一些较轻的原子或分子（He、H_2、D_2）的平动转动时，才需要考虑量子效应，即量子层次的材料设计问题。在通常的分子动力学模拟中，原子的运动主要服从经典牛顿力学，其运动规律可以用哈密顿量或者拉格朗日量来描述，也可以直接用牛顿运动方程来描述。

（3）微观层次的相应理论

微观层次的理论主要是量子力学。由于材料是由许多相互接近的原子或分子排列而成的，一则这种排列可以是周期的，也可以是非周期的，二则排列后的物质体系中离子和电子的数目均达到 $10^{24} cm^{-3}$ 的数量级，所以各种实际材料均为复杂的多粒子系统。虽然原则上可以通过量子力学对该体系进行求解，但由于系统过于复杂，必须采取合理的简化和近似才能有效地进行计算。

2.2 材料设计的发展概况

在 20 世纪 50 年代初期，苏联便开展了关于合金设计以及无机化合物的计算机预报等早期工作。那时苏联卫星上天，说明其使用的材料是先进的。苏联人于 1962 年便在理论上提出人工半导体超晶格概念，不过当时他们没有提出如何在技术上加以实现的建议。直到 1969

年，通过理论和实践结合才正式提出了通过改变组分或掺杂来获得人工超晶格。20 世纪 80 年代中期，日本材料界提出了用三大材料在原子、分子水平上混合，构成杂化材料的设想。1985 年日本出版了《新材料开发与材料设计学》一书，首次提出了"材料设计学"这一专门方向。书中介绍了早期的研究与应用情况，并在大学材料系开设材料设计课程。我国 1986 年开始实施"863 计划"，对新材料领域提出了探索不同层次微观理论指导下的材料设计这一要求。因此，从那时起在"863"材料领域便设立了"材料微观结构设计与性能预测"研究专题。1988 年，由日本科学技术厅组织实施功能性梯度材料的研究任务，提出将设计、合成、评估三者紧密结合起来，按预定要求制作材料。1989 年，美国若干个专业委员会在调查分析美国 8 个工业部门（航天、汽车、生物材料、化学、电子学、能源、金属和通信）对材料的需求之后，编写出版了《90 年代的材料科学与工程》报告，对材料的计算机分析与模型化作了比较充分的论述。该报告认为，现代理论和计算机技术的进步，使得材料科学与工程的性质正在发生变化。计算机分析与模型化的进展，将使材料科学从定性描述逐渐进入定量描述的阶段。1995 年，美国国家科学研究委员会（NRC）邀请众多专家经过调查分析，编写了《材料科学的计算与理论技术》这一专门报告，其中说，"materials by design（设计材料）"一词正在变为现实，它意味着在材料研制与应用过程中理论的分量不断增长，研究者今天已处在应用理论和计算来"设计"材料的初期阶段。

近十年来，材料设计或材料的计算机分析与模型化日益受到重视，究其原因主要有以下几点。

① 固体物理、量子化学、统计力学、计算数学等相关学科在理论概念和方法上有很大发展，为材料微观结构设计提供了理论基础。

② 现代计算机的速度、容量和易操作性空前提高。几年前在数学计算、数据分析中认为无法解决的问题，现在已有可能加以解决，而且计算机能力还将进一步发展和提高。

③ 科学测试仪器的进步，提高了定量测量的水平，并提供了丰富的实验数据，为理论设计提供了条件。在这种情况下更需要借助计算机技术沟通理论与实验资料。

④ 材料研究和制备过程的复杂性增加，许多复杂的物理、化学过程需要用计算机进行模拟和计算，这样可以部分地或全部地替代既耗资又费时的复杂实验过程，节省人力、物力。更有甚者，有些实验在现实条件下是难以实施的或无法实施的，但理论分析和模拟计算却可以在无实物消耗的情况下提供信息。

⑤ 以原子、分子为起始物进行材料合成，并在微观尺度上控制其结构，是现代先进材料合成技术的重要发展方向，常用方法有分子束外延、纳米粒子组合、胶体化学方法等。对于这类研究对象，材料微观设计显然是不可缺少的并且是大有用武之地的。

2.3 材料设计的实现路径

材料设计有四种主要实现途径：一是材料知识库和数据库技术，二是材料设计专家系统，三是计算机模拟，四是理论计算。

2.3.1　材料知识库和数据库技术

数据库技术作为计算机技术的重要组成部分，其自诞生以来便在各个领域发挥着关键作用。在材料科学领域，材料知识库和数据库更是成为了材料研究与设计不可或缺的工具。这些数据库以存储、管理和检索材料性能数据、组分信息、处理工艺、试验条件以及材料应用与评价等为核心内容，为材料科学家和工程师提供了强大的数据支持。

计算机化的材料知识和性能数据库具有诸多优点，如存储信息量大、存取速度快、查询方便、使用灵活等。此外，它们还具备单位转换、图形表达等多种功能，极大地提高了数据处理的效率和准确性。这些数据库不仅可以与 CAD（计算机辅助设计）、CAM（计算机辅助制造）等系统配套使用，实现设计到制造的无缝对接，还可以与人工智能技术相结合，构建出材料性能预测或材料设计专家系统等高级应用。与早期的数据自由管理方式和文件管理方式相比，计算机化的材料知识库和性能数据库在数据优化、数据独立性、数据一致性、数据共享及数据保护等方面表现出色。它们能够确保数据的准确性和可靠性，为材料研究与设计提供坚实的基础。

利用大型知识库和数据库辅助材料设计的一个典型例子是日本三岛良绩和岩田修一等建立的计算机辅助合金设计（computer-aided alloy design，CAAD）系统。该系统在大型计算机中贮存了各种与合金设计有关的信息，包括各种元素的基本物理化学数据，合金相图，合金物性的各种经验方程式，各类合金体系的实验数据，各种合金的性能、用途，以及有关文献目录等。然后以元素的含量（原子分数）为坐标，构筑以 70 多种元素的含量为坐标的多维空间，将上述各种信息记录在多维空间中，并按如下步骤（图 2.3）实现计算机辅助合金设计。

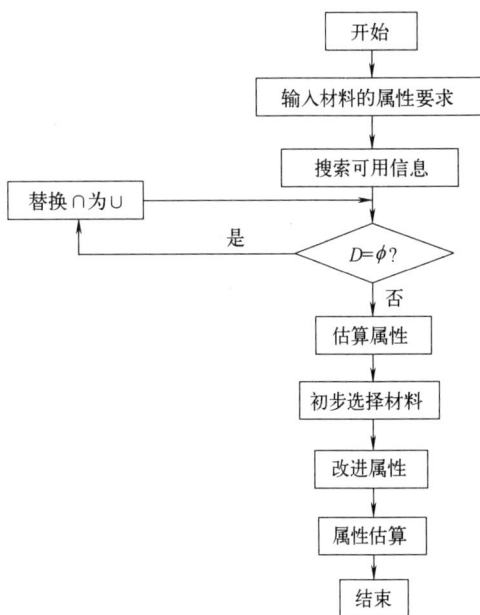

图 2.3　合金设计的程序
（$D=\phi$ 表示合金的直径 D 等于某个特定的值 ϕ）

2.3.2　材料设计专家系统

材料设计专家系统是一种集成了大量与材料相关的背景知识，并能够运用这些知识来解决材料设计中复杂问题的计算机程序系统。这类系统旨在模拟专家在材料设计领域的思维过程，通过智能推理和计算来辅助甚至替代部分人工决策。然而，由于材料科学本身的复杂性和多样性，完全基于基本理论进行演绎推理的专家系统实现起来极为困难，因此当前的专家系统多采用经验知识与理论知识相结合的方法。

专家系统可以分为以下几类。

（1）以知识检索、简单计算和推理为基础的专家系统

这类系统主要依赖于庞大的材料知识库和数据库,通过检索相关知识和进行简单的计算与推理,为材料设计提供基础支持。由于材料科学涉及的知识面广且复杂,人工难以全面记忆和运用所有知识,而计算机则能高效地管理和检索这些信息。

（2）以计算机模拟和计算为基础的专家系统

在此类系统中,计算机模拟和计算技术被用于深入探索材料的物理和化学性能与其结构之间的关系。在已知材料基本性能的前提下,系统能够运用模拟和计算方法预测新材料的性能和可能的制备方案。这种方法有助于加速新材料的研发过程,减少实验试错的成本和时间。

（3）以外模式识别和人工神经网络为基础的专家系统

这类系统利用模式识别和人工神经网络等人工智能技术,从大量的实验数据中提取规律和特征,建立数学模型来预测未知材料的性能。通过不断优化和调整模型参数,系统能够给出达到特定性能要求的优化配方和工艺条件。这种方法在处理复杂多变量系统和非线性关系时表现出色。

（4）以材料智能加工为目标的专家系统

这是材料设计专家系统的一个新兴发展方向,旨在通过智能化手段优化材料的加工过程。这类系统已经在大直径砷化镓单晶制备、碳纤维增强碳素复合材料制备以及粉末热压和喷射成形等领域得到应用,并取得了显著成效。它们能够实时监测和调整加工过程中的各种参数,确保产品质量和生产效率的最优化。

随着人工智能技术的不断发展和完善,材料设计专家系统的功能将更加全面和强大。未来,这些系统有望实现更高效的知识获取与更新、更精准的性能预测与优化,以及更智能的决策支持。同时,跨领域的知识融合和技术创新也将为专家系统带来新的发展机遇和挑战,推动材料科学研究的不断深入和发展。

2.3.3　计算机模拟

计算机模拟作为材料设计的一种重要手段,通过模拟真实的物质系统来预测和解释材料的性质与行为,为新材料的研究与开发提供强有力的支持。这种方法能够覆盖从材料研制到使用的全过程,包括结构演化、性能表征、制备工艺等多个方面。

计算机模拟根据其所关注的尺度可以分为以下三类。

① 原子尺度模拟计算:主要方法有分子动力学（molecular dynamics,MD）法和蒙特卡罗（Monte Carlo,MC）法等。这些方法在原子或分子水平上模拟材料的动态行为,能够揭示材料在微观尺度上的结构和性质变化。例如,通过分子动力学模拟可以观察材料中原子的运动轨迹,从而理解材料的力学性能和热学性能。

② 显微尺度模拟计算：主要用于预测材料的相变过程及相变产物的显微组织结构。在梯度材料的研制中，这类模拟可以模拟计算热应力分布，为设计合理的材料结构提供科学依据。此外，它还能帮助理解材料在显微尺度上的性能演变和失效机制。

③ 宏观尺度模拟计算：关注于更大尺度的物理现象，如液态合金快冷时的传热传质过程，有助于设备和工艺的合理设计，保证产品质量。例如，在生产非晶态合金宽带时，通过宏观尺度模拟可以确定最佳的冷却条件，以避免宽带中出现晶化"缺陷"，从而优化工艺参数和设备设计。

计算机模拟方法能够获取与时间相关的物理量和热力学量的信息，这对于理解材料的动态行为和性能演变至关重要。此外，其从原子尺度到宏观尺度的全面模拟能力，使得计算机模拟能够揭示材料在不同尺度上的相互作用和关联。相比于传统的实验方法，计算机模拟具有更高的效率和更低的成本。它可以在较短时间内模拟多种条件和参数下的材料行为，为实验设计提供指导。

2.3.4　理论计算

理论计算主要依赖于量子力学和固体物理学的理论框架，尤其是第一原理（也称为从头算）方法和密度泛函理论（density functional theory，DFT）。通过这些方法，研究人员在原子和分子水平上理解材料的电子结构和性质，进而预测和解释实验现象。首先，使用第一原理方法，科学家能够预测新材料的存在、稳定性以及它们可能展现出的独特性能，如硬度、导电性、磁性等。理论计算还可以帮助发现高压下材料的相变行为，如 Si 的高压金属相及其超导性的预测。其次，密度泛函理论广泛应用于表面和界面的电子结构研究，解释表面重构、吸附现象以及表面催化反应等。Freeman A. J.的研究就是使用 DFT 来解释 Si 表面的扩散和重构现象。通过理论计算，可以深入了解杂质元素在材料中的行为及其对材料性能的影响。再次，理论计算可以模拟不同成分、结构和制备条件下的材料性能，从而指导实验设计，优化材料的性能。例如，在合金设计中，通过计算不同元素组合对合金性能的影响，可以预测并筛选出性能最优的合金成分。最后，对于包含多个组分和复杂相互作用的材料体系，理论计算提供了一种有效的工具来模拟其结构和性能。这有助于理解复杂材料中的相分离、相变以及性能演变等过程。

随着计算机技术的不断进步和算法的优化，理论计算在材料科学中的应用范围将越来越广泛，精度也将不断提高。未来，理论计算将更加紧密地与实验相结合，形成"计算-实验-再计算"的循环迭代模式，加速新材料的研发和应用。此外，机器学习和人工智能等新兴技术的引入也将为理论计算带来新的机遇和挑战。通过构建基于大数据的机器学习模型，可以实现对材料性能的快速预测和优化设计，进一步推动材料科学的创新发展。

2.4　人工智能与新材料

社会对新材料的需求始于对新性能的需求，现阶段一款新材料从开始研发到形成产品需要十几年时间，严重滞后于社会日益快速发展的需求。其中最大的原因是影响材料性能的因素众多，对这些因素间相互作用的科学关系还没有完全研究清楚。因此，按照材料的传统研发方法不得不进行反复试验和不断纠错才能找到科学可靠的加工、组织、性能之间的关系，从而最终达到所需要材料的性能，其间浪费了大量的时间和财力。近年来对新材料性能指标的要求不仅越来越精细，而且同时增加了对材料其他性能的要求。如现在对结构材料的质量、强度和韧性往往要求具体的数据，对功能材料的物理性能（如光学和电磁性能）和力学性能均提出了新的技术指标。此外，人们越来越趋向于追求材料使用过程中的视觉和触觉感受。而且使用环境对材料的性能也不断提出新的挑战，如全球变暖背景下适合北极圈内大温差变化的石油和天然气的新型输送管道，适合太空环境和极端化学条件下的材料等。这些因素都使得材料的传统研发方法显得更加吃力。

长期的研究积累了大量的材料学知识和相关数据，不断进步的传感器和监测技术使得材料研究机构和生产企业每天产生海量的数据，飞速发展的机器学习、人机对话和大数据处理技术使人工智能可以对新材料研究提供进一步的技术支持。人工智能可以借助大数据分析和机器学习等途径，指导人们在材料多因素复杂情况下迅速获取最合理的材料加工参数，缩短材料研发周期，为新材料的研究提供全新视角。

2.4.1　人工智能与新材料设计数据库和计算方法

过往的研究提供了许多材料的大量数据，各种材料手册和材料性能手册也提供了部分经过验证的材料化学组成、加工条件、微观组织、宏观性能和服役行为等数据。因此，利用一些工业设计软件（如 Granta Design）通过数据挖掘和处理可以发现某一种新材料潜在的重要性，将机器学习和材料相图计算及动力学过程结合起来可以更加快速准确地预测加工-组织关系，缩短新材料的研发过程。此外，人工智能方法已经被应用到原子探针层析技术之中，通过图像分析技术和深度学习技术的结合，使得原子探针断层扫描分析更加高效、敏感和客观。在计算机模拟方面，相场方法可以根据热力学和动力学数据模拟出与实验观测非常相近的微观组织。

材料基因组计划的实施为促进人工智能在新材料设计中的广泛应用提供了更好的条件。其通过对材料设计中的软件、数据和报告进行规范，要求促进材料软件共享、数据共享及材料设计加工应用等各方面的合作。高通量、系统性和全面的材料实验将提供材料各个时空层次上更多的数据和知识，而大规模计算将提供对材料多尺度层次上更加深刻的科学理解。目前，材料基因组计划在电子材料、能源材料、生物替代材料和医用材料方面已经取得了不少成绩。

2.4.2　神经网络与新材料研发

神经网络利用已有的材料设计、加工和制备数据来揭示材料各因素之间的相互关系，并利用这些关系来设计新材料的加工条件，从而达到指导新材料快速开发的目的。神经网络不等同于人工智能，前者可以帮助找出材料各因素之间的相互关系从而揭示出它们之间的相互作用规律；而后者通常不能揭示新材料设计中的内部科学规律，但是它可以帮助培训和优化神经网络方法。神经网络有其自身的理论体系，在计算过程中可以将有关材料的各个因素之间预设相互作用并表示成简单的数学关系。利用大量已有的数据对神经网络进行训练来确定权重和背景参数的具体数值，然后利用另外一批已知数据对这些神经网络参数进行验证，如果计算结果与已知数据的相差在可接受误差范围内，就可以认定这些公式可以用来预测新材料的加工条件，如果误差太大就需要更多、更有效的数据对神经网络进行进一步训练。

剑桥大学 Bhadeshia 教授的研究组利用神经网络方法设计了全新的 δ-TRIP 钢（TRIP 是相变诱发塑性的英文缩写）。TRIP 钢是一种新型汽车钢，它利用相变来获得较大的材料强度和塑性，在汽车发生碰撞事故时本来比较软的奥氏体相瞬间变成强度很高的马氏体相并提供更大的内部空间来保护车内乘客的安全。为了实现这一目的，人们发现在室温条件下钢中需要保持 10% 以上的奥氏体相，而通常奥氏体相会在温度低于几百摄氏度时消失并转变成别的相。为了使奥氏体相能一直保持到室温条件下，理论上钢中需要加入质量比不低于 0.8% 的硅来保证 TRIP 效应。但是加入太多硅以后形成的氧化硅颗粒在钢的轧制过程中不易变形而影响钢的表面美观度，从而导致钢的表面性能下降。因此，当时面临的挑战是一方面需要使钢中的奥氏体相能够保持到室温条件下，另一方面又需要硅的含量比较低从而保证钢板的优秀表面性能。神经网络方法就被用来解决这个问题，让奥氏体相保持到室温但是硅含量不低于 0.8% 的限值作为神经网络的任务，采用已有的数据来训练神经网络模型和确定其中的参数值及检验模型预测的误差。经过研究确定了一组可以满足要求的化学成分，将这组成分输入 MTDATA 计算相图软件发现不仅有足够体积分数的奥氏体相保持到室温，而且通常比奥氏体相更早消失的 δ 相也有一部分保持到室温。

2.4.3　传统机器学习在材料设计与加工中的应用

图 2.4 显示了传统机器学习方法的分类和常用模型。表 2.1 列举了传统机器学习在材料设计与加工中应用的一些例子。传统机器学习处理的主要数据类型是结构化数据（structured data）。结构化数据也被称为行数据，它遵从统一的格式，每一列都有意义，数据可以用一个矩阵 $[XT]$ 来表示，X 是输入矩阵，T 是目标矩阵或向量。传统机器学习主要被用来进行有监督的数据回归和分类，根据数据集来寻找输入值 X 与目标值 T 之间的函数关系或映射关系 $y=f(x)$，y 代表输入为 x 时模型 f 的预测值。传统机器学习一般针对的是小数据集（几十条到几百条数据）。

在采用传统机器学习方法进行训练（学习）

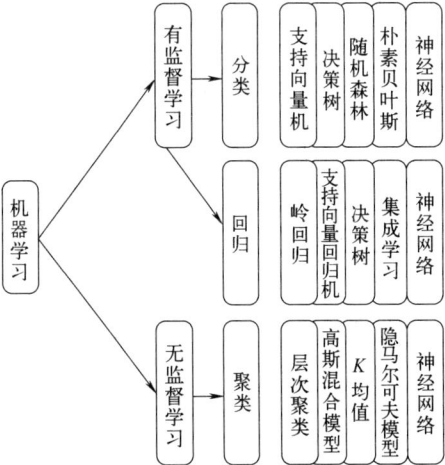

图 2.4　传统机器学习的分类和常用模型

中，输入变量即数据表 X 里每一列属性的选择对最终训练的结果有很大的影响，属性也常叫作特征、指纹和描述器。如果没有合适的描述器，那么最终机器学习的模型表现就会很差。在进行金属蠕变性能的预测和研究时，确保数据集中包含温度信息是非常重要的。这有助于提高模型的预测准确性，增强数据的解释性，并确保结果的可靠性和泛化能力。如果数据集中确实缺少温度信息，可能需要重新收集数据或采用其他方法来估计温度对蠕变性能的影响。材料科学需要研究从原子级到宏观物体各个尺度的现象，描述器的匮乏和数据的匮乏一样是直接制约传统机器学习用于材料科学的一个主要原因。

传统机器学习在图像分类时需要根据不同领域的经验人工编写代码提取图像特征，提取出特征后形成结构化数据再提供给机器学习模型进行学习。深度学习（主要是深度卷积神经网络）的一个很迷人的特征就是它不需要人为构建描述器给深度学习模型，人们只需要提供原始的数据（主要是图像、声音、文本等非结构化数据）即可，多层的网络结构会在学习过程中自动提取特征。

表 2.1 传统机器学习在材料设计与加工中应用的一些例子

参考文献	应用	输入数据	输出数据	方法
Sing et al. , 1998; Cottrell et al. , 2007; Dimitriu et al. , 2008; Bhadeshia et al. , 2009	钢力学性能预测	成分、工艺参数、测试参数等	常规力学性能、蠕变性能、疲劳性能等	神经网络
Conduit et al. , 2017	高温合金设计与优化	成分与热处理工艺	延伸率、疲劳、抗氧化性能等	神经网络
Ichikawa et al. , 1996; Feng et al. , 2019	钢凝固裂纹敏感性	成分、工艺参数、测试参数等	裂或不裂两种状态、裂纹长度	神经网络
Das, 2016	钢层错能预测	成分	层错能	神经网络
Cassar et al. , 2018	氧化物玻璃化转变温度预测	成分	玻璃化转变温度	神经网络
Rosen Brock et al. , 2017	晶界行为晶界能预测	SOAP 向量[①]	晶界能等	支持向量机和决策树
Medasani et al. , 2016	B2 金属间化合物缺陷行为	形成能、电子密度差、最小电子密度等	缺陷类型	决策树、梯度增强决策树
Jäger et al. , 2018	纳米团簇吸氢	CM[②]、SOAP、MBTR[③]、ACSF[④]描述器	吸氢自由能变化	核岭回归
Stanev et al. , 2018	超导体临界温度	成分、物性参数	超导临界温度	随机森林
Huber et al. , 2018	溶质晶界偏析	晶界原子排布信息	偏析能	线性模型和决策树
Attarian Shandiz et al. , 2016	锂电池负极材料晶体系统	材料项目中 339 种硅酸盐负极材料 Li-Si-（Mn, Fe, Co）-O 的物性参数由 DFT 计算得到，如体积 V、形成能 E_f、带隙 E_g 等	晶体系统	神经网络、支持向量机、K 近邻、随机森林等

参考文献	应用	输入数据	输出数据	方法
Hafiz et al., 2018	强关联材料晶体结构预测	f电子结构数据集 fESD（实验结构+DFT结果），一共275926条数据	晶体结构分类	逻辑回归、K近邻、随机森林等
Natarajan et al., 2018	多组元晶体的配置形成能	位置中心关联函数	配置形成能	神经网络、最小二乘法回归
Zong et al., 2018	原子间势	原子结构转换成的数值指纹向量	原子能量、原子间势	岭回归（KRR）
Ye et al., 2018	晶体稳定性	石榴石结构晶体组成元素的电负性和离子半径	晶体形成能	神经网络
Sun et al., 2017	二元非晶形成能力	成分、原子半径、液相线等	非晶或晶体两种状态	支持向量机
Ward et al., 2016; Ward et al., 2018	非晶形成能力	145个通用描述符	非晶或晶体两种状态	随机森林
Zhang et al., 2018	大量复杂的电子结构图	原子尺度电子结构图	周期性、平移对称破缺状态等	神经网络

① SOAP向量即"平滑原子位置重叠向量"。

② CM为晶体学图或化学图。

③ MBTR为多体张量表示。

④ ACSF为角关联谱函数。

[例1] 高温合金成分优化设计

如在高温合金优化设计时需要同时满足多个指标，表2.2显示的是Conduit等在设计某高温合金时所设定的指标，指标多达11项（成本、密度、γ'含量、相稳定性、500MPa疲劳寿命、屈服强度、抗拉强度、300h持久应力、800℃时Cr活度、γ'固溶温度、延伸率）。对于没有物理模型的和无法用相图计算来准确预测的指标，Conduit采用神经网络的方法进行预测，寻找性能参数与成分和热处理制度之间的关系。他们采用的高温合金数据库含合金牌号、合金成分、热处理制度、测试条件、相应的性能数据。为了提高模型的可靠性和估计不确定度，他们采用64个神经网络构成的集合来预测，最终的预测结果是这64个神经网络预测值的算术平均，根据64个预测值可以进行预测不确定的计算（这对于高温合金这种要求高可靠性的合金尤为重要）。实验数据证实Conduit等所设计的合金达到设计指标，并且抗氧化性和屈服应力方面超过现有商用合金，如图2.5所示。

表2.2　一种高温合金优化设计时的多个目标值

性能	方法	数据点个数	目标值
成本	物理基	—	<33.7USD/kg
密度	物理基	—	<8281kg/m³
γ'含量	相图计算	—	<50.4%（体积分数）
相稳定性	相图计算	—	>99.0%（体积分数）

性能	方法	数据点个数	目标值
500MPa 疲劳寿命	神经网络	15105	$>10^{3.9}$（循环）
屈服强度	神经网络	6939	>752.2MPa
抗拉强度	神经网络	6693	>960.0MPa
300h 持久应力	神经网络	10860	>674.5MPa
800℃时 Cr 活度	神经网络	915	>0.14
γ'固溶温度	相图计算	—	>983℃
延伸率	神经网络	2248	>11.6%

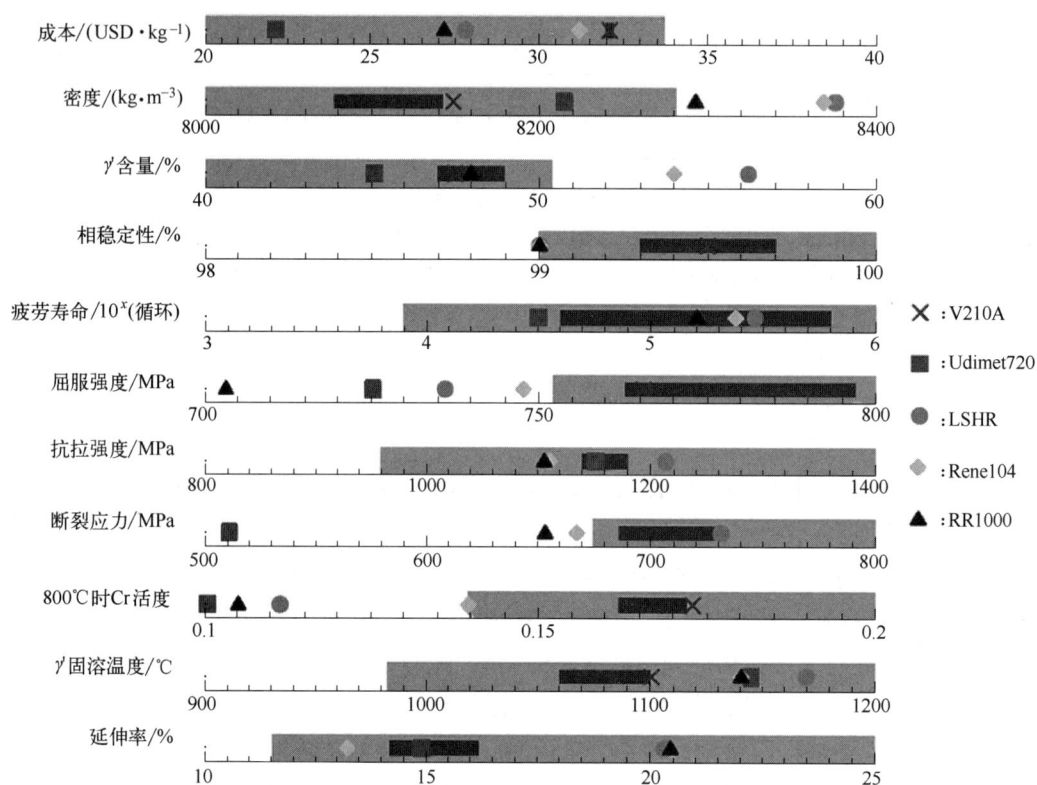

图 2.5　要优化的 11 个目标参数的范围

（灰色区域代表可接受的目标，深灰色是预测的 3σ 不确定范围）

[例 2]超导临界温度预测

超导已经被发现和研究了百余年，但因为其复杂性，至今为止我们还是不能解释超导性与化学成分、结构之间的关系。Stanev 等用随机森林（由很多棵决策树构成）法去分析超过 12000 条的 SuperCon 数据库，对超导临界温度和超导体相关属性进行了分类和回归。随机森林显示出较高的精度，图 2.6 显示的是随机森林里面的一棵决策树的结构，从中我们可以大致了解决策树的工作过程：根据属性不断将数据集一分为二。他们用训练好的模型，分析了整个无机晶体结构数据库（inorganic crystallographic structure database，ICSD），发现 30 种非铜酸盐和非铁基氧化物，并作为备选超导材料。

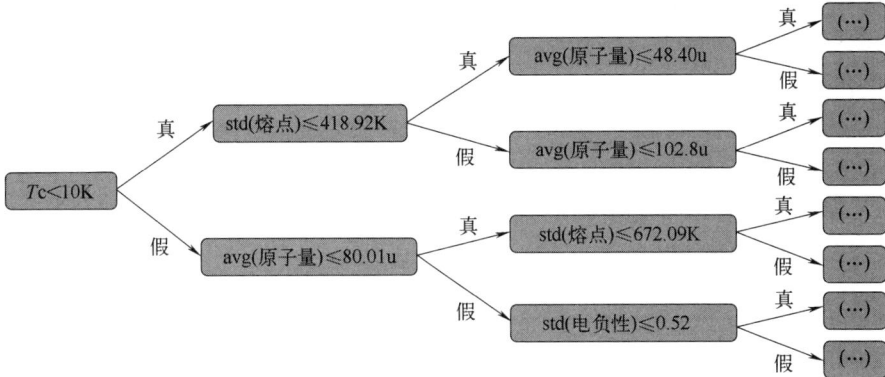

图 2.6　用于超导临界温度预测的一棵决策树的结构

[例 3]非晶形成能力预测

由于描述器的重要性和不足，有些研究者正试图寻找一些通用的描述器。Ward 等提出一个预测无机材料性能的通用机器学习框架。该框架包含 145 个属性：6 个化学计量属性、132 个基于元素性质的属性、4 个价轨道占据属性、3 个离子化合物属性。用到的元素信息包括原子序数、门捷列夫（Mendeleev）数、原子量、熔点、所在元素周期表列和行、共价半径、电负性、s/p/d/f 电子数、总电子数、s/p/d/f 未填充电子数、总未填充电子数、0K 基态时的比体积/带隙/磁矩/空间群。

Ward 利用该框架和开源机器学习平台 Magpie 分析了 Landolt-Börnstein 系列里面的三元非晶合金数据集（一共 5369 条非晶数据）。他们所用的随机森林模型在 10 重交叉验证下有 90%的精度。图 2.7 显示的是实验测量的和机器学习模型所预测的 NiZrAl 三元系非晶形成能力，二者很接近。

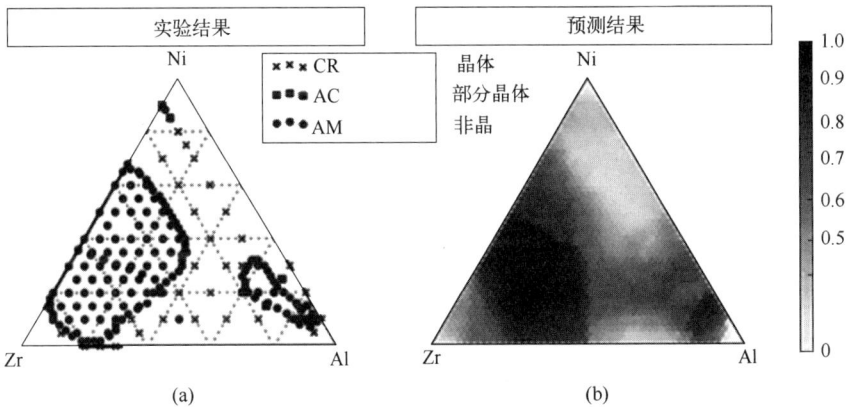

图 2.7　实验测量的（a）和机器学习模型所预测的（b）NiZrAl 三元系非晶形成能力

2.4.4　深度学习在材料设计与加工中的应用

材料科学家用多个尺度（原子级/介观/微观/宏观）的图片及相应的衍射谱线照片去表征材料。传统材料设计和制造中这些都由人工完成，如人工识别相种类、人工分析组织特征、人工标定 XRD（X 射线衍射）谱线（在数据库的辅助下）等。人工完成意味着需要经验、存在不确定性、重复性差、成本高、耗时、仅适合小数据量（无法实现大批量处理）。随着高通量计算、实验、高度自动化测试设备的出现，人工分析数据结果已经无法满足需要，这直接限制了材料科学的进步。而深度学习的长项图像识别则特别适合完成这些工作。表 2.3 列举了深度学习在材料设计与加工中应用的一些例子。

表 2.3　深度学习在材料设计与加工中应用的一些例子

参考文献	应用	输入数据	输出数据	方法
Ziatdinov et al.，2017	素馨烯（sumanene）分子朝向和旋转角度判定	STM（扫描隧道显微镜）照片	朝上（U）和朝下（D）与 4 种旋转角度分类	卷积神经网络（CNN）与马尔可夫随机场（MRF）
Li et al.，2018	电子束导致 WS_2 转变，孔洞生长实时跟踪和确定速率	STEM（扫描透射电子显微镜）照片	局部布拉维点阵信息	卷积神经网络
Kondo et al.，2017	YSZ 陶瓷导电性与组织关系	SEM（扫描电子显微镜）照片	YSZ（氧化钇稳定氧化锆）陶瓷电导率	卷积神经网络，传统研究结构-性能联系方法（人工特征工程+岭回归）
Azimi et al.，2018	低碳钢组织自动识别	OM（光学显微镜）和 SEM 照片	铁素体、珠光体、马氏体、贝氏体 4 个类别	基于像素点的卷积神经网络
Ziletti et al.，2018	根据晶体对称性自动结构分类	原子（含有空位等缺陷）排列照片	晶体结构分类	卷积神经网络
Park et al.，2017	根据 XRD 谱线判断晶体对称性	粉末 XRD 谱线照片	晶体结构信息	卷积神经网络
Ferguson et al.，2018	铸造和焊接缺陷的识别与分类	X 射线探伤照片	缺陷区域和类型	卷积神经网络
Tecnalia et al.，2018	热轧长材表面缺陷热态识别	摄像头照片	有缺陷区域识别	卷积神经网络
Nash et al.，2018	腐蚀监控	宏观照片	发生腐蚀区域	卷积神经网络

［例 1］X 射线探伤照片缺陷区域识别和分类

在深度学习里面有一个分支叫迁移学习（即将已有模型应用到新的不同的但是有一定关联的领域中），把训练好的用于其他任务的卷积神经网络拿过来，用新任务（如材料缺陷分类）的数据集微调一下网络最末端的分类层参数。迁移学习可以缩短训练时间，当新任务数据集比较小时还可以提高训练精度。Ferguson 等利用迁移学习去实现 X 射线探伤时自动缺陷区域探测和缺陷类型分类。图 2.8 是迁移学习过程。先用训练好的深度卷积神经网络 ResNet-101（基于 ImageNet 数据集）去学习一个比较大的通用数据集 COCO，然后将训练后的神经网络在较小的专用 X 射线探伤数据集 GDXray 中进行微调。图 2.9 是训练好的模型成功地对涡轮叶片缺陷进行了探测与分类（训练集里面并不包含涡轮叶片照片）。

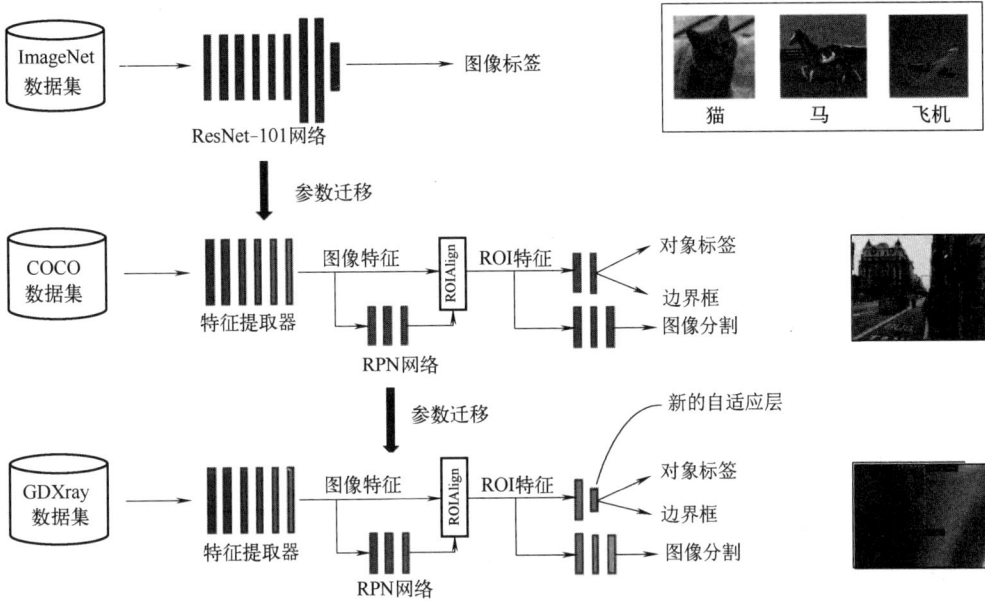

图 2.8　迁移学习过程：从识别动物、人像等的网络微调后用于材料缺陷识别

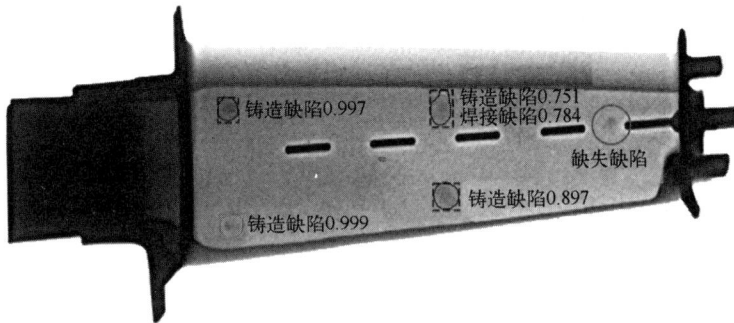

图 2.9　利用迁移学习对涡轮叶片缺陷探测与分类

（训练集里面不包含涡轮叶片照片，探测系统准确地找到 5 个缺陷里面的 4 个）

[例 2]钢铁显微组织分类

光学显微镜（OM）、扫描电子显微镜（SEM）、透射电子显微镜（TEM）、扫描隧道显微镜（STM）等是材料科学家研究材料组织的重要手段，分析和解释这些设备拍摄的显微组织照片则是材料科学家的一项日常工作。用计算机去自动分析显微组织照片不仅可以使分析的速度提高一个到多个数量级，同时可以减少人工分类时由于分类的主观性导致结果的不确定。Azimi 等尝试用卷积神经网络对低碳钢显微组织（铁素体是基体，珠光体、马氏体、贝氏体是第二相）OM 和 SEM 照片进行自动识别与分类，取得了比先前自动组织分类高很多的分

类精度。Azimi 采用的是一种卷积神经网络的结构，如图 2.10（a）所示，这种卷积神经网络是基于像素的（即网络的输出为每一个像素点的标签），而不是常见的基于对象的卷积神经网络（即网络的输出为某一区域或整个图像的标签），图 2.10（b）是基于对象的卷积神经网络示意。表 2.4 是几种自动分类方法的精度的比较。

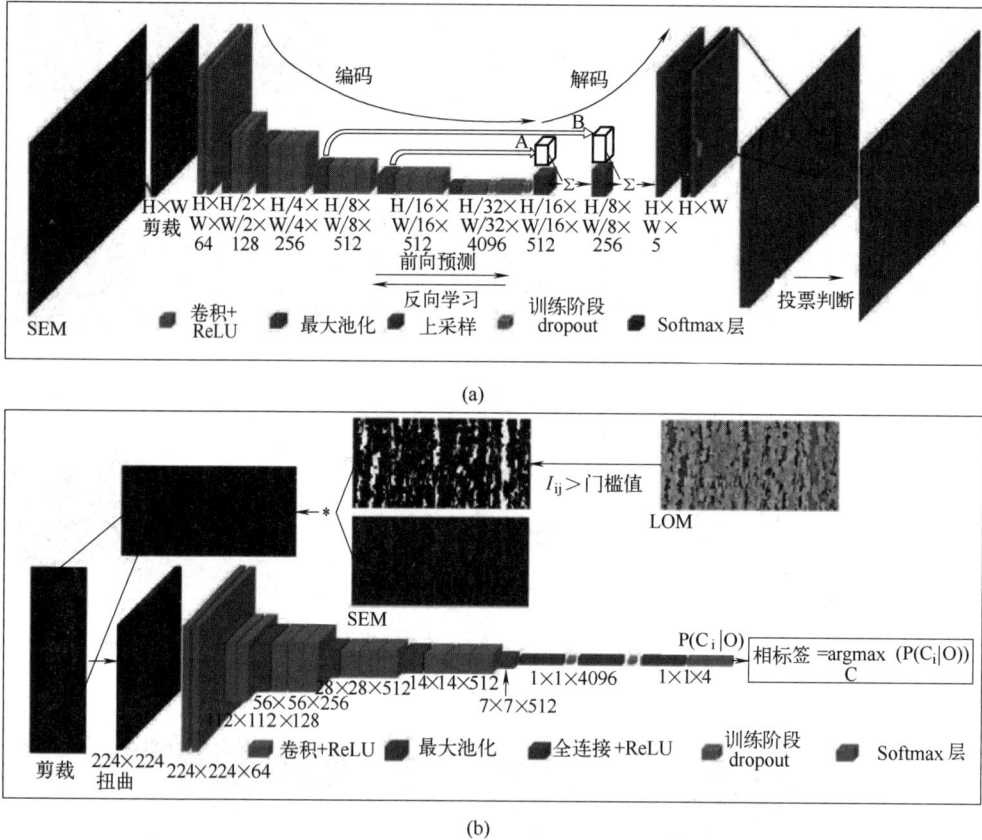

(a)

(b)

图 2.10　两种卷积神经网络的对比

（a）基于像素的卷积神经网络；（b）基于对象的卷积神经网络

[LOM 图指的是分层实体制造；Softmax 层指"软化层"或"Softmax 激活层"；dropout 为"丢弃"或"随机失活"；ReLU 激活函数（Activation Function）的定义是 $f(x)=\max(0,x)$ 这意味着当输入 x 为负时，输出为 0，当输入 x 为正时，输出为输入值本身]

表 2.4　用于钢铁显微组织自动分类的几种模型的精度对比

方法	类别	训练策略	精度
支持向量机	基于对象	—	48.89%
CIFAR 卷积神经网络	基于对象	从头开始	57.03%
VGG19 卷积神经网络提取特征+SVM 做分类器	基于对象	—	64.84%
VGG19 卷积神经网络	基于对象	微调	66.50%
MVFCNN 卷积神经网络	基于对象	微调	93.94%

［例3］陶瓷显微组织与电导率关系回归

前面几个例子都是关于图片分类的，为了建立组织与性能之间的联系，也可以把图片进行回归，即卷积神经网络的输出不是类别信息，而是性能信息，如图2.11所示。Kondo用卷积神经网络对Y_2O_3稳定ZrO_2的YSZ陶瓷的电导率与显微组织进行了回归。他将7个不同烧结温度和时间得到的YSZ陶瓷进行SEM分析和电导率测量。为了增加数据集大小，7个样品的SEM照片被分割成很多小照片，小照片又被进行旋转等操作得到更多的照片，利用这种方法共得到一个具有650张照片的数据集。Kondo利用这个数据集（作为输入）与电导率数据（作为输出）进行了卷积神经网络训练，并和传统组织-性能关系研究方法结果进行了比较，得到的卷积神经网络回归具有比传统方法更高的精确度的结果。

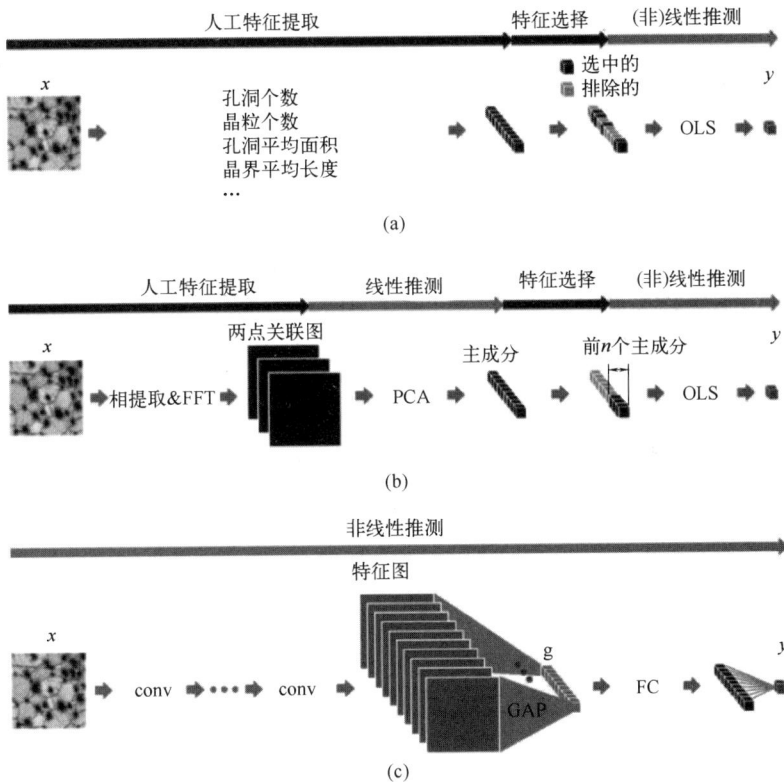

图2.11　寻找结构与性能之间联系的几种策略的比较

［(a)、(b)是传统方法，(c)是深度学习卷积神经网络的方法；黑色代表手工处理阶段，灰色代表机器学习阶段；OLS—普通最小二乘法回归，FFT—快速傅里叶变换，PCA—主成分分析，conv—卷积层，GAP—全局平均池化，FC—全连接层]

习题

1. 传统的材料设计方法包含哪些路径？有何优缺点？

2. 材料设计当前面临的主要挑战有哪些？

3. 材料设计的层次有哪些？

4. 阐述材料设计的主要途径和范围。

5. 数据驱动的材料设计包含哪些部分？相互之间的关系是什么？

6. 材料设计有何重要作用和意义？

参考文献

[1] 陶辉锦，尹健. 材料设计中的结构层次理论及跨尺度关联问题 [J]. 粉末冶金材料科学与工程，2007，12（5）：264-271.

[2] 徐建林，王智平，陈超，等. 现代材料设计的理论、方法与应用 [J]. 铸造，2003（5）：1-5.

[3] 冯武锋，王春青，张磊. 材料设计的发展新趋势——材料设计计算方法 [J]. 材料科学与工艺，2000，8（4）：57-62.

[4] 肖睿娟，李泓，陈立泉. 基于材料基因组方法的锂电池新材料开发 [J]. 物理学报，2018，67（12）：291-299.

[5] 陈龙庆. 相场模拟与材料基因组计划 [J]. 科学通报，2013（35）：26-29.

[6] 钱旭，田子奇. 材料基因方法在材料设计中的应用 [J]. 数据与计算发展前沿，2020（1）：128-141.

[7] 郭毅可. 人工智能与未来社会发展 [M]. 北京：科学技术文献出版社，2019.

[8] 任庆利. 材料设计理论及应用 [M]. 北京：科学出版社，2010.

第3章

材料表征技术简介

材料是未来高科技发展的基础，材料的化学组成、结构以及显微组织关系是决定其性能以及应用的关键因素。材料现代分析方法是关于材料成分、结构、微观形貌与缺陷等的现代分析、测试技术及有关理论基础的科学，通过对表征材料的物理性质或物理化学性质参数及其变化（称为测量信号或特征信息）的检测来实现。材料结构从广义上讲，包括从原子结构到肉眼能观察到的宏观结构各个层次的构造状况。从尺度上讲，微观结构包括原子构造、晶体结构、缺陷等原子、分子水平的构造状况；显微结构包括材料内部不同的晶相，玻璃相及气孔的形态、大小、取向、分布等结构状况。采用光束、电子束或其他粒子与样品的相互作用得到不同测试信号（相应地具有与材料的不同特征关系），从而形成了各种不同的材料分析方法。常用于显微形貌分析的表征手段包括光学显微镜、透射电子显微镜、扫描电子显微镜、扫描隧道显微镜、原子力显微镜。常用于晶体结构分析的表征手段包括X射线衍射（单晶、多晶）、选区电子衍射。常利用原子或分子光谱分析技术鉴别物质及确定物质的化学组成和相对含量。常利用X射线光电子能谱、俄歇电子能谱、静态二次离子质谱和离子散射谱等进行材料表面分析。材料表征分析方法已经成为材料科学领域中必不可少的实验手段，空间分辨率的提高、原子成像对比、设备微型化等的不断发展与完善，为揭示材料结构与性能的内在关系、创造新材料奠定了基础。

3.1　材料的微观形貌或结构表征

眼睛是人类认识客观世界的第一架"光学仪器"，但它的能力却是有限的，通常认为人眼睛的分辨率为0.2mm。17世纪初，光学显微镜出现，可以把细小的物体放大到千倍以上，分辨率比人眼睛提高了500倍以上，这也是人类认识物质世界的一次巨大突破。随着技术的进一步发展，20世纪30年代，研究者用电子束取代光束，揭开了电子显微技术的研究序幕。电子显微镜兼具"微观"和"直观"的特点，且能同时进行结构测定和成分分析，故在材料研究中日益显现出优越性和重要性。近 20 年来，随着电镜分辨率的不断提高、电子显微学理论的不断完善、电子显微技术方法的不断充实，电子显微技术在材料科学、生物医学、地质矿物等众多领域获得了广泛应用。在材料科学领域，显微分析即使用光学显微镜和电子显微镜等分析设备观察材料的表面形貌及内部组成相的类型以及它们的相对量、大小、形态和分布等特征。图 3.1 为常用显微镜仪器结构示意图。

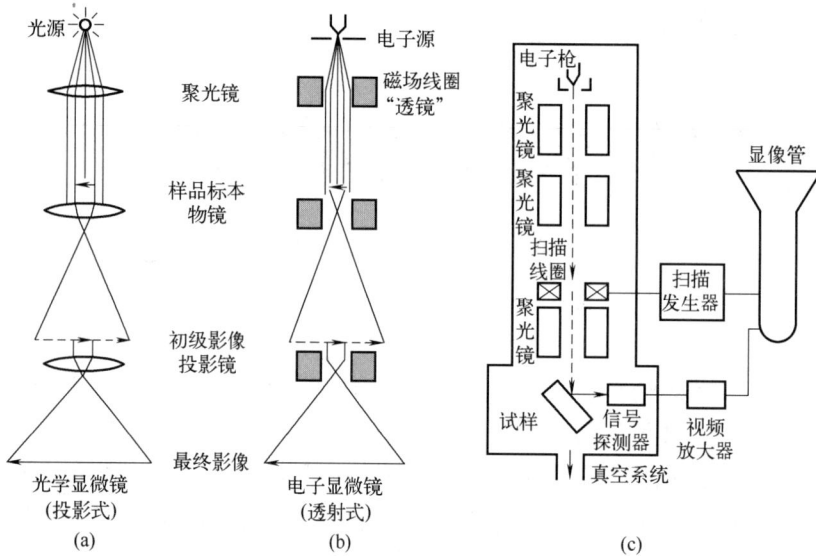

图 3.1　显微镜结构
（a）光学显微镜；（b）透射电子显微镜；（c）扫描电子显微镜

3.1.1　光学显微镜

光学显微镜（optical microscope，OM）是利用可见光照射在试片表面造成局部散射或反射来形成不同图像的光学仪器。因为可见光的波长在 400~700nm，分辨率（指两点能被分辨的最近距离）较差。在一般的操作下，由于肉眼的分辨率仅有 0.2mm，当光学显微镜的最佳分辨率只有 0.2μm 时，理论上的最高放大倍率只有 1000，放大倍率有限，但视野是各种成像系统中最大的。使用光学显微镜可为材料显微分析提供许多初步的结构资料。古典的光学显微镜只是光学元件和精密机械元件的组合，它以人眼作为接收器来观察放大的像。后来在光学显微镜中加入了摄影装置，以感光胶片作为可以记录和存储的接收器。现代又普遍采用光电元件、电视摄像管和电荷耦合器等作为显微镜的接收器，配以微型电子计算机后构成完整的图像信息采集和处理系统。

Aloyson Widmanstabtten 在 19 世纪初（1808 年）用硝酸水溶液腐蚀铁陨石切片，观察到片状 Fe-Ni 奥氏体的规则分布，预示材料的金相学即将诞生。Sorby 在 1863 年用反射式显微镜观察抛光腐蚀的钢铁试样，不但看到珠光体中的渗碳体和铁素体的片状组织（图 3.2），还对钢的淬火和回火作了初步探讨,金相学宣告基本形成。19—20世纪之交,Martens 和 Osmond 对金相学的发展和金相检验在厂矿中的推广做了重要贡献,同时 Roberts-Austen 和 Roogzeboom 初步绘制出 Fe-C 平衡相图,为金属材料的金相学奠定了理论基础。到了 20 世纪中叶,金相学已逐步发展为金属学、物理冶金和材料科学。

如今,金相分析显微镜和专业金相分析软件配套使用进行计算机定量金相分析正逐渐成为人们分析研究各种材料、建立材料的显微组织与各种性能间定量关系、研究材料组织转变动力学等的有力工具。采用金相图像分析系统可以很方便地测出特征物的面积比、平均尺寸、平均间距、长宽比等各种参数,然后根据这些参数来确定特征物的三维空间形态、数量、大小及分布,并与材料的力学性能建立内在联系,为更科学地评价材料、合理地使用材料提供可靠的数据。材料的性能取决于内部的组织状态,而组织又取决于化学成分及加工工艺,因此 OM 分析是金属材料制备及热工艺处理检验与控制的重要手段。

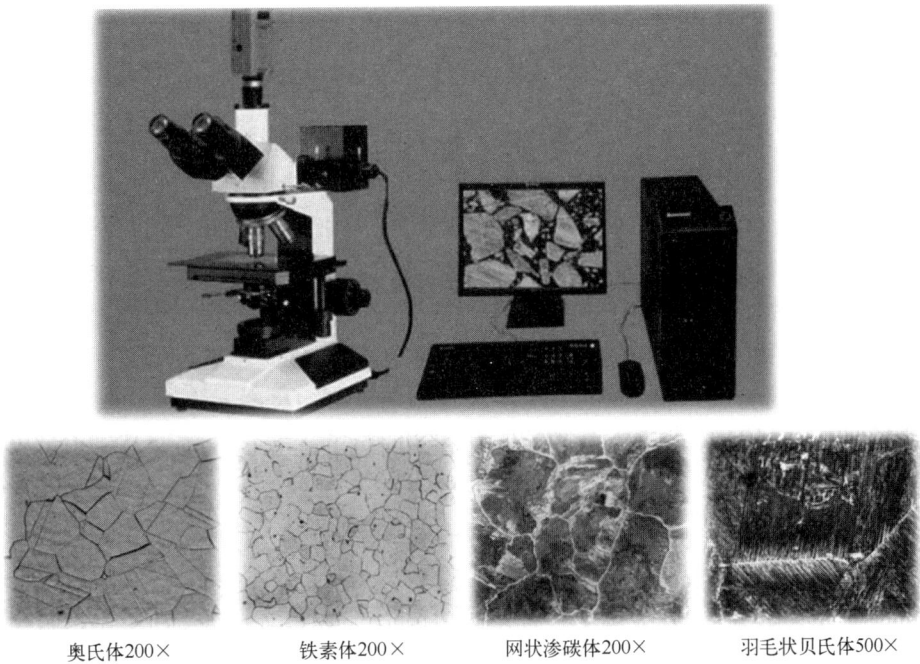

| 奥氏体200× | 铁素体200× | 网状渗碳体200× | 羽毛状贝氏体500× |

图 3.2　金相光学显微镜实物图及钢的金相显微组织照片

光学显微镜由于衍射极限,理论最大分辨率只有 200nm,无法进行精细结构研究。要想看清这些结构,就必须选择波长更短的光源或对光路系统进行优化,以提高显微镜的分辨率。通过改变光源波长,光学显微技术进一步发展出荧光显微镜、激光扫描共聚焦显微镜等仪器,这些仪器在生物及医学等领域获得广泛应用,已经成为生物医学实验研究的必备工具,极大地丰富了人们对细胞生命现象的认识。近年来,计算图像增强已经成为一种强大的工具。例如,超分辨率径向波动(SRRF)提供了一种与基于 LED 系统兼容的增强光学分辨率的开源方法。简而言之,SRRF 需要获取一个时间序列,经过基于局部径向对称性和时间波动的逐步处理,生成一幅在 60~150nm 范围内具有增强分辨率的单一图像。2023 年来自德国汉堡大学的 Victor G. Puelles 等报道了一种基于组织分子荧光标记的扩展增强超分辨率径向起伏技术，使用基于 LED（发光二极管）的广场显微镜实现了 25nm 的超高分辨率。该方法利用水凝胶嵌入的组织进行基于水合的扩张（估计的扩张因子范围为 3.7~3.8 倍），具有使观测保留简单性、可重复性、减少假象生成和保留荧光强度的优点。在扩张和放置于商用或定制的三维打印成像腔体后，根据实验要求和样本大小，使用 LED 系统的广场显微镜获得时间序列，随后使用 SRRF 算法进行处理。该技术使得从福尔马林固定石蜡包埋组织中对亚细胞结构进行分子级别的分析成为可能，可用于复杂的临床和实验样本，如缺血性、退行性、肿瘤性、遗传性和免疫介导的疾病研究中。该工作以 "Expansion-enhanced super-resolution radial fluctuations enable nanoscale molecular profiling of pathology specimens" 为题目发表在 *Nature Nanotechnology* 上。

3.1.2　透射电子显微镜

3.1.2.1　概述

（1）透射电子显微镜发展历程

为看到微观世界，电子显微技术应运而生。1924 年法国物理学家德布罗意提出波粒二相性理论：一切接近于光速运动的粒子均具有波的性质。人们由此联想是否可利用波长更短的电子波代替可见光成像。1926 年，德国学者 H. Busch 提出了运动电子在磁场中的运动理论。他指出：具有轴对称的磁场对电子束具有聚焦作用。这为电子显微镜的发明提供了重要的理论依据。1931 年，德国学者 Knoll 和 Ruska 首次获得了放大 12 倍铜网的电子图像，证明可用电子束和磁透镜进行成像。1931—1934 年，Ruska 等研制出世界上第一台透射电子显微镜，其分辨率达到了 500Å（1Å=0.1nm）。Ruska 所在的西门子公司于 1939 年研制出世界上第一台商品透射电子显微镜，分辨率优于 100Å。1954 年进一步研制出 Elmiskop I 型透射电子显微镜，分辨率优于 10Å。Ruska 因为在电子光学上的基础研究工作及发明第一台电子显微镜获得了 1986 年诺贝尔物理学奖。之后，美国 Cowley 教授等定量解释了相位衬度像，即所谓高分辨像，从而建立和完善了高分辨电子显微学的理论和技术。高分辨电子显微技术能够得到大多数晶体中的原子序列像，其分辨率已经达到了 1~2Å。电子显微分析技术是材料微观分析的重要工具之一，被广泛地应用于材料、生物、医学、冶金、化学等各个研究领域，被称为"微观相机"，经过数十年的发展，现已成为材料、物理、化学以及生命等科学领域中研究物质微观结构的一大利器。特别是纳米材料研究的快速发展，透射电子显微技术发挥了巨大的作用。

（2）透射电子显微镜的工作原理

透射电子显微镜（transmission electron microscope，TEM）与 OM 的成像原理基本一样，所不同的是前者用电子束作光源，用电磁场作透镜。其仪器结构通常由照明系统、成像系统、真空系统、记录系统、电源系统五部分构成。由电子枪发射出来的电子束，在真空通道中沿着镜体光轴穿越聚光镜，聚光镜将其聚焦成一束尖细、明亮而又均匀的光斑，照射在样品室内的样品上；电子与样品中的原子碰撞而改变方向，从而产生立体角散射，散射角的大小与样品的密度、厚度相关；透过样品后的电子束携带样品内部的结构信息，样品内致密处透过的电子量少，稀疏处透过的电子量多；经过物镜的会聚调焦和初级放大后，电子束进入下级的中间透镜和第1、第2投影镜进行综合放大成像，最终被放大了的电子影像投射在观察室内的荧光屏上；荧光屏将电子影像转化为可见光影像以供使用者观察。电子束穿透样品的能力低，因此要求所观察的样品非常薄，对于透射电子显微镜常用的75~200kV加速电压来说，样品厚度需控制在100~200nm。常用样品减薄方法有超薄切片法、冷冻超薄切片法、冷冻蚀刻法、冷冻断裂法等。液体样品，通常是挂预处理过的铜网上进行观察。由于电子的德布罗意波长非常短，透射电子显微镜的分辨率比光学显微镜高很多，达0.1~0.2nm，放大倍数为几万~百万倍，可以看到在光学显微镜下无法看清的小于0.2μm的细微结构。在放大倍数较低的时候，TEM成像的对比度主要是由材料不同的厚度和成分引起对电子的吸收不同而造成的。而当放大率倍数较高的时候，复杂的波动作用会造成成像的亮度不同，因此需要专业知识来对所得到的图像进行分析。可以通过物质的化学特性、晶体方向、电子结构、样品造成的电子相移以及样品对电子的吸收来成像，因此TEM有不同的成像模式。通过高分辨透射电子显微镜（HRTEM）可将晶面间距通过明暗条纹形象地表示出来。通过测定明暗条纹的间距，与晶体的标准晶面间距对比，确定晶型，即可标定出晶面取向或者材料的生长方向。在晶体缺陷分析（如空位、位错、晶界、析出物等）、组织分析（各种不同的晶体微观组织同样对应不同的像和衍射花纹，可在观察组织形貌的同时进行晶体的结构和取向分析）的研究中得到广泛应用。图3.3为常见的透射电子显微镜实物照片。

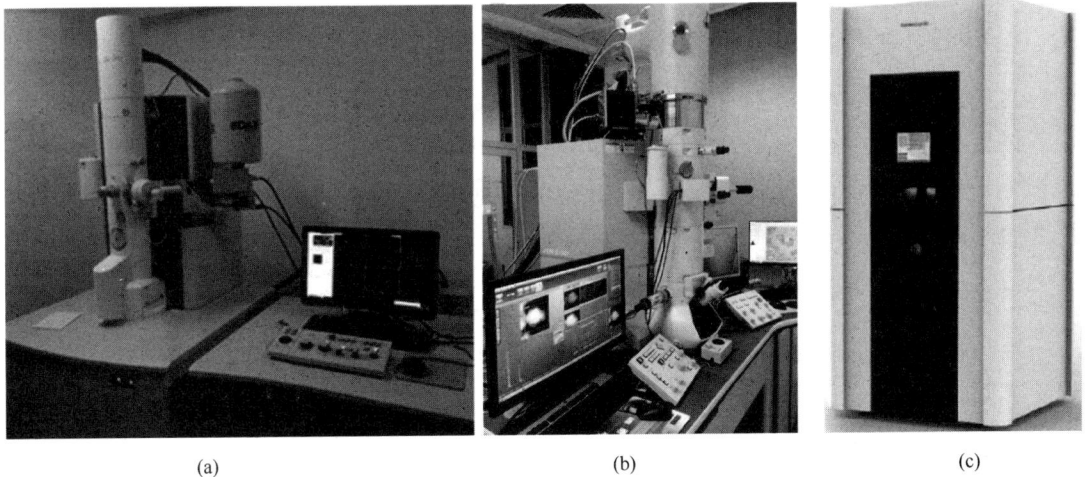

(a)　　　　　　　　　　　(b)　　　　　　　　　　　(c)

图3.3　常见的透射电子显微镜

（a）透射电子显微镜（日本日立 Hitachi，HT-7700）；（b）高分辨场发射透射电子显微镜（日本电子，JEM-2100F）；（c）冷冻透射电子显微镜（赛默飞，Tundra）

（3）透射电子显微镜在材料科学领域的应用

材料的微观结构对材料的力学、光学、电学等物理化学性质起决定性作用。透射电子显微镜作为材料表征的重要手段，不仅可以用衍射模式来研究晶体的结构，还可以在成像模式下得到实空间的高分辨像，即对材料中的原子进行直接成像，直接观察材料的微观结构。电子显微技术对于新材料的发现也起到了巨大的推动作用，D. Shechtman 借助透射电子显微镜发现了准晶，重新定义了晶体，丰富了材料学、晶体学、凝聚态物理学的内涵，也因此获得了 2011 年诺贝尔化学奖。TEM 在材料科学与工程领域的应用小结如下：利用质厚衬度（又称吸收衬度）像，对样品进行形貌观察；利用电子衍射、微区电子衍射、会聚束电子衍射等技术对样品进行物相分析，从而确定材料的物相、晶系，甚至空间群（图 3.4）；利用高分辨电子显微方法可直接看到晶体中原子或原子团在特定方向上的投影这一特点，确定晶体结构；利用衍衬像和高分辨电子显微技术，观察晶体中存在的结构缺陷，确定缺陷的种类、估算缺陷密度；利用 TEM 所附加的能量色散 X 射线谱仪或电子能量损失谱仪对样品的微区化学成分进行分析；利用 TEM 所附加的加热装置、应变装置，原位观察样品的变形、断裂过程等，实现对材料力学性能与结构关系的表征；通过 TEM 还可实现原位纳米器件的加工。

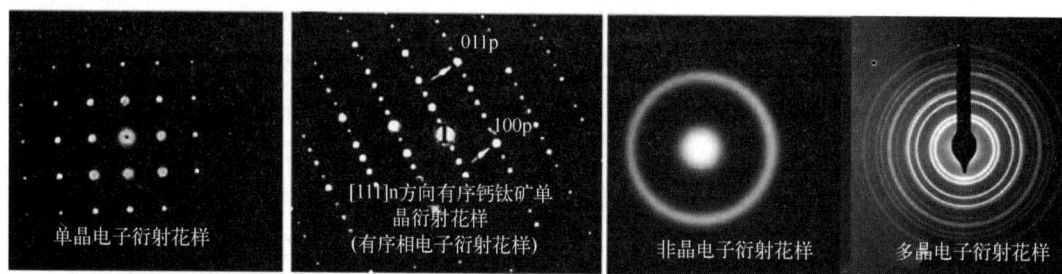

图 3.4　TEM 观测的不同晶体结构的材料样品的电子衍射花样

（4）透射电子显微镜最新应用进展

在近十几年中，TEM 对材料学科的发展起到了巨大的推动作用。许多新型的纳米材料、材料结构和性能之间的关联、材料物理化学反应机理等研究成果不断涌现。这一方面归功于透射电子显微镜分辨率（能量分辨率、空间分辨率等）的不断提升，另一方面则受益于球差校正电子显微镜、原位电子显微镜、冷冻透射电子显微镜等技术的相继出现。

3.1.2.2　高分辨透射电子显微镜

科学技术的进步和发展导致人们对金属材料的开发与应用提出更高层次的要求，科研人员不断对金属材料进行改善创新。利用纳米技术可以提升金属材料的力学性能及功能特性，金属材料中微小的成分组织都能通过纳米技术进行调控。运用电子显微技术对纳米金属材料进行分析研究，对新材料的发展有巨大的推动作用，所获取的研究成果对社会经济进步产生有利影响。

例如，2022 年由吉林大学、西安交通大学、悉尼大学、南京理工大学组成的研究团队，对超高强纳米金属的应变硬化提出了一种新的机制，并依此路径设计了新颖的高性能合金。金属的强度和韧塑性是一对矛盾体。当金属材料内部的晶粒尺寸减小至纳米尺度，材料的强度将依霍尔-佩奇（Hall-Petch）关系大幅度提高。但当纳米晶粒金属塑性变形时，位错变得极难在如此小的晶粒内部保留下来，导致材料丧失应变硬化能力，很容易发生局域化塑性变形而失稳。上述研究团队以镍钴合金作为模型材料，利用脉冲电沉积工艺，在面心立方单相双主元固溶体合金中，构筑出了由纳米晶粒（晶粒尺寸 26nm）及其内部多尺度（1~10nm）成分起伏组成的复合纳米结构。制备中有意加剧的成分起伏促成了层错能和晶格应变场的明显起伏，其发生的空间尺度恰能有效地与位错交互作用，从而改变了位错动力学行为，使位错运动呈现出迟滞、间歇、缠结的特征，促使其在纳米晶粒内部有效增殖存储，提高了材料的应变硬化能力。另外，由于位错线不再平直均匀前行，而是黏度滑移，一段段的"纳米片段脱捕"，这一激活过程提高了位错运动的应变速率敏感性，提升了应变速率硬化能力。图 3.5 为材料晶体结构和位错表征结果。在应变硬化与应变速率硬化的共同作用下，该纳米合金在超高流变应力水平上展现出独特的强度与塑性的优化配置，达到了单相面心立方金属（包括传统的溶剂-溶质固溶体）前所未有的新高度：材料的屈服强度达到 1.6GPa，最高拉伸强度接近 2.3GPa，拉伸断裂应变可达 16%。相关研究成果以"Uniting tensile ductility with ultrahigh strength *via* composition undulation"为题，发表于全球顶级期刊 *Nature*。该研究利用 HRTEM，该研究对材料晶体结构其位错运动行为进行了详细的观测，其表征结果对机理的解释和新型纳米合金材料的研究起关键作用。

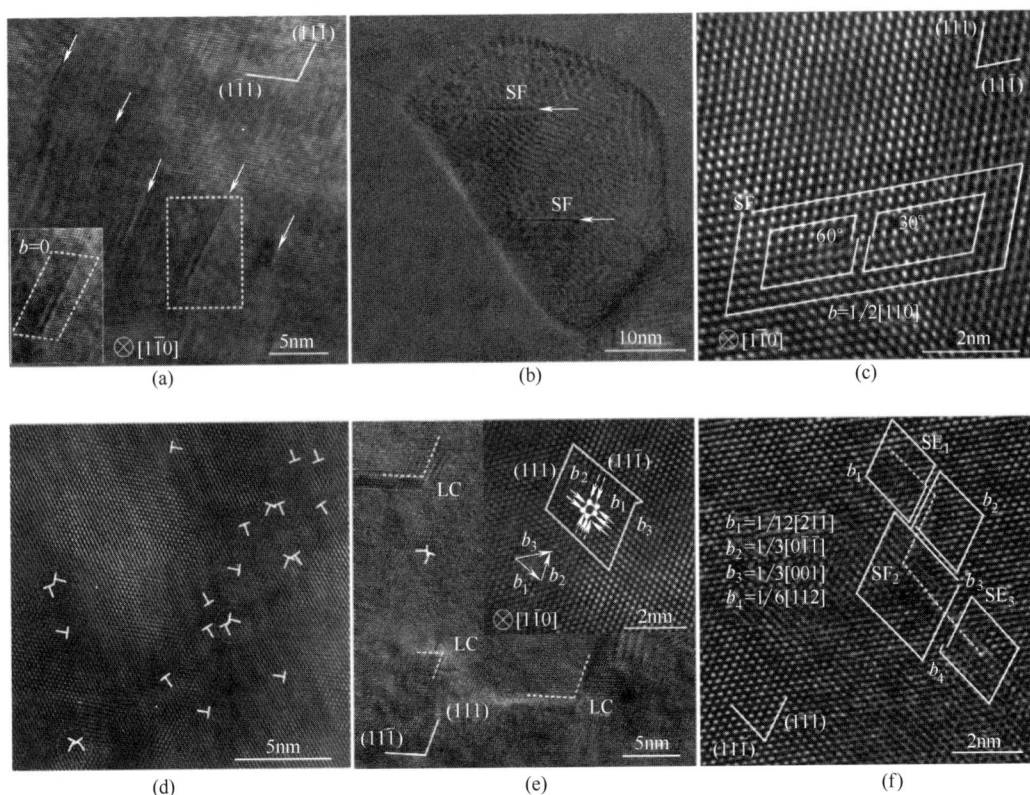

图 3.5　材料晶体结构和位错表征

（a）在（111）面上部分位错的 HRTEM 图像；（b）具有代表性的 HRTEM 图像；（c）一个 60°全位错解离成一个 90°部分位错和一个 30°部分位错的原子结构的 STEM-HAADF（高角环形暗场）图像；（d）反变换快速傅里叶的图像；（e）由两个部分位错的反应形成的 HRTEM 图像；（f）由 SF1、SF2、SF3 三个堆叠断层以及 4 个位错组成的 HRTEM 图像

3.1.2.3 原位透射电子显微镜

原位透射电子显微镜能直接观察样品在力、热、电、磁等作用下以及化学反应过程中的微结构演化的过程。原位是实验过程在电子显微镜中完成，随着实验的进行，对实验过程进行实时观察和记录。与原位对应的非原位是指实验过程是在电子显微镜外完成，实验完成后再将样品放进电子显微镜中观察，通过对比实验前和实验后样品的图像来推断实验过程中样品发生的变化。原位透射电子显微技术提供了接近真实环境的条件，更直接地将材料的微观结构变化与外部信号关联起来，是以原子分辨率揭示物理和化学过程动力学的最有力方法之一，对拓展材料在微观尺度的实验手段、理解各种动态反应的本质、设计和制备具有新奇性能的材料有着重要意义。为拓宽应用，引入加热、冷却、电偏置、光照以及液体和气体环境的原位刺激。近年来利用原位 TEM 技术进行材料可视化制备及特性测试，并可通过揭示纳米级的详细机制来解决能源领域的问题。相关应用包括可充电电池（如锂离子、钠离子、Li–O_2、Na–O_2、Li–S 等）、燃料电池、热电、光伏和光催化等。例如，碳的同素异形体可以作为可逆吸 Li 的主体材料，从而为现有和未来的电化学储能奠定基础。然而，我们很难了解 Li 是如何在这些材料中排列的。受较小的散射截面和撞击损伤敏感性这两个因素影响，原位透射电子显微镜探测轻元素（特别是 Li）存在一定困难。2018 年 11 月，来自德国乌尔姆大学的 Ute Kaiser 与马克斯-普朗克研究所（马普所）的 Matthias Kühne 通过原位低压透射电子显微镜研究 Li 在双层石墨烯中的可逆嵌入（图 3.6），得到了电子能量损失谱和密度泛函理论计算的支持。实验中的器件装置由覆盖 Si_3N_4 的硅衬底支撑，使用的双层石墨烯片从天然石墨上剥落。装置的一侧通过锂离子导电固体聚合物电解质（已经封装在薄 SiO_2 层中以避免被氧化）连接到 Si_3N_4 表面的电极上。嵌入双层石墨烯中的 Li 快速地横向扩散，实现了均匀分布。因此，可以通过原位透射电子显微镜研究其在与电解质完全分离的区域中的有序性，并避免电解质暴露于电子束下而影响观测。在 TEM 可以观测的区域，双层石墨烯悬浮在 Si_3N_4 膜的孔上。当锂原子从覆盖着狭长双层石墨烯一端的电化学电池中远程插入时，观察到锂原子在两个碳片之间呈现多层紧密堆积的排列，其锂储存容量远远超过 LiC_6（LiC_6 是已知的在正常条件下锂嵌入块状石墨碳中的最密构型）形成时的预期。相关研究成果以 "Reversible superdense ordering of lithium between two graphene sheets" 为题发表于 *Nature* 杂志。

定向附着结晶使粒子沿着特定的晶体方向排列，产生像单晶体一样衍射的介晶。传统观点认为成核提供了粒子，这些粒子受有吸引力的粒子间势的影响，通过布朗运动聚集。介晶通常表现出规则的形态和均匀的大小。尽管许多晶体系统形成介晶，并且个体的附着事件已经被直接可视化，但是随机的附着事件如何导致良好的自相似形态仍然是未知的。基于此，2021 年美国西北太平洋国家实验室 James J. De Yoreo 教授利用原位 TEM 和冷冻 TEM，研究了氧化铁介晶形成。他们原位跟踪了在草酸盐（Ox）存在的情况下赤铁矿（Hm）中晶体的形成。发现孤立的 Hm 粒子很少出现，但一旦出现，即在 Ox 表面上的界面梯度驱动下在距离表面大约 2nm 处成核，从而生长成大尺寸介晶。如图 3.7 所示，研究者利用一种由低结晶的两线铁氧体（$Fe_2O_3 \cdot xH_2O$，Fh）聚集而成的前驱体，在约 1.5Å 和 2.5Å 处表现出两个典型的弥散环 [图 3.7（a）]。在不添加添加剂的情况下，在 10h 内形成 Hm（Fe_2O_3）单晶。然而，在加入草酸钠（NaO_x）两小时后，Fh 聚集体中出现了纺锤形的 Hm 晶体 [图 3.7（b）]。到 10 h

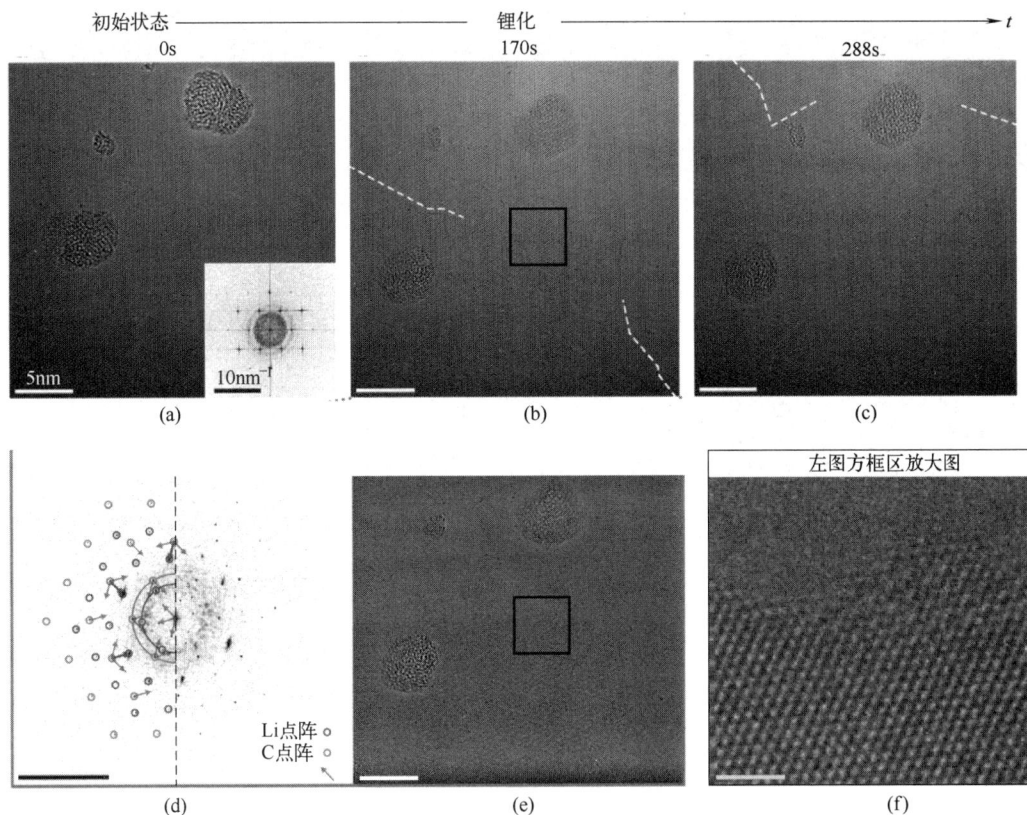

图 3.6　Li 在双层石墨烯中的可逆嵌入

［（a）～（c）透射电子显微镜图像显示锂化过程中双层石墨烯之间形成的 Li 的传播前沿（白色虚线）；（d）对应图（b）的滤波后傅里叶变换；（e）对应图（b）的过滤干扰信息后的 Li 晶体 TEM 图；（f）为图（e）的方框区放大］

所有的 Fh 消失，只剩下 Hm 介晶［图 3.7（c）］。高分辨透射电子显微镜（HRTEM）显示所有纺锤均由结晶排列 Hm 粒子组成［图 3.7（d）～（f）］，并沿［001］轴伸长。横断面透射电子显微镜以及切片样品的三维断层扫描证实了纺锤状微观结构，并显示了许多纳米级孔隙。系列研究结果表明，一旦 Hm 粒子出现在含草酸盐的 Fh 溶液中，无论 Hm 粒子是通过溶液成核，还是在 Fh 上形成，或者通过 Fh 晶种，Fh 都会溶解，为新的 Hm 粒子提供溶质。为了确定新的 Hm 颗粒形成的位置，他们使用了 80℃的原位液相透射电子显微镜来观察现有 Hm 晶种的纺锤体形成。该研究通过原位 TEM 追踪了草酸存在情况下赤铁矿结晶的形成，所证实的界面梯度驱动粒子成核为天然氧化铁的异常形态提供了可能的解释，纺锤形的晶形是由纳米颗粒聚集体组成的。以上研究表明，由界面梯度驱动的颗粒附着结晶（CPA）过程可能在合成和自然环境中均广泛存在。相关成果以 "Self-similar mesocrystals form viainterface-driven nucleation and assembly" 为题发表在 *Nature* 上。

晶界迁移在纳米晶和多晶材料的形变中具有普遍意义，但在原子尺度上对迁移机制的全面了解仍然很少，对其进行研究有助于对材料力学性能调控的理解。2019 年 1 月，浙江大学材料科学与工程学院张泽院士、王江伟研究员等结合先进的原位电子显微镜技术和分子动力学模

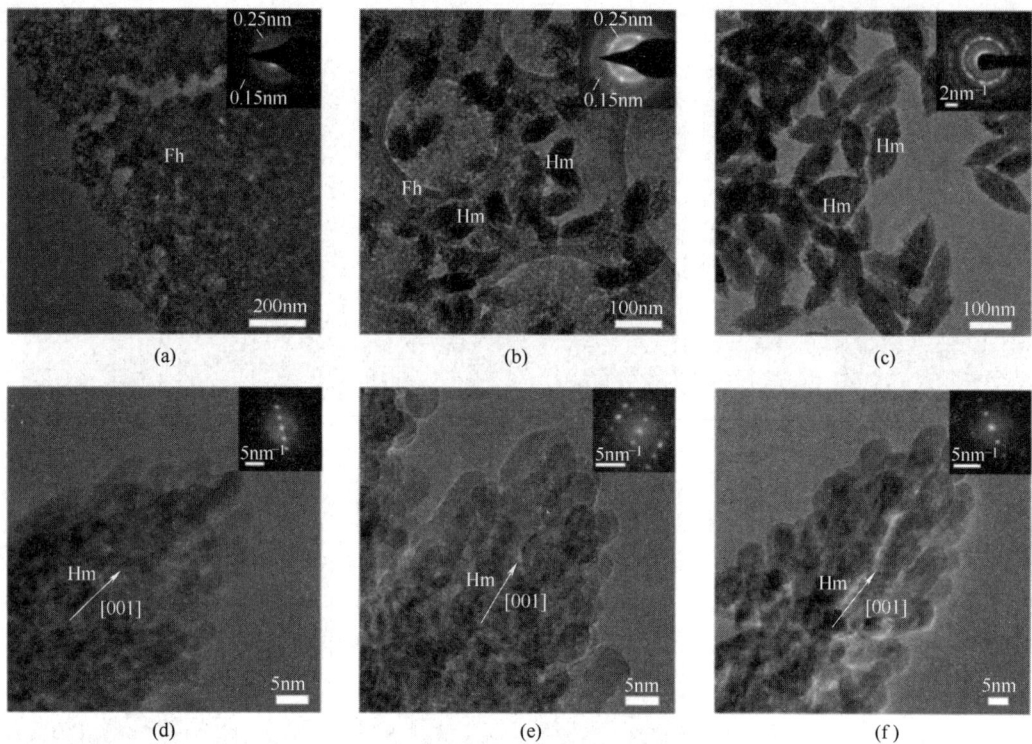

图 3.7　Fh 纳米粒子形成纺锤形 Hm 介晶

（a）0h；（b）2h；（c）10h；（d）0h；（e）10h；（f）200h

拟，从原子尺度级别揭示了切应力作用下晶界台阶主导的晶界迁移行为，进一步发展和完善了晶界变形理论，为通过晶界结构调控优化材料力学性能提供了新思路。他们借助球差校正电子显微镜和力-电耦合原位样品杆，经过精巧的实验设计，实现了独特的原位力学实验方法，制备出含有各种类型晶界的金属纳米材料结构，表征结果如图 3.8 所示。他们用精确控制原位样品杆的移动端，成功做到了稳定原位的剪切加载，并使用高速相机实时捕捉材料变形时的晶界结构动态演化，从原子尺度揭示了剪切应力作用下不同结构的晶界通过 disconnection 形核、滑移和交互作用实现往复迁移的一般机制，并在一系列实验中验证了该迁移机制的普适性，完善了对晶界变形行为的认识。相关研究成果以 "*In situ* atomistic observation of disconnection-mediated grain boundary migration" 为题发表于 *Nature Communications* 杂志。

位错攀移/滑移是解释高温下金属变形的经典机制之一。位错的运动涉及滑移和攀移，变形速率由二者中较慢的一方控制。在这些经典理论中，攀移速度小于滑移速度，因为攀移需要空位扩散，这在蠕变条件下是一个缓慢的过程。然而，滑移和攀移过程中，位错表现出不同速度的假设尚未通过实验证实，这可能是由于位错的速度和变形机制很难同时确定。2023 年法国图卢兹大学的研究人员在金属间 Ti-48.4Al-0.1B（原子分数，%）合金的 γ 相中，通过原位透射电子显微镜研究测量位错速度（图 3.9）和通过立体分析确定运动平面的耦合实验，最终确定了攀移和纯滑移机制两者具有相同数量级的位错速度（在 0.5~5nm/s 范围内），表明在过渡温度范围内混合攀移可以达到滑移的速度。相关工作以 "Glide and mixed climb dislocation velocity in γ-TiA linves tigated by *in-situ* transmission electron microscopy" 为题发表在 *Scripta Materialia* 上。

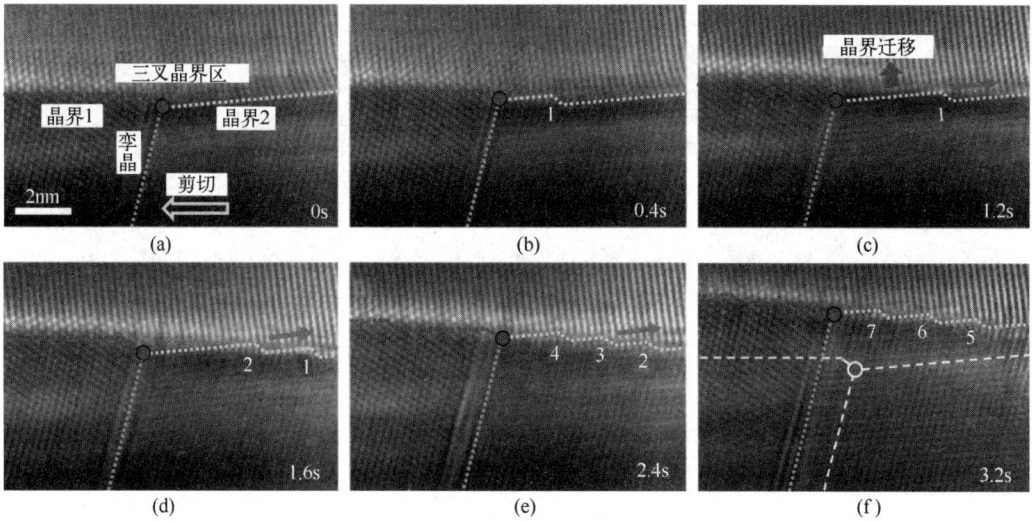

图 3.8　利用球差校正电子显微镜在原子尺度原位观察三叉晶界形核机制

［（a）纳米晶体中的三叉晶界结构；（b）、（c）晶界台阶从三叉晶界处形核并在晶界 2 上滑移，导致相应的晶界迁移；（d）～

（f）多个晶界台阶连续从三叉晶界处形核，并在晶界 2 上滑移，导致晶界 2 的大幅度迁移］

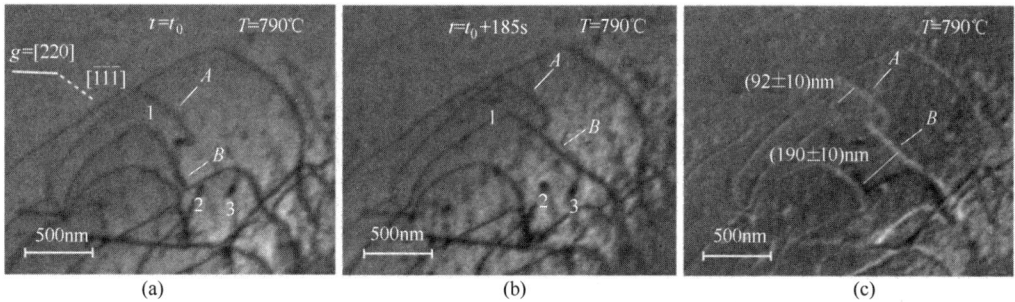

图 3.9　在 790℃的 TEM 原位实验中观察到的攀移机制示例

　　一般 TEM 样品只能在真空环境下进行表征，无法直接观察多相催化体系中催化材料的动态变化过程。通过原位气氛 TEM 技术实现的环境透射电子显微镜（ETEM）则可以直接观察暴露在液体或者气体环境下的材料结构，这为开发高性能的多相催化材料、提高催化材料的使用寿命、研究催化反应机理提供了巨大便利。例如，在空气中，水蒸气的存在会加速金属或者合金材料的氧化过程（腐蚀生锈）。但是，这一现象背后的微观机制仍尚无定论。美国太平洋西北国家实验室的 Chongmin Wang 研究团队为解决这一问题，采用原位 TEM 技术对镍铬合金在水蒸气中的氧化过程进行了研究，首次揭示了质子（氢离子）在合金腐蚀过程中的重要作用。研究结果如图 3.10 所示，水解离出的质子可以占据氧化物晶格中的间隙位置，促进了空位的聚集，导致氧化物中阴、阳离子的扩散显著增强，使得材料极易形成多孔结构，加速了潮湿环境中合金材料的氧化速度。该工作通过原位 TEM 观察了材料中缺陷的形成、位置及迁移。

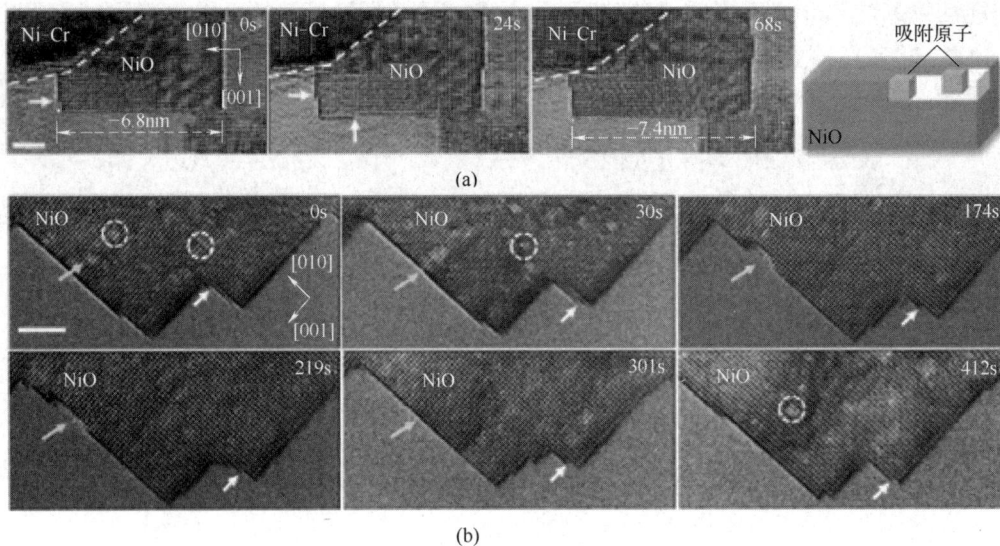

图 3.10 TEM 观察 Ni-Cr 合金在纯氧环境与水蒸气环境下的动态氧化过程

（a）在纯氧环境下，Ni-Cr 合金表面 NiO 的晶体生长；（b）在水蒸气环境下，Ni-Cr 合金表面 NiO 的晶体生长

3.1.2.4 冷冻透射电子显微镜

冷冻透射电子显微镜（cryo-transmission electron microscopy，cryo-TEM）是近年来 TEM 技术新的发展方向之一，通常是在普通透射电子显微镜上加装样品冷冻设备，将样品冷却到液氮温度（77K），用于观测蛋白、生物切片等对温度敏感的样品。通过对样品的冷冻，可以降低电子束对样品的损伤，减小样品的形变。通过对运动中的分子进行冷冻，即可进行高分辨成像，从而得到更加真实的样品形貌。2017 年，瑞士科学家雅克·迪波什、美国科学家阿基姆·弗兰克和英国科学家理查德·亨德森因在冷冻电子显微镜技术上的巨大贡献斩获诺贝尔化学奖。冷冻透射电子显微镜是一种非常先进和强大的生物结构成像技术：电子被发送到冷冻样品中，以分析单分子结构，其放大倍数足以看见原子。这些图像使我们更深入地理解生命的基本结构和功能。例如，冷冻透射电子显微镜技术可解析病毒结构（图 3.11），在推测其侵染人体细胞的路径等传播原理方面发挥了重要作用，为研发疫苗提供了重要的理论依据。

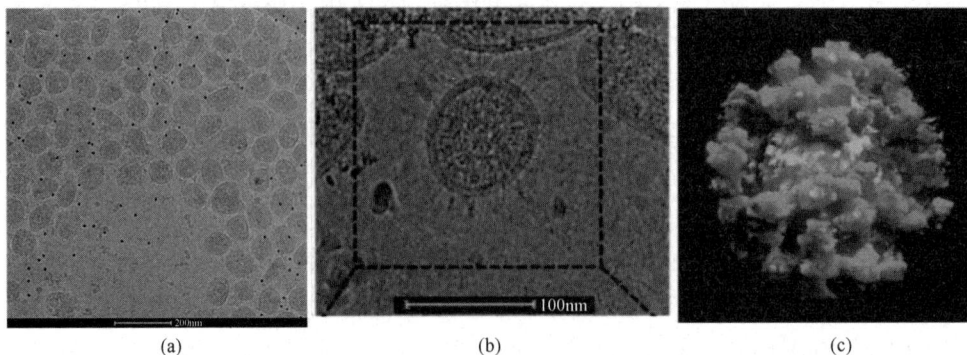

图 3.11 灭活后的 SARS-CoV-2 新冠病毒冷冻透射电子显微镜图片（a）、（b）和以冷冻透射电子显微镜断层扫描图像构建的 3D 模型图（c）

锂基电池是新能源材料领域的研究热点，一直以来锂枝晶和固体-电解质界面是困扰其发展的重要问题。传统的 TEM 电子束能量很大，极易对电池材料或者界面造成损坏，改变电池材料的形貌和化学组成。借鉴冷冻透射电子显微镜生物样品的制备方法，使用冷冻透射电子显微镜技术可保留电池材料的原始状态，实现在原子尺度上对电池材料的研究。图 3.12 所示为美国斯坦福大学崔屹研究团队首次应用冷冻透射电子显微镜对锂电池材料和界面原子结构进行的表征。结果显示，即使在连续 10 分钟的电子束辐射下，冷冻透射电子显微镜中的锂枝晶仍保持原有的形貌。进一步研究发现，不同于早期 TEM 图像所观察到的不规则锂枝晶，冷冻透射电子显微镜下锂枝晶呈现出完美的长条形六面晶体，主要沿<111>面择优生长。同时，锂枝晶在生长过程中还可出现"拐弯"，但是并不会产生晶体缺陷。

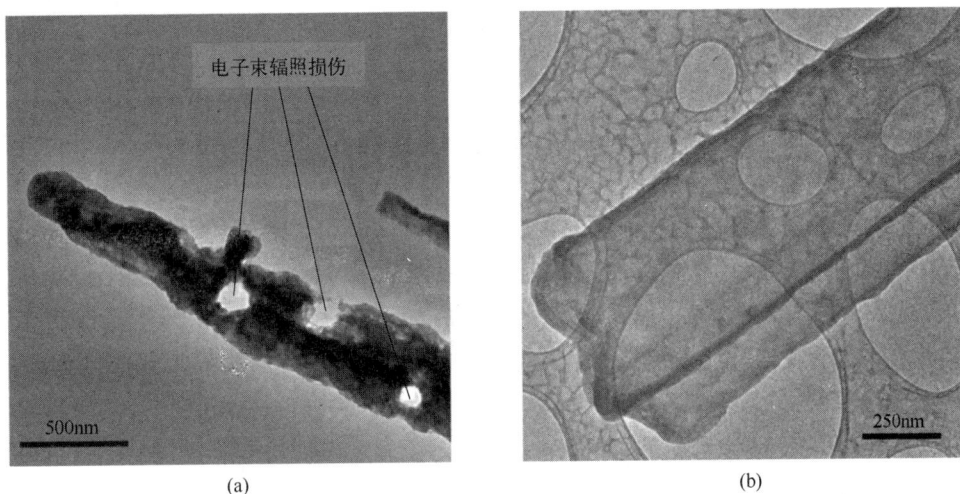

图 3.12　锂枝晶 TEM 图

[图（a）说明室温下，空气接触以及电子显微镜里的电子束辐照会破坏锂枝晶的原始结构；图（b）说明用冷冻技术，锂枝晶的形貌得以完好保存和成像]

3.1.2.5　三维透射电子显微镜

TEM 最广泛的用途是对材料结构的表征，但是二维图像不能直观反映材料三维空间构造。三维透射电子显微镜（3D-TEM）是将透射电子衍射与计算机图像处理相结合形成的一种材料三维重构方法。应用 3D-TEM 可以实现对复杂自组装纳米结构的准确表征。美国康奈尔大学 Ulrich Wiesner 研究团队结合冷冻透射电子显微镜和 3D-TEM，实现了高度对称、超小尺寸、十二面体无机纳米笼的普适性自组装。结果如图 3.13 所示，该工作确认了十二面体无机纳米笼结构的存在。这项研究为硅基无机纳米材料的构筑提供了全新的思路。

3.1.2.6　阿秒透射电子显微镜

光与材料之间相互作用的第一步是电子对入射光波在亚波长和亚周期维度上的光周期的电动力学响应。因此，理解和控制材料的电磁响应对于现代光学和纳米光子学来说是至关

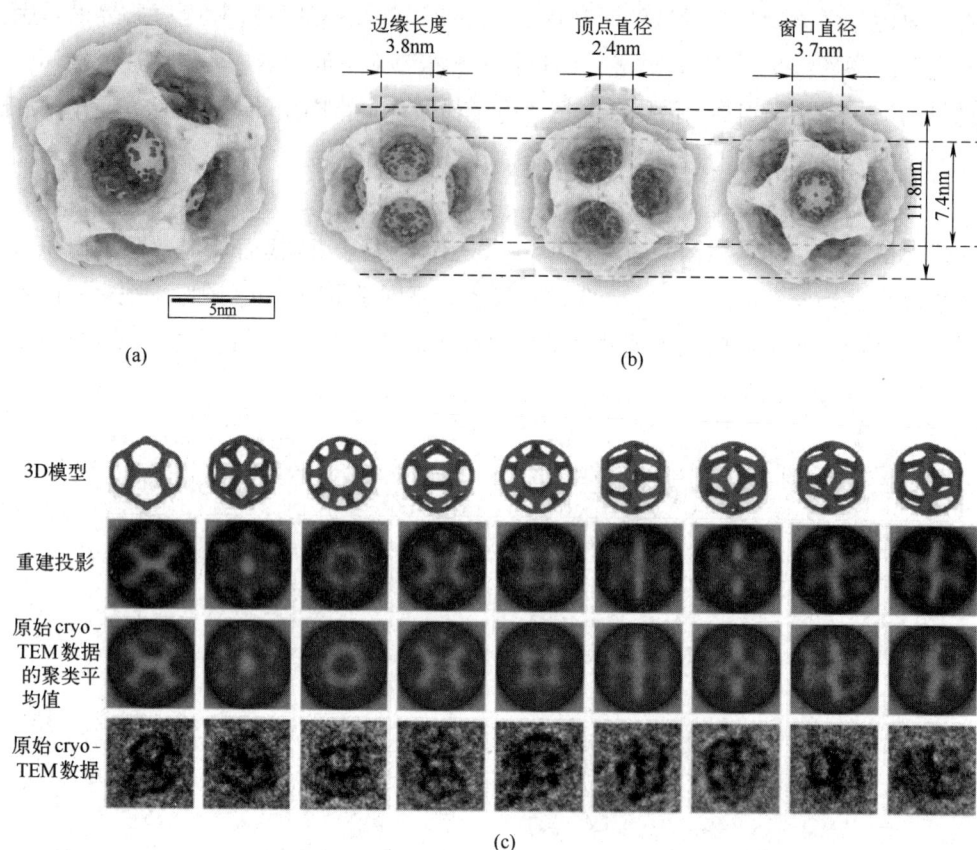

边缘长度
3.8nm

顶点直径
2.4nm

窗口直径
3.7nm

11.8nm
7.4nm

5nm

(a)

(b)

3D模型

重建投影

原始 cryo-
TEM 数据
的聚类平
均值

原始 cryo-
TEM 数据

(c)

图 3.13　十二面体 SiO₂ 纳米笼的 TEM 表征与 3D 重构

重要的。虽然电子束的德布罗意波长应该可以达到阿秒和亚纳米维度，但超快电子显微镜和衍射技术时间分辨率目前还局限于飞秒范围，不足以记录光周期尺度上的基本物质反应。2023 年德国康斯坦茨大学的研究者将透射电子显微镜的时间分辨率提高到阿秒分辨率，在一个激发光周期内获得光学响应。如图 3.14 所示，该研究使用带有肖特基场发射器的电子显微镜，应用连续波激光器将电子波函数调制为电子脉冲的快速序列，并使用能量滤波器将材料内部和周围的电磁近场解析为空间和时间上的图像。在纳米结构针尖、介质谐振器和超材料天线上的实验揭示了手性表面波的定向发射、偶极和四极动力学之间的延迟、腔下埋入波导场和对称破缺的多天线响应。该研究建立了具有场周期对比度的阿秒透射电子显微镜，作为一种通用和灵敏的方法，可以在空间和时间的基本维度上可视化复杂材料中光和物质之间的相互作用的动力学。单电子基础上的统计光周期对比度测量可能揭示场的涨落和时空相关性，从而提供对纳米和阿秒尺度上量子物体或热发射体周围的非相干或非经典光波性质的访问。因此，直接测量作为空间和时间函数的天然和人造材料的电磁功能的能力对从基本的角度理解光-物质相互作用应该是有价值的，并有助于将近场光学、被动和主动超材料、光子集成电路、光循环光化学和自由电子腔光学推向新的应用领域。相关研究成果以 "Attosecond electron microscopy of sub-cycle optical dynamics" 为题发表于 *Nature* 杂志。

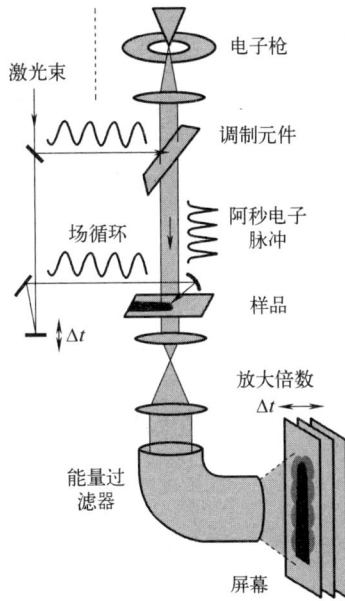

图 3.14　带有肖特基场发射器的电子显微镜

（电子能量为 183keV，用波长为 $\lambda = 1064$nm、周期为 3.6fs 的连续波激光激发被研究的材料。激光通过光电场周期性地加速和减速自由电子波函数，将电子束调制成持续时间为阿秒的超短电子脉冲序列）

3.1.3　扫描电子显微镜

3.1.3.1　扫描电子显微镜的工作原理

扫描电子显微镜（scanning electron microscope，SEM）成像原理和 OM 及 TEM 不同，它是以电子束作为照明源，把聚焦得很细的电子束以光栅状扫描方式照射到试样上，产生各种与试样性质有关的信息，然后加以收集和处理从而获得微观形貌放大像。由电子枪发射出来的电子束，经栅极聚焦后，在加速电压作用下，经过二至三个电磁透镜组成的电子光学系统，细的电子束聚焦在样品表面。在末级透镜上装有扫描线圈，在其作用下使电子束在样品表面扫描。基于高能电子束与样品物质的相互作用，产生了各种信息：二次电子、背散射电子、吸收电子、X 射线、俄歇电子、阴极发光和透射电子等（图 3.15）。这些信号被相应的接收器接收，经放大后送到显像管的栅极上，调制显像管的亮度。经过扫描线圈的电流与显像管相应的亮度一一对应，即电子束打到样品上一点时，在显像管荧光屏上就出现一个亮点。SEM 就是这样采用逐点成像的方法，把样品表面不同的特征，按顺序、成比例地转换为视频信号，完成一帧图像，从而使我们在荧光屏上观察到样品表面的各种特征图像。通过采集二次电子、背散射电子得到有关物质表面微观形貌的信息，背散射电子衍射花样得到晶体结构信息，特征 X 射线得到物质化学成分的信息。

扫描电子显微镜有以下几个特点：①仪器分辨本领较高，二次电子像分辨本领使用阴极钨灯丝可达 3.0nm，使用场发射阴极可达 1.0nm；②仪器放大倍数变化范围大，从几倍到几十万倍连续可调，例如 S-5200 型 SEM 放大倍数甚至达到 200 万倍；③图像景深大，富有立

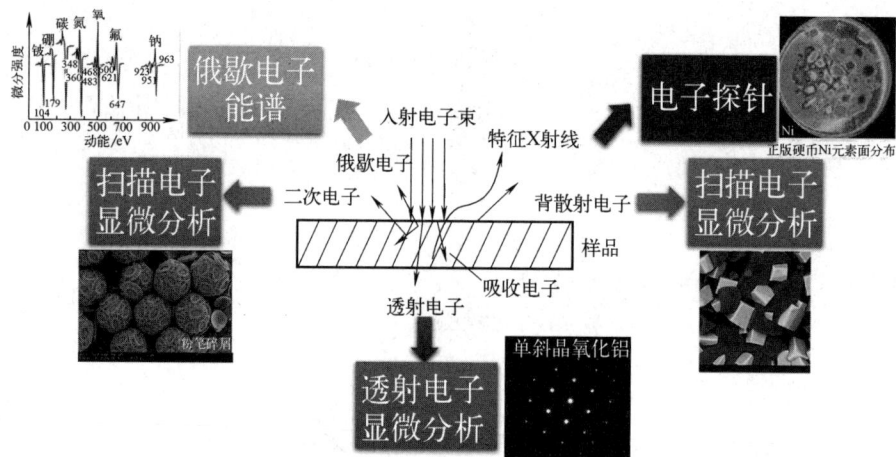

图 3.15　电子束与物质的相互作用及信号表征

体感，可直接观察起伏较大的粗糙表面，如金属和陶瓷的断口等，对这些粗糙表面，光学显微镜由于景深小无法观察，透射电子显微镜制样困难，而 SEM 可清晰成像、直接观察；④试样制备简单，只要将块状或粉末的、导电的或不导电的试样不加处理或稍加处理，就可直接进行观察；⑤可进行综合分析，与波长色散 X 射线谱仪（WDX，简称波谱仪）或能量色散 X 射线谱仪（EDS，简称能谱仪）联用，在观察扫描形貌图像的同时，可对试样微区进行元素分析。装上不同类型的试样台和检测器可以直接观察处于不同环境（加热、冷却、拉伸等）中的试样显微结构形态的动态变化过程。在最近 20 多年的时间内，SEM 综合了 X 射线分光谱仪、电子探针以及其他许多技术而发展成为分析型的扫描电子显微镜，仪器结构不断改进，分析精度不断提高，应用功能不断扩大，越来越成为众多研究领域不可缺少的工具，目前已广泛应用于冶金矿产、生物医学、材料科学、物理和化学等领域。

3.1.3.2　扫描电子显微镜在研究自然现象中的应用

大自然是最好的研究对象，而扫描电子显微镜的出现为人类探寻微观世界的奥秘提供了新方法、新手段。荷通常生长在沼泽和浅水区域，但却具有"出淤泥而不染"的特性，这使得荷几千年以来被人们作为纯洁的象征。然而荷叶始终保持清洁的机理却一直不为人们所知，直到 20 世纪 60 年代中期，随着 SEM 的发展，人们才逐渐揭开了荷叶的秘密。1977 年，德国伯恩大学的 Barthlott 和 Neinhuis 通过 SEM 研究了荷叶的表面结构形态。研究发现，荷叶表面分布着大量微米级的蜡质微乳突结构；每一个乳突上又分布着大量纳米级的细枝状结构；而且荷叶的表皮上存在许多的蜡质三维细管，这样的微纳米复合结构，致使水滴与荷叶表面具有很低的接触面积，SEM 照片如图 3.16 所示。因此，荷叶表面蜡质组分和微/纳米复合结构共同作用，赋予荷叶独特的超疏水和低黏附性。荷叶上水的接触角和滚动角分别约为 160°和 2°。水滴在荷叶表面几乎呈现球形，并且可以在所有方向上自由滚动，同时带走荷叶表面的灰尘，表现出很好的自清洁效应。

此外，SEM 具有高分辨率、大景深、对样品无损等优异性能，并可以与能谱仪联用，能够快速对微小物质的表面形貌及微区成分进行全面分析，从而为法医学提供客观依据，为刑侦鉴定提供线索。利用 SEM 对人体组织、植物残片、硅藻、花粉、昆虫、微生物等物品进

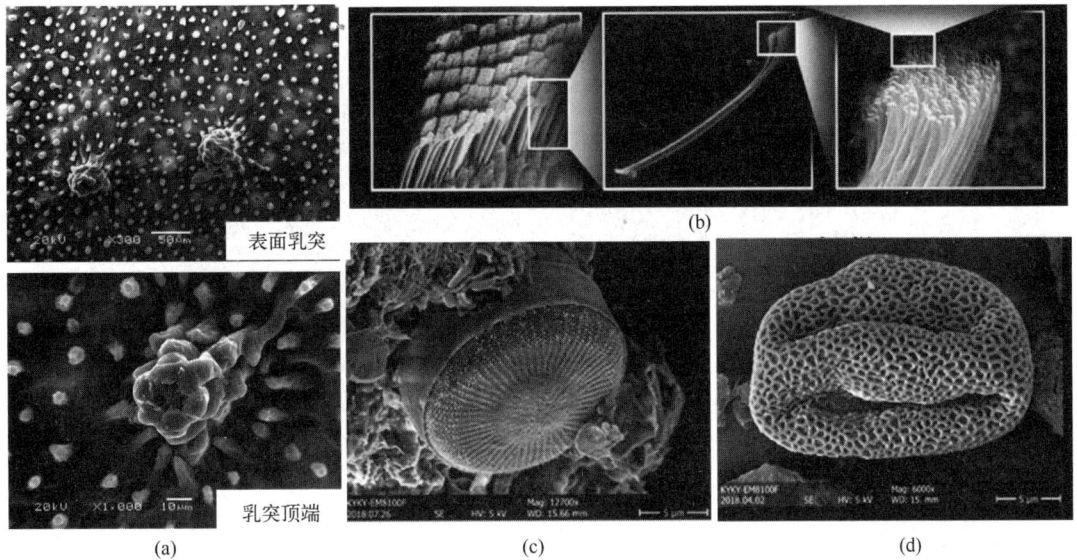

图 3.16 常见动植物的 SEM 微观结构

（a）荷叶 SEM 照片；（b）壁虎爪刚毛 SEM 照片；（c）硅藻 SEM 照片；（d）花粉 SEM 照片

行检验鉴定，不会破坏物证的原始形态，可用于判断死亡时间，为案件分析提供线索。例如，硅藻检验法在法医学溺死诊断中具有重要意义，通过 SEM 观察硅藻的形态（图 3.16）及类型能够查出水域所在位置，若在衣物上发现异常类型的硅藻则可说明尸体被移动过。

除了研究自然界，在日常生活物资的选择方面，SEM 也起关键作用。例如，口罩对于灰尘、唾沫等的防护主要依靠其物理性质，口罩过滤层的纤维粗细、孔径大小和过滤层的厚度会直接影响口罩的防护能力和过滤效率。如图 3.17 所示，良品医用口罩的过滤层纤维直径 $1\sim15\mu m$，并且非常致密；而劣质口罩过滤层纤维粗大且蓬松，对大多数污染物没有办法起到过滤作用。因此，利用 SEM 测试这些指标可帮助人们快速有效地筛选口罩。

3.1.3.3 扫描电子显微镜在材料科学领域的应用

在材料研究方面，SEM 获得广泛应用，如材料纳米级尺寸检测、断裂失效分析、表面缺陷分析、微区化学成分分析等。以金属材料为例，金属材料断裂失效常以磨损、腐蚀、断裂、变形等形式存在。如图 3.18 所示，通过对断口微观形貌的观察，根据脆性断裂及韧性断裂机理，结合材料受力状态分析，找出失效根源。利用 SEM 对金属表面或界面的薄层进行组分、结构和能态的分析，为失效机理推断提供定性定量依据。

对于非金属材料，通过 SEM 观察材料表面形貌，为研究样品形态结构提供了便利，有助于监控产品质量，优化工艺。观察的主要内容是材料的几何形貌、材料的颗粒度及颗粒度的分布、物相的结构等。SEM 可用于涂镀层表面形貌分析与镀层厚度测量。通过对涂层表面形貌的观察与分析，可以有效地对产品质量进行管控。材料剖面的特征、零件内部的结构及损伤的形貌，都可借助 SEM 来判断和分析。此外，使用高分辨率的 SEM 对纳米材料进行形貌观察和尺寸检测，对纳米材料的研究及应用起到了基础性的作用。分析过程中，获得形貌

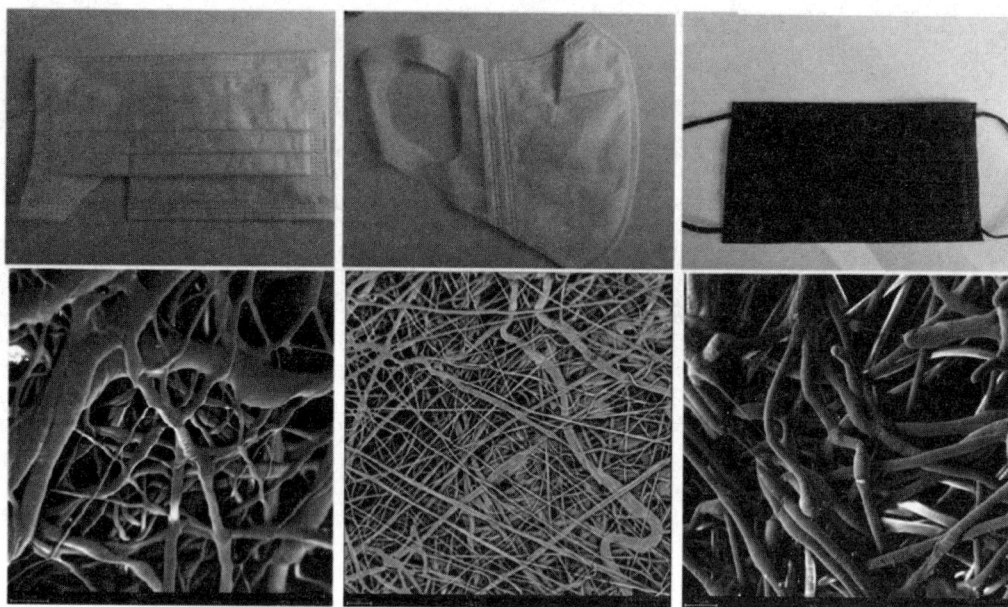

图 3.17　口罩实物照片及口罩中间过滤层（熔喷布层）的 SEM 照片
（a）某常见的医用外科口罩；（b）某常见的医用外科口罩；（c）"三无"口罩

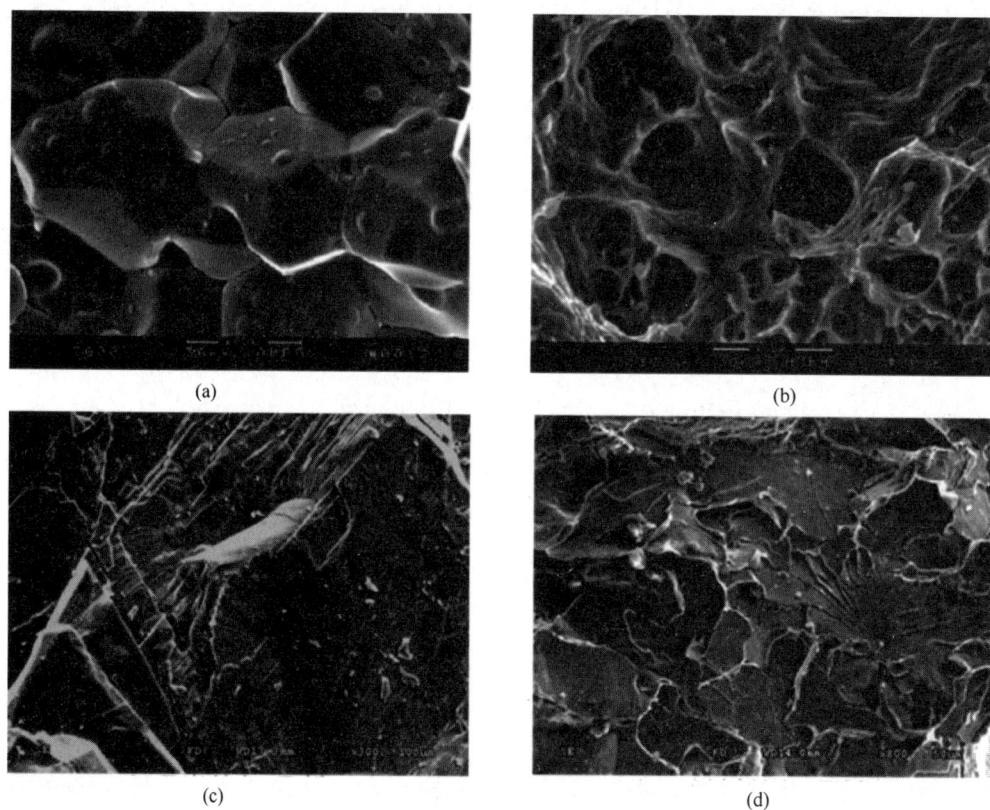

图 3.18　不同材料器件的断口 SEM 形貌图
（a）陶瓷断口的沿晶断裂；（b）金属材料的韧窝状断口；（c）大理岩的解理断口；（d）金属材料的解理断口

放大像后，往往希望能同时进行原位化学成分或晶体结构分析，提供包括形貌、成分、晶体结构或位向在内的更多信息，以便能更全面、客观地进行判断分析。为此，相继出现了扫描电子显微镜-电子探针多种分析功能的组合型仪器，如常与能谱仪、波谱仪联用，对材料进行定性半定量分析。图 3.19 为纳米颗粒的扫描电子显微镜、透射电子显微镜及能谱分析结果。

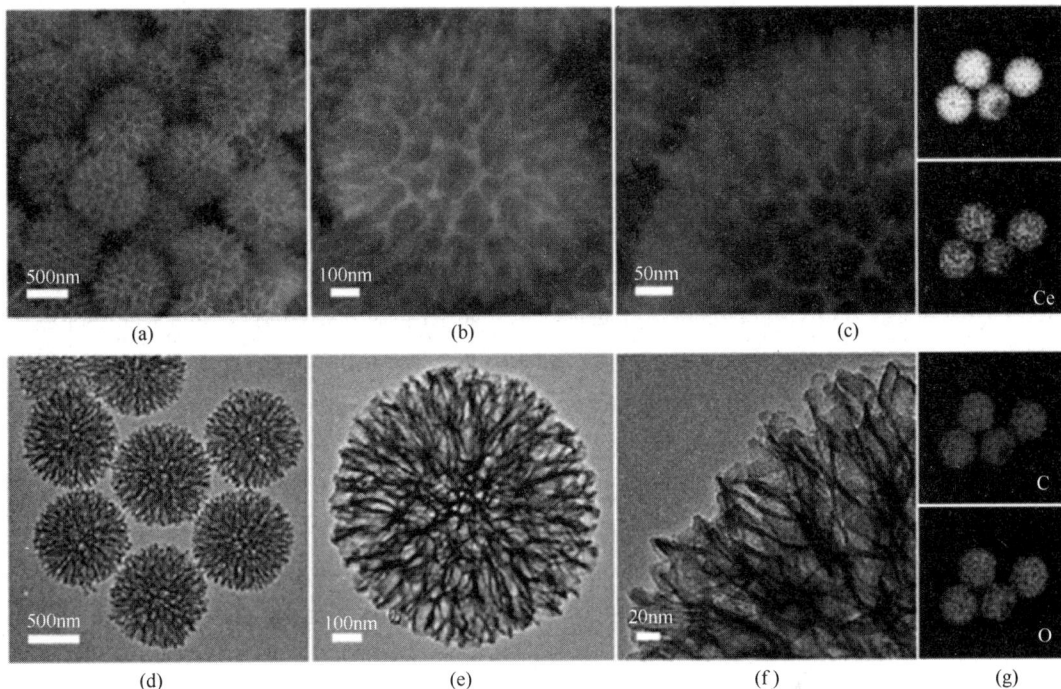

图 3.19　多孔纳米颗粒微观结构表征

[（a）～（c）SEM 照片；（d）～（f）TEM 照片；（g）STEM 和元素图谱]

手性结构及其调控与生命现象密切相关，是当今化学、物理、材料、生物等众多学科中重要的研究方向。如果分子的几何形状采用两种互为不可叠加的镜像形式，则分子被认为是手性的。1890 年，瑞士化学家 Philippe-Auguste Guye 首先提出了这个问题：是否有些分子比其他分子更具手性？从那以后，化学家们一直渴望量化手性的程度——确定手性化合物与其镜像的不同程度，并确定这种测量与实验的关系。2023 年，密歇根大学 Nicholas A. Kotov 等展示了具有各向异性蝴蝶结形状的纳米结构微粒。如图 3.20 所示，可以控制组装体形貌从完全左旋结构变化到扁平饼状结构，再到完全右旋结构。研究者发现，将镉离子的简单溶液与氨基酸半胱氨酸的二聚体（一种有左旋和右旋两种形式的蛋白质片段）混合分子会自组装形成纳米带，堆叠成束状，缠绕在纳米带的长轴上。这些薄片无法结晶成周期性晶格，而是形成不超过一定尺寸的蝴蝶结结构。它们向右还是向左扭曲取决于二聚体的手性。通过改变左旋胱氨酸和右旋胱氨酸比例，研究小组制备出了中间扭曲结构，包括以 50/50 的比例制作的扁平饼状结构。该研究从离散的手性相和形状发展出具有连续可调手性的化合物，将对手性光子学、手性超材料、生化分离和手性催化的发展产生变革性影响。相关工作以"Photonically active bowtie nanoassemblies with chirality continuum"为题发表在 *Nature* 上。

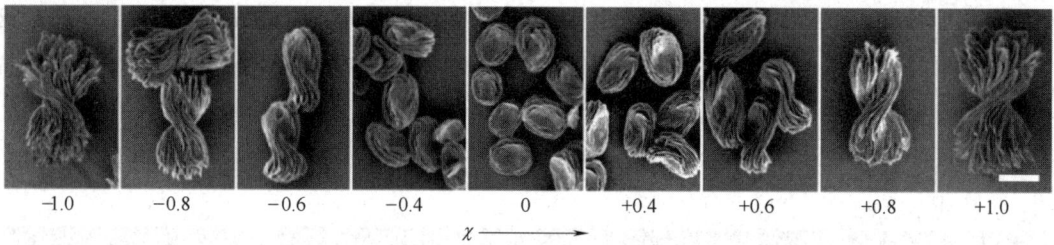

图 3.20　通过混合不同比例的 L-CST 和 D-CST［由对映体过量（χ）定义］
获得的蝴蝶结颗粒的 SEM 照片

（图中显示了从左手蝴蝶结到扁平饼状再到右手蝴蝶结的转变；图中标尺为 2μm）

3.1.4　扫描透射电子显微镜

在扫描电子显微镜上配置透射附件，将透射电子显微镜和扫描电子显微镜的功能进行集成，发展出了扫描透射电子显微镜（scanning transmission electron microscope，STEM）。与透射电子显微镜相比，其加速电压低，可显著减少电子束对样品的损伤，大大提高图像的衬度，特别适合于有机高分子、生物等软材料样品的透射分析。STEM 的空间分辨率可达亚埃米级，可在纳米和原子尺度上实现对材料微结构与精细化学组分的表征与分析。相比于传统的高分辨相位衬度成像技术，STEM 具有分辨率高、对化学成分敏感、图像直观容易解释等优点。高分辨 STEM 可以直接获得原子分辨率的 Z 衬度像，结合 X 射线能谱和电子损失谱，还可以获得原子分辨率的元素分布图和单个原子列的能量损失谱，因此可以在一次实验中得到原子分辨率的结构、化学成分和电子结构等信息，在冶金、材料、环境科学、生物科学等领域具有巨大应用潜力。

3.1.4.1　扫描透射电子显微镜的工作原理

STEM 兼具扫描成像与透射分析的特点，其仪器结构可看作 SEM 与 TEM 的结合。STEM 主要由电子枪、电子光学系统、样品室、环形探测器与成像设备等组成。STEM 与 TEM 的主要区别在于添加了扫描附件，与 SEM 的不同在于电子信号探测器安置在样品下方。场发射电子枪激发的电子束经过复杂的聚光系统后被汇聚成原子尺度的电子束斑，作为高度聚焦的电子探针，在扫描线圈的控制下对样品进行逐点光栅扫描。探测器接收透射电子束流或弹性散射电子束流，经放大后在荧光屏上显示出明场像和暗场像。各种成像模式收集散射信号的接收角度不同，因此可获取同一位置的不同图像，从而反映材料的不同信息，有环形明场（ABF）像、环形暗场（ADF）像、高角环形暗场（HAADF）像。STEM 仪器结构简图如图 3.21 所示。

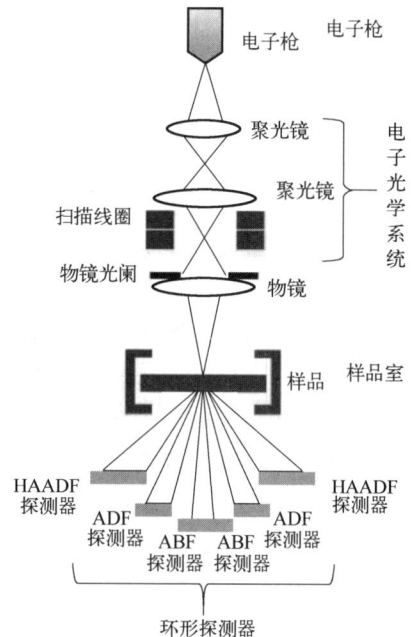

图 3.21　扫描透射电子显微镜结构示意图

3.1.4.2 扫描透射电子显微镜的应用

以近年来热门材料二维过渡金属碳/氮化合物（MXene）的 STEM 观测研究为例，简要介绍 STEM 的应用。MXene 是一类二维（2D）无机化合物，由几个原子层厚度的过渡金属碳化物、氮化物或碳氮化物构成。自 2011 年首次发布有关二维 Ti_3C_2 的报告以来，出现了越来越多针对 MXene 的合成研究。MXene 通式为 $M_{n+1}X_nT_x$，其中 M 是过渡金属，例如 Ti、Mo、Nb、V、Cr、Zr、Ta 等，X 是碳和/或氮，n 为 1~4，T_x 代表表面终端。过渡金属原子与碳或氮原子以分层方式排列，使 MXene 享有非凡的成分多样性和可调节的性能。MXene 为 2D 材料家族添加了众多新成员，以金属导体为主，而目前 2D 材料大多数是电介质、半导体或半金属。通过利用 MXene 的可调特性，人们可以使用增材制造或其他涂层和加工技术，从 2D 纳米片中构建从晶体管到超级电容器、电池、天线和传感器等各种设备。MXene 已经显示出各种电子、光学、化学和力学性能，并且已经提出了全 MXene 光电子学的概念。高电子传导性使它们可以用于集流体、连接线和导电油墨。MXene 具有电化学和化学可调的等离子体特性，带间跃迁和等离子体共振峰覆盖了整个紫外、可见光和近红外波长范围，这使得它们的电致变色和光热治疗应用成为可能。它们与千兆赫兹到太赫兹频率的电磁波具有强相互作用，被用于电磁干扰屏蔽和通信。MXene 表面过渡金属原子的氧化还原活性使电池和超级电容器中的电化学能量储存以及电催化成为可能。通过控制 MXene 二维片之间的间距，使其可用于气体分离、水净化和透析。有机分子、聚合物和离子可以插入 MXene 层之间，允许特性调整和多层组装。无毒和环境友好的钛基 MXene，引起了广泛关注。图 3.22 为不同钛基 MXene 材料的 SEM 和 STEM 观测结果。

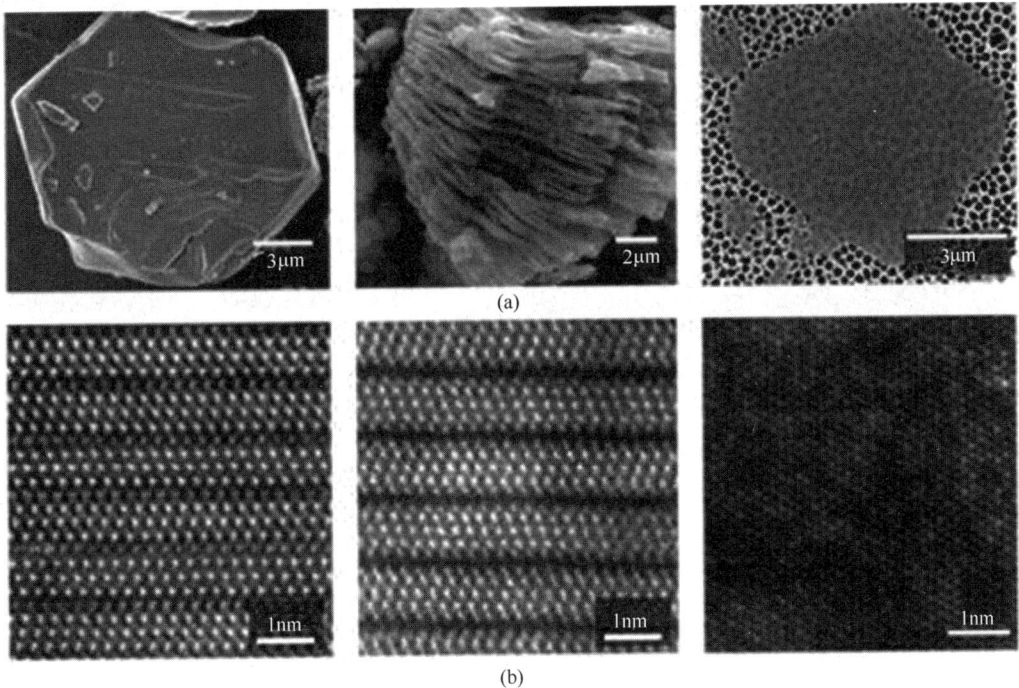

图 3.22　MXene 材料微观照片

[图（a）从左至右依次为六方 Ti_3AlC_2、$Ti_3C_2T_x$ 颗粒、$Ti_3C_2T_x$ 薄片的 SEM 照片；图（b）从左至右依次为六方 Ti_3AlC_2、$Ti_3C_2T_x$、单层 $Ti_3C_2T_x$ 原子分辨平面 STEM 照片]

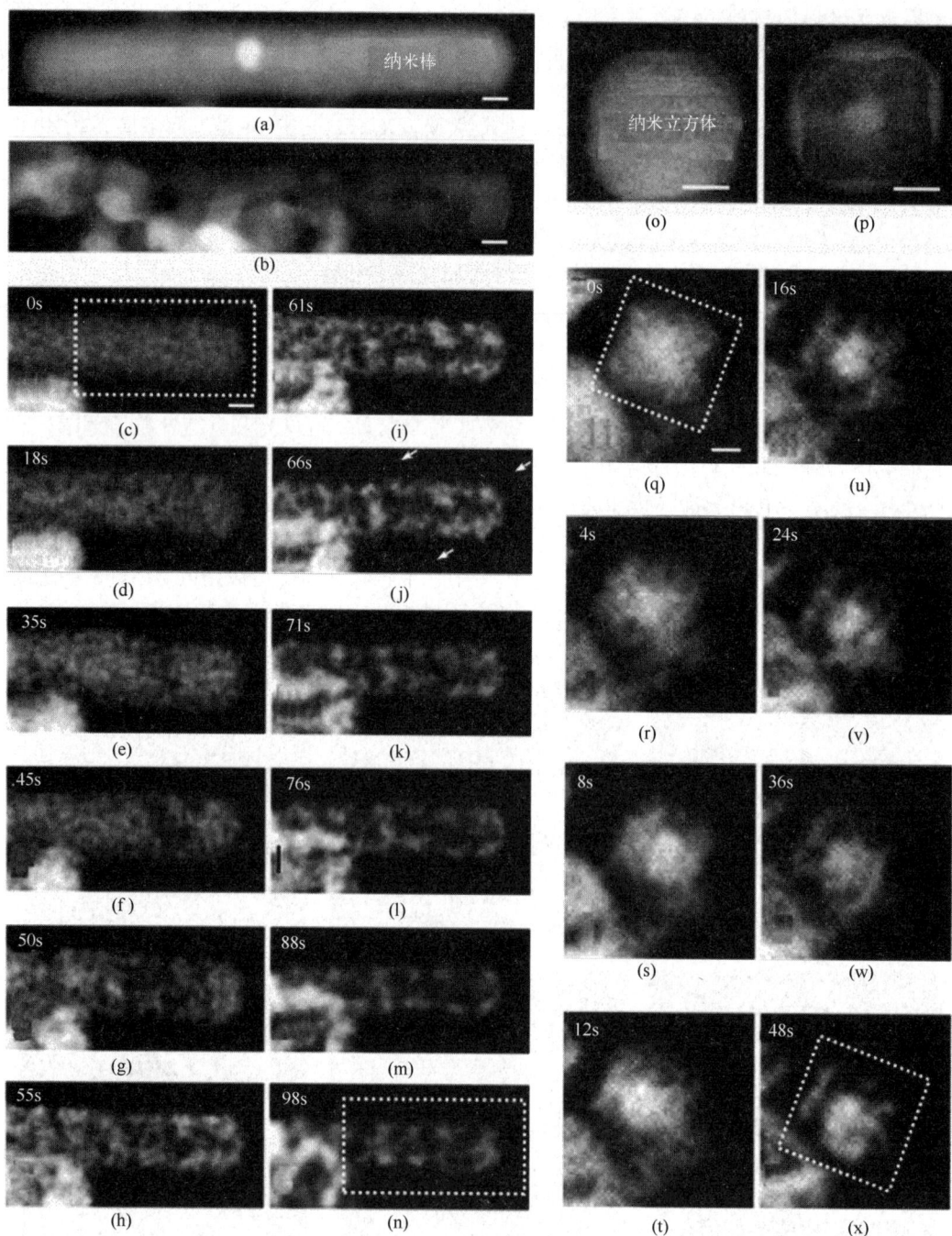

图 3.23　AgAu 合金纳米棒和纳米块脱合金的原位液体环境 STEM 表征

[（a）、（o）为脱合金之前的 AgAu 纳米棒和纳米块；（b）、（p）为相同的脱合金纳米颗粒在完全移除液体后的图像；（c）～

（n）、（q）～（x）为在液体环境 STEM 中 AgAu 纳米棒和纳米块原位脱合金过程的时间序列图像]

　　脱合金方法可从均匀合金中选择性地溶解反应组元，使材料具有双连续多孔性。所得的多孔纳米结构具有高比表面积、大比率的低配位原子，且可以对纳米孔尺寸进行调节，因此可作为催化、传感和能量存储转换领域的优异功能材料。脱合金过程中双连续纳米多孔的形成和演化是当今脱合金研究最具挑战性的课题之一。然而，目前的原位研究一方面受限于空间分辨率（例如 X 射线断层摄影术），另一方面则缺少形貌学可视化和质量信息（例如扫描隧道显微镜）。2020 年，研究者利用液体环境球差校正 STEM 呈现了整个脱合金过程的动力学过程（图 3.23），实现了 AgAu 颗粒的脱合金动力学可视化观测。原位观察表明，纳米棒脱合金的初始阶段无明显形貌变化，但出现 2~3nm 的粗糙度改变。研究者将此现象归结于块体脱合金开启需要一定的表面粗糙度和表面缺陷位置。借助非原位 STEM-EDS 分析，脱合金过程中的脱合金速率和成分变化可以通过 Z 衬度 STEM 估测。在不同的脱合金阶段，AgAu 纳米颗粒维度变化的定量测量揭示了尺寸相关的体积收缩，这可通过单一韧带厚度的致密壳层的形成来解释。该工作为从初始表面脱合金到纳米多孔粗粒化这一脱合金过程提供了综合的实验观察，并为脱合金动力学提供了显微层次的深入见解。相关成果以 "Dealloying kinetics of Ag Aunanoparticles by *in situ* liquid-cell scanning transmission electron microscopy" 为题发表在 *Nano Letters* 上。

3.1.5 扫描隧道显微镜

扫描隧道显微镜（scanning tunneling microscope，STM）是一种利用量子理论中的隧道效应探测物质表面结构的仪器，利用电子在原子间的量子隧穿效应，将物质表面原子的排列状态转换为图像信息。通过移动着的探针与物质表面的相互作用，表面与针尖间的隧穿电流反馈出表面某个原子间电子的跃迁，由此可以确定物质表面的单一原子及它们的排列状态。1981 年，Binnig 和 Rohrer 发明了 STM，使得人们可以在实空间直接观察固体表面的原子结构，因此荣获 1986 年的诺贝尔物理学奖。STM 让科学家可以观察和定位单个原子，使人类第一次能够实时地观察单个原子在物质表面的排列状态和与表面电子行为有关的物化性质。利用 STM 针尖，可实现对原子和分子的移动和操纵，这为纳米科技的全面发展奠定了基础。

扫描隧道显微镜的工作原理是以量子力学原理为基础的，由于粒子存在波动性，当一个粒子处在一个势垒中时，粒子越过势垒出现在另一边的概率不为零，这种现象称为隧道效应。由于电子的隧道效应，金属中的电子并不完全局限于金属表面之内，电子云密度不在表面边界处突变为零。金属表面以外，电子云密度呈指数衰减，衰减长度约为 1nm。用一个极细的、只有原子线度的金属针尖作为探针，将它与样品的表面作为两个电极，当样品表面与针尖非常靠近（距离<1nm）时，二者的电子云略有重叠。若在两极间加上电压，在电场作用下，电子就会穿过两个电极之间的势垒，通过电子云的狭窄通道从一极流向另一极，形成隧道电流。由于隧道电流对针尖与样品表面之间的距离极为敏感，当针尖在样品表面上方扫描时，即使其表面仅有原子尺度的起伏，也可通过隧道电流显示出来。借助电子仪器和计算机，即可在屏幕上显示出样品表面形貌信息。STM 的仪器结构如图 3.24（a）所示。

STM 具有原子级高分辨率，在平行于样品表面方向上的分辨率可达 0.1Å，即可以分辨

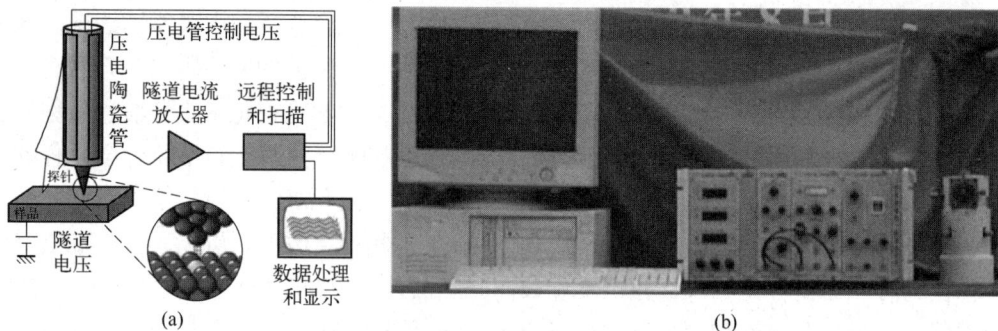

图 3.24 扫描隧道显微镜结构示意图（a）和 CSTM -9000 实物照片（b）

出单个原子。STM 可实时得到实空间中样品表面的三维图像，可用于具有周期性或不具备周期性的表面结构的研究；这种可实时观察的性能可用于表面扩散等动态过程的研究；可以观察单个原子层的局部表面结构，而不是对体相或整个表面的平均性质进行表征，因此可直接观察表面缺陷，如表面重构、表面吸附体的形态和位置，以及由吸附体引起的表面重构等。其可在真空、大气、常温等不同环境下工作，样品甚至可浸在水和其他溶液中，不需要特别的制样技术并且探测过程对样品无损伤。这些特点使其特别适用于研究生物样品和在不同实验条件下对样品表面的评价，例如研究多相催化机理、对电化学反应过程中电极表面变化的监测等。配合扫描隧道谱（STS）可以得到有关表面电子结构的信息，例如表面不同层次的态密度、表面电子阱、电荷密度波、表面势垒的变化和能隙结构等。

科学仪器的发展，不断促进对新材料的探索，从而直接或间接影响各科技领域的方方面面。工欲善其事，必先利其器，深化与落实科学仪器的自主研发，更是科技攻关的桥头堡。CSTM-9000 是我国第一台计算机控制、有数据分析和图像处理系统的数字化扫描隧道显微镜［图 3.24（b）］。1987 年 9 月，中国科学院院士白春礼谢绝了美国同行的极力挽留，带着自行购买的一些国内尚无法生产的 STM 所用关键元器件，回到阔别两年的祖国。回国的当天，他就投入了研制扫描隧道显微镜的紧张工作中，仅用 4 个多月的时间，就研制成功了CSTM-9000。这套自行研制的扫描隧道显微镜设备造价低廉，国外同类产品需要 9 万美元，而 CSTM-9000 全套设备仅为十余万元人民币。该仪器由扫描隧道显微镜探头、减震系统、电子控制机箱和计算机系统组成，其横向分辨率为 0.1nm，垂直分辨率为 0.01nm，当时达到国际先进水平，并获 1990 年国家科技进步奖二等奖。更为重要的是，它使我国当时在探索物质表界面研究领域迈入了世界先进水平的行列，同时也开拓和促进了多个学科领域尤其是纳米科技的研究和发展。2019 年 8 月 14 日，CSTM-9000 正式入藏国家博物馆。科技创新事业，是当代中国不断改革发展进步的重要动力，也是实现中华民族伟大复兴光辉历程不可或缺的组成部分。扫描隧道显微镜的入藏，丰富了国家博物馆在当代科技实物领域的馆藏。

传统的电学调制速率限制了 STM 在更高时间分辨率（一般具有微秒量级的时间分辨率）的观测。2013 年，加拿大阿尔伯塔大学教授 Frank Hegmann 首次将太赫兹脉冲和 STM 结合，实现了亚皮秒时间分辨和纳米空间分辨，随后德国、美国等国家的科研团队纷纷开展相关技术研究。2022 年，中国科学院空天信息创新研究院（广州园区）——广东大湾区空天信息研究院成功研制出太赫兹扫描隧道显微镜系统，实现了优于原子级（埃级）的空间分辨率和优于 500 飞秒的时间分辨率，为国内首套自主研制的太赫兹扫描隧道显微镜系统（图 3.25），使我国在该领域实现与国际先进水平同步。将太赫兹电场脉冲与 STM 结合，利用其瞬态电场，即可作用于扫描针尖和样品之间的空隙，从而产生隧穿电流进行扫描成像，能同时实现原子级空间分辨率和亚皮秒时间分辨率。该仪器为进一步揭示微纳尺度下电子的超快动力学过程提供了强有力的技术手段，可用于新型量子材料、微纳光电子学、生物医学、超快化学等领域，有望取得具有重要国际影响力的原创性科研成果，为中国窥探微观世界提供了一双"火眼金睛"。

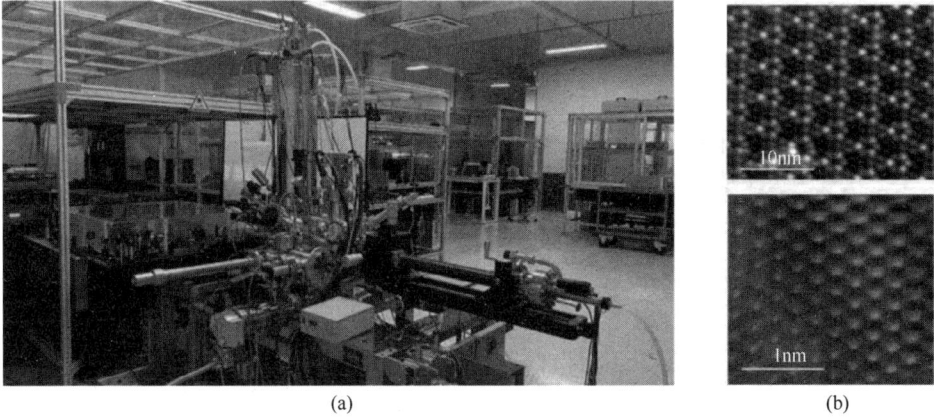

(a)   (b)

图 3.25　太赫兹扫描隧道显微镜系统（a）及硅重构表面原子分辨和金表面原子分辨（b）

3.1.6　原子力显微镜

STM 依赖于隧道电流的探测，无法用于扫描绝缘样品，工作条件受限（如不能振动），探针材料可选择性也较低，因此使用范围受到了极大的限制。在早期的 STM 实验中，研究人员发现当针尖和样品比较近而出现隧道电流时，会同时产生较强的相互作用力。Binnig 意识到通过测量针尖与样品原子之间的相互作用力也可用来对样品表面成像。1986 年，他提出了基于探测针尖和样品之间原子作用力的新型显微镜——原子力显微镜（atomic force microscope，AFM），并随后与 Quate 和 Gerber 搭建出了第一套可以工作的 AFM。三人于 2016 年获得了 Kavli 纳米科学奖。AFM 是一种研究包括绝缘体在内的固体材料表面结构的分析仪器。它通过检测待测样品表面和一个微型力敏感元件之间的极微弱的原子间相互作用力来研究物质的表面结构及性质。将对微弱力极端敏感的微悬臂一端固定，另一端的微小针尖与样品接近，在针尖原子和样品表面原子之间相互作用力的影响下，悬臂梁会发生偏转引起反射光的位置发生改变；当探针在样品表面扫过时，光电检测系统会记录激光的偏转量（悬臂梁的偏转量）并将其反馈给系统，最终通过信号放大器等将其转换成样品的表面形貌特征。

在材料领域，AFM 具有广泛的应用。例如，在材料形貌表征上，AFM 在水平方向具有 0.1~0.2nm 的高分辨率，在垂直方向的分辨率约为 0.01nm。AFM 对表面整体图像进行分析可得到样品表面的粗糙度、颗粒度、平均梯度、孔结构和孔径分布等参数，还可以对测试的结果进行三维（3D）模拟，得到更加直观的 3D 图像。AFM 还可以在分子或原子水平直接观察晶体或非晶体的形貌、缺陷、空位能、聚集能及各种力的相互作用，对晶体或非晶体性能的预测及解释有着重要的作用。图 3.26 为 AFM 表征图像。AFM 虽然不能进行元素分析，但它在 Phase Image 模式下可以根据材料的某些物理性能的不同来提供成分的信息。由于 AFM 的工作条件要求低，它可提供晶体生长过程的原子级图像，为完善和修正现有的晶体生长理论提供了强大的技术支撑。

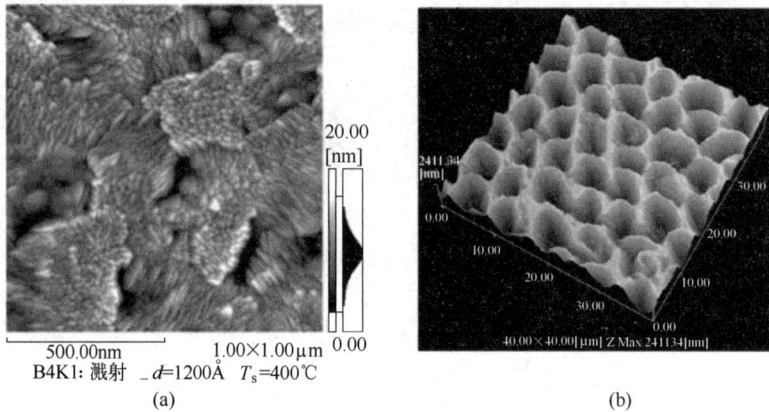

图 3.26　膜厚为 20nm 的 ITO（氧化铟锡）薄膜 AFM 图像（a）和被酸腐蚀的牙齿釉质表面 AFM 图像（b）

　　不同于电子显微镜只能提供二维图像，AFM 可提供真正的三维表面图。同时，AFM 不需要对样品进行任何特殊处理，避免对样品造成不可逆转的伤害。此外，电子显微镜需要在高真空条件下运行，AFM 在常压下甚至在液体环境下都可以良好工作，因此可用来研究生物分子甚至活的生物组织。与 STM 相比，AFM 能观测非导电样品，因此具有更为广泛的适用性。而 AFM 的缺点在于成像范围太小，速度慢，受探头的影响太大。当前在科学研究和工业界广泛使用的扫描力显微镜，其基础就是原子力显微镜。传统 AFM 力传感器一般采用微加工制备的硅或者氮化硅悬臂，其刚度系数较小（约 1N/m），力的探测灵敏度高。为了能探测短程力从而实现高空间分辨，往往需要让针尖靠近表面，导致"突跳"。为了避免"突跳"引起的针尖损坏，需要悬臂在较大的振幅下工作。然而，大的振幅会使长程力的贡献增加，引起 AFM 的空间分辨率大大降低。近年来，由于 qPlus 传感器的引入，AFM 的空间分辨能力得到了极大的提升。通过针尖修饰，人们可以更加容易地获得原子级成像，甚至实现氢原子和化学键的超高分辨成像。

　　目前，电子显微镜已成为促进材料结构和行为理解的关键技术。原子尺度成像和缺陷成像已取得实质性突破，并且成为现代材料科学的支柱。随着新显微镜硬件和新型成像及分析技术的不断发展，电子显微镜将继续推进我们对材料的认识边界。

3.2　X射线分析技术

X射线又称伦琴射线，是一种波长介于紫外线与γ射线之间的电磁波，波长为0.01~10nm，其能量范围为100eV~100keV。X射线根据其能量高低可以分为硬X射线和软X射线，如图3.27所示。硬X射线能量高，穿透能力强，波长与原子半径相当，基于硬X射线的表征方法（如衍射、散射、吸收等）已被广泛应用于物质原子结构分析中。而软X射线，能量较低，对样品辐射损伤相对较小（但容易被空气或水吸收而发生衰减），在电子结构分析、物质成像研究中发挥着重要作用。自X射线在1895年由德国物理学家伦琴（Wilhelm Conrad Röntgen）发现以来，X射线在医学影像技术、晶体材料分析、工业探伤、车站安检等诸多方面得到了广泛的应用，变革了人类生活的诸多领域（图3.27）。这一方面得益于X射线的波长可以与固体物质中原子的间距相当甚至更小，另一方面是因为X射线对固体有极强的穿透力。X射线不仅极大地便利了人类的生产生活，而且也成为了推动基础物质科学研究进步和突破的重要工具。伦琴本人也因这一伟大发现于1901年荣获首届诺贝尔物理学奖。为了纪念伦琴，后人将每年的11月8日定为"国际放射日"。X射线的发现及其研究导致了两门新学科的诞生，即X射线晶体学和X射线波谱学，也为人类认识物质结构开启了新视角，为物理、化学、生物学、医学、天文学等学科的发展提供了革命性的研究分析手段。一束X射线，照亮了科学研究的大道，启迪了无数科研人员，催生了数十位基于X射线的诺贝尔奖获得者。

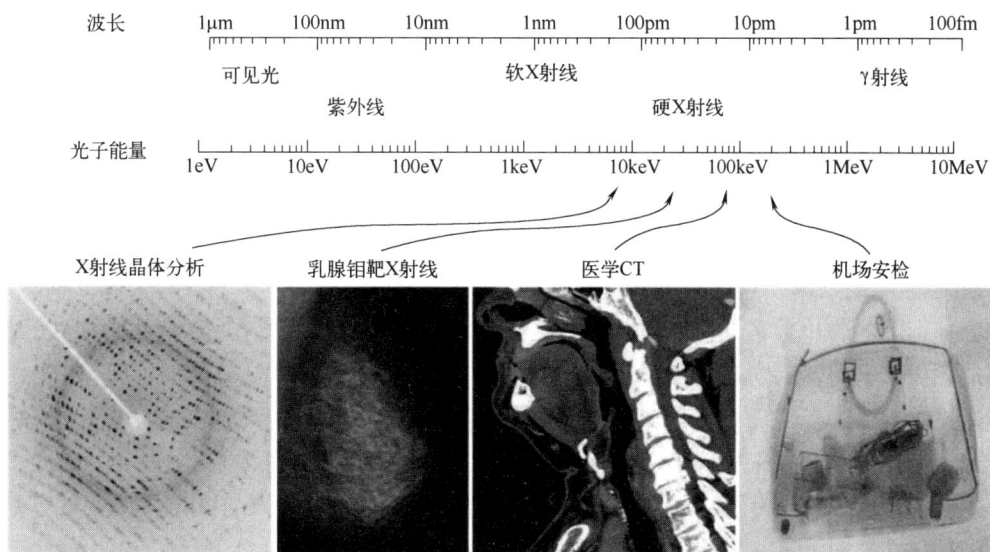

图3.27　X射线的波长范围和应用领域

（CT：计算机断层扫描）

3.2.1　X射线的产生

当高速电子撞击靶原子时，电子能将原子核内K层上一个电子击出并产生空穴，此时具有较高能量的外层电子跃迁到K层，其释放的能量以X射线的形式（K系射线，电子从L层跃迁到K层称为Kα）发射出去。传统上，人们产生X射线有三种方法（图3.28）：放射性物质（如镭）；X射线管（X-ray tube）；现代同步辐射（synchrotron radiation）。此外，还有其他产生X射线的方法，如X射线自由电子激光（X-ray free electron laser，XFEL）、范德瓦耳斯材料激发产生X射线。

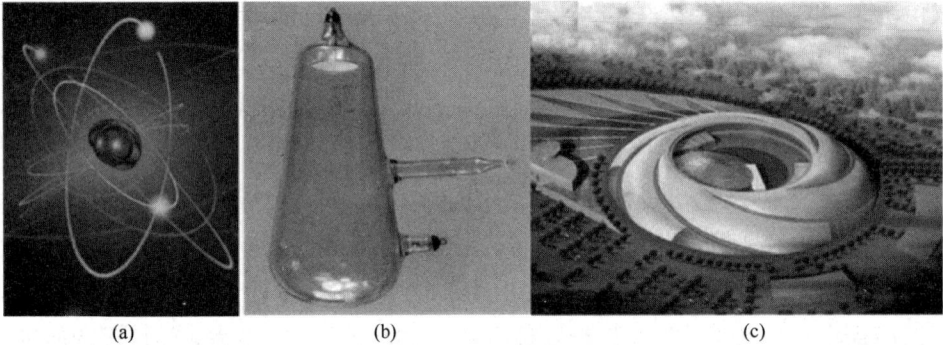

(a)　　　　　　　　(b)　　　　　　　　(c)

图3.28　三种产生X射线的方式

（a）天然放射核素；（b）X射线管；（c）位于上海张江高科技园区的第三代同步辐射光源

（1）放射性物质

1896年法国物理学家贝克勒尔发现了天然放射性，但是这种放射性来自物质原子核内部的核衰变反应，这些核反应往往伴随着其他对人体有巨大危害的电离辐射（如α、β或γ射线），因此难以直接实际应用。

（2）X射线管

X射线管基于阴极射线（电子）轰击靶材来产生X射线，其成本不高、体积轻便，是伦琴首次发现X射线时所用的装置，也是目前医院、安检中X射线机的核心器件。基本原理是由高速运动的带电粒子与某种物质撞击后与物质的内层电子相互作用产生X射线。用钨丝制成阴极，通电流后可以释放辐射电子。电子在运动路径上击中阳极靶材，只有1%的能量能激发出X射线，其余99%都变成热能。所以一般XRD需要水冷机，防止阳极靶材融化。电子与靶碰撞时，会和靶材的电子层作用。电子本身会失去一部分能量，另一部分会以光子的形式辐射出去。不同的靶材电子层不一样，故会产生不同波长的X射线。常用靶材有Cu、Mo、Cr、Fe、Co、Ag、Al等。Cu靶发出的X射线为1.5406Å，Mo靶为0.7093Å。产生的X射线通过一个窗口才能跑出X射线管。窗口由金属铍制成或者由硼酸铍锂构成的林德曼玻璃制成。其产生的X射线强度低、方向性差、可调性较差。近百年来，X射线光源技术取得了长足进步。随着阳极靶型式的多样化，如旋转靶和液态金属射流靶等，辐射功率得到大幅提高。

（3）现代同步辐射

同步辐射是速度接近光速的带电粒子在磁场中沿弧形轨道运动时放出的电磁辐射。1912年肖特（G. Schott）发表专著，论述了圆周运动电子的辐射理论。1947年哈伯（F. Haber）等在美国通用电气公司70MeV电子同步加速器上首次观察到这种辐射，故称作同步辐射。长期以来，同步辐射是不受高能物理学家欢迎的东西，因为它消耗了加速器的能量，阻碍粒子能量的提高。但是，人们很快便了解到同步辐射是具有从远红外到X射线范围内的连续光谱、高强度、高度准直、高度极化、特性可精确控制等优异性能的脉冲光源，可以用来开展其他光源无法实现的许多前沿科学技术研究。随着加速器技术的飞跃发展，基于高能电子加速器发展而来的同步辐射和自由电子激光已经成为当今最优质的X射线光源。于是在几乎所有的高能电子加速器上，都建造了"寄生运行"的同步辐射光束线及各种应用同步光的实验装置，例如同步辐射XRD常用于结构分析、物相鉴定。与传统XRD相比，同步辐射的光强强很多，可以做很精细的扫描，高温或高压条件下同步辐射的优势比常规X射线衍射明显多很多。尤其在超高压下，同步辐射的光斑可以聚焦到亚微米级别，可直接测量高压下的衍射。如果同时再加高温，那就可以研究高压高温下的熔化，这是常规XRD不可企及的。

同步辐射X射线的特点总结如下。

① 高亮度：第三代同步辐射光源的X射线亮度是X射线机的上亿倍。

② 宽波段：同步辐射光的波长覆盖面大，具有从远红外、可见光、紫外直到X射线范围内的连续光谱。

③ 窄脉冲：同步辐射光是脉冲光，有优良的脉冲时间结构，其宽度在10^{-11}~10^{-8}秒之间可调，脉冲之间的间隔为几十纳秒至微秒量级。

④ 高准直：同步辐射光的发射集中在以电子运动方向为中心的一个很窄的圆锥内，张角非常小。

⑤ 高纯净：同步辐射光是在超高真空（储存环中的真空度为10^{-7}~10^{-9}Pa）或高真空（10^{-4}~10^{-6}Pa）的条件下产生的，不存在任何由杂质带来的污染，是非常纯净的光。同步辐射光的光子通量、角分布和能谱等均可精确计算，因此它可以作为辐射计量，特别是真空紫外到X射线波段计量的标准光源。

⑥ 其他特性：高度稳定性、高通量、微束径、准相干等。

自20世纪60年代以来，同步辐射光源的发展已经历了四代。第一代同步辐射光源"寄生"于高能物理实验用的电子储存环。70年代初，专门用来产生同步辐射光的第二代同步辐射光源应运而生。1990年后出现的第三代同步辐射则是在第二代基础上大量使用插入件产生低发射度、高亮度的同步辐射，其最高亮度比第二代光源提高上千倍。近年来，国际上大力发展以衍射极限环为代表的第四代同步辐射光源。其具有极低的水平发射度和极高的空间相干性，亮度相对第三代光源提升了2~3个量级。我国20世纪90年代初建成了北京同步辐射装置（BSRF，第一代光源）、中国科学技术大学国家同步辐射实验室（NSRL，第二代光源），2009年建成上海同步辐射光源（SSRF，第三代同步辐射光源）。北京高能光子源是我国首台第四代同步辐射光源。同步辐射光源对国内众多基础科学的研究发挥了重要支撑作用。

（4）X射线自由电子激光

XFEL是John Madey于1971年首次提出的，是利用自由电子为工作媒质产生的强相干辐射，具有高亮度、高相干性和飞秒脉冲时间结构等优点。2006年，国际上首台软X射线FEL装置FLASH建成，2009年，国际上首台硬X射线FEL装置LCLS建成。我国首台软X射线FEL用户装置（SXFEL）于2021年实现了2.0nm激光出射，首台硬X射线FEL装置SHINE于2018年在上海破土动工。XFEL和同步辐射具有许多常规X射线源不具备的优异特性，如宽频谱、高亮度、高相干性、高准直性、高偏振性以及皮秒-飞秒脉冲时间结构等。XFEL的峰值亮度比第三代同步辐射光源提升了8个量级，相干性提升了3个量级，而脉冲时间达到飞秒量级。

（5）范德瓦耳斯材料激发产生X射线

同步辐射光源能够产生高质量、高强度、高可调性的X射线，但是其对电子速度的要求很高，要达到GeV以上，需要巨大的电子加速装置，并且其建设成本高、周期长、体积巨大，难以便携化使用。因此，寻找能够以低成本、集成化的方式产生高质量、高强度、高可调性的小型X射线光源是学术界和工业界长久以来共同的需求。

从石墨烯于2004年被英国物理学家Andre Geim和Konstantin Novoselov发现以来，得益于二维材料及其范德瓦耳斯异质结优良的电磁性质和易于集成的特点，新型二维材料为实现光与物质的强相互作用提供了一个新的平台，同时也为设计新型便携可集成的小型X射线辐射光源提供了许多新的可能性。当高速自由电子在晶体中运动时，晶格中的原子核和束缚电子会受到自由电子的影响而振荡，从而产生X射线辐射。这样产生的X射线辐射是一种空间相干、可调、单色（窄频）的辐射，其能量可以通过晶体的空间取向和电子的能量来调控。加速带电粒子在晶体中运动时会产生两种辐射，分别是参数X射线辐射和相干韧致辐射。当电子达到相对论速度时，电子的波长会小于晶体的晶格常数，由于电子与晶格的周期性相互作用，其产生的相干韧致辐射会在由原子平面决定的特定方向。其辐射的方向角由电子的运动速度、材料晶体结构的参数和辐射光的频率共同决定。2021年，来自以色列理工学院的Ido Kaminer研究团队提出了一种基于范德瓦耳斯异质结的新型自由电子X射线光源（图3.29）。该研究团队通过实验测量了不同高速电子穿过WSe_2、$MnPS_3$、$CrPS_4$、$FePS_3$、$CoPS_3$和$NiPS_3$等不同二维材料组合成的范德瓦耳斯异质结的X射线能谱曲线。这种光源对自由电子能量的要求在60~300keV之间，比同步辐射光源对电子能量的要求降低了3~4个数量级，但是却可以产生光子能量在0.6~1.2keV之间的X射线。由于X射线光源设备的体积主要取决于电子源的体积，这种方法有望在未来大幅提高X射线辐射源的小型化和集成化。进一步地，由于范德瓦耳斯异质结是不同二维材料的组合，基于范德瓦耳斯异质结来产生X射线可以提供除了电子运动速度以外更大的灵活度和可调性，为新一代X射线光源的实现提供了全新的思路。该成果以"Tunable free-electron X-ray radiation from van der Waals materials"为题发表在 *Nature Photonics* 上。这些先进的X射线光源为科学技术发展提供了全新的实验手段。

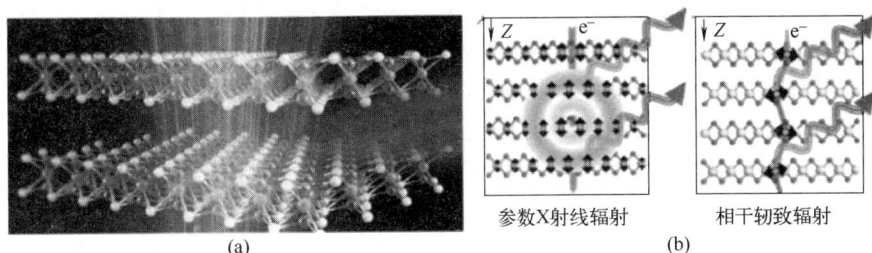

图 3.29　高速自由电子穿过范德瓦耳斯材料激发产生 X 射线（a）和电子与范德瓦耳斯材料相互作用产生
X 射线的机制（b）

3.2.2　X 射线与物质的相互作用

　　X 射线是一种电磁波，它的波长比可见光要短得多，在 0.01~10nm 之间。X 射线可以穿透物质，因为它们与物质中的电子和原子核相互作用的概率很小。但是，当 X 射线与物质相互作用时，它们会产生一些有用的信息，比如物质的结构、组成和性质。X 射线和物质相互作用形式的多样性为科学研究提供丰富的探测和分析手段。X 射线与物质相互作用的方式包括散射、衍射、折射、反射、吸收、荧光、俄歇过程等。其中最常见的两种是散射和吸收。

　　散射是指 X 射线被物质中的电子或原子核影响偏离原来的方向。散射可以分为弹性散射和非弹性散射。弹性散射是指 X 射线的能量不变，只改变方向。非弹性散射是指 X 射线的能量发生变化，同时也改变方向。在经典的散射图像中，入射 X 射线的电场对电子施加作用力，电子得以加速并辐射出相同波长的电磁波，即弹性散射。入射 X 射线具有动量和能量，光子能量可以转移给电子，导致被散射后的光子频率降低，即发生了非弹性散射。通常 X 射线弹性散射的概率远大于非弹性散射。弹性散射可以用来研究物质的结构，因为散射角度和波长与物质中原子之间的距离和排列有关。弹性散射相干叠加形成的 X 射线衍射，构成了 X 射线晶体学的基础。非弹性散射的概率在元素吸收边附近会得到加强，因而发展出了共振非弹性 X 射线散射分析技术。非弹性散射可以用来研究物质的电子态，因为能量损失与物质中电子能级之间的跃迁有关。另外，X 射线在介质表面的折射和反射，实际上是众多电子弹性散射的集体效应。通常 X 射线的折射率略小于 1，与 1 的差值随波长不同在 10^{-3} 到 10^{-6} 之间变化。因此介质对 X 射线的折射一般可以忽略。X 射线全反射的临界角一般介于百分之几度到几度之间。

　　X 射线与物质相互作用的另一个重要方面是吸收。吸收是指 X 射线被物质中的电子或原子核吸收，并使之激发或电离。吸收可以分为光电效应和内壳层效应。由于 X 射线光子能量远大于价电子束缚能，X 射线主要通过激发原子的内壳层电子而被吸收，内壳层电子则被激发到高能级的空轨道或电离成为光电子。因此 X 射线吸收通常伴随着光电子发射。X 射线的吸收主要取决于组成介质的元素种类、比例和密度，但在吸收边附近，还会受到元素化合态和配位环境的影响。原子吸收一个 X 射线光子后，在内壳层留下一个空穴，外层电子向该空穴跃迁的退激发过程主要有两条途径：荧光过程和俄歇过程。当外层电子向内层空穴跃迁时，若多余的能量以一个光子的形式向外辐射，即为荧光过程；若多余的能量将另一个内层电子电离成为光电子发射出去，即为俄歇过程。一般来说，轻元素的俄歇电子产额高、荧光产额低，重元素的俄歇电子产额低、荧光产额高。光电效应可以用来研究物质的化学键和价态，因为外层电子与化学键有关，并且受到周围环境的影响。内壳层效应可以用来研究物质的元素组成和化学状态，因为内层电子与原子核有关，并且具有特征能量。

基于以上各种 X 射线与物质的相互作用（图 3.30），发展出了丰富多样的 X 射线实验方法和探测技术。这些实验方法可归为三大类： X 射线成像； X 射线散射和衍射；X 射线光谱学。X 射线成像应用于物质结构和形貌的宏观尺度以及微纳尺度的实空间观测，包括形貌结构、磁畴结构、元素及化学态空间分布等。X 射线散射和衍射主要用于物质结构的倒空间探测，其中衍射主要用于晶体和分子的结构分析以及表界面的结构探测，散射主要用于非晶态、液体及生物聚合物的体相和表界面的纳米尺度结构分析。X 射线光谱学则主要用于探测原子周围的局域结构、电子结构和电子态等，包括电子能级和能带结构、自旋和轨道磁矩、原子配位等。以下重点介绍 X 射线衍射、X 射线光电子能谱及 X 射线吸收光谱技术的发展与应用情况。

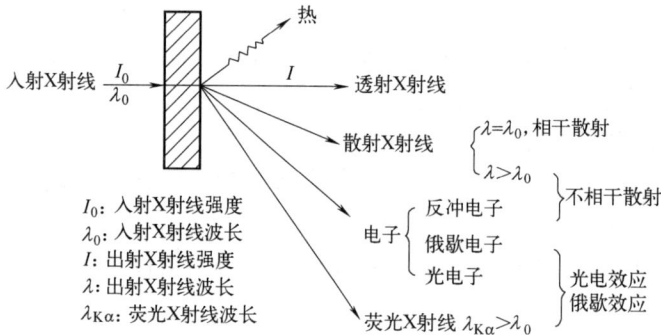

图 3.30　X 射线与物质的相互作用

3.2.3　X 射线衍射分析技术

X 射线衍射（X-ray diffraction，XRD）是利用 X 射线在晶体物质中的衍射效应进行物质结构分析的技术。当某物质（晶体或非晶体）进行衍射分析时，该物质被 X 射线照射产生不同程度的衍射现象，物质组成、晶型、分子内成键方式、分子的构型和构象等决定了该物质产生的特有衍射图谱。通过测定衍射角位置（峰位）可以进行化合物的定性分析，测定谱线的积分强度（峰强度）可以进行定量分析，而测定谱线强度随角度的变化关系可进行晶粒的大小和形状的检测。分析其衍射图谱，是获得材料的成分、材料内部原子或分子的结构或形态等信息的研究手段。物质的性能主要取决于其组成和结构，因此 X 射线衍射分析法作为材料结构和成分分析的一种现代科学方法，已逐步在各学科研究和生产中广泛应用。

3.2.3.1　X 射线衍射技术发展历程

1912 年，德国物理学家劳厄提出一个重要的科学预见：晶体可以作为 X 射线的空间衍射光栅。即当一束 X 射线通过晶体时将发生衍射，衍射波叠加的结果使射线的强度在某些方向上加强，在其他方向上减弱。随后弗里德里希、克里平和劳厄通过实验把一个垂直于晶轴切割的平行硫酸铜晶片放在 X 射线源和照相底片之间，结果在照相底片上显示出了规则的斑点群。后来，科学界称其为"劳厄图样"（图 3.31）。劳厄设想的证实一举解决了 X 射线的本性问题，并初步揭示了晶体的微观结构，成为 X 射线衍射学的第一个里程碑。爱因斯坦曾称此实验为"物理学最美的实验"。1914 年劳厄 [图 3.32（a）] 因 X 射线衍射的发现荣获诺贝尔物理学奖。

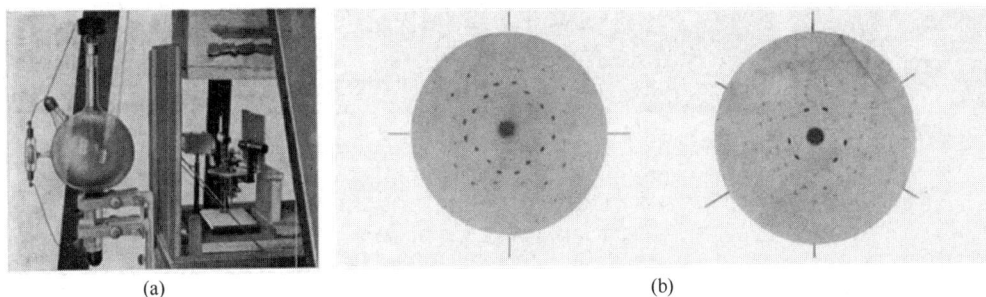

(a) (b)

图 3.31 劳厄法 X 射线衍射实验装置图（a）及实验结果（b）

随后，英国物理学家布拉格父子 [图 3.32（b）、（c）] 成功地测定了氯化钠、氯化钾等物质的晶体结构，并提出了著名的布拉格方程 $2d\sin\theta=n\lambda$（d 为晶面间距；θ 为入射 X 射线与相应晶面的夹角；λ 为 X 射线的波长；n 为衍射级数，只有照射到相邻两晶面的光程差是 X 射线波长的 n 倍时才产生衍射）。之后，布拉格方程也成为整个晶体衍射的基础，标志着 X 射线晶体学理论及其分析方法的确立，揭开了晶体结构分析的序幕，同时为 X 射线光谱学奠定了基础。1915 年布拉格父子荣获诺贝尔物理学奖。

埃瓦尔德 [Ewald，图 3.32（d）] 作图法由 Paul Peter Ewald 首先提出而得名，它是在倒易空间中表达确定晶体衍射方向的重要概念。它允许人们可视化布拉格定律的性质，将衍射实验简单明了地表示了出来。在 X 射线的入射方向上任取一点为心，以 X 射线波长 λ 的倒数为半径作一个球面，称此球面为干涉球。再以 λ 射线方向与干涉球的交点为原点，利用正、倒点阵之间的关系，根据晶体的取向绘出其倒易点阵中的交点。一般认为晶体放在干涉球的球心。以 X 射线波长的倒数 $1/\lambda$ 为半径，作埃瓦尔德球，入射束与球面的交点 O^* 作为倒易原点，则由布拉格定律 $n\lambda=2d\sin\theta$ 得，凡落在埃瓦尔德球面上的倒易阵点 P 所对应的正空间的晶面，均可产生衍射。

X 射线衍射法得到飞速发展和应用。德拜（Peter Josef William Debye，荷兰）1929 年提出极性分子的偶极矩理论，确立分子偶极矩的测量方法；利用偶极矩、X 射线和电子衍射法测定复杂晶体分子结构，1936 年荣获诺贝尔化学奖。

哈塞尔（O. Hassel，挪威）、巴顿（D. H. R. Barton，英国）1943 年用 X 射线衍射分析法开展研究，提出了"构象分析"的原理和方法，发展了有机化合物晶体结构理论和立体化学理论，获 1969 年诺贝尔化学奖。

利普斯科姆（William Nunn Lipscomb Jr.，美国）1954 年用 X 射线衍射和核磁共振等方法研究硼烷结构及成键规律，提出三中心电子键理论，获 1976 年诺贝尔化学奖。

英国的佩鲁茨（M. F. Perutz）和肯德鲁（J. C. Kendrew）用 X 射线衍射分析法精确地测定

图 3.32　XRD 衍射原理提出者

（a）劳厄；（b）亨利·布拉格；（c）劳伦斯·布拉格；（d）埃瓦尔德

了血红蛋白和肌红蛋白的分子结构,开创了生物化学发展的新阶段,1962 年共获诺贝尔化学奖。

霍奇金（D. M. C. Hodgkin，英国）1953 年用 X 射线衍射技术测定复杂晶体和大分子结构（如青霉素和维生素 B12 的分子结构），荣获 1964 年诺贝尔化学奖。

克卢格（Aaron Klug）把 X 射线衍射技术与电子显微技术相结合，1964 年发明"显微影像重组技术"，为测定生物大分子结构研究开创新路，获 1982 年诺贝尔化学奖。

美国的豪普特曼（H. A. Hauptman）和卡尔勒（J. M. Karle）于 1956 年建立测定晶体结构的数学理论，发明用 X 射线衍射确定晶体结构的直接计算法，为探索新分子结构和化学反应做出开创性贡献，共获 1985 年诺贝尔化学奖。

德国的米歇尔（H. Michel）、戴森霍弗尔（J. Deisenhofer）和胡伯尔（R. Huber）1984 年共同合作利用 X 射线晶体分析法首次确定光合作用反应中心的三维立体结构，阐明了光合作用的光化学反应本质，共获 1988 年诺贝尔化学奖。

科恩伯格（Roger David Kornberg，美国）利用 X 射线衍射开创真核转录的分子基础研究领域，获 2006 年诺贝尔化学奖。

拉马克里希南（V. Ramakrishnan）、施泰茨（T. A. Steitz）、约纳特（A. E. Yonath）2000 年各自采用 X 射线晶体学方法，在原子水平上分析了核糖体的结构与功能，三人共获 2009 年诺贝尔化学奖。

3.2.3.2　常见 X 射线衍射方法

X 射线衍射的方法有很多。按使用的样品可分为单晶法和多晶粉末法；按记录检测方法可分为照相法和衍射谱仪法。最基本的 X 射线衍射方法有三种：平板照相法、旋转晶体法和多晶粉末法。

（1）平板照相法（劳厄法）

该方法是将具连续波长分布的 X 射线作用于静止安置的单晶以获取衍射信息。早期的劳厄法以平板的感光胶片置于按一定轴向或晶棱取向安置的单晶样之后，根据所得劳厄衍射图的花样判断该晶轴或晶棱方向的对称性，以助于对晶体劳厄点群的研究。因 X 射线源、晶体与底片的相互位置不同，又分为透射劳厄法和背射劳厄法。透射劳厄法所出现的衍射点分别在不同的椭圆上，背射劳厄法衍射点分别分布在不同的双曲线上。通过对这些点的分析，可测定晶体取向。20 世纪 80 ~ 90 年代，利用同步辐射强连续 X 射线源，结合高能储存环等新技术，通过劳厄法已做到只需毫秒时间即可收集一套蛋白或病毒晶体的衍射数据。这意味着时间分辨大分子晶体学已诞生，用劳厄法衍射数据已解析出鹅蛋白、溶菌酶大分子结构。

（2）旋转晶体法

在 X 射线单晶衍射实验中，通常要通过旋转晶体，让尽可能多的倒易点能够与埃瓦尔德球相交，从而收集完整的数据。该方法使用单色 X 射线，但允许入射角的变化，而入射角的变化也仅来自晶体取向的变化。在旋转晶体法中，晶体绕某个固定轴旋转，将旋转过程中出现的所有布拉格峰都记录下来。当晶体旋转时，它确定的倒易点阵将围绕同一轴旋转相同的量。因此，埃瓦尔德球体（由固定的入射波矢确定）固定在 k 空间中，而整个倒易点阵围绕晶体的旋转轴旋转。在旋转过程中，每个倒易点阵的点绕旋转轴转出一个圆，每当该圆与埃瓦尔德球相交时，就会发生布拉格反射。

（3）多晶粉末法［德拜-谢勒（Debye-Scherrer）法］

粉末 X 射线衍射法是采用单色 X 射线对粉末状多晶样品进行衍射分析的一种方法，可用于样品的定性或定量物相分析。每种化学物质，当其化学成分与固体物质状态（晶型）确定时，应该具有独立的特征 X 射线衍射图谱和数据，衍射图谱信息包括衍射峰数量、衍射峰位置（2θ 值或 d 值）、衍射峰强度、衍射峰几何拓扑（不同衍射峰间的比例）等。晶态物质的粉末 X 射线衍射峰由数十乃至上百个锐峰（窄峰）组成，而非晶态物质的粉末 X 射线衍射峰的数量较少且呈弥散状（为宽峰或馒头峰）。在定量检测分析时，两者在相同位置的衍射峰的绝对强度值存在较大差异。

3.2.3.3　X 射线衍射物相分析

XRD 具有不损伤样品、无污染、快捷、测量精度高、能得到有关晶体完整性的大量信息等优点。利用 XRD 可进行物相分析、点阵常数的精确测定、晶粒尺寸和点阵畸变的测定、单晶取向和多晶织构的测定、应力的测定等。晶体的 X 射线衍射图像实质上是晶体微观结构的一种精细复杂的变换，每种晶体的结构与其 X 射线衍射图之间都有着一一对应的关系，其特征 X 射线衍射图谱不会因为其他物质混聚在一起而产生变化，这就是 X 射线衍射物相分析方法的依据。制备各种标准单相物质的衍射花样并使之规范化，将待分析物质的衍射花样与之对照，从而确定物质的组成相，就成为物相定性分析的基本方法。鉴定出各个相后，根据各相花样的强度正比于该组分存在的量（需要做吸收校正者除外），就可对各种组分进行定量分析。

目前常用衍射仪法得到的衍射图谱，用国际粉末衍射标准联合委员会（JCPDS）出版的"The Powder Diffraction File（PDF 卡片）"进行物相分析。

点阵常数是晶体物质的基本结构参数，测定点阵常数在研究固态相变、确定固溶体类型、测定固溶体溶解度曲线、测定热膨胀系数等方面得到了应用。点阵常数的测定是通过 X

射线衍射线的位置（θ）的测定而获得的，通过测定衍射花样中每一条衍射线的位置均可得出一个点阵常数值。若多晶材料的晶粒无畸变、足够大，理论上其粉末衍射花样的谱线应特别锋利，但在实际实验中，这种谱线无法看到。这是因为仪器因素和物理因素等的综合影响，使纯衍射谱线增宽了。纯谱线的形状和宽度由试样的平均晶粒尺寸、尺寸分布以及晶体点阵中的主要缺陷决定，故对线形作适当分析，原则上可以得到上述影响因素的性质和尺度等方面的信息。

单晶取向的测定就是找出晶体样品中晶体学取向与样品外坐标系的位向关系。虽然可以用光学方法等物理方法测定，但 X 射线衍射法不仅可以进行精确的单晶定向，同时还能得到晶体内部微观结构的信息。一般用劳厄法单晶定向，其根据是底片上劳厄斑点转换的极射赤面投影与样品外坐标轴的极射赤面投影之间的位置关系。透射劳厄法只适用于厚度小且吸收系数小的样品；背射劳厄法就无须制备特别样品，样品厚度大小等也不受限制，因此多用此方法。多晶材料中晶粒取向沿一定方位偏聚的现象称为织构，常见的织构有丝织构和板织构两种类型。为反映织构的概貌和确定织构指数，有三种方法描述织构，即极图、反极图和三维取向函数，这三种方法适用于不同的情况。对于丝织构，要知道其极图形式，只要求出其丝轴指数即可，照相法和衍射仪法是可用的方法。板织构的极点分布比较复杂，需要两个指数来表示，且多用衍射仪进行测定。

3.2.3.4　X 射线衍射仪

X 射线衍射仪按其结构和用途，大致可分为测试粉末试样的粉末衍射仪和测试单晶的单晶衍射仪，此外还有微区衍射仪、薄膜衍射仪、X 射线应力测定仪等针对特殊用途设计的特种衍射仪。图 3.33 为常用粉末 X 射线衍射仪。

图 3.33　粉末 X 射线衍射仪实物图

XRD 分析仪多为旋转阳极 X 射线衍射仪，由单色 X 射线源、样品台、测角仪、探测器和 X 射线强度测量系统所组成。X 射线分析由于设备和技术的普及已逐步变成金属、有机材料和纳米材料测试的常规方法，且还用于动态测量。早期多用照相法，这种方法费时较长，强度测量的精确度低。20 世纪 50 年代初问世的计数器衍射仪具有快速、强度测量准确、可配备计算机控制等优点，已经得到广泛的应用。使用单色器的照相法在微量样品和探索未知新相的分析中仍有自己的特色。从 20 世纪 70 年代以来，随着高强度 X 射线源和高灵敏度探测器的出现以及电子计算机分析的应用，X 射线学获得新的推动力。与常规 X 射线相比，同步辐射光波长在大范围内连续可调，且准直性好，研究的尺度范围和分辨均优于常规 X 射线。这些新技术的结合，不仅大大加快分析速度，提高精度，而且可以进行瞬时的动态观察以及开展对更为微弱或精细效应的研究。

3.2.3.5　X射线衍射技术的应用

材料的光、电、热、磁和催化等物理化学性能不仅与其成分、物相和尺寸等因素相关，而且还受微观结构单元晶面指数的强烈影响。作为固体结构研究的重要概念，晶面指数是揭示材料各向异性和晶面效应的重要参数。利用选区电子衍射、透射电子显微镜、原子力显微镜、X射线衍射技术以及它们的相互协同能够确定不同类型单晶微观结构的晶面指数，对阐明晶面与使用性能的相关性而言至关重要。

（1）原位XRD

反应相变机理及使用环境下结构演化规律是材料构效关系研究的重要内容。目前常用的手段是离位表征，即撤除环境（如热、力、电等）参量后的研究，往往不能反映真实结构变化过程。对于应用于储能、催化等领域的材料而言，其晶体结构往往会随着反应的进行发生演变，而非原位XRD只能检测某一状态下材料晶体结构的转变，很难准确得到关于材料在整个转变过程中的相关信息，尤其是在电极材料相变和结构演变的研究方面。由于不同极片间的物理差异性和拆电池、极片洗涤以及转移等操作过程的影响，非原位XRD测试往往不能很好地还原电池材料在充放电过程中的真实状况。

原位XRD表征是一种XRD的衍生测试手段，在样品上加载温度场、电场、力场、磁场等外场，或在样品发生电催化、电化学、光催化等反应时采集X射线衍射信号，可以动态、实时地表征变化过程。该技术可以应用在粉末衍射仪、单晶衍射仪、高分辨衍射仪和二维衍射仪上，通过数据分析，可得到材料结构信息与温度、力、电、磁等的关系，以得到电化学、电催化等反应的实时结构变化。不仅能够满足非原位XRD对晶态材料物相分析，而且还能够实现对晶态材料、二次电池元器件进行原位高低温、充放电特殊气氛等条件下的晶体结构测试及分析。目前已在材料、催化以及储能等领域的相关测试中得到了很好的运用。

根据X射线光源的不同，原位XRD测试有反射和透射两种不同的模式：反射模式下，X射线通过窗口进入后到达材料，衍射后的X射线从同一个窗口出来，通过探测器接收信号并得到数据；透射模式下，X射线从电池的一侧进入，衍射后的X射线从另一侧出来，由于对X射线源强度的要求，这一模式采用同步辐射光源作为衍射源，极大地缩短了测量时间并获得高质量的测量结果。普通原位XRD技术可以在实验室衍射仪的基础上进行改造，操作简单方便，同步辐射原位XRD技术则只有少数拥有同步辐射的实验室才能够发展。

温度场原位XRD是在对样品进行升降温的同时采集衍射信号的技术，样品所处的环境可以是真空和气氛系统。通过研究反应过程物相变化与温度的关系，以及通过Rietveld结构精修表征相含量、微结构变化，可揭示相形成和转化规律，进而明确相变机理，并且可以研究相的温度稳定性及晶胞参数、键长、键角等与温度的变化关系。此外，热膨胀是材料热力学稳定性的重要评价指标，在变温过程中，声子的振幅变化会导致晶胞参数变化。用温度场原位XRD可研究材料变温过程中的结构相变以及不同晶轴方向上的线热膨胀系数及体积膨胀系数，建立热膨胀系数与材料磁、铁电相变等性质变化的关系。

原位XRD技术可以实时检测电极材料在充放电过程中的产物及物相的变化，进一步促进研究者对材料的反应机理进行深入研究，并对后续的优化材料设计、合成与应用条件有重要的指导意义。通过原位 XRD 技术表征的电极材料的反应机制主要有四种：单相反应、相变反应、转化反应以及合金化反应。a. 在单相反应中，没有新峰出现，只有原始峰发生位移。b. 在相变反应中，不仅仅出现原始峰的位移，最明显的现象是循环过程中原始峰强度减弱并出现新峰。新峰是由原始峰在不连续的过程中逐渐形成的，新峰和原始峰在一定时间内同时存在，因此存在两相区。发生的相变一般是可逆或准可逆的，循环后不会带来颗粒粉化。c. 在转化反应中，离子嵌入过程中新相形成，原有相消失，表现为在原位 XRD 图谱中出现几个明显的新峰，同时原峰消失，表明原有物质转化为其他物质。新相不能完全恢复原相，循环后总是出现颗粒粉碎，说明转化反应一般不可逆。d. 至于合金化反应，它只针对锡（Sn）、铋（Bi）、锑（Sb）、锗（Ge）和其他类似元素。在反应过程中，金属离子与电极材料发生反应，而不会改变其成分，通常，产生的新相是合金。如图 3.34 所示，研究者通过原位 XRD 和密度泛函理论计算研究纳米多孔 Bi_4Sb_4 合金，提出了典型的两步合金化反应，从（Bi,Sb）到 Na（Bi,Sb）然后到 Na_3（Bi,Sb）。三个不同的阶段分别圈出。一个完整的循环过程可以分为四个阶段，每个阶段代表一个相变。阶段 1 代表从（Bi,Sb）到 Na（Bi,Sb）的相变，阶段 2 代表从 Na（Bi,Sb）到 Na_3（Bi,Sb）的另一个相变。此外，阶段 3 和阶段 4 分别是阶段 2 和阶段 1 的可逆过程。

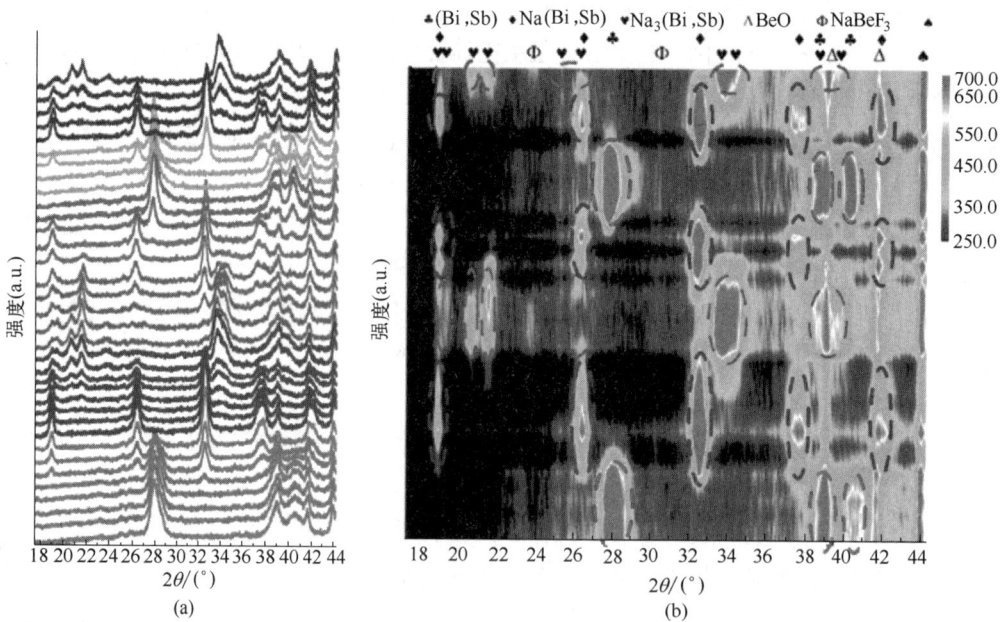

图 3.34　np-Bi_4Sb_4 电极在放电—充电—放电过程中的原位 XRD 结果的线图（a）和等高线图（b）

　　武汉理工大学程一兵院士团队研究了一种印刷甲脒（FA）-铯（Cs）三碘化铅钙钛矿薄膜的卤化铅模板结晶策略。$FAPbI_3$ 具有 Pb 基钙钛矿中最窄的禁带宽度（约 1.48eV），但是纯的 α-$FAPbI_3$ 是不稳定的，所以通常引入 Cs 来稳定相。他们以 $FA_{0.83}Cs_{0.17}PbI_3$ 钙钛矿为研究对象，研究其成核和晶体生长动力学。为了追踪这种结构的形成过程，采用原位 XRD 进行了相结构研究，如图 3.35 所示。N,N-二甲基甲酰胺（DMF）具有较高的溶解度和挥发性，是钙钛矿前驱体油墨常用的溶剂。他们发现在自然干燥过程中只有少数核在开始形成，在每个核周围生长出几个扁平的针状晶体。完全干燥后，扫描电子显微镜图像［图 3.35（a）］显示出一个粗大的薄膜，有枝晶，大孔隙，在枝晶下有一些密集堆积的大颗粒，清楚地表明有两种结构。由图3.35（b）可知，$Cs_2Pb_3I_8 \cdot 4DMF$ 和 $FA_2Pb_3I_8 \cdot 4DMF$ 在开始阶段形成溶剂配位的钙钛矿中间相，然后转化为 δ-（FACs）PbI_3。为了加速成核速率，将前驱体溶液在3000r/min转速下旋转以快速去除溶剂。如图3.35（c）所示，微观结构中出现很多大孔隙。这表明通过形成中间溶剂配位配合物的方法无法有效改变FA基钙钛矿的动力学成核。图3.35（d）为薄膜在不同退火温度下的物相图。当薄膜在70℃退火时，出现了明显的 α-（FACs）PbI_3 相，随着退火温度进一步提高到150℃，α相的峰值变得更加强烈。中间相（钙钛矿-DMF配合物）的存在会形成多孔的 δ 相钙钛矿膜，因此可以通过抑制钙钛矿-DMF配合物的形成来提高钙钛矿膜的质量。通过进一步添加六氟磷酸钾，可获得效率23%的非封装器件，并在环境空气中具有良好的长期热稳定性。

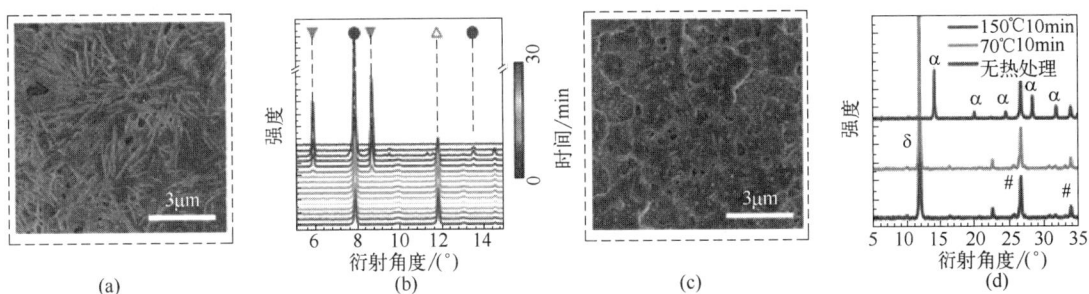

图3.35　钙钛矿材料成核和结晶过程的SEM［（a）、（c）］和原位XRD研究［（b）、（d）］

（2）X射线衍射成像技术

在一维和二维X射线衍射技术基础上，近年来发展了X射线衍射成像技术（图3.36）。自2001年首次演示以来，X射线布拉格相干衍射成像已被证明是在各种样品环境中研究材料晶体性能的一种强大方法。X射线布拉格叠层成像技术（BP）是一种新近发展起来的方法，它具有对晶格平面原子位移的敏感性和叠层成像技术的出色成像性能。

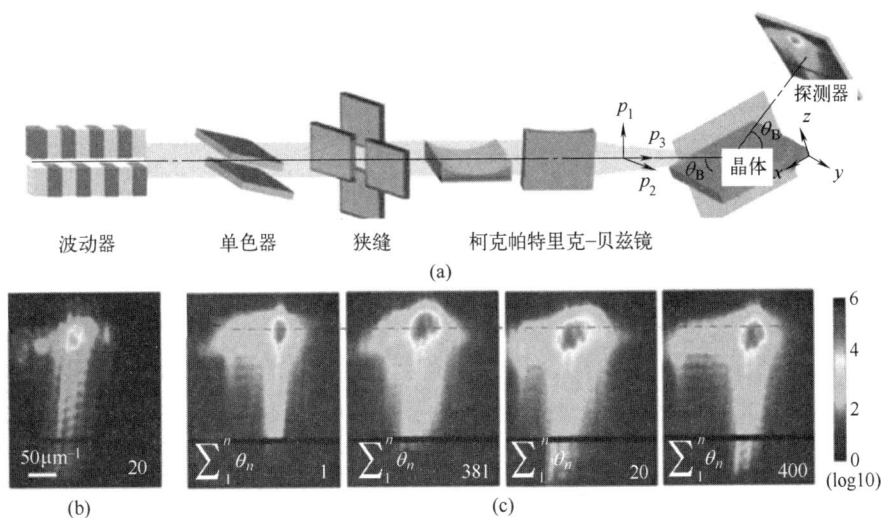

图3.36　X射线衍射成像技术

（a）同步加速器X射线布拉格叠层成像的实验装置，采样帧（x, y, z）和探测帧（p_1, p_2, p_3）；（b）布拉格峰的最大值处获得的衍射图案；（c）光栅扫描的四个极端位置绘制的一系列四个衍射强度图案

原子缺陷在控制晶体材料的力学和物理性能方面发挥着基础性作用，成为阻碍材料先进应用的关键。天然或诱发的缺陷使晶格的畸变局部化，从而降低了整体应变能。相反，缺陷的行为强烈依赖于微观结构环境，这为调整材料性能提供了巨大的潜力。了解和开发晶体材料的缺陷，需要从原子尺度到宏观尺度对材料结构进行探测。

由 3.1.2 节可知，利用 TEM 可观测晶格缺陷，但其可观测缺陷范围小（例如，边缘字符的直位错），对相关的晶格应变也很敏感。在本来很薄的 TEM 样品中，缺陷也可能丢失到附近的表面，这些表面作为强大的缺陷下沉，从而降低了表面缺陷密度，难以揭示复杂的缺陷-缺陷相互作用。另一个挑战是小缺陷的可见性：在包含数千个以上原子的结构中，TEM 对小于 1.5nm 的缺陷不敏感。然而，含有大量小缺陷且尺寸分布广泛的晶体构成了大量材料，例如那些由强辐照产生的材料（用于未来聚变和裂变技术的材料、加速器目标或用于生物相容性的改性表面）。辐射产生的缺陷范围从单个原子缺陷到数十纳米大小的簇，其中缺陷的数量密度通常与缺陷大小通过负指数幂律联系起来，即绝大多数缺陷低于可见极限。这些看不见的缺陷虽然很小，但可以显著地改变力学性能或热输运行为，并可能导致辐照引起的尺寸变化。因此，研究者开发了一种先进的 BP 方法来研究注入氦离子的钨铼合金样品中的 TEM 不可见的缺陷。为了实现这些测量，研究者同时开发了一种探针细化策略，从而提高检索图像的灵敏度，获得了氦注入钨晶体中纳米尺度晶格应变和旋转的三维定量图。利用这种增强型布拉格叠层成像技术工具，研究者分析了氦离子辐照对钨的损伤，揭示了 3D 样品中的一系列晶体细节，得出结论：少数原子大的"看不见的"缺陷，在取向上可能是各向同性和均匀分布的。在靠近晶界处，观察到部分缺陷剥落区。这些结果为预测离子辐照对金属的影响提供了新的见解。

（3）X 射线散射

自然界中有些物质以晶体形态存在，可以应用上述 XRD 技术来解析其内部微观结构。而更多的物质是以非晶的形态，或者以晶体和非晶共存的结构存在。广角 X 射线散射（wide angle X-ray scattering，WAXS），可探测的散射角度和散射矢量较大。而相对于 WAXS，小角 X 射线散射（small angle X-ray scattering，SAXS）可以探测到更小的散射矢量值，从而可以实现现实空间内更大尺度的获得。一般来说，探测尺度介于 1nm 到数百纳米的 X 射线散射被认为是小角 X 射线散射。SAXS 对电子密度的差异性分布敏感，散射强度主要由形状因子和结构因子构成，通过 SAXS 测量可以得到物质内部微观结构单元的形状、大小、距离、电子密度起伏相关长度等参数。因此，SAXS 不仅可以用于结晶物质的微观结构解析，也可以用于非晶物质的结构表征。1930 年，Krishnamurti 利用 X 射线研究炭粉、炭黑等亚微观微粒物质时发现直通光斑附近（即低 q 区域）有着连续的散射信号，后逐渐认识到这是电子密度不均匀造成的小角 X 射线散射。1949 年，Debey 和 Bueche 基于电子密度涨落的观点，提出了 Debye-Bueche 散射公式，从统计的角度对散射体的形状、尺寸、电子密度的不均匀性进行了描述，开创了 SAXS 定量表征的新纪元。目前，SAXS 不仅可表征橡胶、纤维等高分子材料，也可表征合金、液晶、光伏薄膜等凝聚态物质，还可表征磷脂、毛发、肌肉以及溶液中的蛋白质等多种材料。随着同步辐射技术的发展和进步，SAXS 越来越广泛地被应用于外场作用下物质结构演变的原位研究。例如，应用 SAXS 技术同时结合 WAXS 技术原位研究温度场和力场耦合下的聚乙烯等高分子聚合物在吹膜成膜过程中微观结构的演变，获得其成膜动力学演变规律。同时，具有更大探测尺度范围的原位超小角 X 射线散射技术必将对相关研究领域起到进一步的促进作用。

3.2.4 X 射线光电子能谱

X 射线光电子能谱（X-ray photoelectron spectroscopy，XPS）亦称为化学分析电子能谱，主要用于分析表面化学元素的组成、化学态及其分布，特别是原子的价态、表面原子的电子密度、能级结构，是分析物质表面化学性质的一项重要技术。XPS 技术是利用一束 X 射线激发固体表面，同时测量被分析材料表面 1~10nm 内发射出电子的动能，从而得到 XPS。X 射线光电子能谱的谱峰为原子中具有一定特征能量电子的发射，反映出原子内层电子结合能的变化，因此谱峰的能量和强度可用于定性和定量分析所有表面元素（氢元素除外）。XPS 技术常用于对固体样品的元素成分进行定性、定量或半定量及价态分析，广泛应用于固体样品表面的组成、化学状态分析，如元素分析、多相研究、化合物结构鉴定、富集法微量元素分析、元素价态鉴定。此外，其在氧化、腐蚀、摩擦、润滑、燃烧、粘接、催化、包覆等微观机理研究，污染化学、尘埃粒子等的环保测定，分子生物化学以及三维剖析界面及过渡层的研究等方面均有所应用。图 3.37 为常用 XPS 仪器实物图。

(a)   (b)

图 3.37 常用 XPS 仪器

（a）XPS（岛津 AXIS Supra+）；（b）XPS 微探针（赛默飞 ESCALAB QXi）

（1）X 射线光电子能谱发展历程

西班格（Siegbahn）等在 20 世纪 50 年代提出 XPS 并应用于物质表面元素定量分析，因其对光电子能谱的谱仪技术和谱学理论的杰出贡献于 1981 年获诺贝尔物理学奖。自 20 世纪 60 年代末，X 射线光电子能谱学逐渐发展成熟，成为一门独立完整的综合性学科。它与多种学科相互交叉，融合了物理学、化学、材料学、真空电子学以及计算机技术等多学科领域。

经过近几十年的发展，XPS 谱仪技术取得了巨大发展。例如，在 X 射线源上，已从原来的激发能固定的射线源发展到利用同步辐射获得 X 射线能量单色化并连续可调的激发源；

传统的固定式 X 射线源也发展到电子束扫描金属靶所产生的可扫描式 X 射线源；X 射线的束斑直径也实现了微型化，最小的束斑直径已能达到 6μm，使得 XPS 在微区分析上的应用得到了大幅度的加强。图像 XPS 技术的发展，大大促进了 XPS 在新材料研究上的应用。在谱仪的能量分析检测器方面，也从传统的单通道电子倍增器检测器发展到位置灵敏检测器和多通道检测器，使得检测灵敏度获得了大幅度的提高。计算机系统的广泛采用，使得采样速度和谱图的解析能力也有了很大的提高。由于 XPS 谱仪具有很高的表面灵敏度，适合于有关表面元素定性和定量分析方面的应用，同样也可以应用于元素化学价态的研究。此外，配合离子束剥离技术和变角 XPS 技术，还可以进行薄膜材料的深度分析和界面分析。

近年来，随着仪器和相关分析技术的进一步发展，还发展了多种新的测试应用方向，如利用光电子衍射和全息用于原子结构测定，使用驻波和硬 X 射线激发光电发射用于复合物的体相分析，在多托区的高环境压力下进行空间和时间分辨测试等。因此，XPS 方法可广泛应用于化学化工、材料、机械等领域。XPS 是当代谱学领域中最活跃的分支之一，虽然只有几十年的历史，但其发展速度很快，在电子工业、化学化工、能源、冶金、生物医学中得到了广泛应用。

（2）X 射线光电子能谱仪工作原理

XPS 方法的理论基础是爱因斯坦光电定律。用一束具有一定能量的 X 射线照射固体样品，入射光子与样品相互作用，光子被吸收而将其能量转移给原子的某一壳层上被束缚的电子，此时电子把所得能量的一部分用来克服结合能和功函数，余下的能量作为它的动能而发射出来，成为光电子，这个过程就是光电效应。X 射线光电子能谱仪是一种表面分析技术，主要用来表征材料表面元素及其化学状态。其基本原理是使用 X 射线，如 Al $K\alpha$=1486.6eV，与样品表面相互作用，利用光电效应，激发样品表面发射光电子，利用能量分析器，测量光电子动能 $[E(k)]$，根据 $E(b)=h\nu-E(k)-W$，已知仪器功函数 W，利用能量分析器测量光电子动能，即可得到激发电子的结合能 $E(b)$。

（3）X 射线光电子能谱

在 XPS 谱图中，以光电子结合能或动能为横坐标，直接反映电子壳层/能级结构；以相对光电子流强度为纵坐标，谱峰直接代表原子轨道的结合能。对同一个样品，无论采用何种入射 X 射线，光电子的结合能分布状况是一样的。每种元素均有与之对应的标准光电子能谱，并制成手册，如 Perkin-Elmer 公司的《X 射线光电子手册》。从样品发射的光电子，若没有经历能量损失，在电子能谱图中，就以峰的形式出现。若经历随机的多重能量损失，就会在峰的高结合能侧，以连续升高的背景形式出现。

常见的谱线可分为三类：一类为技术上基本谱线（如 C、O 等污染线）；二类为与样品物理、化学本质有关的谱线；三类为仪器效应的结果（如 X 射线非单色化产生的卫星伴线等）。光电子能谱中尖锐峰为弹性散射光电子形成，一般来自样品表层。而那些来自样品深层的光电子因在途中的碰撞、能量损失，其动能不再具有特征值，部分会演变为背底或伴峰。平均来说，只有靠近表面的电子才能无能量损失地逸出，分布在表面中较深处的电子将损失能量以减小的动能或增大的结合能的面貌出现，在表面下非常深处的电子将损失所有能量而不能逸出。XPS 谱图中显示出一特征的阶梯状本底，低结合能端的背底电子少，而高结合能端的背底电子多，表现为谱峰在高能端的背底高、低能端背底低。这是由体相深处发生的非弹性散射过程造成的。

由于 X 射线激发源的光子能量较高，可以同时激发出多个原子轨道的光电子，因此在 XPS 谱图上会出现多组谱峰。最强的光电子峰是谱图中强度最大、峰宽最小、对称性最好的谱峰，称为 XPS 的主峰。每一种元素均有各自的最强峰，是定性分析的主要依据。峰位置（结合能）与元素及其能级轨道和化学态有关，同一原子的不同能级所发射的特征峰不同。此外，原子内壳层电子的结合能受核内电荷和核外电荷分布的影响，任何引起电荷分布发生变化的因素都能使原子内壳层电子的结合能产生变化。原子因所处化学环境不同而引起的内壳层电子结合能变化，如与它相结合的元素种类和数量不同或原子具有不同的化学价态，在 X 射线光电子能谱中表现为谱峰有规律的位移，这种现象即为化学位移，如图 3.38 所示。除少数元素（如 Ag 等）芯电子结合能位移较小，在 XPS 谱图上不明显外，一般元素化学位移在 XPS 谱图上均有可分辨的谱峰。根据测得的光电子能谱就可以确定表面存在什么元素以及该元素原子所处的化学状态，因此，利用化学位移可以分析元素的化合价和存在形式，这就是 X 射线光电子能谱的定性分析。元素的化学价态分析是 XPS 分析的最重要的应用之一。

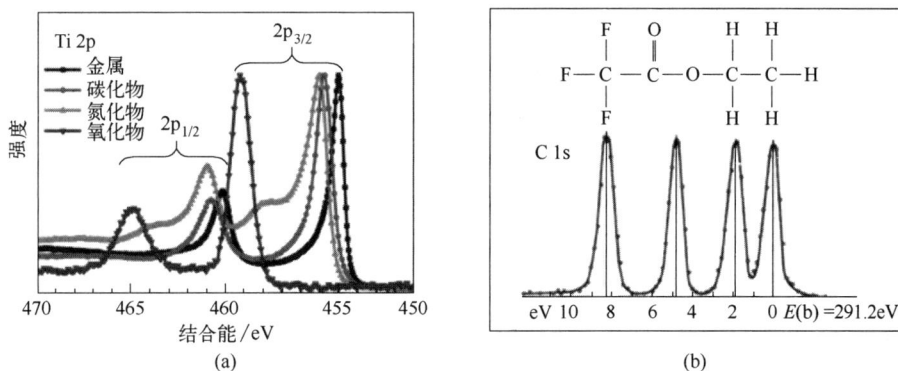

图 3.38　Ti 的在不同化合物状态下的 XPS 2p 谱图（a）和三氟醋酸乙酯的 C 1s 谱图（b）

（4）X 射线光电子能谱的应用

XPS 具有很高的表面检测灵敏度，可以达到 10^{-3} 原子单层。其表面采样深度与材料性质、光电子的能量、样品表面和分析器的角度有关，通常为 2.0~5.0nm。因其提供的仅是表面上的元素含量，与体相成分会有很大的差别，故体相检测灵敏度仅为 0.1%左右。由于 XPS 谱图的特点，其在一般研究中主要用于以下几个方面的测试分析：①对样品表面元素进行定性、定量分析；②可分析元素的化学状态（包括元素价态、晶格位置和化学环境等）；③对薄膜样品进行深度分布分析，给出元素随样品深度分布信息；④对元素及其化学态进行成像，给出不同化学态的不同元素在表面的分布图像。

图 3.39 为利用 XPS 研究高熵钙钛矿结构氧化物在碱性水系电解液中的稳定性结果。近年来，高熵氧化物在锂离子电池中的良好稳定性使其逐渐被应用到多种电化学储能器件中。然而目前高熵氧化物在碱性水系电池-超级电容器混合储能器件中的循环稳定性并不理想，要想推

动高熵氧化物在这类储能器件中的实际应用就必须提升其稳定性。然而由于高熵氧化物在碱性水系电解液中不明确的储能机制给其稳定性优化带来了挑战。所以探究高熵氧化物在水系碱性电解液中的快速储能机理，有助于进一步提升其电化学储能性能并推动高熵氧化物在高性能电化学储能器件中的应用。以 $La_{0.7}Bi_{0.3}Mn_{0.4}Fe_{0.3}Cu_{0.3}O_3$ 高熵钙钛矿结构氧化物作为研究对象，在充放电过程中，表面的镧氧化物会转变为 $La(OH)_3$，而充电至 $-1V$ $vs.$ Hg/HgO 过程中，氢离子嵌入和氧离子脱出使得部分金属离子被还原。但同时部分铁离子和锰离子被氧化为 Fe^{4+} 和 Mn^{4+}，这是由于在充电过程中 $La_{0.7}Bi_{0.3}Mn_{0.4}Fe_{0.3}Cu_{0.3}O_3$ 高熵钙钛矿结构氧化物表面存在副反应（氧化还原反应，ORR），表面氧物种演化诱发 Fe^{4+} 和 Mn^{4+} 的形成。同时，放电过程中随着氢离子脱出和氧离子嵌入，部分金属离子被氧化。而 $La(OH)_3$ 在第一次充电形成后稳定存在于高熵钙钛矿结构氧化物表面，在之后的充放电过程中无法转变为镧氧化物，即表面的 $La(OH)_3$ 为非活性物质不参与电化学储能。该表征结果研究了储能过程中高熵氧化物表面氧物种演化与阳离子渗出的内在关联，揭示了在水系碱性电解液中高熵氧化物可能涉及的一种双离子嵌入脱出储能机理，有望推动具有高性能的高熵氧化物电极材料研究进程。

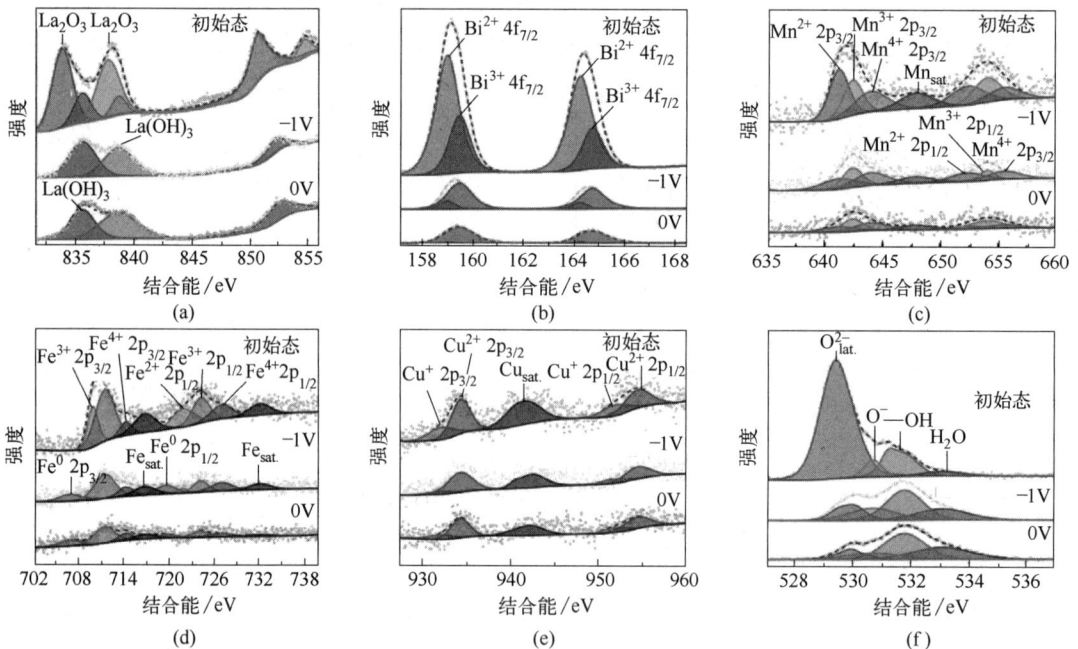

图 3.39　充放电过程中 $La_{0.7}Bi_{0.3}Mn_{0.4}Fe_{0.3}Cu_{0.3}O_3$ 的 La 3d（a）、Bi 4f（b）、Mn 2p（c）、Fe 2p（d）、Cu 2p（e）和 O 1s（f）的 XPS 谱图变化

　　微区分析及成像 XPS 属于非破坏性的分析方法，近年来在微电子器件和微纤维材料分析、薄膜的表面污染分布、金属偏析及高聚化合物表面的研究等方面获得广泛关注。微区 XPS 分析（small area XPS，SAXPS）是通过缩小分析面积来提高空间分辨率。在具有单色光源的现代 XPS 仪器中，利用 XPS 可以获得丰富的化学信息，但由于 X 射线不易聚焦，故照射面积较大。为优化 XPS 在微区分析上的应用，可采用以下两种方法：一种是样品台扫描成像（将 X 射线束聚焦到直径为几微米的探头中，以便进行空间分辨分析；在不需要聚焦的情况

下将光束在待分析的样品区域上进行发散。然而,将 X 射线聚焦到一个小光斑意味着罗兰圆的半径较短,这将对 X 射线的色散和能量分辨率有较大影响);另一种是光电子束扫描成像[使用 1~2mm(在样品平面上)的线宽相对较宽的 X 射线束,使得样品基本上充满 X 射线,而待分析区域由分析仪光学元件中的一对光阑进行限定,从而实现微区分析]。

成像 XPS(imaging XPS,IXPS)是指在分析区域内显示化学元素及其化学状态分布信息的图像。IXPS 不仅可以进行化学元素成像,而且当同一种元素有不同的化学环境或者不同价态的原子存在时,只要其结合能差别(化学位移)足够大(2eV 或者更大),即可利用成像 XPS 显示同种元素不同的化学态分布。以聚焦的电子束扫描阳极,产生的细 X 射线束经单色器后再成一扫描的聚焦 X 射线束,在样品与能量分析器间加静电偏转板,偏转板加扫描电压;计算机精确控制样品台细微扫描;定量化的 XPS 成像在每一个像素点包含一个谱,对其峰拟合可再现化学态空间分布;二维探测器在一个平面上收集光电子能量色散信息,同时在另一平面收集光电子的角分布信息。数据收集过程不用扫描能量分析器,以达到"快照"取谱。图 3.40 为在半导体 Si/SiO$_2$ 元件中,通过 XPS 成像可以表征 SiO$_2$ 及单质 Si 的分布情况。

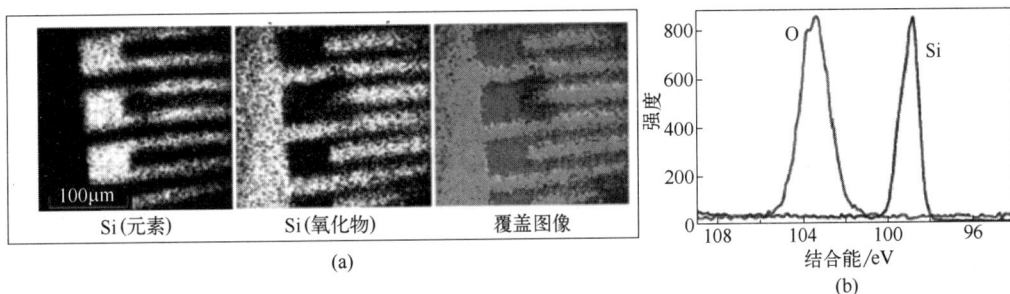

图 3.40　SiO$_2$ 及单质 Si 的分布情况
(a)Si 单质、SiO$_2$ 及叠加后的化学态分布;(b)对应图(a)的微区 XPS 谱

3.2.5　X 射线吸收谱

X 射线透过样品后,其强度发生衰减且衰减程度与样品的结构、组成密切相关。这种研究透射强度 I 与入射 X 射线强度 I_0 之间的关系,称为 X 射线吸收谱(X-ray absorption spectroscopy,XAS)。由于其透射光强与原子序数、原子质量有关,利用 X 射线入射前后信号变化可分析材料元素组成、电子态及微观结构等信息,可以对固体(晶体或非晶)、液体、气体等各类样品进行测试。随着同步辐射光源的建造,XAS 得到了前所未有的发展,在物质结构表征(包括原子结构及电子结构等)、理化性能解释(比如单原子催化剂位点研究、原位/operando 测试等)方面发挥着越来越重要的作用,前沿研究中经常看见其身影。一直以来,可以说 XAS 是基于同步辐射的各种表征手段中应用最广泛的技术之一。

3.2.5.1　X 射线吸收谱谱图

以 Cu 的 XAS 图谱(图 3.41)为例,XAS 图谱主要由两部分组成:吸收系数平滑下降区(图 3.41 中虚线 1、2 之间)和吸收系数突变区(图 3.41 中虚线 3 处)。平滑下降区:随着入射光能量的增大，其吸收系数降低，恰好对应质量吸收系数 μ 与 X 射线光子能量 E 的关系式，该段对应原子吸收。突变区：在光子能量达到一定值后，其吸收系数呈阶梯增长，此时对应原子内层电子跃迁。这是因为当光子能量与电子层跃迁能量相等时，光子被原子共振吸收，吸收强度大大增强，表现为吸收系数突变。发生吸收系数突变时的波长称为吸收边（edge），也称为吸收限。原子中不同主量子数的电子的吸收边相距颇远，按主量子数命名为 K、L……吸收边等。每一种元素都有其特征的吸收边系，因此 XAS 可以用于元素的定性分析。此外，吸收边的位置与元素的价态相关，氧化价态增加，吸收边会向高能侧移动，因此同种元素，化合价不同也可以分辨出来。

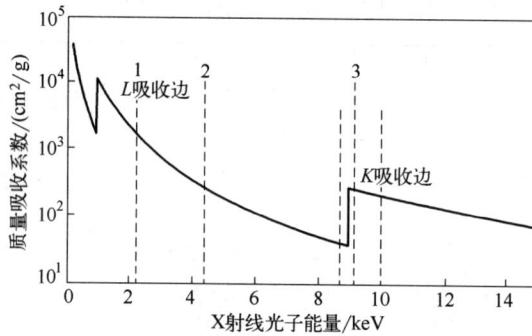

图 3.41　铜的 XAS 图谱

如果以足够小的能量步长，仔细测量吸收边附近 Cu 的吸收谱就会发现其吸收系数在吸收边附近并非单调下降而是存在振荡。这种振荡来源于 X 射线激发的光电子被周围配位原子散射导致 X 射线吸收强度随能量发生振荡。因这种振荡与材料的电子、几何结构有关，故称为 X 射线吸收精细结构（XAFS，X-ray absorption fine structure）。精细结构从吸收边前至高能延伸到约 1000eV，根据其形成机制（多重散射与单次散射）的不同，可以分为 XANES（X 射线吸收近边结构）和 EXAFS（扩展 X 射线吸收精细结构），二者并无严格界限，如图 3.42 所示。

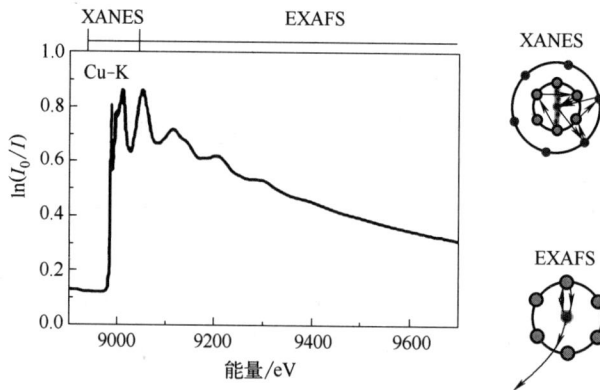

图 3.42　XANES 和 EXAFS 的划分

（1）吸收边前-吸收边以上 50eV 区域

称为 X 射线吸收近边结构（X-ray absorption near edge structure，XANES）或 X 射线近吸收边精细结构（near edge X-ray absorption fine structure，NEXAFS），后者多用于称呼 Z 原子系数的近边结构。XANES 由低能光电子在配位原子做多次散射后再回到吸收原子与出射波发生干涉形成，特点是强振荡。吸收信号清晰，易于测量，谱采集时间短，适合于时间分辨实验；对价态、未占据电子态和电荷转移等化学信息敏感；对温度依赖性很弱，可用于高温原位化学实验；具有简单的"指纹效应"，可快速鉴别元素的化学种类。

（2）吸收边以上 50~1000eV 区域

称为扩展 X 射线吸收精细结构（extended X-ray absorption fine structure，EXAFS）。EXAFS 主要源于光电子被吸收原子周围的临近原子散射而产生的干涉效应，特点是振幅不大，似正弦波动。EXAFS 谱与周围原子的存在形式有关：①周围原子与吸收 X 射线光子的原子之间的距离，距离不同，反射波与初始波的位相差不同，且此位相差与间距和波长的乘积成正比，所以以波矢为自变量的 EXAFS 振荡频率与此间距离成正比；②周围原子的个数不同，反射波的强度不同，造成 EXAFS 振荡幅度不同；③周围原子的种类不同，在此原子上反射波的相移和强度就不同，使 EXAFS 振荡的幅度和频率都发生微小的变化。由于 EXAFS 谱与上述因素有关，通过 EXAFS 谱的分析可以得到中心原子与配位原子的键长、配位数、无序度等信息。不过，EXAFS 对立体结构并不敏感。EXAFS 来自光子的单散射而 XANES 来源于多散射，是因为动能较大的光子受周围环境/近邻配位原子影响较小（XAS 谱上，EXAFS 的能量比 XANES 高）。

3.2.5.2 X 射线吸收谱的应用

XAFS 技术通常应用于研究高分子物质、生物分子、纳米结构和其他类型的物质。例如，XAFS 可以用来研究高分子物质的分子链结构和分子链间相互作用。在生物学研究中，XAFS 可以用来研究生物分子中的金属离子，例如铜和铁，以了解它们在生物过程中的作用。此外，XAFS 还可以用于研究纳米结构的组成、形状和大小，以及它们如何与其他物质相互作用。例如，在环境科学中，XAFS 可以用来研究环境中的重金属离子以了解它们如何与生物和环境相互作用。XAFS 在材料测试分析中可以帮助研究人员深入了解材料的结构和性能，并为材料的开发和改进提供有价值的信息。

XAFS 技术对中心吸收原子的局域结构和化学环境十分敏感，因此能够在原子尺度上表征某原子邻近几个配位壳层的结构信息，如配位原子的种类、配位数、无序度、与中心原子的距离、氧化态等。XAFS 因为探测的是中心原子周围的局域结构，不依赖于物质的长程有序性，所以对于样品的要求不高，晶体、非晶甚至液体都可以进行测试。而且因为测试环境要求不高，从而具有很好的拓展性，可以在物质实时的工作环境中进行测试，如原位的高温、高压、电化学、光照等。

进行 XAFS 测试首先要明确测试的目的。定性分析仅需要近边结构谱，可以得到吸收原子的价态、结构对称性等，利用 Athena 软件进行数据归一化和扣背底即可比较。若是为了得到扩展边的结构信息，则需要将处理后的样品数据进行 *E-k*（波矢）变换，再加权后选取

波矢 k 的范围进行傅里叶变换得到样品的径向结构函数。通过 Artemis 引入模型进行拟合，从而得到吸收原子周围的键长、配位数和无序度等信息。因为测试所需 X 射线的能量需要变化以得到连续的谱线，所以 XAFS 一般在同步辐射 X 射线源上进行。除了同步辐射技术外，荧光 XAFS 也可以用于研究百万分之几低浓度的样品和几个原子层厚度的薄膜样品，磁 XAFS 用于研究材料的电子自旋状态，高温和高压的原位 XAFS 研究材料的相变过程，空间分辨 XAFS 研究材料的微区结构，时间分辨 XAFS 研究反应的动力学等。

实现"碳达峰"和"碳中和"不仅是我国可持续发展和高质量发展的内在要求，也是推动构建人类命运共同体的必然选择。利用低品阶的可再生电能，通过二氧化碳催化电解手段，将二氧化碳转化为高附加值的碳基燃料或化学品，对可再生能源的转换与存储和缓解气候变化都至关重要，具有极其重要的战略意义。2023 年 5 月华中科技大学庞元杰教授、加拿大多伦多大学 Edward H. Sargent 院士和武汉理工大学麦立强教授等合成了稀释铜合金催化剂，他们发现在高 CO 浓度、10atm（1atm=101325Pa）压力下，利用电能将一氧化碳高效还原为乙酸。该研究能够利用低品阶清洁电能将二氧化碳经一氧化碳两步转化为乙酸，实现了乙酸的零碳绿色生产，并在此过程中达到了高选择性和高能量转化效率。相关研究成果以 "Constrained C_2 adsorbate orientation enables CO-to-acetate electroreduction" 为题发表在 *Nature* 上。

目前，基于 XAS 的多种原位实验方法可以满足物理科学中的各种原位实验要求。例如泵浦探测时间分辨 XAS 方法可以获取皮秒（同步辐射）、飞秒（自由电子激光）级的时间分辨原位 XAS 实验数据，在强关联体系、光催化材料、光致材料应变等物理研究领域得到了应用，为研究物质结构动态变化提供了量体定裁的实验方法。此外，近年来快速发展的高能量分辨荧光探测 X 射线吸收谱（high energy resolution fluorescence detected X-ray absorption spectroscopy，HERFD-XAS），通过采集特定能量的荧光线，从而减小了谱峰的空穴寿命展宽，相比传统 XAS 提供了更为精细的价态和电子结构信息，同时也使由物质结构变化导致的谱学特征变化更为明晰。

3.2.6　其他基于 X 射线的表征方法

（1）基于同步辐射光源的 X 射线分析技术应用

20 世纪中叶，同步加速器 X 射线发明后，材料的 X 射线表征发生了革命性的变化。纳米材料由于尺寸小、结构复杂，其单体产生的测量信号往往不足，此外纳米材料往往不像块体材料那样具有良好的长程有序性，所以某些常规实验室用于表征块体材料的手段在表征纳米体系时可能失效。因此，同步辐射技术可以在纳米体系的结构和性能表征方面发挥重要作用。例如，同步辐射快速 X 射线吸收精细结构（QXAFS）谱学方法具有高时间分辨的特征，不仅具备 XAFS 在纳米结构研究中的优势，而且由于高时间分辨的特征，极大地扩展了 XAFS 在纳米结构研究中的应用。利用 QXAFS 的时间分辨特性，并结合原位检测技术，QXAFS 能够应用于以下一些纳米结构研究：物理化学变化的动力学过程研究，如纳米颗粒的成核与生长、薄膜制备；压力和温度变化下的相变研究，如纳米相催化剂催化过程研究；随温度和表面环境变化的表面结构演化研究，如纳米表面功能修饰所引起的表面/界面电子结构变化的研究等。

时间分辨X射线激发发光光谱（XEOL）是一种用同步辐射X射线激发发光样品，然后测量样品发光光谱的实验手段。由于同步辐射X射线的能量连续可变，可以通过改变X射线的能量，选择性地激发样品中不同的元素、不同的相，从而确定发光样品的发光中心。由于高亮度的第三代同步辐射光源和先进X射线聚焦装置的发展，科学家们已经能够实现尺寸小于100nm的高强度X射线光束。结合谱学分析与空间聚焦的X射线纳米探针，科学家们能够在纳米尺度下获得丰富的物质结构与性能信息，如得到纳米材料单体的晶体结构和电子结构等。

（2）掠入射X射线衍射

对于大部分体系，硬X射线的穿透深度一般为微米级甚至毫米级，因此利用常规入射的X射线表征方法得到的是一种体相的结构信息。但是常规的研究方法对一些特殊的表面、界面结构缺乏探测能力，例如薄膜材料、超晶格结构、吸附表面等，此时就需要利用全反射的X射线掠入射方法来研究此类特定的表界面结构信息。

1923年，康普顿首先发现当X射线以小于某个临界角的小角度入射到理想的光滑样品表面时，会发生全反射现象。由于照射到样品上的角度很小，人们也将此类实验称为掠入射实验。1954年，Parratti指出掠入射方法在表面结构研究中具有巨大的潜力，并提出了一种计算掠入射X射线特性的递归方法。全反射方法在EXAFS中的应用始于1980年左右，R. Fox和S. J. Gurman从理论上预测了全反射EXAFS实验的可行性，G. Martens和P. Rabe首次从实验上利用掠入射EXAFS对多晶铜薄膜的结构进行了研究。掠入射XAFS获得的信号主要来自近表面原子，通过掠入射XAFS获得的实验数据与常规XAFS的处理方式相同，通过对数据的定量拟合可以获得配位数、键长、无序度等结构信息。

利用掠入射X射线衍射（grazing-incident X-ray diffraction，GIXRD）方法，可以对薄膜材料中晶格、取向、应变及畴结构等微结构信息开展研究。此外，X射线反射率（X-ray reflectivity，XRR）技术通过记录表面反射的X射线强度随入射角的变化曲线，可以得到薄膜材料的厚度、电子密度以及表界面粗糙度等信息。尽管X射线掠入射技术的优势早已为人所知，但随着高亮度、高准直性的同步辐射光源的发展，这种技术的优势才得到了最大的发挥。将一束近似平行的光束引到样品上，从而对材料表面几纳米到几百纳米范围内的化学元素进行高灵敏探测。例如，利用掠入射荧光谱研究水样中的痕量元素，与传统XRF（X射线荧光光谱）方法相比，掠入射XRF方法增强了待测元素的信号强度，并且显著降低了本底信号，从而大幅提高了元素的检测限，达到了ppb级的检测精度。未来新一代同步辐射衍射极限光源或自由电子激光具有更小的发射度和光斑尺寸，有望将X射线探测性能进一步提高。

（3）X射线散射

在电子结构探测方面，电子的空间分布通常与晶格周期相同，而在某些情况下，它们可以被调制成异于晶格周期的分布以获得更低的能量，即电荷密度波。利用X射线散射可以方便地获得电荷密度波在实空间的分布周期等信息，从而研究相关的物性。近十年来，人们将

X 射线共振弹性散射（resonant elastic X-ray scattering，REXS）应用在量子材料研究中，并取得重要的进展。早在 2012 年研究者观察到铜氧化物中非公度（即波长与晶体周期之比为无理数）的电荷密度波及其与超导关联的实验证据，从而掀起了高温超导机理研究的新一轮热潮。为满足此类研究需求，上海光源从 2016 年起开始建设 REXS 实验站（BL20U），为相关研究提供有力的实验平台。

相对于巡游性电子，原子较内层的电子与近邻原子相互作用弱而保持了更多的原子能级的信息，其所处化学环境的信息体现在具体的能级位置和峰型上。通过 XPS 和 XAS 等方法可以直观地获取这些信息。同时，共振非弹性 X 射线散射（resonant inelastic X-ray scattering，RIXS），可精准地获得不同激发模式的色散关系，这对于能级轨道复杂的过渡金属化合物来说有重要的意义。该类材料内部自旋轨道耦合、洪特规则耦合以及晶体场等相互竞争而导致迥异的物性。RIXS 能同时满足上述研究所需的能量可调、动量分辨、元素和价态分辨，以及偏振可调，成为该类研究的理想工具。近年来，随着同步辐射亮度和光学元件效率的提高，RIXS 已广泛地应用在过渡金属化合物的物性研究中。

电子自旋是电子内禀性质之一，它伴随着电子处于周期性晶格环境中。在磁有序体系里，自旋取向一致形成长程有序结构。从静态结构上说，虽然 X 射线不具有自旋，因此无法通过与电子自旋直接相互作用、利用 X 射线散射来加以研究，但是可以利用 X 射线磁圆二色谱（X-ray magnetic circular dichroism，XMCD）和 X 射线磁线二色谱（X-ray magnetic linear dichroism，XMLD），通过测量不同自旋态电子所处能级的细微差别来间接获得磁矩信息。除了自旋静态结构外，材料中由于磁交换作用形成的自旋波在磁性材料中广泛存在，X 射线虽然不能直接扰动电子自旋，但对有自旋轨道耦合的材料，X 射线可以通过激发轨道自由度实现自旋翻转从而激发自旋波。基于此，可以利用 RIXS 来研究自旋激发的色散，再通过拟合理论模型获得相关的自旋交换关联常数等有用信息。近些年相关研究广泛开展，例如 RIXS 应用于研究铜氧化物、铁基超导材料的自旋激发等。

（4）X 射线铁磁共振

自旋动力学是近几十年发展起来的自旋电子学的重要研究内容之一。其主要研究方法是通过"泵浦-探测"时间分辨方法研究自旋进动过程。在实验中，基于 George Porter 提出的时间分辨测量原理，人们发展了基于同步辐射的时间分辨 X 射线铁磁共振方法（time-resolved X-ray detected ferromagnetic resonance，TR-XFMR），以及结合铁磁共振和磁二色原理，用同步加速器时钟的微波泵浦激发磁性样品的自旋进动，再用磁二色方法测量信号，通过调控微波与 X 射线脉冲的相位差获取进动过程的信息。2004 年，W. E. Bailey 等利用 TR-XFMR 首次探测到 Fe 和 Ni 的自旋进动过程，实现 90ps 的时间分辨率；2016 年，J. Li 等在 Py/Cu/$Cu_{75}Mn_{25}$/Cu/Co 多层膜中通过 TR-XFMR 方法首次实现了对交流自旋流的直接测量；上海光源的 BL07U 和 BL08U 线站也发展了 TR-XFMR 方法，时间分辨能力好于 20ps。

（5）同步辐射 X 射线扫描隧道显微镜

随着同步加速器光源的功能不断升级，分辨率和测量所需的最小样品量不断提高。到目前为止，X 射线可以检测到阿克级的样品。如果 X 射线仅可用于检测一个原子，它将进一步彻底改变其应用，并使从量子信息技术到环境和医学研究达到前所未有的水平。2023 年 6 月阿贡国家实验室 Saw-Wai Hla 等表明 X 射线可用于表征单个原子的元素和化学状态。在这项实验中，研究人员使用了一种特殊的探针作为探测器，它是一个锥形的金属尖端，直径约为 10nm。他们将这个探针放在一个真空室中，然后用一束高能的同步辐射 X 射线照射它。同步辐射 X 射线高的亮度和单色性可以提供很高的空间和能量分辨率。这种技术被称为同步辐射 X 射线扫描隧道显微镜（synchrotron X-ray scanning tunneling microscopy，SX-STM）技术。该技术具有隧道测量和远场测量两种模式，针尖分别位于样品上方约 0.5nm 或约 5nm 处，便于实现精准定位和 X 射线测量。当 X 射线照射探针时，它会在探针表面产生一种 X 射线激发电流的现象，即 X 射线激发出的电子从探针表面流出，并形成一个电流信号。这个电流信号包含了 X 射线与探针表面原子相互作用的信息。通过测量不同能量的 X 射线激发电流，可以得到 X 射线吸收谱曲线，它反映了探针表面原子的元素和化学状态。将探针靠近含有单个原子的样品时，可以测量到样品原子对 X 射线激发电流的贡献。通过隧道模式下的精准定位，研究者锁定了单个铁原子的位置［图 3.43（a）］。由于量子隧穿效应对原子位置极其敏感，因此仅当尖端位于隧穿距离中的铁原子正上方时才能观察到尖端通道中的 Fe 信号，且该信号仅来自一个铁原子［图 3.43（b）］。进一步，利用扫描隧道显微镜和 X 射线近吸收边精细结构光谱连用，可以得到单原子的精细光谱［图 3.43（c）］。该工作将同步加速器 X 射线与量子隧穿过程联系起来，并开启了未来的 X 射线实验，以在最终的单原子极限下同时表征材料的元素和化学性质。这一工作也揭示了纳米尺度下的新奇物理现象，比如 X 射线近场效应，它为理解和控制纳米材料的性质提供了新的视角和手段。该研究以 "Characterization of just one atom using synchrotron X-rays" 为题发表在 *Nature* 上。

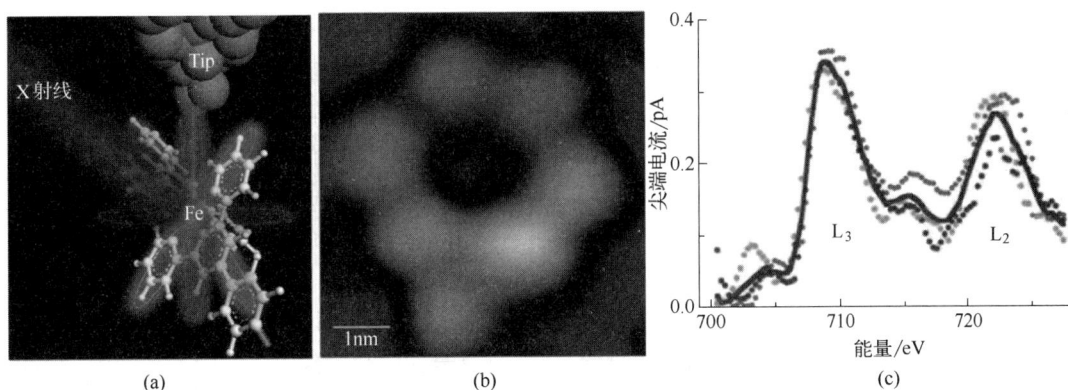

图 3.43　单原子 X 射线表征

（a）X 射线表征单原子示意图；（b）单个铁原子的环形超分子图像；（c）单个铁原子的 X 射线吸收谱

　　X 射线自 1895 年被发现以来，为科学研究提供了丰富多样的探测和分析手段。随着以同步辐射为代表的先进 X 射线光源的出现，X 射线实验方法不断发展，已经成为推动前沿基础和应用科学研究突破的重要实验手段。形貌探测方面，X 射线成像的发展趋势已经从二维过渡到多维，从形貌延伸到功能，从静态升级到动态，从单尺度拓展到多尺度，从单模式映射到多模态的全新阶段。XFEL 和第四代衍射极限环同步辐射装置的出现为超快成像研究与超微结构成像带来新的机遇，不仅可以提升图像的空间分辨率，还可以将成像方法的应用拓展至飞秒时间分辨领域，促使相干衍射成像的研究进入全新的阶段，使得众多无法采用成像手段研究的问题成为可能，如获取单分子、单颗粒原子分辨率图像及视频。在 X 射线衍射/散射方面，高亮度且具有特定时间结构 X 射线源（同步辐射、自由电子激光）及高效探测系统的出现，使某些瞬时现象的观察或研究成为可能，如化学反应过程、物质破坏过程、晶体生长过程、相变过程、晶体缺陷运动和交互作用等。极端条件下的衍射研究也会得到促进，例如研究物质在超高压、极低温、强电或磁场、冲击波等极端条件下组织与结构变化的衍射效应。另外，得益于第四代同步辐射光源和 XFEL 的高相干和高亮度，基于 X 射线散斑的技术如叠层扫描相干衍射成像和 X 射线光子关联谱将有大的发展空间，将对介观尺度动力学研究有大的促进作用，如自组装过程、胶体颗粒运动、合金非平衡态研究等。在电子结构探测方面，基于软 X 射线实验手段的电子结构探测有望实现能量分辨率达到 0.1meV 量级、空间分辨率达到 10 nm 量级，解决当前众多物理研究中面临的瓶颈问题，推动诸如非常规超导、重费米子物理的深入研究，促进自旋电子学、拓扑电子学相关器件以及量子计算器件的研发。

3.3　化学分析检测方法

在化学分析检测领域，常用的四种分析方法为光谱、质谱、色谱、波谱。光谱可定性分析，确定样品中主要基团，确定物质类别。从红外到 X 射线，都是光谱，其应用范围差别很大，用于对分子或原子的光谱性质进行解析。质谱是分析分子、原子或原子团质量的，可以推测物质的组成，用于定性分析较多，也可用于定量分析。色谱是一种兼顾分离与定量分析的手段，可分辨样品中的不同物质。波谱主要指核磁共振谱。为了能够最大限度地发挥每种分析仪器的优势，可将两种或三种仪器进行联用来分析样品，克服仪器单独使用时的缺点，这是未来分析仪器发展的趋势。

（1）光谱分析

光谱分析是一种根据物质的光谱来鉴别物质及确定它的化学组成、结构或者相对含量的方法。历史上曾通过光谱分析发现了许多元素，如铷、铯、氦等。光谱分析包含三个主要过程：能源提供能量、能量与被测物质相互作用、产生被检测信号。

光谱法分类很多，按照被测位置的形态来分类，光谱技术主要有原子光谱和分子光谱两种；按波长区域不同，可分为红外光谱、可见光谱和紫外光谱；按表现形态不同，可分为线光谱、带光谱和连续光谱；按生产方式不同，可分为发射光谱、吸收光谱和散射光谱。利用物质粒子对光的吸收现象而建立起的分析方法称为吸收光谱法，如紫外-可见吸收光谱法、红外吸收光谱法和原子吸收光谱法等。利用发射现象建立起的分析方法称为发射光谱法，如原子发射光谱法和荧光发射光谱法等。不同物质的原子、离子和分子的能级分布是特征的，所以吸收光子和发射光子的能量也是特征的。以光的波长或波数为横坐标，以物质对不同波长光的吸收或发射的强度为纵坐标所描绘的图像，称为吸收光谱或发射光谱。可利用物质在不同光谱分析法中的特征光谱对其进行定性分析，根据光谱强度进行定量分析。

光谱法具有分析速度较快、操作简便、灵敏度高、选择性好、样品损坏少等优点，定性分析应用广泛。但定量分析建立在相对比较的基础上，必须有一套标准样品作为基准，而且要求标准样品的组成和结构状态应与被分析的样品基本一致，故定量分析较困难。

（2）质谱分析

质谱分析法是将不同质量的离子按质荷比（m/z）的大小顺序收集和记录下来，得到质谱图，对质谱图进行定性、定量分析及结构分析的方法。质谱分析法是物理分析法，早期主要用于原子量的测定和某些化合物的鉴定和结构分析。试样中各组分电离生成不同质荷比的离子，经加速电场的作用，形成离子束，进入质量分析器。利用电场和磁场使离子发生相反的速度色散——离子束中速度较慢的离子通过电场后偏转大，速度快的偏转小；在磁场中离子发生角速度矢量相反的偏转，即速度慢的离子依然偏转大，速度快的偏转小。当两个场的偏转作用彼此补偿时，它们的轨道便相交于一点。与此同时，在磁场中还能发生质量的分离，这样就使具有同一质荷比而速度不同的离子聚焦在同一点上，不同质荷比的离子聚焦在不同的点上。将它们分别聚焦而得到质谱图，从而确定其质量。质谱分析法可以对气体、液体、固体进行分析，分析范围较广；可以测定化合物的分子量，推测分子式和结构式，用途广；另外，还具有分析速度快、灵敏度高、样品用量少等优点。

（3）色谱分析

色谱分析是 20 世纪发展起来的一种有效的分析和分离技术，也称为色层分析，简称为层析，是指按物质在固定相与流动相间分配系数的差别而进行分离、分析的方法。色谱法是俄国植物学家茨维特在 20 世纪初发明的。他将植物色素的石油醚提取液注入碳酸钙柱，再加入石油醚到柱内，使之自由流下，分出叶绿素带和胡萝卜素带。随着色谱法的发展，陆续出现了前沿色谱法、置换色谱法、分配色谱法、纸色谱法、离子交换色谱法等。当流动相中所携带的混合物流过固定相时，会和固定相发生作用，混合物中各组分在性质和结构方面存在差异，与固定相之间作用力的大小也有差异，因此在同一推动力作用下，不同组分在固定相中的滞留时间有长有短，从而按先后不同的次序从固定相中流出。

其按流动相的分子聚集状态可分为液相色谱法、气相色谱法及超临界流体色谱法等。其中，液相色谱法适用于高沸点、热不稳定、生物试样的分离分析；气相色谱法适合沸点低于400℃的各种有机或无机试样的分析；按分离原理可分为吸附、分配、空间排斥、离子交换及手性色谱法等诸多类别。按操作原理可分为柱色谱法及平板色谱法等。色谱分析具有分离效率高、灵敏度高、分析速度快等优点。其不足之处是被分离组分的定性较为困难。

（4）波谱分析

波谱分析主要是以光学理论为基础，以物质与光相互作用为条件，建立物质分子结构与电磁辐射之间的相互关系，从而进行物质分子几何异构、立体异构、构象异构和分子结构分析和鉴定的方法。从 19 世纪中期至现在，波谱分析经历了漫长的发展过程。进入 20 世纪的计算机时代后，波谱分析得到了飞跃的发展，不断地完善和创新，在方法、原理、仪器设备以及应用方面突飞猛进。波谱分析已成为现代进行物质分子结构分析和鉴定的主要方法之一。随着科技的发展、技术的革新和计算机的应用，波谱分析也得到迅速发展。波谱分析法具有优点突出、广泛应用等特点，是诸多科研和生产领域不可或缺的工具。随着科技发展和分析要求的不断提高，波谱分析法也在不断创新。除核磁共振谱、质谱、紫外光谱和红外光谱四大波谱外，还有拉曼光谱、荧光光谱、旋光光谱、圆二色光谱和顺磁共振谱等。

下面将对常用的核磁共振谱、质谱、紫外光谱和红外光谱的原理、特点和应用展开简要介绍。

3.3.1　核磁共振谱

（1）核磁共振原理

核磁共振（nuclear magnetic resonance，NMR）指在外加磁场的作用下，自旋核吸收电磁波的能量后从低自旋能级跃迁到高自旋能级，所得到的吸收图谱为核磁共振谱。核磁共振现象于 1946 年由布洛赫和珀塞耳等发现。原子核与电子等其他的微观粒子一样，其运动能量也是量子化的，其核自旋量子数一般用 I 表示，外磁场 B_0 作用于自旋量子数为 I 的原子核上时，由于外磁场与核磁矩的相互作用，能量简并的（$2I+1$）种不同取向的核磁矩分裂成（$2I+1$）个不同能级，若一个频率适当的电磁波辐射到磁场中的样品上，当能量恰好等于原子核的两个相邻能级的差时，就可以观察到此原子核从低能级到相邻高能级的跃迁，而当电磁波辐射被撤去后，原子核又会把这部分能量释放出来，这种原子核对能量的吸收和释放就称为核磁共振。

（2）核磁共振技术分类

从应用上可大致将核磁共振技术分为三类：第一类是核磁共振成像，主要用于医学检测，是一种无损成像方式，可获得组织结构的二维、三维核磁共振图像，辅助医学疾病诊断和治疗。第二类是核磁共振波谱技术，主要用于化学、材料、制药领域的分子结构分析，H 原子核由于化学环境不同，存在频率差异，通过核磁共振波谱技术可研究分子结构信息。第三类是时域核磁共振技术，主要用于分子运动分析、含量分析、工业质检质控等，主要用于测试分子与分子之间的动力学信息，通过弛豫时间得到分子运动信息、分子与分子之间的作用信息；研究领域属亚微观领域（分子之间），可测定玻璃化转化温度、高分子材料交联密度、造影剂弛豫率、孔径分布及孔隙度等，广泛应用于食品工业、石油工业、医药工业、纺织工业、聚合物工业。

（3）核磁共振波谱

核磁共振波谱来源于原子核能级间的跃迁。只有置于强磁场中的某些原子核才会发生能级分裂，当吸收的辐射能量与核能级差相等时，就发生能级跃迁而产生核磁共振信号。用一定频率的电磁波对样品进行照射，可使特定化学结构环境中的原子核实现共振跃迁，在照射扫描中记录发生共振时的信号位置和强度，就得到核磁共振谱。核磁共振谱上的共振信号位置反映样品分子的局部结构（如官能团、分子构象等），信号强度则往往与有关原子核在样品中存在的量有关。谱图表现了吸收光能量随化学位移的变化；提供的信息包括峰的化学位移、强度、裂分数和耦合常数，提供的核的数目、所处化学环境和几何构型的信息，可用于研究分子结构、构型构象、分子动态等。并不是所有的原子核都有核磁信号，核磁矩不等于零的原子核，在静磁场作用下，利用其对稳定频率电磁波的吸收现象来研究物质结构。原子核的取向为 $2I+1$，I 为自旋量子数，当 I 为 0 时原子核没有核磁信号，例如 ^{12}C、^{14}N、^{18}F。因此波谱类型可分为 ^1H、^{13}C、^{31}P、^{15}N、^{19}F。有机化合物、高分子材料都主要由碳、氢组成，所以在材料结构与性能研究中，以 ^1H 谱和 ^{13}C 谱应用最为广泛。因 ^{13}C 存在的丰度较低，因此碳谱采集的时间较长、所需样品量较多。

解析核磁共振氢谱时，一般先确定孤立甲基类型，以孤立甲基峰面积的积分高度，计算出氢分布；其次是解析低场共振吸收峰（如醛基氢、羧基氢等），因这些氢易辨认，根据化学位移，确定归属；最后解析谱图上的高级耦合部分，根据耦合常数、峰分裂情况及峰型推测取代位置、结构异构、立体异构等二级结构信息。解析核磁共振碳谱时，一般先查看全去耦碳谱上谱线数与分子式中所含碳数是否相同［数目相同说明每个碳的化学环境都不同，分子无对称性；数目不同（少）说明有的碳化学环境相同，分子有对称性］；然后由偏共振谱，确定与碳耦合的氢数；最后由各碳的化学位移，确定碳的归属。C 谱和 H 谱可互相补充。H 谱不能测定不含氢的官能团，如羧基和氰基等；对于含碳较多的有机物，如甾体化合物，常因烷氢的化学环境相似，氢谱无法区别，这是氢谱的弱点；而碳谱弥补了氢谱的不足，它能给出各种含碳官能团的信息，几乎可分辨每一个碳核，能给出丰富的碳骨架信息。但是普通碳谱的峰高常不与碳数成正比是其缺点，而氢谱峰面积的积分高度与氢数成正比，因此二者可互为补充。

不同场强需要的样品量不同，如 300 兆核磁、几百分子量的样品，测氢谱需要 2mg 以上的样品，测碳谱需要 10mg 以上，600 兆核磁测氢谱需要几百微克。根据样品状态可分为液体核磁和固态核磁两类。液体核磁因为测试时溶剂中的氢也会出峰，溶剂的量远远大于样品的量，溶剂峰会掩盖样品峰，所以用氘取代溶剂中的氢，氘的共振峰频率和氢差别很大，氢谱中不会出现氘的峰，减少了溶剂的干扰。在谱图中出现的溶剂峰是氘取代不完全的残留氢的峰。另外，在测试时需要用氘峰进行锁场。测试样品加 TMS（四甲基硅烷）是作为定化学位移的标尺，也可以不加 TMS 而用溶剂峰作标尺。

（4）核磁共振分析技术的应用

核磁共振波谱法具有精密、准确、深入物质内部而不破坏被测样品的特点。此外，核磁共振是目前唯一能够确定生物分子溶液三维结构的实验手段。固定外磁场，连续改变射频辐射频率记录核磁共振谱的方法，称为连续波方法，所用仪器叫作连续波核磁共振谱仪。而脉冲傅里叶变换核磁共振是指用一定宽度的强而短的射频脉冲辐射样品，使样品中所有被观察的核同时被激发，并产生一个时间域的响应函数，称为自由感应衰减信号，用计算机对它进行傅里叶变换，仍得到普通的频率域核磁共振谱。根据这样的原理方法制造的仪器，叫作傅里叶变换核磁共振谱仪，该仪器适合于对同位素丰度低的核（如 ^{13}C 核），进行累加实验，测量时间可大大缩短。

核磁共振谱主要用于鉴定有机化合物结构，根据化学位移可以鉴定有机基团，由耦合分裂峰数和耦合常数确立基团联结关系。根据各 H 峰面积定出各基团质子比，核磁共振谱还可用于化学动力学方面的研究，如分子内旋转、化学交换等。核磁共振谱被广泛用于化学反应机理研究（图 3.44）。

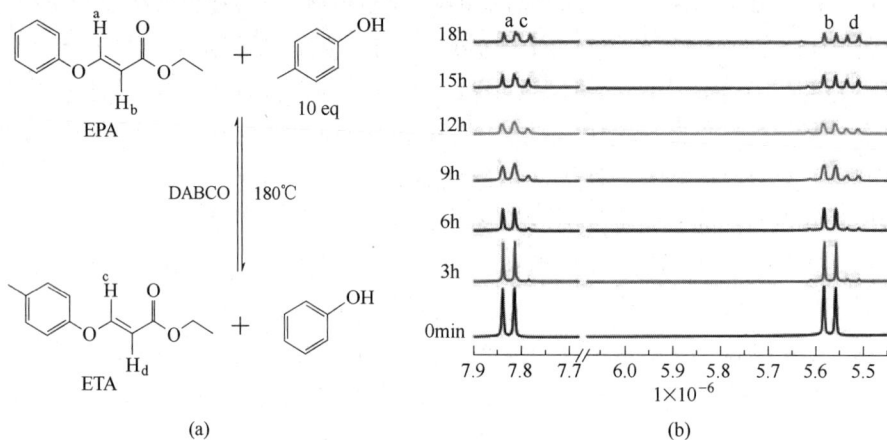

图 3.44　EPA 与 *p*-甲基苯酚在 180℃下的交换反应示意图（a）和在不同反应时间下记录的 ^1H NMR 图谱（b）

固体核磁技术研究的是各种核周围不同的局域环境，即中短程相互作用，能够提供丰富细致的结构信息，既可用于结晶度较高的固体物质的结构分析，也可用于结晶度低的固体物质或非晶质的结构分析，能够反映分子结构中键长、键角、氢键的形成，分子内及分子间的干扰作用等，与 X 射线衍射等研究固体长程相互作用整体结构的方法形成补充。固体核磁技术日益成为电池、催化、玻璃、膜蛋白、纳米材料、聚合物、药物等领域的重要表征角色。图 3.45 为锂电池的 ^7Li 固体核磁共振光谱。动态核极化的发展也为 NMR 技术提供了新机遇。充分利用固体 NMR 技术将推动相关领域更深入地发展。

高分辨核磁共振谱仪只能测量液体样品，谱线宽度可小于 1Hz，主要用于有机分析。宽谱线核磁共振谱仪可直接测量固体样品，谱线宽度达 10^4Hz，在物理学领域用得较多。通常说的核磁共振谱仪是指高分辨谱仪，是使用最普遍的仪器。因其在有机结构分析和医疗诊断上的特有功能，NMR 技术和仪器发展十分快速，从永磁到超导，从 60MHz 到 800MHz 的核磁共振谱仪磁体的磁场。目前核磁共振迅速发展成为测定有机化合物结构的有力工具。核磁共振与其他仪器配合，已鉴定了十几万种化合物。在医疗上，MRI（核磁共振成像）亦成为某些疾病的诊断手段。

3.3.2　质谱

（1）质谱图分析

质谱分析是用不同高度线段表征离子相对丰度，以位置表征不同质荷比（*m/z*）所构成的

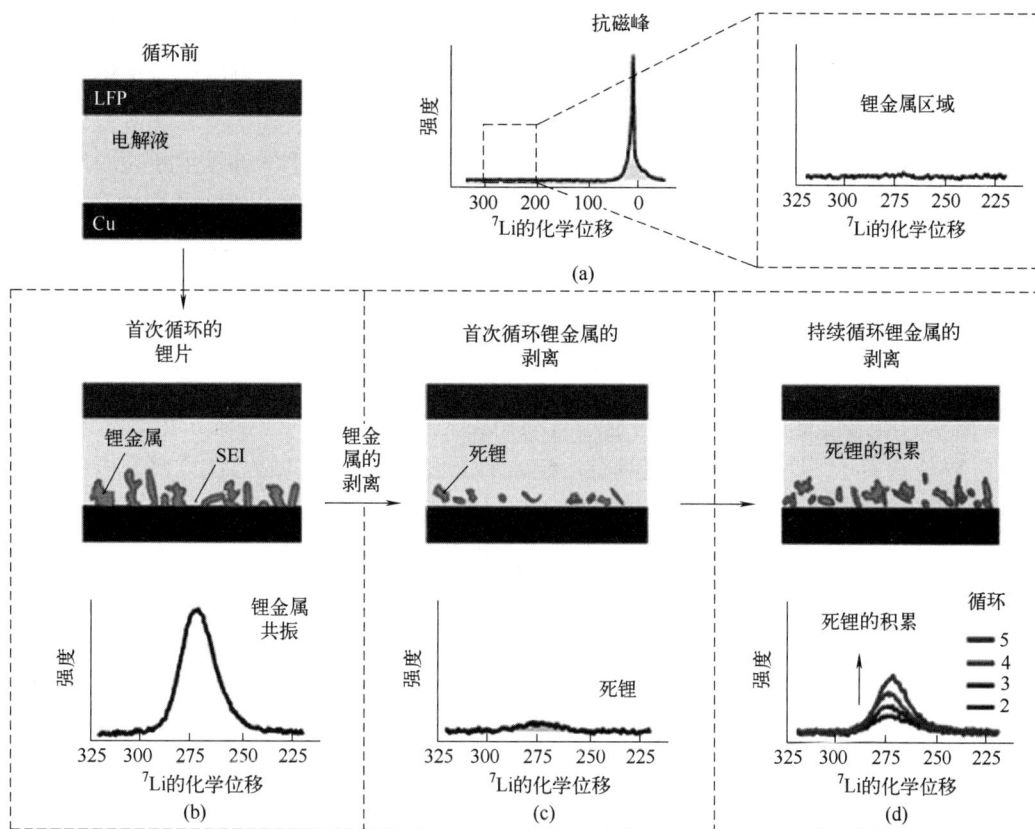

图 3.45 用于研究死锂形成的 ^7Li 原位核磁共振技术原理图和由此产生的 ^7Li 核磁共振光谱

（LEP 为磷酸铁锂正极；SEI 为固体电解质界面）

质谱图（图 3.46），是质谱分析的依据。质谱仪的各种离子源离子化途径各不相同，因此所形成的质谱图不尽相同，而且由于离子峰较多使得质谱图较复杂。区分质谱图中众多离子峰所对应离子的类型，可以获取质谱图中所蕴含的大量分析信息。质谱中的离子主要有分子离子、碎片离子、同位素离子和亚稳离子等。

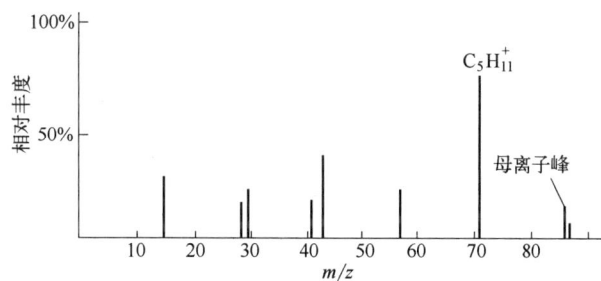

图 3.46 质谱图

（m 为带电离子的质量）

质荷比（m/z）最大的峰称为母离子峰，母离子峰的质荷比即为该化合物的分子量。

① 分子离子。进入质谱仪离子源中的试样化合物分子在离子源特定离子化条件下失去

一个外层价电子而生成带一个正电荷的离子称为分子离子。对应质谱图中的离子峰就是分子离子峰。在质谱图中大多数有机分子能产生可以辨认的分子离子峰，确定了分子离子峰即可确定其分子量，由此推断化合物的分子式。

② 碎片离子。分子离子在特定离子源离子化条件下，某些化学键发生断裂而生成的离子称为碎片离子，对应质谱图中的离子峰就是碎片离子峰。由于化合物的结构特征不同，发生化学键断裂的位置不同，因此同一分子离子在相同离子化条件下可产生不同质量大小的碎片离子，其质谱图所展示的相对丰度与实验条件下化学键断裂的难易、化合物的结构紧密相关。由此可见，根据质谱图中碎片离子的相对丰度以及质荷比（m/z）位置可以解析出丰富的分子结构信息。科学家经过大量实验收集了不同离子化条件下常见化合物所产生的中性碎片及碎片离子的质谱信息，这些信息可通过查阅相关文献获取。

③ 同位素离子。大多数元素由具有一定自然丰度的同位素组成，在质谱分析中必然产生相应的同位素离子，质谱图展示为存在 $M+1$、$M+2$ 的峰。可以通过同位素峰统计分布来确定物质的元素组成，根据同位素的丰度比可以推断出碎片离子的元素组成，在质谱仪分辨率满足要求的前提下获取高可靠性的分子式。

④ 亚稳离子。在离子源生成的 $M+1$ 离子离开离子源受电场加速后，在进入质量分析器之前，由于碰撞等原因进一步分裂失去中性碎片而形成低质量的 $M+2$ 离子。由于中性碎片带走一部分动能，因此这样生成的 $M+2$ 离子的动能比在离子源生成的离子小得多，故将在磁场中产生更大的偏转，离子检测器检测到的质荷比（m/z）小于正常 $M+2$ 离子，这种离子称为亚稳离子，对应质谱图中的离子峰称为亚稳离子峰。通过亚稳离子峰可帮助判断离子在裂解过程中的相互关系，获得有关裂解信息。

（2）质谱仪

与核磁共振、红外、紫外相比，质谱法是唯一可以确定分子量的方法，灵敏度高，样品用量少，通常只需微克级样品，检出限可达 10^{-14}g。质谱仪种类非常多，工作原理和应用范围也有很大的不同，但是它们有三个共同的特征。第一是可以使样品中的原子或分子离子化的方法。质谱仪中使用的电场无法控制中性物质，因此有必要产生离子。有许多不同的方法可以完成此操作，这些方法统称为离子源。第二是质量分析仪。有几种不同的方法可以测量离子的 m/z。飞行时间质谱仪（TOFMS）、扇形磁场质谱仪和四极质谱仪是最常见的分析仪，每种分析仪都有其自身的优点和局限性。第三是一种检测或计数特定 m/z 值离子数的方法。这些设备被称为探测器，它们也有几种不同的形式，最常见的是电子倍增器、法拉第杯、通道加速器和通道板。同样，每种仪器都有其自身的优点和缺点。

根据应用材料分类不同，可分为有机质谱仪和无机质谱仪两大类。有机质谱仪根据应用特点不同，包括：①气相色谱-质谱联用仪（GC-MS），在这类仪器中，由于质谱仪工作原理不同，又有气相色谱-四极质谱仪、气相色谱-质谱-飞行时间质谱仪、气相色谱-离子阱质谱仪等；②液相色谱-质谱联用仪（LC-MS），同样，有液相色谱-四极质谱仪、液相色谱-离子阱质谱仪、液相色谱-飞行时间质谱仪，以及各种各样的液相色谱-质谱-质谱联用仪；③其他有机质谱仪，主要有基质辅助激光解吸飞行时间质谱仪（MALDI-TOFMS）、傅里叶变换质谱仪（FT-MS）。

无机质谱仪包括双聚焦质谱仪、感应耦合等离子体质谱仪（ICP-MS）和二次离子质谱仪（SIMS）。例如，SIMS在材料的表界面分析中获得了广泛关注。SIMS通过发射热电子电离氩气或氧气等离子体从而轰击样品的表面，探测样品表面溢出的荷电离子或离子团，以此来表征样品成分。带有几千电子伏特能量的一次离子轰击样品表面，在轰击的区域引发一系列物理及化学过程，包括一次离子散射及表面原子、原子团、正负离子的溅射和表面化学反应等，产生二次离子，这些带电粒子经过质量分析后会生成关于样品表面信息的质谱。通过质谱图可以获取样品表面的分子、元素及同位素的信息，可以探测化学元素或化合物在样品表面和内部的分布。质谱图也可以用于生物组织和细胞表面或内部化学成分的成像分析，配合样品表面扫描和剥离（溅射剥离速度可以达到10μm/h），还可以得到样品表层或内部化学成分的三维图像。二次离子质谱具有很高的灵敏度，可达到ppm甚至ppb的量级，还可以进行微区成分成像和深度剖面分析。

随着仪器的发展，飞行时间二次离子质谱仪（TOF-SIMS）成为了商业化二次离子质谱的主流。在TOF-SIMS中，二次离子被提取到无场漂移管中，二次离子沿既定飞行路径到达离子检测器。由于给定离子的速度与其质量成反比，因此它的飞行时间会相应不同，较重的离子到达检测器的时间会比较轻的离子更晚。此类质谱仪可同时检测所有给定极性的二次离子，并具有极佳质量分辨率。TOF-SIMS一次离子脉冲就可以得到质量范围的全谱，离子利用率高、质量分辨率高、灵敏度好，另外，从原理上来说，通过控制脉冲的重复频率，TOF-SIMS的检测质量范围可不受限制。因此该技术在材料表面分析和单细胞可视化分析等领域得到应用。

除上述分类外，还可以根据质谱仪所用的质量分析器的不同，把质谱仪分为双聚焦质谱仪、四极质谱仪、飞行时间质谱仪、离子阱质谱仪、傅里叶变换质谱仪等。随着气相色谱（GC）、高效液相色谱等仪器和质谱仪联机成功以及计算机的飞速发展，质谱法成为分析、鉴定复杂混合物的最有效工具。

（3）质谱分析应用

在以上各类质谱仪中，数量最多、用途最广的是有机质谱仪。质谱图能够提供分子结构的许多信息，是对纯物质进行鉴定的最有力工具之一，主要应用于分子量测定、分子式确定、结构鉴定及定量分析等方面。

① 分子量确定。利用质谱图上分子离子峰的质荷比（m/z）可以准确地确定化合物的分子量。除同位素峰外，分子离子峰是质谱图上质量数最大的峰，它应位于质谱图的最右端。但由于有些化合物的分子离子不稳定，分子离子峰很弱，甚至不出现，给正确识别分子离子峰带来困难。因此，在判断分子离子峰时应注意以下问题。

a. 分子离子峰应具有合理的质量丢失。在比分子离子小4~14或20~25个质量单位处，不应有离子峰出现。否则，所判断的质量数最大的峰就不是分子离子峰。因为一个有机化合物分子不可能失去4~14个氢而不断链。如果断链，失去的最小碎片为CH_3，它的质量是15个质量单位。同样，也不可能失去20~25个质量单位。

b. 分子离子的质量数应符合氮规律。所谓氮规律是指在有机化合物分子中含有奇数个氮时，其分子量应为奇数；含有偶数个（包括0个）氮时，其分子量应为偶数。这是因为在组成有机化合物的 C、H、O、N、S、P 及卤素等元素中，只有氮原子的化合价为奇数而质量数为偶数。

应该注意的是，有些化合物容易出现 $M+1$ 峰和 $M-1$ 峰；另外，在分子离子峰很弱时，容易和噪声峰相混淆。所以，在判断分子离子峰时要综合考虑样品来源、性质等其他因素。

② 分子式确定。过去常用同位素峰相对强度法来确定有机化合物的分子式，随着高分辨质谱仪器的发展，目前主要用高分辨质谱法确定分子式。因为 C、H、O、N 的原子量分别为 12.000000、1.007852、15.994914、14.003074，如果能精确测定化合物的分子量，可以由计算机轻而易举地计算出所含不同原子的个数，从而确定分子式。高分辨质谱仪可测得小数点后 4~6 位数字，实验误差约为 0.006。由于不同分子的元素组成不同，不同化合物的同位素丰度也不同，研究者将各种化合物（包括 C、H、O、N 可能组合的分子式）的强度值编成质量与丰度表。将实验精测的分子离子质量数与该表核对，再结合红外、核磁共振等波谱信息，便可确定化合物的分子式。

③ 结构式确定。有机化合物分子结构中含有特征官能团，其在特定质谱离子化方式下将产生具有特征质荷比的碎片离子峰，解析这些特征离子可以确定有机化合物的分子结构。在确定了未知化合物的分子量和分子式后，首先根据分子式计算化合物的不饱和度，确定化合物中双键和环的数目。然后，通过分析碎片离子峰、重排离子峰和亚稳离子峰，确定分子断裂方式，推断未知化合物的结构单元和可能的结构。最后，用全部质谱数据复核结果。必要时应该考虑试样来源、物理化学性质，以及红外、紫外、核磁共振等波谱信息，确定未知化合物的结构式。

3.3.3 紫外光谱

紫外可见吸收光谱是由分子（或离子）吸收紫外或者可见光（通常 200~800nm）后发生价电子的跃迁引起的，简称紫外光谱。图 3.47 为叶绿素的紫外光谱图。由于电子间能级跃迁的同时总是伴随着振动和转动能级间的跃迁，因此紫外可见吸收光谱呈现宽谱带。紫外可见吸收光谱图是以波长为横坐标，吸光度 A 为纵坐标绘制的曲线，常用紫外-可见分光光度计

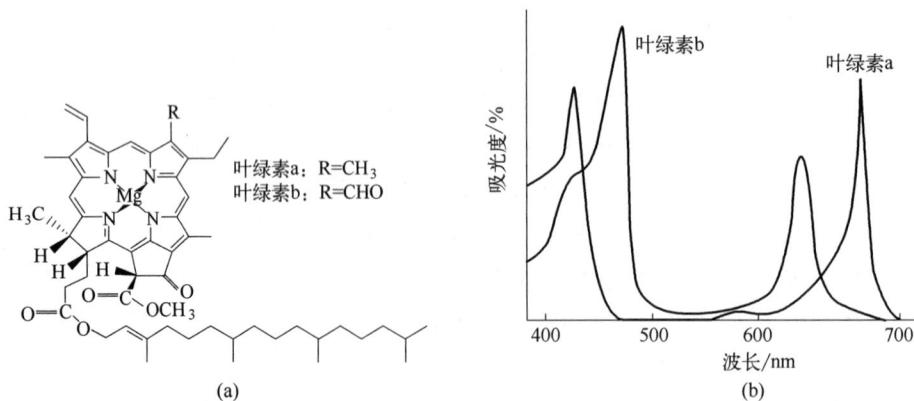

图 3.47　叶绿素的分子结构（a）及其在乙醚中的紫外可见吸收光谱图（b）

进行测试。紫外可见吸收光谱有两个重要的特征：最大吸收峰位置（λ_{max}）以及最大吸收峰的摩尔吸光系数（κ_{max}）。最大吸收峰所对应的波长代表着化合物在紫外可见吸收光谱中的特征吸收。而其所对应的摩尔吸光系数是定量分析的依据。

（1）紫外光谱图分析

紫外光谱与电子跃迁有关。在分子中用分子轨道来描述其中电子的状态，分子轨道可以看作是由对应的原子轨道线性组合而成的。在有机化合物分子中有形成单键的 σ 电子、形成不饱和键的 π 电子以及未成键的孤对 n 电子。组成分子的两个原子及原子轨道线性组合就形成了两个不同的分子轨道。其中轨道能量低的为成键分子轨道，是由两原子轨道相加而形成的；另一轨道能量高的为反键分子轨道，是由两原子轨道相减而成的。组成键的两个电子均在能量低的成键分子轨道中，一个自旋向上，一个自旋向下。此状态为分子的基态。但当成键的两个电子分别处在成键分子轨道和反键分子轨道时，分子便处在高能态。当分子受到紫外光的照射，并且紫外光的能量恰好等于分子基态与高能态能量的差额时，就会发生能量转移，从而使电子发生跃迁。外层电子就会从基态（成键轨道）向激发态（反键轨道）跃迁，主要的跃迁方式有四种，所需能量大小顺序为：$\sigma \to \sigma^* > n \to \sigma^* > \pi \to \pi^* > n \to \pi^*$。

$\sigma \to \sigma^*$：一般饱和烷烃分子为此类跃迁，所需能量最大，吸收波长 $\lambda_{max} < 200nm$，仅在远紫外区通过真空紫外分光光度计才能检测到它们的吸收谱带。例如甲烷 $\lambda_{max} = 125nm$、乙烷 λ_{max} 为 135nm。

$n \to \sigma^*$：该跃迁为杂原子的非键轨道中的电子向 σ^* 轨道跃迁，一般在 150~250nm。原子半径较大的硫或碘的衍生物 n 电子能级较高，吸收光谱在近紫外 220~250nm。含非键电子的饱和烃衍生物（N、P、S、O 和卤素原子）均呈现此类跃迁。

$\pi \to \pi^*$：π 电子跃迁到反键 π^* 轨道所产生的跃迁，若无共轭，与 $n \to \sigma^*$ 跃迁差不多；若有共轭体系，波长向长波方向移动。通常，含不饱和键的化合物发生 $\pi \to \pi^*$ 跃迁，例如 C=O、C=C、C≡C。

$n \to \pi^*$：电子跃迁到反键 π^* 轨道所产生的跃迁，这类跃迁所需能量较小，吸收峰在 200~400nm；与 $\pi \to \pi^*$ 跃迁相比，$n \to \pi^*$ 跃迁具有所需能量小、吸收波长长的特点。含杂原子的双键不饱和有机化合物，如 C=S、O=N—、—N=N—会发生此类型跃迁。

无机化合物的紫外可见吸收主要由电荷转移跃迁和配位场跃迁产生。电荷转移跃迁是由无机配合物中心离子和配体之间发生电荷转移引起的。电荷转移吸收光谱出现的波长位置，取决于电子给体和电子受体相应电子轨道的能量差。一般，中心离子的氧化能力越强，或配体的还原能力越强（相反，若中心离子的还原能力越强，或配体的氧化能力越强），则发生电荷转移跃迁时所需能量越小，吸收光谱波长红移。配位场跃迁发生在过渡元素中。元素周期表中第 4 和第 5 周期过渡元素分别含有 3d 和 4d 轨道，镧系和锕系元素分别有 4f 和 5f 轨道。这些轨道能量通常是简并（相等）的，但是在配合物中，由于配体的影响分裂成了几组能量不等的轨道。若轨道是未充满的，当吸收光后，电子会发生跃迁，分别称为 d-d 跃迁和 f-f 跃迁。

（2）紫外光谱分析技术应用

紫外可见吸收光谱分析法已成为必不可少的测试手段之一，可用于化合物的定性分析、定量分析、异构体判断及纯度检测等。

① 定性分析。判断共轭关系及某些官能团。由于各种物质具有各自不同的分子、原子和不同的分子空间结构，其吸收光能量的情况也就不会相同，因此，每种物质都有其特有的、固定的吸收光谱曲线。如在 200~400nm 之间无吸收峰，说明该未知物无共轭关系，且不会是醛、酮，很可能是一种饱和化合物。有机物可以采用与标准有机化合物图谱对照，由于紫外光谱反映的是分子中生色团和助色团的特性，具有相同基团的化合物吸收光谱类似，因此，也要和其他方法结合才能进行结构分析。

② 定量分析。用于测定物质的浓度或含量，以朗伯-比尔定律（Lambert-Beer law）为理论基础对体系中组分进行定量分析。

③ 异构体判断。例如，乙酰乙酸乙酯存在酮-烯醇互变异构体。酮式异构体没有共轭双键，在 204nm 处有弱吸收；烯醇式异构体有共轭双键，在 245nm 处有强吸收。故可根据它们的紫外吸收光谱判断其存在与否。

④ 纯度检测。例如，如果一化合物在紫外区没有吸收峰，而其中的杂质有较强的吸收，就可方便检出该化合物中的痕量杂质。

相对于其他光谱分析方法来说，紫外可见吸收光谱的仪器设备和操作都比较简单，费用少，分析速度较快，灵敏度较高。其最低检出浓度可达到 10^{-6}g/mL。其有较好的选择性，精密度和准确度较高，相对误差可低至 1%~2%，用途广泛，可用于医药、化工、冶金、环境保护、地质等诸多领域。

3.3.4　红外光谱

红外辐射是在 1800 年由英国的威廉·赫胥尔（Willian Hersher）发现的。它是波长比红光长的电磁波，具有明显的热效应，使人能感觉到而看不见。红外波长范围为 2500~16000nm，相应的频率范围为 $1.9×10^{13}$~$1.2×10^{14}$Hz。根据频率红外波段范围可分为远红外、中红外、近红外三个区。红外光子能量（1~15kcal/mol，1cal=4.1868J）不足以激发电子，但可能会引起原子和基团共价键的振动能级跃迁，从而改变其偶极矩。红外光谱属于分子光谱，有红外发射和红外吸收光谱两种，常用的一般为红外吸收光谱（infrared absorption spectrum）。

（1）红外光谱工作原理

分子中的共价键像是可拉伸和弯曲的刚性弹簧。当一定频率的红外光照射分子时，如果分子中某个基团的振动频率和它一致，二者就会产生共振，此时光的能量通过分子偶极矩的变化而传递给分子，这个基团就吸收一定频率的红外光，产生振动跃迁。通常，偶极矩变化越大，吸收强度就越大。因此，红外光谱可以提供化学结构和化学键的信息。当用连续改变频率的红外光照射某样品时，由于试样对不同频率的红外光吸收程度不同，通过试样后的红外光在一些波数范围内减弱，在另一些波数范围内仍然较强，用仪器记录该试样的红外吸收光谱，进行样品的定性和定量分析，这就是红外光谱分析的基本原理。一般说来，近红外光谱是由分子的倍频、合频产生的；中红外光谱属于分子的基频振动光谱；远红外光谱则属于分子的转动光谱和某些基团的振动光谱。由于绝大多数有机物和无机物的基频吸收带出现在中红外区，因此中红外区是研究和应用最多的区域，积累的资料也最多，仪器技术最为成熟。通常所说的红外光谱即指中红外光谱。

（2）红外光谱图分析

第二次世界大战期间，由于对合成橡胶的迫切需求，红外光谱引起了化学家的重视和研究，并因此而迅速发展。1950 年以后出现了自动记录式红外分光光度计。随着量子力学和计算机科学的迅速发展，1970 年以后出现了傅里叶变换红外光谱仪（FTIR）。红外光谱具有高度特征性，可以采用与标准化合物的红外光谱对比的方法来做分析鉴定。已有多种汇集成册的标准红外光谱集出版，可将这些图谱贮存在计算机中，用以对比和检索，进行分析鉴定。

红外光谱图多以波长 λ（nm）或波数 υ（cm^{-1}）为横坐标，表示吸收峰的位置，多以透光率 T（%）为纵坐标，表示吸收强度。图 3.48 为乙酰水杨酸（阿司匹林）的红外光谱图。

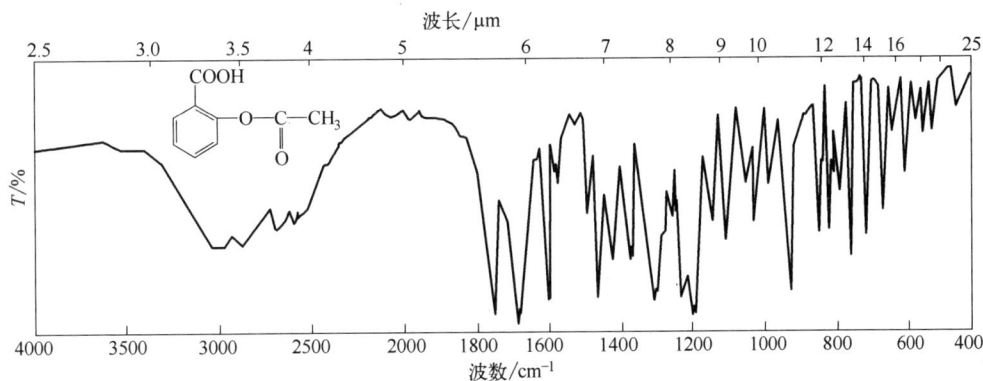

图 3.48　乙酰水杨酸（阿司匹林）的红外光谱图

红外光谱图一般要反映四个要素：吸收谱带的数目、位置、形状和强度。由于每个基团的振动都有特征振动频率，在红外光谱中表现出特定的吸收谱带位置，并以波数表示。因此，红外光谱图中吸收峰在横轴的位置、吸收峰的形状和强度可以提供化合物分子的结构信息，用于物质的定性和定量分析。按照红外光谱和分子结构的关系可将整个红外光谱区分为特征谱带区（4000~1300cm^{-1}）和指纹区（1300~400cm^{-1}）两个区域。

① 特征谱带区。特征谱带区也称为官能团区、基团频率区。基团的特征吸收峰可用于鉴定官能团。同一类型化学键的基团在不同化合物的红外光谱中吸收峰位置大致相同，这一特性提供了鉴定各种基团（官能团）是否存在的判断依据，从而成为红外光谱定性分析的基础。在此波长范围的振动吸收数较少，多数是 X—H 键（X 为 N、O、C 等）和有机化合物中 C=C、C=O、C=N、C≡C 等重要官能团的振动。在无机化合物中，除 H_2O 及 OH^- 键外，CO_2、CO_3^{2-}、N—H 等少数键在此范围内有振动吸收。该频率区内的峰是由伸缩振动产生的吸收带，比较稀疏，容易辨认，常用于鉴定官能团。

② 指纹区。指纹区内，除单键的伸缩振动外，还有因变形振动产生的谱带。这种振动

与整个分子的结构有关。当分子结构稍有不同时，该区的吸收就有细微的差异，并显示出分子特征。这种情况就像人的指纹一样，因此称为指纹区。指纹区对于指认结构类似的化合物很有帮助，而且可以作为化合物存在某种基团的旁证。对有机化合物来说，有许多键的振动频率相近，强度差别不大，且原子质量也相似，谱带出现的区域相近。因此在中红外谱上这一区域的吸收带数量密集且复杂。又因为每一基团常有几种振动形式，每种红外活性的振动通常相应产生一个吸收谱带，在习惯上把这种相互依存且可估证的吸收谱带称为相关谱带。此外，无机化合物的基团振动大多产生在这一波长范围内。

（3）红外光谱分析技术的应用

由于每种化合物均有红外吸收，而且任何气态、液态、固态样品均可进行红外吸收光谱测定，因此红外光谱是有机化合物结构解析的重要手段之一。近年来，红外光谱的定量分析应用也有不少报道，主要是近红外和远红外光区的应用，如近红外光区用于含有与 C、H、O 等原子相连基团化合物的定量，远红外光区用于无机化合物的定量等。利用红外光谱，可对物质进行定性分析。各物质的含量也将反映在红外吸收光谱上，可根据峰位置、吸收强度进行定量分析。而非红外活性振动，如非极性分子的振动、极性分子的对称伸缩振动，则可通过拉曼光谱进行表征。

在鉴定化合物时，谱带位置（波数）常常是最重要的参数。在红外光谱中吸收峰的位置和强度取决于分子中各基团的振动形式和所处的化学环境。只要掌握了各种基团的振动频率及其位移规律，就可应用红外光谱来鉴定化合物中存在的基团及其在分子中的相对位置。多原子分子的红外光谱与其结构的关系，一般是通过实验得到的。

红外光谱具有特征性强、分析快速、不破坏试样、试样用量少、操作简便、能分析各种状态的试样、分析灵敏度较高、应用范围广（固态、液态或气态样品都能应用；无机、有机、高分子化合物均可检测）等特点。随着傅里叶变换红外光谱技术的发展，远红外、近红外、偏振红外、高压红外、红外光声光谱、红外遥感技术、变温红外、拉曼光谱、色散光谱等技术的出现，这些技术的出现使红外光谱成为物质结构鉴定分析的重要方法之一。红外测试仪器与其他测试仪器联用技术也不断发展和完善。例如，FTIR 与色谱联用可以进行多组分样品的分离和定性分析，与显微镜联用可进行微量样品的分析鉴定，与热失重仪联用可进行材料的热稳定性研究，与拉曼光谱联用可得到红外光谱弱吸收的信息。这些技术的发展使红外光谱法得到广泛应用，使其在结构分析、化学反应机理研究以及生产实践中发挥着极其重要的作用。

3.3.5 其他波谱表征技术

（1）拉曼光谱

当光通过物质时，除了光的透射和光的吸收外，还观测到光的散射。在散射（瑞利散射和廷德尔散射）光中除了包括原来的入射光的频率外，还包括一些新的频率。这种产生新频率的散射称为拉曼散射。拉曼散射是光与物质分子间相互作用下产生的联合光散射现象，它普遍存在于一切分子中，无论是气体、液体还是固体。拉曼散射的强度是极小的，大约为瑞利散射的千分之一。

拉曼光谱分析法基于拉曼散射效应，对与入射光频率不同的散射光谱进行分析，以得到分子振动、转动方面的信息，可以提供快速、简单且无损伤的定性定量分析，它不需要对样品做任何修饰，样品可以直接通过光纤探头或者通过玻璃、石英或塑料制成的透明容器壁收集拉曼信号。拉曼散射强度是十分微弱的，在激光器出现之前，为了得到一幅完善的光谱，往往要花费很长时间。自激光器得到发展以后，利用激光器作为激发光源，拉曼光谱学技术发生了很大的变革。激光器输出的激光具有很好的单色性、方向性，且强度很大，因此它们成为获得拉曼光谱的近乎理想的光源，特别是连续波氩离子激光器与氦离子激光器。

① 傅里叶变换拉曼光谱。傅里叶变换拉曼光谱仪类似于傅里叶红外光谱仪，利用近红外光（1064nm）作为激发光源，降低荧光干扰，测量波段宽，热效应小；在仪器构造方面，采用干涉仪而不存在任何狭缝或色散元件，一次扫描就可以得到全光谱，且扫描时间较短，使用方便。故傅里叶变换拉曼光谱在化学、生物学和生物医学样品的非破坏性结构鉴定方面有广泛应用，尤其在阐述配合生物体系和荧光化合物结构方面具有优势。

② 空间位移拉曼光谱。空间位移拉曼光谱（SORS）作为一种新型分析技术，使用相对较低能量的激光，在分层扩散的散射系统中，分离单个层次的拉曼光谱，在激发点样品表面上的空间位移区域收集拉曼光谱，并观察随着空间位移的增加光谱信号的变化。由于光子在不同激光表面发生扩展，且拉曼光谱和荧光组分（同一层）具有相同的空间分布，因此，SORS技术能有效地消除物质表面的荧光干扰。因为不同位移处的拉曼光谱有不同程度的表面和次表面的组分，可通过简单的数值方法分离不同层之间的拉曼光谱。这种方法使得采集不透明容器中的物质光谱成为可能。实验表明，强散射塑料可以掩盖未知材料的光谱特征，但通过偏移采集光谱，容器的拉曼信号强度降低，可以降低干扰的化学信号特征，也就是减弱了容器材料干扰的信号。

③ 显微拉曼光谱。显微拉曼光谱将拉曼散射光谱仪与显微镜联用，保留显微镜的目镜便于观察样品，通过在散射光路上安装针孔，利用显微镜的激光聚焦到微米级，实现对样品的逐点扫描，以获得高分辨率的图谱。其结构主要由 5 个部分组成：激光光源、显微镜采样系统、外光路系统、光谱仪系统和计算机处理系统。当激光入射时，其照射到待测样品上，外光路系统首先将激光光源的输出信号经过准直、滤光使其转变为平行光引入显微镜，再将反馈回的拉曼信号导入光谱仪。光谱仪包括光栅单色器和 CCD（电荷耦合检测器）检测单元，分别负责将拉曼散射信号按波长在空间分开，收集已分开的光信号并转化为电信号，导入计算机处理系统，根据建立的模型对拉曼光谱进行分析。整个测量过程快速、无污染、无破坏、稳定性好，需要的样品浓度低，其在无损检测和原态检测方面具有优势。

④ 表面增强拉曼光谱。20 世纪 70 年代末开始发展起来的表面增强拉曼光谱法（SERS），是结合表面增强机理形成的一种具有高灵敏度的拉曼分析技术，其原理在于当分子接近或吸附在贵金属纳米材料表面时，拉曼信号能被放大多个数量级，具有极高的灵敏度，可实现对痕量物质的检测，检测限可达到单分子水平。鉴于多种化合物能产生表面增强效应，且随着便携式与手持式拉曼光谱仪和表面增强试剂的不断优化，表面增强拉曼光谱仪在食品药品痕量化学检测中广泛应用，如通过制备表面增强基底，与拉曼光谱技术相结合，为快速检出酸

性橙Ⅱ、苏丹红、孔雀石绿等食品非法添加剂提供了有效方法。拉曼光谱的主要优势：检测范围广，一次可以同时覆盖4000~50cm^{-1}波数的区间，覆盖常见的有机物和无机物；无须破坏样品，能实现无损检测，过程无污染；灵敏度高，适用于水溶液的分析，需要的样品少，可用于低浓度检测；可结合计算机技术进行实时、实地在线监测，极大地提高了分析效率。拉曼光谱法作为一种新的光谱分析方法，具有简单、快速、灵敏、无损的特点，广泛应用于各生产研究领域。

（2）太赫兹光谱技术

太赫兹（THz）波是频率范围为0.1~10THz，介于微波和红外之间的电磁波。太赫兹光谱技术作为太赫兹科学发展的主要方向之一，可分为频域光谱与时域光谱两种。它的出现解决了太赫兹波段下无法产生宽带辐射源的难题，使得光谱学上存在的太赫兹断层得以填补。随着这项技术的发展，对太赫兹波段下物质特性的研究也逐步拓展到以生物医学、材料、通信、安检为代表的各个领域。

太赫兹时域光谱（THz-TDS）是太赫兹技术中的典型代表，是一种新兴的、有效的、发展迅速、应用广泛的光谱分析方法，它具有皮秒量级的时间分辨率、几十太赫兹的频带宽度，其测量的是太赫兹电磁场随时间的变化，而不单单是强度或者相位，因此包含丰富的光谱信息。大分子的振动、转动以及分子间的相互作用的能量都位于太赫兹波段，而大分子尤其是生物和化学分子具有特征官能团，因此太赫兹时域光谱技术能够被用来提取材料的光学参数以识别其化学结构和物理特性。由于其独有的优点，THz-TDS在近十年间得到了快速的发展及广泛的应用。但是目前THz-TDS技术的光谱分辨率与窄波段技术相比还很粗糙，其测量的频谱范围也比傅里叶变换光谱技术小。提高光谱分辨率和扩大测量频谱范围将是未来THz-TDS技术发展的主要方向。最近，太赫兹时域光谱技术的频率测量范围已经从远红外扩展到近红外。在不远的将来，THz-TDS技术将成为揭示和分析基础科学（如物理学、化学和生物学）的超快的强有力工具。同时，随着激光器成本的降低、更高效的太赫兹发射器和探测器的出现，以及更先进的光学设计，THz-TDS技术将有着广阔的商业应用前景。

习题

1. 常用于材料微观形貌的表征技术有哪些？特点是什么？
2. 常用于材料结构分析的表征技术有哪些？特点是什么？
3. 从工作原理角度，说明光学显微镜和透射电子显微镜的异同。
4. 举例说明原位表征电子显微技术在材料研究中的应用和意义。
5. 什么是X射线？从日常生活中寻找案例，举例说明X射线的应用。
6. 同步辐射X射线的特点和优势是什么？
7. X射线与物质的相互作用有哪些？简要说明这些相互作用分别可用于哪些材料分析

表征。

    8. 在晶体结构分析方面，简要说明透射电子显微技术和 X 射线衍射技术的异同。

    9. 化学分析检测常用的四种分析方法及各自的特点是什么？

    10. 什么是太赫兹波？它在材料表征技术方面有哪些应用？

参考文献

[1] 管学茂，等. 现代材料分析测试技术 [M]. 徐州：中国矿业大学出版社，2018.

[2] 谈育熙. 材料研究方法 [M]. 北京：机械工业出版社，2016.

[3] 周玉. 材料分析方法 [M]. 北京：机械工业出版社，2017.

[4] 唐杰. 材料现代分析测试方法实验 [M]. 北京：化学工业出版社，2017.

[5] 黎兵，曾广根. 现代材料分析技术 [M]. 成都：四川大学出版社，2017.

[6] 朱和国，杜宇雷，等. 材料现代分析技术 [M]. 北京：国防工业出版社，2012.

[7] 王晓春，张希艳. 材料现代分析与测试技术 [M]. 北京：国防工业出版社，2010.

[8] 郭可信. 金相学史话（1）：金相学的兴起 [J]. 材料科学与工程学报，2000，4：2-9.

[9] 吴刚. 材料结构表征及应用 [M]. 北京：化学工业出版社，2004.

第4章

金属材料

4.1 概述

大约在公元前五千年，人类由石器时代步入了青铜器时代，又历经三千八百多年的发展，逐渐步入了铁器时代。金属材料的出现表明人类社会的生产力已进入一个崭新的阶段。金属铜的熔点较低，易于冶炼，并且可以在自然界中稳定存在，所以金属铜的应用早于金属铁。图4.1展示的是湖南省出土的商代四羊方尊，整个器物用块范法浇铸，显示了高超的铸造水平。

图4.1　商代四羊方尊

金属元素或以金属元素为主要组成的具备金属特性的材料统称为金属材料。金属材料根据元素种类可分为黑色金属、有色金属和特种金属材料。黑色金属材料又称为钢铁材料，包括工业纯铁、铸铁、碳钢材料，以及各种用途的结构钢、不锈钢、耐热钢、高温合金钢等钢材。广义的黑色金属还包括铬、锰及其合金材料。有色金属材料是指除铁、铬、锰以外的所有金属及其合金材料，通常分为轻金属、重金属、贵金属、半金属、稀有金属和稀土金属材料等。有色合金材料的强度和硬度一般比纯金属材料高，并且具有电阻大、电阻温度系数小的特点。特种金属材料包括不同用途的高性能结构金属材料和功能金属材料，如快速冷凝工艺获得的非晶态金属材料，准晶、微晶、纳米晶金属材料，以及隐身、超导、形状记忆、耐磨、减振阻尼等特殊功能合金。

随着科学技术的发展，人们在传统材料的基础上，根据现代科技的研究成果，开发出日新月异的新材料。新材料按化学组成分为金属材料、无机非金属材料、有机高分子材料、先进复合材料四大类；如果按材料性能则可分为结构材料和功能材料。结构材料主要是利用材料的力学和理化性能，以满足高强度、高刚度、高硬度、耐高温、耐磨、耐蚀、抗辐照等性能要求；功能材料主要是利用材料具有的电、磁、声、光、热等效应，以实现某种功能，如半导体材料、磁性材料、光敏材料、热敏材料、隐身材料等。新材料在国防建设上作用重大，例如超纯硅、砷化镓研制成功，促进了大规模和超大规模集成电路的诞生，使计算机运算速度从每秒几十万次提高到每秒百亿次以上；航空发动机材料的工作温度每提高100℃，推力可增大24%，新型飞机的研发离不开高温合金材料、高温防护涂层材料的不断升级；隐身材料能吸收电磁波或降低武器装备的红外辐射，使敌方探测系统难以发现。新材料的研究，是人类对物质性质认识和应用向更深层次的进军，本章将围绕新型高性能金属材料展开解读。

4.2 金属新材料

金属新材料具有典型的高强度、高韧性、优良的耐热性及导电传热性，如高温合金、稀土永磁以及金属基复合材料，这些优异的性能使其在高端装备制造领域具有不可替代的作用。

新金属材料呈现"三高三低"的特征，"三高"即高性能、高适应性和高智能化。在力学性能方面，要求金属新材料具备更高的强度、硬度和延展性等力学特征，如先进汽车的钢强度可达500~1500MPa，比传统材料提升了60%~400%，此外还具有优异的能量吸收特性，可在碰撞过程中起到较好的缓冲作用，保障人身生命安全。伴随着新能源产业的崛起，金属新材料的磁学、电学性能快速提升。例如以 Nd-Fe-B 为典型的稀土永磁材料的磁力是铁氧体的3~5倍，且具有较强的磁力稳定性和可控性能。为了提升材料在极端苛刻环境中的服役性能，改善材料的环境适应性，如航空航天飞行器的壳体结构、发动机结构需要具备较强的耐高温、耐腐蚀和良好的尺寸稳定性，以镍基和钴基高温合金为典型的材料在 650~1000℃范围可保持较高的强度、优良的抗疲劳性能、优异的抗氧化性能以及耐腐蚀性能。通过智能化如计算机数值模拟、材料基因库、人工智能算法、高通量计算等技术的改进，可采用精准设计与控制材料组织结构获得优良的材料性能的方式为生产提供预期指导，这有益于驱动金属新材料的制备实现智能化和定制化。以材料基因工程为例，我们可以通过对元素周期表中的各种元素的特性和结构进行调研统计，结合大数据分析方法预测材料的性能，大大加速了符合要求的新材料的研发进程。

"三低"特性包括材料密度低、加工频次低和环境影响低三个方面。航空航天、汽车车用材料需满足轻量化要求，用密度较低的钛、镁、铝、锂等金属材料代替部分镍和铬加入高强钢中，可以有效地提升汽车用钢的比强度。此外，还可采用3D打印技术制备高性能金属多孔材料，显著降低材料的密度来实现轻量化。减少材料的加工频次可有效提升材料的利用率。图4.2展示的是微晶格轻量化金属材料，微晶格金属是目前世界上最轻的金属材料，其结构与人类骨骼类似，中空管壁厚度不足人类头发丝直径的千分之一，质量比泡沫塑料轻，结构坚固且质地坚硬，采用微晶格金属制造的航空航天部件，可以降低航天器40%左右的重量，能够提高航天器有效载荷，在搭载相同体积燃料的情况下，航天器飞行距离更远。常用增材制造技术如激光熔覆沉积、3D打印、电子束熔融、选择性激光烧结等技术，可大幅度提升材料加工成型的精度，无须铣、刨、磨操作的加工过程节约了大量时间，同时有效地降低了生产成本。

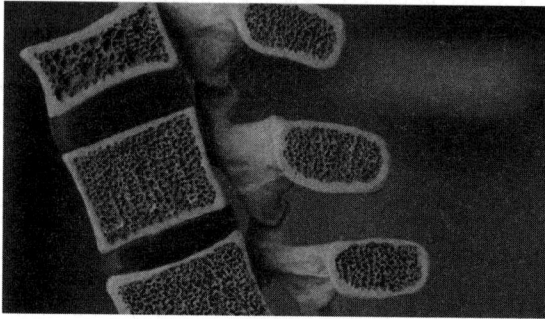

图4.2　微晶格轻量化金属材料

4.3　高性能结构材料

高性能结构材料通常具有较高的比强度、较高的比刚度，以及耐高温、耐腐蚀、耐磨损性能，是在高新技术推动下快速发展的一类新材料，是我国国民经济实现现代化快速发展的物质基础之一。

通过材料性能的提升改善，可有效改进飞机及发动机性能。例如，航空发动机对高温结构材料的性能要求苛刻，如果没有优质的单晶合金，涡轮前温度将无法得到提高，高推比的航空发动机研发将难以实现。机身材料对轻量化和强韧耐疲劳性能要求极高。图4.3展示了国产大飞机C919，国产大飞机上使用了大量的我国自主研发新材料，尤其是具有轻量化特性的铝锂合金和复合材料。第三代铝锂合金因为具有低密度、优异的力学性能和良好的可加工性而备受关注，但第三代铝锂合金生产工艺十分复杂，此前没有一个国家能够大规模生产第三代铝锂合金，并将它运用于民航飞机中，我国在此技术上实现了巨大突破。

图 4.3　国产大飞机 C919（运用大量高性能轻量化材料）

4.3.1　钛及钛合金材料

1791 年英国人格雷戈尔在黑磁铁矿中发现了一种新的金属元素。1795 年德国化学家克拉普罗特在研究金红石时也发现了该元素，并以希腊神 Titans 命名。1910 年美国科学家亨特首次用钠还原 $TiCl_4$ 并制取了纯钛；1940 年卢森堡科学家克罗尔利用镁还原法制得了纯钛。从此，镁还原法和钠还原法成为生产钛的主要方法，并于 1948 年用镁还原法制出 2 吨海绵钛，从此达到了工业生产规模。随后，英国、日本、苏联和中国也相继进入工业化生产。

钛具有一系列优异特性，被广泛用于航空、航天、化工、石油、冶金、轻工、电力、海水淡化、舰艇和日常生活器具等工业生产中。图 4.4 展示的是钛合金制备的多用途锅。钛及钛合金材料发展迅速，超过了任何一种其他有色金属的发展速度。

图 4.4　钛合金多用途锅

钛属于非磁性材料，具有密度较低（$4.5g/cm^3$）、强度高（比铁高约 1 倍）、较好的低温韧性、高温强度以及优异的耐腐蚀性能。环境温度低于 885℃时，钛具有密排六方晶格结构（α 钛）。当环境温度达到 885℃时，会产生同素异晶转变，转变为体心立方晶格结构（β 钛）。当钛长时间处于高温环境中时，其晶粒容易长大，快速冷却时，容易生成不稳定的针状 α 钛组织称为"钛马氏体"。钛马氏体的强度较高，塑性较低。钛加入合金元素后可改善加工性能和力学性能，常加的合金元素有 Al、V、Mn、Cr、Mo 等。

（1）钛及钛合金的分类

按照成分和在室温时的组织不同，钛和钛合金可分为工业纯钛、α钛合金、β钛合金以及α+β钛合金。

工业纯钛的金相组织呈α相，在退火完全的状态下为大小基本相等的等轴状单相晶格，有良好的焊接性。工业纯钛内部仍残留有少量杂质，有少量的β钛存在，且其基本沿晶界分布。按照国标（GB/T 3620.1—2016）规定，根据纯度的差异，纯钛共有13种牌号。其中TA1的杂质最少，少量杂质将使纯钛的强度增高、塑性降低，故TA1的强度最低、塑性最好。工业纯钛和化学纯钛有明显区别，化学纯钛通常应用于科学研究中，而工业纯钛则应用于各行业生产中，工业纯钛通常具有强度不高，塑性好，易于加工成型，机加工性能好，可以冲压、焊接，在各种氧化腐蚀环境里具有很好的耐腐蚀性能等特点。

与纯钛相比钛合金分类方法更加多样，最常见的是以退火后的金相组织形态进行分类。α钛合金是钛中加入了Al、Sn等元素，牌号为TA6、TA7，有良好的高温强度和抗氧化性，并且α钛合金有良好的焊接性。β钛合金是钛中加入了Al、Si、V、Cr等元素，牌号为TB5~TB17，热处理后强度较高。

（2）钛及钛合金的应用

① 在航空航天领域的应用

钛及其合金的比强度在金属结构材料中是很高的，它的强度与钢材相当，但其重量仅为钢材的57%。另外，钛及其合金的耐热性很强，在500℃的大气中仍能保持良好的强度和稳定性，短时间工作温度甚至可以更高，而铝在150℃、不锈钢在310℃就失去原有的力学性能。当飞机、导弹、火箭高速飞行时，其发动机和表面温度相当高，铝合金已不能胜任，而采用钛合金是十分合适的。正是由于钛及其合金具有强度大、重量轻、耐热性强的综合优良性能，在飞机制造中用钛来代替其他金属时，不仅可以延长飞机使用寿命，而且可以减轻其重量，从而大大提高飞行性能。所以钛是航空航天工业中最有前途的结构材料之一。钛及其合金在航空工业中主要用于制造飞机发动机和机身，一般来说，马赫数小于2的飞机，其发动机使用一部分钛及其合金，机身一般用铝合金。马赫数大于3.5的飞机，其发动机入口温度已经很高，则不能用钛合金而需要用超合金，其机身用钛量则显著增加。

钛及其合金还具有良好的耐低温性能，即使在-250℃的超低温下，它仍具有较高的冲击强度，可耐高压抗振动，因此，钛及其合金在火箭、导弹和宇宙飞船上不仅用于制造发动机外壳和结构部件，还用于制造高压容器，如高压气瓶、低温液态燃料箱等。图4.5展示的是钛合金制成的航空发动机机匣和叶片。

② 在防腐领域的应用

钛的另一个显著特点是耐腐蚀性强，这是由于它对氧的亲和力特别大，钛在大多数水溶液中能在其表面生成钝化氧化膜。因此，钛在酸性、碱性、中性的盐水溶液、氧化性介质中均具有很好的稳定性，比现有的不锈钢和其他有色金属的耐腐蚀性都好，甚至可与铂媲美。但是，如果介质能连续溶解钛表面氧化膜时，则钛在这种介质中会受到腐蚀。例如，在氢氟酸，浓的或热的盐酸、硫酸和磷酸中，钛会被快速腐蚀。如果在这些溶液中加入氧化剂或某些金属离子，则钛表面氧化膜会受到保护，此时钛的稳定性增加。

在化工生产中，用钛代替不锈钢、镍基合金和其他有色金属作为耐腐蚀材料，这对增加产量，提高产品质量，延长设备使用寿命，降低能耗，降低成本，防止污染等方面都有十分重要的意义。近年来，我国化工用钛的范围不断扩大，用量逐年增加，钛已成为化工装备中主要的防腐蚀材料之一。其主要应用于蒸馏塔、反应器、压力容器、热交换器、过滤器、测量仪器、汽轮机叶片、泵、阀、管道、氯碱生产电极、合成塔内衬、其他耐酸设备内衬等。

例如，在氯碱工业中使用钛金属阳极和钛制湿氯气冷却器，起到很好的经济效果，被誉为氯碱工业中的一大革命。氯碱工业是重要的基本原料工业，其生产和发展对国民经济影响很大。钛对氯离子的耐腐蚀性能优于常用的不锈钢和其他有色金属，图4.6展示了钛合金制造的耐腐蚀部件。目前氯碱工业中广泛采用钛来制造金属阳极电解槽、离子膜电解槽、湿氯气冷却器、精制盐水预热器、脱氯塔、氯气冷却洗涤塔等。这些设备的主要零部件过去多采用非金属材料（如石墨、聚氯乙烯等），由于非金属材料的力学性能、热稳定性能和加工工艺性能不够理想，导致设备笨重、能耗大、寿命短，并且影响产品质量、造成污染环境。我国自20世纪70年代以来，开始陆续用金属阳极电槽和离子膜电槽代替石墨电槽，用钛制湿氯气冷却器代替石墨冷却器，均取得良好的效果。例如，食盐电解生产烧碱要产生大量的高温湿氯气，温度一般在75~95℃，需要经过冷却和干燥才能使用。耐高温湿氯气腐蚀的钛制冷却器投入生产，改变了氯碱工业中制取氯的生产面貌。钛在高温湿氯气的环境中极耐腐蚀，氯碱设备使用了钛制湿氯气冷却器后，使用近30年，至今仍然完好无损。

图4.5 钛合金飞机发动机机匣和叶片

图4.6 钛合金制造的耐腐蚀部件

4.3.2 高端特殊钢

特殊钢是与普通钢相对的概念，专指由于成分、结构、生产工艺特殊而具有特殊物理、化学性能或者特殊用途的钢铁产品。与普通钢相比，特殊钢生产工艺更复杂、技术水平要求更高、生产规模更为集约，下游应用主要集中于国防、电力、石化、核电、环保、汽车、航空、船舶、铁路等行业的特种装备制造领域。特殊钢中种类最多的是合金钢，是在碳素钢中适量地加入一种或几种合金元素后使钢的组织结构发生变化，从而使钢具有各种不同的特殊性能，如强度、硬度大，可塑性、韧性好，耐磨，耐腐蚀，以及其他许多优良性能。

不同材料之间的交叉与融合是新材料科学的发展趋势，由于特殊钢作为钢铁行业的高科技子行业而不断与其他金属或非金属材料融合，特殊钢的传统钢铁属性在减弱，而高科技的新材料属性在日益增强。特殊钢的生产和应用水平是衡量一个国家钢铁工业水平的重要标志，更是衡量其工业化水平的重要标志。新材料与钢铁产业政策共同支持特殊钢行业快速发展。近年来，我国频繁出台产业发展规划，用于支持我国高精尖新材料的发展，发展规划对具有高技术含量且用于高端制造业生产的特殊钢产品提出了明确发展要求。

（1）汽车用钢

目前我国汽车产业仍处于普及期，未来对汽车的需求将持续提升。钢材是汽车制造的主要原料，占汽车全部原材料的72%~88%。图4.7所示为高端钢制造的轴承。数据显示，应用在汽车上的特殊钢占特殊钢总产量的40%，汽车领域是特殊钢的第一大应用领域，特殊钢广泛应用于汽车关键零部件，如发动机、变速箱、轴杆等。应用在汽车上的特殊钢主要包括优碳钢、合金结构钢、弹簧钢、齿轮钢、易切钢、冷镦钢和耐热钢等类型。

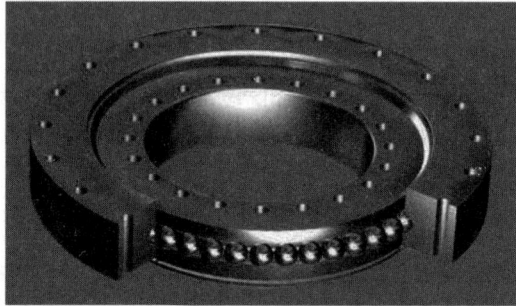

图4.7　高端钢制造的轴承

（2）核电用钢

随着"双碳"目标的提出，清洁能源发电占比持续提高，非化石能源发电对特殊钢需求逐渐增大。截至2020年，我国核电投资达4000亿元左右，清洁能源应用的持续提升有助于特殊钢的需求扩大。

（3）弹簧钢

图4.8　弹簧钢制品

弹簧钢具有突出的力学性能，用于制作各种螺旋簧、扭簧、板簧及其他形状弹簧的钢铁，多应用于飞机、火车、汽车等运输工具。图4.8展示了弹簧钢制品。弹簧在工作期间需要经历弯曲、扭转、冲击、拉伸等多种力的作用，有时要经受瞬间大载荷，所以弹簧钢必须具有较高的弹性极限、强度极限和屈强比，较强的抗松弛性能和缺口疲劳极限，还要能够耐热、耐低温、抗氧化、耐腐蚀，由此提高了弹簧钢的生产技术难度。

除了具有良好的综合性能外，弹簧钢的内在质量和表面质量同样重要。疲劳破坏和弹性减退是弹簧两种最常见的破坏形式，良好的内在质量和表面质量为弹簧应对严苛环境提供重要保障。从内在质量来看，通过降低 P、S 等杂质元素和 H、N 元素来保证钢的高纯度，同时也要控制杂质的形状、大小、分布、成分等，减少因内在有害夹杂物而导致的疲劳破坏。此外，在钢中添加常用的合金元素 Si、V、Ni、B 可提高其抗应力松弛能力。表面质量包括表面脱碳、裂纹、结疤、夹杂等，弹簧钢受力过程中的各类缺陷是应力集中源，易引起弹簧钢的破坏，所以钢材表面对工作性能与寿命具有很大影响。

（4）轴承钢

轴承钢是制造各类滚动轴承套圈和滚动体的合金钢总称，由于需要具有高硬度、耐磨性和高弹性，所以对轴承钢的化学成分、夹杂物和碳化物的分布和含量等要求十分严格，是生产要求最严格的特殊钢之一。随着机械化、自动化的不断发展，轴承被应用于人们工作生活的各个角落，目前轴承的品种已超过十余万种，轴承的材料从碳钢到铬钢等合金钢，精度达到了微米级，产品被广泛应用于交通机械、工程机械、精密机床、仪器仪表、轧钢设备、钻探机械、能源等众多领域，对世界机械工业及其他产业的发展发挥着重要的作用。

（5）不锈钢

不锈钢具有良好的化学稳定性，是先进制造装备制造业的重要原材料。不锈钢具有良好的耐蚀性、耐高温性、耐低温性、耐磨损性，能够在空气、水、酸等环境中具有很高的化学稳定性，所以主要应用于特种作业环境下的高端装备制造，也被广泛应用于能源装备、节能环保、交通运输、航空航天、机械装备、医药化工、国防军工等高端制造领域。不锈钢具有良好的耐腐蚀性能是由于在钢基体中加入铬，并通过加入镍、钼等进一步提高耐腐蚀性能和改善加工使用性能。不锈钢产品的生产主要采用短流程生产工艺，以不锈钢废钢为生产起点，生产不锈钢连铸坯、钢锭等中间产品，再以连铸坯和钢锭为原料，通过热轧或热锻工艺，生产出不锈钢棒线材等产品。

（6）高温合金钢

高温合金钢一般以铁为基，在 600℃以上的高温下抗氧化或腐蚀，在高温下有很高的持久、蠕变和疲劳强度。高温合金钢材料最初主要应用于航空航天领域，主要用于四大热端部件，即燃烧室、导向叶片、涡轮叶片和涡轮盘，其用量占发动机总重量的 40%~60%，属于高难度、高科技、高附加值特殊钢产品。我国"飞豹"、"歼-10"、轰炸机、强击机、直升机的发动机涡轮盘、压气盘、叶片等核心部件采用高温合金钢制作。此外，我国"长征"与"神州"系列火箭的发动机的核心部分也采用了高温合金材料，高温合金材料为我国航天事业发展做出重大贡献。高温合金钢性能优良，逐渐被应用到汽车、电力、化工、原子能等高端制造业领域，应用领域被极大拓宽。随着高温合金钢的发展，新型高温合金钢相继问世，未来的市场需求处于逐步扩大和增长状态。

4.3.3 镁及镁合金材料

镁合金是以镁为基础加入其他元素组成的合金。其特点是：密度小，强度高，弹性模量大，散热好，消震性好，承受冲击载荷能力比铝合金大，耐有机物和碱的腐蚀性能好。主要合金元素有铝、锌、锰、铈、钍以及少量锆或镉等。目前使用最广的是镁铝合金，其次是镁锰合金和镁锌锆合金，主要用于航空、航天、运输、化工、火箭等工业部门。镁的相对密度大约是铝的 2/3，是铁的 1/4，是实用金属中最轻的金属，具有高强度、高刚性的特点。镁合金有诸多特点，如散热快、质量轻、刚性好、具有一定的耐蚀性和尺寸稳定性、抗冲击、耐磨、衰减性能好及易于回收；另外，还有高的导热和导电性能、无磁性、屏蔽性好和无毒的特点。另外，由于镁合金的比强度也比铝合金和铁高，因此在不减少零部件的强度下，可减轻铝或铁的零部件的重量。正是上述特性使得镁合金广泛用于携带式的器械和汽车行业中，达到轻量化的目的。中国汽车工业和 3C 等行业的转型升级，尤其是新能源汽车的发展，以及镁合金研发技术和回收利用技术的不断进步，促进了镁合金的推广应用。

镁及镁合金在汽车零部件及其壳体等方面有着广泛的应用，2015 年国内汽车使用镁合金达到 68kg/辆。其中，一大类为壳体类，如飞轮壳体、阀盖、仪表板、变速箱体、曲轴箱、发动机前盖、气缸盖、空调机外壳等；另一大类是支架类，如方向盘、转向支架、刹车支架、座椅框架、车镜支架、分配支架等。减轻汽车重量对环境和能源的影响非常大，汽车的轻量化成为必然趋势，图 4.9 展示的是轻量化发动机镁合金部件。图 4.10 展示了镁合金独轮电动车，其轻量化设计提升了续航里程的同时，也便于随身携带。

在弹性范围内，镁合金受到冲击载荷时，吸收的能量比铝合金件多一半，所以镁合金具有良好的抗震减噪性能。镁合金熔点比铝合金熔点低，压铸成型性能好。镁合金铸件抗拉强度与铝合金铸件相当，一般可达 250MPa，最高可达 600MPa，其屈服强度，延伸率与铝合金接近。镁合金还具有良好的耐腐蚀性能、电磁屏蔽性能、防辐射性能，可做到 100%回收再利用。

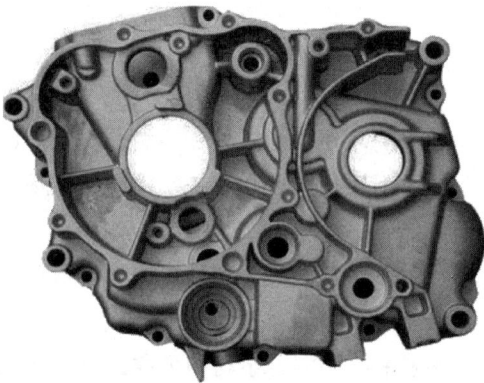

图 4.9 轻量化发动机镁合金部件

图 4.10 镁合金独轮电动车

镁合金的散热相对于其他合金而言有绝对的优势，对于相同体积与形状的镁合金与铝合金材料的散热器，热量在镁合金中更容易由散热片根部传递到顶部，相同温度下镁合金的散热时间还不及铝合金的一半。图 4.11 所示为常见镁合金散热片。

图 4.11　镁合金散热片

镁合金是航空器、航天器和火箭导弹制造工业中使用的最轻金属结构材料，主要用于制造低承力的零件。镁合金在潮湿空气中容易氧化和腐蚀，因此零件使用前，表面需要经过化学处理或涂漆。德国首先生产并在飞机上使用含铝的镁合金，镁合金具有较高的抗震能力，在受冲击载荷时能吸收较大的能量，还有良好的吸热性能，因此是制造飞机轮毂的理想材料。镁合金在汽油、煤油和润滑油中很稳定，适于制造发动机齿轮机匣、油泵和油管，又因在旋转和往复运动中产生的惯性力较小而被用来制造摇臂、襟翼、舱门和舵面等活动零件。民用飞机和军用飞机，尤其是轰炸机广泛使用镁合金制品。例如，B-52 轰炸机的部分机身就使用了 635kg 的镁合金板材。镁合金也用于导弹和卫星上的一些部件，如中国"红旗"地空导弹的仪表舱、尾舱和发动机支架等都使用了镁合金。中国稀土资源丰富，已于 20 世纪 70 年代研制出加钇镁合金，其提高了室温强度，能在 300℃下长期使用，已在航空航天工业中推广应用。

镁及镁合金的化学活性相对较为活泼，其在湿润的环境中容易发生腐蚀，通常采用化学处理、阳极氧化、金属涂层、激光处理等方式对其进行腐蚀防护。图 4.12 所示为镁合金化学镀技术及其在航天器中的应用。镁合金的化学保护膜按溶液可分为铬酸盐系、有机酸系、磷酸盐系、$KMnO_4$ 系、稀土元素系和锡酸盐系等。电镀或化学镀是同时获得优越耐蚀性和电学、电磁学及装饰性能的表面处理方法。其缺点是前处理中的 Cr、F 及镀液对环境污染严重；镀层中多数含有重金属元素，增加了回收的难度与成本。有研究通过将化学镀 Ni 层与碱性电镀 Zn-Ni 镀层组合，约 35μm 厚的镀层经钝化后可承受 800~1000h 的中性盐雾腐蚀。

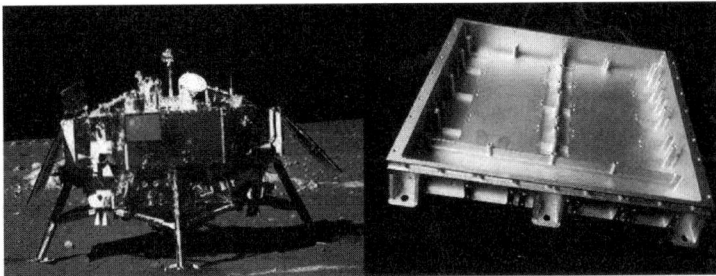

图 4.12　镁合金化学镀技术及其在航天器中的应用

激光处理主要有激光表面热处理和激光表面合金化两种。激光表面热处理是一种表面快速凝固处理方式；激光表面合金化能获得不同硬度的合金层，具有冶金结合的界面。利用激光辐照源的熔覆作用在高纯镁合金上还可制得单层和多层合金化层。采用宽带激光在镁合金表面制备 Cu-Zr-Al 合金熔覆涂层时，涂层中形成的多种金属间化合物的增强作用，使合金涂层具有高的硬度、弹性模量、耐磨性和耐蚀性。而由于稀土元素 Nd 的存在，在经过激光快速熔凝处理之后得到的激光多层涂敷，晶粒得到明显细化，能提高熔覆层的致密性和完整性。

4.3.4　硬质材料

硬质合金是由难熔金属的硬质化合物和黏结金属通过粉末冶金工艺制成的一种合金材料。硬质合金具有硬度高、耐磨、强度和韧性较好、耐热、耐腐蚀等一系列优良性能，特别是它的高硬度和耐磨性，即使在 500℃下也基本保持不变，在 1000℃时仍有很高的硬度。硬质合金广泛用作刀具材料，如车刀、铣刀、刨刀、钻头、镗刀等，用于切削铸铁、有色金属、塑料、化纤、石墨、玻璃、石材和普通钢材，也可以用来切削耐热钢、不锈钢、高锰钢、工具钢等难加工的材料。图 4.13 所示为各类型号的硬质合金刀具。ⅣB、ⅤB、ⅥB 族金属与碳形成的金属型碳化物中，由于碳原子半径小，能填充于金属晶格的空隙中并保留金属原有的晶格形式，形成间隙固溶体。硬质合金是以高硬度难熔金属的碳化物（如 WC、TiC）微米级粉末为主要成分，以钴（Co）、镍（Ni）、钼（Mo）为黏结剂，在真空炉或氢气还原炉中烧结而成的粉末冶金制品。在适当条件下，这类固溶体还能继续溶解它的组成元素，直到达到饱和为止。因此，它们的组成可以在一定范围内变动，化学式不符合化合价规则。ⅣB、ⅤB、ⅥB 族金属碳化物的熔点都在 3273K 以上，其中碳化铪、碳化钽分别为 4223K 和 4153K，是当前所知道的物质中熔点最高的。多数碳化物高温下不易分解，抗氧化能力比其组分金属强。碳化钛在所有碳化物中热稳定性最好，是一种非常重要的金属型碳化物。

图 4.13　硬质合金刀具

硬质合金由黏结金属将硬质相牢固黏结成为整体，黏结金属一般是铁族金属，常用的是钴和镍。制造硬质合金时，黏结金属选用的原料粉末粒度在 1~2μm 之间，并且纯度很高。原料按规定组成比例进行配料，加入酒精或其他介质在湿式球磨机中湿磨，使它们充分混合、粉碎，经干燥、过筛后加入蜡或胶等一类的成型剂，再经过干燥、过筛制得混合料。然后，把混合料制粒、压型，加热到接近黏结金属熔点（1300~1500℃）的时候，硬化相与黏结金属便形成共晶合金。经过冷却，硬化相分布在黏结金属组成的网格里，彼此紧密地联系在一起，形成一个牢固的整体。硬质合金的硬度取决于硬化相含量和晶粒粒度，即硬化相含量越高、晶粒越细，则硬度也越大。硬质合金的韧性由黏结金属决定，黏结金属含量越高，抗弯强度越大。

硬质合金具有很高的硬度、强度、耐磨性和耐腐蚀性，被誉为"工业牙齿"，用于制造切削工具、刀具、钻具和耐磨零部件，广泛应用于军工、航空航天、机械加工、冶金、石油钻井、矿山工具、电子通信、建筑等领域，伴随下游产业的发展，硬质合金市场需求不断加大。并且未来高新技术武器装备制造、尖端科学技术的进步以及核能源的快速发展，将大力提高对高技术含量和高质量稳定性的硬质合金产品的需求。硬质合金刀具比高速钢切削速度高4~7倍，刀具寿命高5~80倍。制造模具、量具，寿命比合金工具钢高20~150倍，切削50HRC左右的硬质材料。

近二十年来，涂层硬质合金的问世大幅提升了刀具的使用性能和寿命。1969年瑞典成功研制了碳化钛涂层刀具，刀具的基体是钨钛钴硬质合金或钨钴硬质合金，表面碳化钛涂层的厚度不过几微米，但是与同牌号的合金刀具相比，使用寿命延长了 3 倍，切削速度提高25%~50%。20世纪70年代已出现第四代涂层工具，可用来切削很难加工的材料。图4.14所示为带涂层的硬质合金刀具。

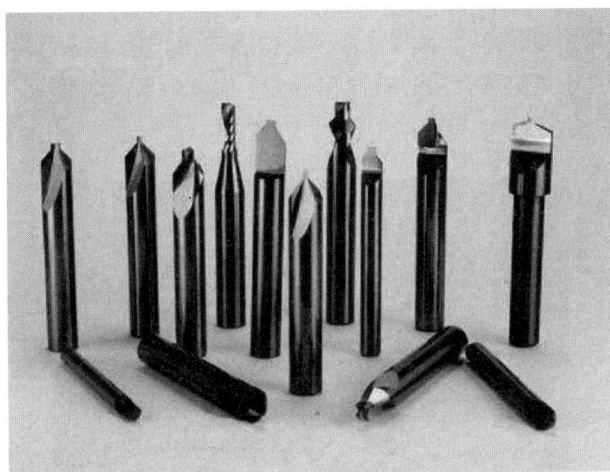

图 4.14 带涂层硬质合金刀具

4.3.5 新型铝合金

铝合金是以铝为基体的合金总称，主要合金元素有铜、硅、镁、锌、锰，次要合金元素有镍、铁、钛、铬、锂等。纯铝的密度小，大约是铁的 1/3，铝是面心立方结构，故具有很高的塑性、易于加工，可制成各种型材、板材，且抗腐蚀性能好。但是纯铝的强度很低，不宜做结构材料。通过长期的生产实践和科学实验，发现加入合金元素及运用热处理等方法可以强化铝，从而得到一系列的铝合金。添加一定元素形成的合金在保持纯铝质轻等优点的同时还能具有较高的强度，使得其比强度超过了合金钢，成为理想的结构材料，广泛用于机械制造、运输机械、动力机械及航空工业等方面。飞机的机身、蒙皮、压气机等常用铝合金制造以减轻自重。采用铝合金代替钢板材料的焊接，结构重量可减轻50%以上。

铝合金按其成分和加工方法分为变形铝合金和铸造铝合金。变形铝合金是先将合金配料熔铸成坯锭，再进行塑性变形加工，通过轧制、挤压、拉伸、锻造等方法制成各种塑性加工制品。铸造铝合金是将配料熔炼后用砂模、铁模、熔模和压铸法等直接铸成各种零部件的毛坯。

　　铝合金是制造飞机的主要材料，与软钢相对密度比较，铝合金约轻三分之一。铝合金强度与钢材类似，对飞机来说，材料轻量化是极为重要的，而且铝合金耐腐蚀性强，更易于加工，故铝合金是制造飞机最理想的材料。硬铝根据其合金元素含量不同可分别制造铆钉、飞机的螺旋桨及飞机上的高强度零件；超硬铝是含有锌的硬铝，其硬度、强度均比硬铝高，不同品种的超硬铝用于制造各种结构零件、高载荷零件，是航空工业的重要材料之一。

　　铝及铝合金在造船工业中应用越来越广。小到汽艇大到万吨油轮，从海上气垫船到海下潜艇，从民用到军工，从捕鱼船到海洋开采船，均使用综合性能优良的铝合金生产船舶外壳、支架结构、配套设施、管道等。铝合金应用于船用行业，可以使船的整体质量减小，有利于船舶行驶速度的提升，并能抵抗海水对船舶的腐蚀。在船用行业应用的铝合金主要是铝铜合金、铝镁合金和铝硅合金。铝铜合金在我国及俄罗斯船舶中使用广泛，但其耐海水腐蚀性能差，阻碍了其在船舶行业中的发展。铝镁合金主要用于船体外壳、水泵导管、泵壳体及机座支架等。铝硅合金结构强度适中、流动性好、充型能力强，易于生产致密度较高、结构复杂的零部件，如高压阀件、气缸体、泵、减速箱外壳、涡轮叶片等。图4.15所示为铝合金材料制造的执法艇。

图 4.15　铝合金制造的执法艇"雨花台"

　　铝具有良好的导热性，铝及铝合金广泛用于生产化工设备中，如换热设备、抗浓硝酸腐蚀的贮槽、吸附过滤器、分馏塔、管道及许多内衬等。铸造铝合金的流动性好、充型能力强、收缩率小、不易形成裂纹、抗腐蚀性能好、质量轻、力学性能好，大量用于制造结构复杂的抗腐蚀零部件，如汽缸、管件、阀门、泵、活塞等。铝合金在化工生产中有许多特殊的用途，铝合金不产生火花，可生产盛装挥发性物质的容器；铝合金无毒性，不会造成食物变质，不影响商品的外观，不腐蚀商品，因此，铝合金广泛用于制作食品化工工业中相关设备。

　　铝合金可用于金属包装，其具有以下优良特点：力学性能好，质轻，抗压强度高，经久耐用，便于储存和运输商品；阻隔性能好，可阻挡阳光、氧气和潮湿的环境对物品的破坏，可延长物品的保质期；质地好、有美感，铝合金用作包装有独特的金属光泽，触摸感好、美观，提升商品品质；无毒易回收，可循环利用，节约资源，减少环境污染。

　　在输送电力领域，铝合金制作的导线成本低、质量轻、抗腐蚀性能好、抗磨，越来越受到人们的重视。在该领域，铝合金的使用量最大，高达90%的高压导线材料是铝制品。

4.3.6　锆及锆合金材料

锆合金是锆和其他金属形成的固熔体。锆具有非常低的热中子吸收截面,具有硬度高、延展性好和耐腐蚀性的特点。锆合金主要用于核技术领域,例如核反应堆内的燃料棒等。核级锆合金的典型组成是超过 95% 的锆和低于 2% 的锡、铌、铁、铬、镍和其他金属(加入这些金属来提高力学性能和耐腐蚀性)。锆合金在 300~400℃ 的高温高压水蒸气中有良好的耐蚀性能、适中的力学性能、较低的原子热中子吸收截面,与核燃料有良好的相容性,因此可用作水冷核反应堆的堆芯结构材料(如燃料包壳、压力管、支架和孔道管),这是锆合金的主要用途。图 4.16 展示了战略导弹核潜艇,其反应堆核心部件采用了锆合金。

图 4.16　德尔塔战略导弹核潜艇

纯锆的强度和抗蚀性不能满足核燃料包壳和压力管的要求,因此需要加入其他元素形成合金以强化材料性能。20 世纪 40 年代末,为了探索锆在水冷反应堆中的应用,多个国家着手研究锆基合金。到 50 年代中期,研制出具有优良综合性能的 Zr-2 合金(zircaloy-2),并将其用作世界第一艘核潜艇“鲥鱼”号的核燃料包壳材料,后来又制成 Zr-4(zircaloy-4)、Zr-1Nb 和 Zr-2.5Nb 合金。图 4.17 展示的是锆合金核反应堆部件。二十多年来,世界各国也研究了许多其他锆合金,但因综合性能不如上述合金,因而应用不多。从海绵锆到锆合金,已实现工业化生产的国家有中国、美国、俄罗斯、法国、德国、加拿大等。核反应堆堆芯是反应堆内能进行链式裂变反应的区域,由燃料组件及相关组件等组成。秦山核电站的燃料棒包壳、端塞、燃料棒束的端板、隔离块、支撑垫都采用了 Zr-4 合金。

图 4.17　锆合金核反应堆部件

锆对多种酸(如盐酸、硝酸、硫酸和醋酸)、碱和盐有优良的抗蚀性,所以锆合金也用于制作耐蚀部件和制药器件。锆还具有优异的发光特性，亦可用于闪光和焰火材料。在化学工业中，锆主要被用于反应釜、阀门、耐酸泵、喷嘴、容器、管道等对材料耐腐蚀性能有较高要求的设备和部件中。

目前，国内对锆及锆合金的研究主要集中在合金的开发、力学性能和抗腐蚀性能等方面，而对其精密铸造及熔炼工艺的研究较少。锆是活性金属，在高温下极易被污染，因此为了提高国产锆材质量，满足国家核电和化工等行业的需求，研究锆及锆合金精密铸造及熔炼过程中与坩埚材料的界面反应是保证铸件和铸锭质量的重要环节。锆和锆合金塑性好，可制成管材、板材、棒材和丝材，其中管材为主要产品。锆和锆合金的加工工艺取决于锆的基本性质和核反应堆对锆构件的特殊要求。核反应堆对锆构件的尺寸精度要求高，同时纯度要达到99.5%以上。

4.4 金属功能材料

功能材料是指通过光、电、磁、热、化学、生化等作用后具有特定功能的材料。功能材料涉及面广，具体包括光、电功能，磁功能，分离功能，形状记忆功能等。这类材料相对于结构材料而言，除了具有力学特性外，还具有其他的功能特性。金属材料结构可控，可实现很多功能化。以 NbTi、Nb_3Sn 为代表的实用超导材料已实现商品化，在核磁共振人体成像、超导磁体及大型加速器磁体等多个领域获得应用；超导量子干涉仪（作为超导体弱电应用的典型案例）在微弱电磁信号测量方面起到了重要作用，其灵敏度是其他任何非超导装置无法达到的。但是目前常规低温超导体的临界温度仍然过低，必须在昂贵复杂的液氦系统中使用，因而严重地限制了低温超导应用的发展。

4.4.1 稀土永磁材料

永磁材料是指被磁化后撤去外磁场仍能长期保持较强磁性的材料，典型代表是稀土永磁材料。稀土永磁材料是将钐、钕混合稀土金属与过渡金属（如钴、铁等）组成的合金，用粉末冶金方法压型烧结，经磁场充磁后制得的一种磁性材料。稀土永磁体分为钐钴（SmCo）永磁体和钕铁硼（NdFeB）永磁体。我国稀土永磁行业的发展始于 20 世纪 60 年代末，当时的主导产品是钐钴永磁体，主要用于军工技术。随着计算机、通信等产业的发展，NdFeB 永磁产业得到了飞速发展。稀土永磁材料是现在已知的综合性能最高的一种永磁材料，它比 20世纪 90 年代使用的磁钢的磁性能高 100 多倍，比铁氧体、铝镍钴性能优越得多，比昂贵的铂钴合金的磁性能高一倍。稀土永磁材料的使用，不仅促进了永磁器件向小型化发展，提高了产品的性能，而且促使某些特殊器件的产生，所以稀土永磁材料一出现，立即引起全国的极大重视，发展极为迅速。我国研制生产的各种稀土永磁材料的性能已接近或达到国际先进水平。图 4.18 展示了稀土永磁体制备的各型号产品。随着科技的进步，稀土永磁材料不仅应用于计算机、汽车、仪器、仪表、家用电器、石油化工、医疗保健、航空航天等行业中的各种微特电机，以及核磁共振设备、电器件、磁分离设备、磁力机械、磁疗器械等需产生强间隙磁场的元器件中，而且风力发电、新能源汽车、变频家电、节能电梯、节能石油抽油机等领域对高端稀土永磁材料的需求日益增长，其应用市场空间巨大。

图 4.18　稀土永磁体制备的各型号产品

4.4.2　金属能源材料

在新能源材料发展过程中，金属材料在电池材料、光伏太阳能电池材料等方面取得了较好的发展。新能源材料主要包括电池材料、超级电容器材料、超导类材料、纳米材料、光伏太阳能电池材料、磁性材料以及核材料等。电池材料的性能通常受金属相关性质的影响，如在开发电池正负极材料过程中，活性炭的活化采用不同金属（锌离子或钾离子），制备出来的活性炭电极材料的吸、脱附性能大有不同。图 4.19 展示的金属有机框架（MOF）材料是一类由金属离子或金属簇与有机配体配位形成一维、二维或三维结构的化合物，在新能源领域有潜在应用前景。

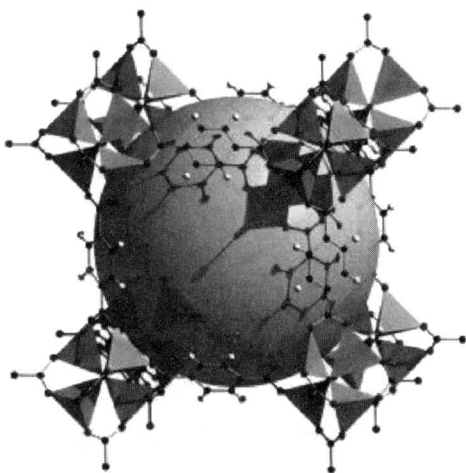

图 4.19　金属有机框架材料

4.4.3　信息材料

　　信息材料属于功能材料，是为实现信息探测、传输、存储、显示和处理等功能使用的材料。信息处理材料是制造信息处理器件（如晶体管和集成电路）的材料。硅（使用最多）、砷化镓都是重要的信息处理材料。电子信息材料是指在微电子、光电子技术和新型元器件基础产品领域中所用的材料，主要包括单晶硅为代表的半导体微电子材料、激光晶体为代表的光电子材料、介质陶瓷和热敏陶瓷为代表的电子陶瓷材料、钕铁硼（NdFeB）永磁材料为代表的磁性材料、光纤通信材料、磁存储和光盘存储为主的数据存储材料、压电晶体与薄膜材料、贮氢材料和锂离子嵌入材料为代表的绿色电池材料等。这些基础材料及其产品支撑着通信、计算机、信息家电与网络技术等现代信息产业的发展。电子信息材料总体向着大尺寸、高均匀性、高完整性，以及薄膜化、多功能化和集成化的方向发展。当前的研究热点和技术前沿包括柔性晶体管，光子晶体，SiC、GaN、ZnSe 等宽带半导体材料为代表的第三代半导体材料，有机显示材料以及各种纳米电子材料等。按功能分，信息材料主要有以下几类。

　　① 信息探测材料：对电、磁、光、声、热辐射、压力变化或化学物质敏感的材料属于此类，可用来制作传感器，并将传感器用于各种探测系统，如电磁敏感材料、光敏材料、压电材料等。这些材料有陶瓷、半导体和有机高分子化合物等多种。

　　② 信息传输材料：各种通信器件间传递信息的材料，如通信电缆材料、光纤通信材料、微波通信材料和蜂窝移动通信材料等，利用这些材料构建的综合通信网络，已成为国家信息基础设施的支柱。信息传输材料主要是光导纤维，简称光纤。它重量轻、占空间小、抗电磁干扰、通信保密性强，可以制成光缆以取代电缆，是一种很有发展前景的信息传输材料。

　　③ 信息存储材料：磁存储材料，主要是金属磁粉和钡铁氧体磁粉，用于计算机存储；光盘存储材料，有磁光记录材料、相变光盘材料等，用于外部存储；铁电介质存储材料，用于动态随机存取存储器；半导体动态存储材料，以硅为主，用于内部存储。

4.4.4　超导材料

　　超导材料是指在一定的低温条件下呈现电阻等于零以及排斥磁力线性质的材料。已发现28 种元素和几千种合金和化合物可以成为超导体。超导材料处于超导态时电阻为零，能够无损耗地传输电能。如果用磁场在超导环中引发感应电流，这一电流可以毫不衰减地维持下去。这种"持续电流"已多次在实验中观察到。超导材料处于超导态时，只要外加磁场不超过一定值，磁力线不能透入，超导材料内的磁场恒为零。外磁场为零时超导材料由正常态转变为超导态的温度，以 T_c 表示。

　　强磁场技术对半导体科学的发展越来越重要，因为在各种物理因素中，外磁场是唯一在保持晶体结构不变的情况下改变动量空间对称性的物理因素，因此在半导体能带结构研究以及元激发及其相互作用研究中，磁场有着特别重要的作用。通过对强磁场下半导体材料的光、电等特性开展实验研究，可进一步理解和掌握半导体的光学、电学等物理性质，从而为制造具有各种功能的半导体器件并发展高科技作基础性探索。

极微细尺度体系中出现许多常规材料不具备的新现象和奇异特性,这与超导材料的微结构特别是电子结构密切相关。强磁场为研究极微细尺度体系的电子态和输运特性提供强有力的手段,不但能进一步揭示超导材料在常规条件下难以出现的奇异现象,而且为在更深层次认识其物理特性提供丰富的科学信息。主要研究强磁场下极微细尺度金属、半导体等的电子输运、电子局域和关联特性、量子尺寸效应、量子限域效应、小尺寸效应、表面效应、界面效应,以及极微细尺度氧化物、碳化物和氮化物的光学特性及能隙精细结构等。

4.5 金属材料的合成与制备

4.5.1 金属的冶炼与精炼

除了特殊金属(如金、铂),自然界中绝大多数金属以氧化物或硫化物的形式存在于矿石中,为得到金属材料,需要对矿石进行提炼,以去除矿石中的氧、硫等杂质成分。在金属氧化物或硫化物中,金属显正价,所以需要通过还原反应来提取金属单质,例如,氧化铁(Fe_2O_3)中铁的化合价是+3 价,所以 $Fe^{3+} \rightarrow Fe$ 是还原反应。硫化铜(CuS)中铜的化合价是+2 价,所以 $Cu^{2+} \rightarrow Cu$ 同样是还原反应。因此工业上将金属从化合物还原成单质的过程称为金属冶炼。由于金属的化学活泼性不同,要把金属还原成单质,需采取不同的冶炼方法,工业上冶炼金属一般有下列几种方法。

(1)热分解法

金属活泼性位于氢之后的金属可以使用热分解法进行提炼。热分解法不仅适用于金属氧化物,同样也能用于金属卤化物、硫化物、金属有机物的冶炼。例如,HgO、Ag_2O 加热发生下列分解反应:

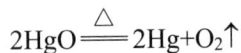

$$2HgO \xrightarrow{\triangle} 2Hg+O_2\uparrow$$

$$2Ag_2O \xrightarrow{300℃} 4Ag+O_2\uparrow$$

将硫化汞在氧气中焙烧可以得到汞:

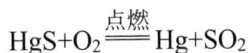

$$HgS+O_2 \xrightarrow{点燃} Hg+SO_2$$

上述反应能够发生是由于金属汞与硫、氧的亲和力都比较低,因此硫化汞可以在氧气中焙烧生成更加稳定的二氧化硫。

(2)热还原法

当金属的活泼性在 Al 至 H 之间时,通常使用还原剂对矿石进行还原,多数金属的冶金过程属于这种方法。焦炭、一氧化碳、氢气和活泼金属等都是良好的还原剂,其中氧化锡、氧化镁、氧化铅、铁矿石的还原剂通常选用焦炭，例如氧化锡的还原反应方程式如下：

$$SnO_2+2C \xrightarrow{\text{高温}} Sn+2CO\uparrow$$

还原反应若需要高温，常在高炉或电炉中进行。因此，高温下热还原冶炼金属的方法又称为火法冶金，例如氧化镁还原需要在 2300K 的电炉中进行：

$$MgO+C \xrightarrow{} Mg+CO\uparrow$$

最常用的铁、铁合金、钢也是采用热还原法冶炼的。铁主要存在于磁铁矿（主要成分 Fe_3O_4）和赤铁矿（主要成分 Fe_2O_3）中，其中含有的主要杂质是二氧化硅（SiO_2）。高炉炼铁是从氧化铁矿中提取铁的装置，料斗加入铁矿、焦炭和石灰水的混合物，在 2000K 高温下，焦炭先与空气中的氧气反应生成二氧化碳，并放出大量的热。二氧化碳再与灼热的焦炭反应，生成一氧化碳，一氧化碳在高温下将氧化铁还原成金属铁。图 4.20 展示了先进的电弧炉炼钢设备，电弧炉炼钢设备以电能作热源，避免了气体热源所含硫分对钢的污染，产品品种灵活，合金元素含量精确可控，钢的产品质量高。

图 4.20　电弧炉炼钢设备

如果矿石主要成分是碳酸盐，也可以使用焦炭还原法冶炼，因为一般重金属的碳酸盐受热时能分解为氧化物并进一步被焦炭还原。如矿石是硫化物，可以先在空气中煅烧，使它变成氧化物，再用焦炭还原，如从方铅矿提取铅需要经过焙烧和还原两个步骤：

$$2PbS+3O_2 \xrightarrow{\text{高温}} 2PbO+2SO_2$$

$$PbO+C \xrightarrow{\text{加热}} Pb+CO\uparrow$$

焦炭还原法的缺点是制得的金属中往往含有碳和碳化物，得不到较纯的金属。故有时为制备纯金属，采用氢热还原法，用氢气作还原剂。生成热较小的氧化物例如氧化铜、氧化铁等，容易被氢还原成金属单质。例如不能采用碳还原钨矿，因为其中的钨会与碳反应生成碳化物，所以从氧化钨（WO_3）中提取钨需要通入氢气在高温下还原。

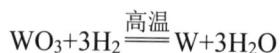

$$WO_3+3H_2 \xrightarrow{\text{高温}} W+3H_2O$$

活泼性很高的金属，无法使用焦炭、H_2、CO 进行还原，这时只能使用更为活泼的金属作为还原剂。通常用铝、钙、镁、钠等作还原剂，铝是最常用的还原剂（铝热法）。例如，将铝粉和氧化铁作用可得到铁，铝容易和许多金属生成合金，通过调节反应物配比来尽量使铝完全反应而不残留在生成的金属中。除了铝之外，镁、钠也是常用的金属还原剂，例如在制备金属钛时一般使用上述两种金属作为还原剂。钛矿相对丰富，钛的氧化物不能被碳还原，会反应生成碳化钛，因此用更活泼的金属镁或钠来还原，称作 Kroll 法或 Hunter 法。Hunter 法包括两个步骤。首先将氧化钛转化成氯化钛（金红石矿中含有大量氧化钛，通过其与碳和氯气在 1173K 下反应将氧化钛转化为氯化钛）：

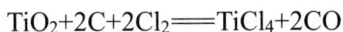

$$TiO_2+2C+2Cl_2 =\!\!=\!\!= TiCl_4+2CO$$

第二步使用熔融钠在氩气及 1300K 下还原氯化钛。氩气用来保护金属，防止金属与空气中的氮气和氧气反应。

$$TiCl_4+4Na =\!\!=\!\!= Ti+4NaCl$$

Kroll 法与 Hunter 法类似，用金属镁代替金属钠作为还原剂来还原氯化钛：

$$TiCl_4+2Mg =\!\!=\!\!= Ti+2MgCl_2$$

Hunter 法和 Kroll 法反应都需要分步进行，不像高炉炼铁过程持续进行，生产成本较高。Hunter 法的生产规模较小、成本较高，但是纯度较高，主要用于生产高纯钛粉。

碱金属通常采用金属热还原法制备，例如通常用金属钠还原氯化钾制备金属钾，用金属钙还原氯化铷制备金属铷。钙、镁一般不和各种金属生成合金，因此还可用作锆、铪、钒、铌、钽氧化物的还原剂。

（3）电解法

电解是最强的氧化还原手段，所谓电解是使用电流将液态离子化合物分解的过程。活泼性在铝之前的金属难以用还原剂将它们从化合物中还原出来，这些金属用电解法制取最适宜。电解法有水溶液电解法和熔盐电解法两种，活泼的金属如铝、镁、钙、钠等用熔盐电解法制备。例如氯化钠在 804℃时熔融，通入电流后在阴极发生还原反应，Na^+ 得到电子还原成金属 Na；阳极发生氧化反应，Cl^- 失去电子氧化成 Cl_2。

矿石经加热分解或加热还原得到的金属，通常含有一定量的杂质，杂质一般来自金属矿石及人为加入的熔剂、反应剂等，这样的金属称作粗金属。例如，粗铜含有各种杂质（包括金、银等贵金属），其总量可达 0.5%~2%；鼓风炉还原熔炼所得的粗铅含有 1%~4%的杂质（包括金、银等贵金属）。粗金属中所含的杂质对金属的使用性能有不利影响必须除去，而且杂质中有较高的经济价值的元素（如贵金属等）可以回收利用，因此，火法冶金后大多数粗金属要进行精炼。

精炼的主要方法有电解精炼和气相精炼。电解精炼是指利用不同元素的阳极溶解或阴极析出难易程度的差异提取纯金属的技术。常用此法精炼提纯的金属有 Cu、Au、Pb、Zn、Al。例如，铜在精炼时，使用纯铜片作阴极，使用硫酸、硫酸铜水溶液作电解液，在直流电的作用下阳极上铜溶解后进入溶液，而溶液中的铜在阴极上析出。在电解过程中，阳极上比铜电位负的金属进入溶液，留在电解液中；贵金属由于电位比铜溶解电位正而不溶，沉淀于槽底成为阳极泥，而阴极上析出的金属铜纯度很高，称为阴极铜或电铜。气相精炼是利用金属单质或化合物的沸点与所含杂质的沸点不同的特点，通过加热控制温度使二者分离的精炼方法。镁、汞、锌、锡等可用气相精炼提纯，例如，粗锡中的锡和所含杂质具有不同的沸点，控制温度在锡的沸点以下、杂质沸点以上，可使杂质挥发除去。

4.5.2　金属热处理

热处理是将固态金属及合金按预定的要求进行加热、保温和冷却，以改变其内部组织从而获得所要求性能的一种工艺过程。金属热处理过程包括加热、保温、冷却三个过程，有时只有加热和冷却两个过程。金属加热时，工件暴露在空气中，常常发生氧化、脱碳，因此金属通常在可控气氛或保护气氛、熔融盐和真空中加热，加热温度是热处理工艺的重要工艺参数之一。图 4.21 所示是真空热处理设备，其可以有效避免金属加热时的氧化，常用于高端钢材的生产流程。冷却是热处理工艺过程中不可缺少的步骤，冷却方法因工艺不同而不同，主要是控制冷却速度。金属热处理常见的四种工艺是退火、正火、淬火、回火，一般退火的冷却速度最慢，正火的冷却速度较快，淬火的冷却速度更快。下面以钢铁材料为例介绍四种热处理工艺的特点。

图 4.21　真空热处理设备

（1）退火

退火处理是将钢试件加热到适当的温度，保温一定的时间后缓慢冷却（随炉冷却），以获得接近平衡状态组织的热处理工艺。退火处理的目的是细化组织、消除应力、降低硬度、改善切削加工性能，主要用于各种亚共析钢中的碳钢和合金钢的铸、锻件，有时也用于焊接结构件。根据材料化学成分和热处理的目的不同，退火又可分为完全退火、不完全退火、消除应力退火、等温退火、球化退火等。完全退火又称重结晶退火，该方法将工件加热到铁碳相图 A_{c3} 以上 30~50℃，使钢的原来组织全部转变为单一均匀的奥氏体然后再随炉缓慢冷却，使奥氏体转变为铁素体和珠光体以达到细化组织、降低硬度和消除内应力的目的。不完全退火（球化退火）是将工件加热到 A_{c1} 以上 30~50℃，保温后缓慢冷却的方法，主要用于过共析钢，应用于低合金钢、中高碳钢的锻件和轧制件。消除应力退火是将工件加热到 A_{c1} 以下

100~200℃，保温后缓慢冷却使工件产生塑性变形或蠕变变形带来的应力松弛的方法，其目的消除焊接、冷变形加工、铸造、锻造等加工方法所产生的内应力。

（2）正火

正火是将工件加热到 A_{c3} 或 A_{cm} 以上 30~50℃，保持一定时间后在空气中冷却的热处理工艺。正火的目的是细化晶粒，均匀组织，降低内应力。正火的冷却速度较快，过冷度较大，易使组织中珠光体量增多，且珠光体片层厚度减小，所以正火后的钢强度、硬度、韧性都比退火的钢高。一般钢铁正火与退火相似，但冷却速度稍快，组织较细。正火时不必像退火那样使工件随炉冷却，占用炉子时间短，生产效率高，所以在生产中一般尽可能用正火代替退火。含碳量低于 0.25% 的低碳钢，正火后达到的硬度适中，比退火更便于切削加工，一般采用正火为切削加工做准备。含碳量为 0.25%~0.5% 的中碳钢，正火后也可以满足切削加工的要求。对于用这类钢制作的轻载荷零件，正火还可以作为最终热处理。由于正火后工件比退火状态具有更好的综合力学性能，一些受力不大、性能要求不高的普通结构零件可将正火作为最终热处理，以减少工序、节约能源、提高生产效率。此外，某些大型的或形状较复杂的零件，当淬火有开裂的风险时，正火往往可以代替淬火、回火处理，作为最终热处理。

（3）淬火

淬火是将金属工件加热到临界温度以上（一般情况是：亚共析钢为 A_{c3} 以上 30~50℃；过共析钢为 A_{c1} 以上 30~50℃），随即浸入淬冷介质中快速冷却的金属热处理工艺。淬火的目的是使过冷奥氏体进行马氏体或贝氏体转变，得到马氏体或贝氏体组织，然后配合以不同温度的回火，以大幅提高钢的刚性、硬度、耐磨性、疲劳强度以及韧性等，从而满足各种机械零件和工具的不同使用要求，也可以通过淬火满足某些特种钢材的铁磁性、耐蚀性等特殊的物理、化学性能。常用的淬冷介质有盐水、水、矿物油、空气等。淬火可以提高金属工件的硬度及耐磨性，因而广泛用于各种工、模、量具及要求表面耐磨的零件（如齿轮、轧辊、渗碳零件等）。通过淬火与不同温度的回火配合，可以大幅度提高金属的强度、韧性及耐疲劳性能，并可获得这些性能之间的配合（综合力学性能）以满足不同的使用要求。

（4）回火

回火是将经过淬火的钢加热到 A_{c1} 以下的适当温度，保持一定时间，然后用符合要求的方法冷却（通常是空冷），以获得所需组织和性能的工艺。回火的目的是降低材料的内应力、提高韧性。通过调整回火温度，可以获得不同的硬度、强度和韧性，以满足所要求的力学性能。此外，回火还可以稳定工件的尺寸、改善加工性能。按回火的温度不同可将回火分为低温、中温和高温回火三种。淬火后在 150~250℃ 范围内的回火称为低温回火，回火后得到的组织为回火马氏体，主要用于高碳工具；淬火后在 300~500℃ 范围内的回火称为中温回火，回火后得到的组织为回火屈氏体，主要用于模具、弹簧；淬火后在 500~650℃ 范围内的回火称为高温回火，回火后得到的组织为回火索氏体，主要用于齿轮轴等。

4.5.3　金属成型工艺

金属成型是利用外力或加热熔融所产生的变形，来获得具有一定形状、尺寸和力学性能的毛坯或零件的生产方法。金属成型工艺有铸造、压力加工、焊接等方式。其中铸造是将熔融金属浇注、压射或吸入铸型腔中，待其凝固后获得一定形状和性能的铸件的工艺方法。金属塑性成型是利用金属材料所具有的塑性变形能力，在外力的作用下使金属材料产生预期的塑性变形来获得具有一定形状、尺寸和力学性能的零件或毛坯的加工方法，其工艺常可分为自由锻、模锻、板料冲压、挤压、轧制等。焊接是通过加热或加压或两者并用，使金属材料达到原子结合的一种成型方法，通常分为熔焊、压焊、钎焊。

（1）铸造

铸造是指制造铸型、熔炼金属，并将熔融金属液浇注到具有与零件形状相似的铸型型腔内，待其冷却凝固后，获得一定形状和性能的金属件的方法。铸件大小几乎不限，铸件外形尺寸可从几毫米到十几米，壁厚可从 0.2 毫米到 1 米，重量从几克到数百吨。铸造能够制造各种尺寸和形状复杂的铸件，尤其是具有复杂内腔的金属件，如汽车发动机的缸体和缸盖，船舶螺旋桨以及精致的艺术品等。有些难以切削的零件，如燃气轮机的镍基合金零件不用铸造方法无法成型。铸造的生产批量不限，从单件、小件到大批量。因此，在机器制造业中用铸造方法生产的毛坯零件，在数量和吨位上迄今仍是最多的。但是铸造工艺也有不足之处，铸造生产工艺过程复杂，工序多，一些工艺过程难以控制，易出现铸造缺陷，铸件质量不够稳定，废品率高；铸件内部偏析较重，组织晶粒粗大，力学性能差，常有缩松、气孔等铸造缺陷，导致铸件的力学性能不如同类材料锻件的高。图 4.22 展示了大批量铸造产品。

图 4.22　大批量铸造产品

铸造可以分为砂型铸造和特种铸造。砂型铸造是用型砂紧实成型的铸造方法，包括湿砂型、干砂型和化学硬化砂型 3 类。型砂来源广泛、价格低廉，砂型铸造方法适应性强，是目前生产中用得最多、最基本的铸造方法。砂型铸造是用来制造大型部件，如灰铸铁、球墨铸铁、不锈钢和其他类型钢材等的最基本、最普遍的铸造方法。其主要步骤包括绘画、模具、制芯、造型、熔化及浇注、清洁等。

特种铸造包括熔模铸造、金属型铸造、压力铸造、消失模铸造、低压铸造、离心铸造、连续铸造等。失蜡铸造法是用石蜡复制需要铸造的物件，然后浸入含陶瓷（或硅溶胶）的池中并晾干，使蜡制复制品覆上一层陶瓷外膜，一直重复此步骤直到外膜足以支持铸造过程，然后熔解模型中的蜡，并抽离铸模，对铸模多次加以高温焙烧，增强硬度浇入熔融物质凝固冷却后形成铸件的铸造方法。消失模铸造又称实型铸造，是将与铸件尺寸形状相似的泡沫模型黏结组合成模型簇，刷涂耐火涂料并烘干后，埋在干石英砂中振动造型，在负压下浇注使模型气化，液体金属占据模型位置，凝固冷却后形成铸件的铸造方法。压力铸造简称压铸，是在高压作用下，使液态或半液态金属以较高的速度充填压铸型型腔，并在压力下成型和凝固而获得铸件的方法。离心铸造是将液体金属注入高速旋转的铸型内，使金属液在离心力的作用下充满铸型和形成铸件的技术和方法。连续铸造是将熔融的金属，不断浇入一种叫作结晶器的特殊金属型中，凝固了的铸件，连续不断地从结晶器的另一端拉出，它可获得任意长或特定长度的铸件，如铸管等。

（2）压力加工

利用金属在外力作用下所产生的塑性变形，来获得具有一定形状、尺寸和力学性能的毛坯或零件的生产方法，称为金属压力加工，又称金属塑性加工。压力加工常见方法有自由锻造、模型锻造（模锻）、轧制、挤压、拉拔、板料冲压等。其中金属坯料在上下铁砧间受冲击力或压力而变形的成型工艺称为自由锻造。自由锻造工件受力变形时，金属工件在铁砧间向各个方向自由流动，不受限制，形状、尺寸由锻工控制。自由锻造的特点是工具简单、应用广泛、力学性能高，但是锻件尺寸精度差、材料利用率低、生产率较低，并且只能用于形状简单的锻件。金属坯料在具有一定形状的锻模模腔内受冲击力或压力而变形的成型工艺称为模锻。模锻特点有生产率较高、锻件尺寸精确、加工余量小，可锻出形状较复杂锻件，材料利用率高。轧制是金属坯料在两个回转轧辊之间受压产生连续变形而形成各种产品的成型工艺。挤压是金属坯料在挤压模内受压被挤出模孔而变形的成型工艺。拉拔是将金属坯料拉过拉拔模的模孔而变形的成型工艺。图 4.23 展示了国产 8 万吨锻压机，它是世界上锻造压力最大的设备，在西方对锻压机的制造处于瓶颈时，我国只用了短短 8 年时间，突破瓶颈，制造出了重达 8 万吨的大国重器。

图 4.23　国产 8 万吨锻压机

（3）焊接

焊接是通过加热或加压，或两者并用，用或不用填充材料，使焊件结合的一种加工工艺方法。焊接作为一种特种机械连接技术，广泛应用于压力容器、石油管道、船舶、车辆、桥梁、火箭、起重机、化工设备等的加工制造。焊接和其他加工方法相比可以节省大量的金属材料，例如与铆接相比，焊接结构可以节省材料10%~30%，这是由于焊接结构不必钻铆钉孔，材料截面得到充分利用，也不必使用铆接结构必须使用的一些辅助材料。焊接结构的生产周期短。与铸造相比，焊接结构生产不需要制模和造型，这一点对于单件小批生产尤其明显。焊接结构的刚性大、重量轻。焊接是一种金属原子之间的永久连接方式，焊接结构中各部分是直接连接的，与其他的连接方式相比，不需要其他的附加连接件；同时焊接接头的强度一般与母材相当，因此焊接结构重量轻、刚度大、工作可靠。但是焊接会产生一定的焊接残留应力和焊接变形，有可能影响零部件与焊接结构的形状、尺寸，增加结构工作时的应力，降低承载能力，甚至引起断裂破坏。焊接过程容易产生气孔、夹渣、裂纹等缺陷，降低承载能力，缩短焊接结构使用寿命。

按焊接工艺特点和母材金属所处的状态，焊接方法可分为熔化焊、压力焊和钎焊。熔化焊是将焊件接头加热至熔化状态，然后冷却结晶成一体的方法。压力焊是对焊件施加压力，以完成焊接的方法，包括锻焊、电阻焊、摩擦焊、气压焊、冷压焊、爆炸焊等工艺。钎焊是将熔点低于母材的钎料与焊件一起加热，使钎料熔化后，依靠钎料的流动充填到接头预留空隙中，并与固态的母材相互扩散、溶解，冷却后实现焊接的方法。电阻焊是最常用的焊接工艺，电阻焊工作原理是将被焊工件压紧于两电极之间，并通以电流，利用电流流经工件接触面及邻近区域产生的电阻热将其加热至熔化或塑性状态，使之形成金属结合。二氧化碳气体保护电弧焊是利用二氧化碳作为保护气体的熔化极电弧焊接方法。这种以二氧化碳气体作为保护介质，使电弧及熔池与周围空气隔离，防止空气中氧、氮、氢对熔滴和熔池金属的有害作用，从而获得优良的力学性能。摩擦焊是利用工件接触面摩擦产生的热量（热源），使工件在压力作用下产生塑性变形而进行焊接的方法。在两个焊件的焊接端面上加一定的轴向压力，并使接触面剧烈摩擦，摩擦产生的热，将接触面加热到一定的焊接温度时急速停止摩擦，并施以一定的顶锻压力，使两个焊件金属产生一定量的塑性变形，从而把两个焊件牢固地焊接在一起。图 4.24 展示了机器人自动化焊接，其已经广泛应用于汽车、航空、轮船等制造业中，焊接质量稳定可靠且效率远高于人工焊接。

图 4.24　机器人自动化焊接

习题

1. 什么是黑色金属？什么是有色金属？
2. 矿山开采和掘进常用的硬质材料主要成分和制备方法是什么？
3. 特殊钢与普通钢的成分和性能区别是什么？
4. 航空航天所使用钛合金、铝合金、镁合金的部件有哪些？大飞机 C919 机身镁锂合金与传统铝合金相比，有哪些性能优势？
5. 金属热处理的几种典型工艺和目的是什么？

6. 从铜矿到纯铜的冶炼方法是什么？

7. 锆合金用于核反应堆的哪些设备？它的哪些特性适用于核反应堆的特殊环境？

8. 模锻液压机属于哪一种金属加工方式？超大压力模锻液压机在航空制造业中起什么作用？

9. 稀土是重要的战略金属材料，稀土金属在工业生产中的主要应用领域有哪些？

10. 国产大飞机 C919 采用了哪些高强度、低密度的新型金属材料？它们的制备和加工方式主要是什么？

参考文献

[1] 王旭峰，李中奎，周军，等. 锆合金在核工业中的应用及研究进展［J］. 热加工工艺，2012，41（2）：71-74.

[2] 王峰，王快社，马林生，等. 核级锆及锆合金研究状况及发展前景［J］. 兵器材料科学与工程，2012，35（1）：107-110.

[3] 杨忠波，赵文金. 锆合金耐腐蚀性能及氧化特性概述［J］. 材料导报，2010，24（17）：120-125.

[4] 彭倩，沈保罗. 锆合金的织构及其对性能的影响［J］. 稀有金属，2005（6）：903-907.

[5] 熊炳昆. 锆的核性能及其在核电工业中的应用［J］. 稀有金属快报，2005，24（3）：43-44.

[6] Liu AH，Li BS，Nan H，et al. Interactionbetween γ-Ti Al alloy and zirconia ［J］. China Foundry，2008，5（1）：44-46.

[7] Zhang GX，Kang Q，Shi NL，et al. Kinetics and mechanism of interfacial reaction in a Si Cf / Ti composite［J］. Journal of Materials Science & Technology，2003，19（5）：407-410.

[8] Suzuki K，Watakabe S，Nishikawa K. Stability of refractory oxides for mold material of Ti-6Al-4V alloy precision casting［J］. Journal of the Japan Institute of Metals，1996，608：734-743.

[9] 刘爱辉，李邦盛，隋艳伟，等. 液态金属与陶瓷界面润湿性的研究进展［J］. 材料热处理技术，2010，39（24）：90-93.

[10] Ausmus S L，Wood F W，Beall R A，et al. 钛、锆、铪的铸造技术［J］. 真空技术报道，1966（2）：57-79.

[11] 黄金昌. 锆铸件［J］. 稀有金属材料与工程，1979（1）：99-105.

[12] 白志玲. 铝合金的研究现状及应用［J］. 科技广场，2015（12）：18-20.

[13] 侯健，张彭辉，郭为民. 船用铝合金在海洋环境中的腐蚀研究［J］. 装备环境工程，2015，12（2）：59-63.

[14] 刘希燕，蒋健明，陈正涛，等. 铝合金防腐保护研究进展［J］. 现代涂料与涂装，2007，10（12）：11-14.

[15] 谭蔚. 化工设备设计基础［M］. 天津：天津大学出版社，2007.

[16] 朱军，张红霞，赵成. 有色金属与新能源材料发展［J］. 电源技术，2019，4（43）：731-733.

[17] 刘业翔. 有色金属在若干高新技术领域的应用［C］// 中国工程院化工、冶金与材料工学部第七届学术会议论文集. 天津：中国工程院化工、冶金与材料工学部第七届学术会议，2009：757-764.

[18] 张健，张丽，朱建新. 固体氧化物燃料电池材料的研究进展［J］. 现代教育科学：高教研究，2010（S1）：128-129.

[19] 邹涛，易清风，张媛媛，等. 一种新型的甲酸/铁离子燃料电池［J］. 高等学校化学学报，2017，38（1）：102-106.

[20] 王高潮. 材料科学与工程导论［M］. 北京：机械工业出版社，2006.

[21] 钦征骑. 新型陶瓷材料手册［M］. 南京：江苏科学技术出版社，1996：287-288.

第 5 章

陶瓷材料

5.1 概述

（1）china 与 ceramic

陶瓷（陶器和瓷器的通称）是人类生活和生产中不可缺少的一种材料，它在人类历史上经历了数千年的发展。传统上，陶瓷（china）是指所有以黏土为主要原料，与其他天然矿物原料经过粉碎混炼→成型→煅烧等过程而制成的各种制品（图 5.1）。由于它的主要原料是取自自然界的硅酸盐矿物（如黏土、长石、石英等），所以可归属于硅酸盐类材料和制品。传统陶瓷工业可与玻璃、水泥、搪瓷、耐火材料等工业同属"硅酸盐工业"的范畴。

图 5.1　陶器

随着近代科学技术的发展，需要充分利用陶瓷材料的物理与化学性质，近百年来出现了许多新的陶瓷品种，如氧化物陶瓷、压电陶瓷、金属陶瓷等各种高温和功能陶瓷，它们的生产过程虽然基本上还是原料处理→成型→煅烧这种传统的陶瓷生产方法，但已不再使用或很少使用黏土等传统陶瓷原料，采用的原料已扩大到化工原料和合成矿物，甚至是非硅酸盐、非氧化物原料，组成范围也延伸到无机非金属材料的范围中，并且出现了许多新的工艺。因此，广义的陶瓷（ceramic）是用陶瓷生产方法制造的无机非金属固体材料和制品的通称，国际上通用的陶瓷一词在各国并没有统一的界限。

（2）陶瓷的分类

陶瓷种类繁多，分类方法也有多种。按陶瓷概念和用途来分类，可将陶瓷分为两大类：普通陶瓷和新型陶瓷。

普通陶瓷即陶瓷概念中的传统陶瓷，这一类陶瓷制品是人们生活和生产中最常见和常使用的陶瓷制品，根据其使用领域的不同，又可分为日用陶瓷（包括艺术陈列陶瓷）、建筑卫生陶瓷、化工陶瓷、化学瓷、电瓷及其他工业用陶瓷。日用陶瓷是品种繁多的陶瓷制品中古老的和常用的传统陶瓷。这一陶瓷制品具有广泛的实用性和欣赏性，也是陶瓷科学技术和工艺美术有机结合的产物，饰品用陶瓷也属于这类制品。饰品陶瓷可以界定为将铝硅酸盐矿物或某些氧化物等主要原料，依照设计款式式样通过特定的化学工艺在高温下以一定的温度和气氛（氧化、碳化、氮化等）制成的所需形式的饰品，表面施有各种相当悦目的光润釉或特定釉和某些装饰。若干瓷质还具有不同程度的半透明度，通体由一种或多种晶体、无定型胶结物及气孔或熟料包裹体等种种微观结构组成。

普通陶瓷以外的广义陶瓷概念中所涉及的陶瓷材料和制品即新型陶瓷。新型陶瓷是用于各种现代工业和尖端科学技术的陶瓷制品，其所用的原料和所需的生产工艺技术已与普通陶瓷有较大的不同。在性能上，新型陶瓷具有不同的特殊性质和功能，如高强度、高硬度、耐腐蚀、导电、绝缘，以及在磁、电、光、声、生物工程各方面具有的特殊功能，从而使其在高温、机械、电子、宇航、医学工程等方面得到广泛的应用。在成分上，传统陶瓷的组成由黏土的成分决定，所以不同产地和炉窑的陶瓷有不同的质地。由于新型陶瓷的原料是纯化合物，因此其成分由人工配比决定，其性质的优劣由原料的纯度和工艺决定。在制备工艺上，突破了传统陶瓷以炉窑为主要生产手段的界限，广泛采用真空烧结、保护气氛烧结、热压、热等静压等手段。在原料上，突破了传统陶瓷以黏土为主要原料的界限，新型陶瓷一般以氧化物、氮化物、硅化物、硼化物、碳化物等为主要原料。

5.2 普通陶瓷

5.2.1 普通陶瓷的制备工艺

陶瓷的制备工艺比较复杂，但基本的工艺包括原材料的制备、坯料的成型、坯料的干燥和制品的烧成或烧结4大步骤。通常将表面加工作为最后一道工序。

5.2.1.1 原料的组成与制备

陶瓷材料属于无机非金属材料，大部分为含有硅和其他元素的氧化物，其原料组成主要有四个部分，分别是胚用原料、釉用原料和装饰使用的着色原料以及原料添加剂。其中大部分原料属于天然原料，这些原料开采出来以后，一般需要加工，即通过筛选、风选、淘洗、研磨以及磁选等，分离出适当颗粒度的所需矿物组分。

（1）坯用原料

一般是天然矿物原料，按其物化性能不同可分为：黏土类原料、硅质原料、钙镁质矿物原料等瓷砂类原料。

黏土类原料在陶瓷生产中和瓷砂类原料结合在一起，赋予生坯制品强度，确保其在生产线运输和装饰中不破损，这类原料的主要成分是高岭土、伊利石、蒙脱石等黏土矿物，多为细颗粒的含水铝硅酸盐，具有层状晶体结构。当黏土类原料用水混合时，有很好的可塑性，在坯料中起塑化和黏合作用，赋予坯料以塑性或注浆成型能力，并保证干坯的强度及烧成后的使用性能，如机械强度、热稳定性和化学稳定性等。它是陶瓷制品成型能够进行的基础，也是黏土质陶瓷成瓷的基础。最重要的黏土原料是以高岭石（$Al_2O_3 \cdot 2SiO_2 \cdot 2H_2O$）为基础的矿物，其在坯中组成占 10%~40%。

瓷砂类原料主要来自矿山，它们是陶瓷坯料最主要的组成部分，其中二氧化硅（SiO_2）排在首位，其质硬、化学稳定性高、难熔、能降低坯料的黏度或可塑性。另一重要大类是含碱及碱土金属离子的原料，陶瓷泥料中的这些组分由相应原料引入，其对烧成性能起决定性作用。在泥料制备过程中，原料通常要与水接触，原料中的碱金属离子必须不溶于水，长石是典型代表，如斜长石、钠长石、钾长石、钙长石等，一般占 50%~90%。黏土和瓷砂结合在一起，球磨到一定细度并在适当温度下烧成，便形成各种不同吸水率、收缩率以及不同物化性能的坯体。

（2）釉用原料

大多是一些天然矿物，经深加工并充分合成后形成的标准化原料以及一些化工原料，如石英、高岭土、氧化铝、二氧化锰、三氧化二铁等。近代陶瓷中随着低温快烧工艺的出现，又出现了合成熔块类原料，它们的不同组合可形成质感不同、效果极其丰富的釉面，利用它们覆盖坯体表面，构成千变万化的艺术装饰效果。

（3）色料

装饰在坯釉上的着色剂称为色料，使用时一般直接加入坯料和釉料中。陶瓷中常见的着色剂有三氧化二铁、氧化铜、氧化钴、氧化锰、二氧化钛等，分别呈现红、绿、蓝、紫、黄等色。

（4）添加剂

陶瓷生产中用到一些添加剂，可谓陶瓷工业中的"食盐和味精"，能显著改善陶瓷坯釉料制作中的许多性能，例如在含水量低的情况下，使用少量的三聚磷酸钠能使泥浆获得良好的稀释。添加剂按其所起作用可系细分为解凝剂、湿润剂、防腐剂等。

5.2.1.2　坯料的成型和干燥

在陶瓷生料中加入液体（一般为水）后形成一种特殊状态，它具有在成型过程中所需要的工艺性能。大量的水可使颗粒料形成稠厚的悬浮液（泥浆），少量的水形成可捏成团的粉料，水量适中则形成可塑的且在外力作用下可加工成各种形状的泥块（可塑泥料）。按照不同的制备过程，坯料可以是可塑泥料、粉料或泥浆，以适应不同的成型方法。

成型的目的是将坯料加工成一定形状和尺寸的半成品，使坯料具有必要的机械强度和一定的致密度。普通陶瓷主要的成型方法有2种。

（1）可塑成型

在坯料中加入水或塑化剂，制成塑性泥料，然后通过手工、挤压或机加工成型。这种方法在传统陶瓷中应用最多。

（2）注浆成型

将浆料浇注到石膏模中成型（图5.2），常用于制造形状复杂、精度要求不高的日用陶瓷和建筑陶瓷。

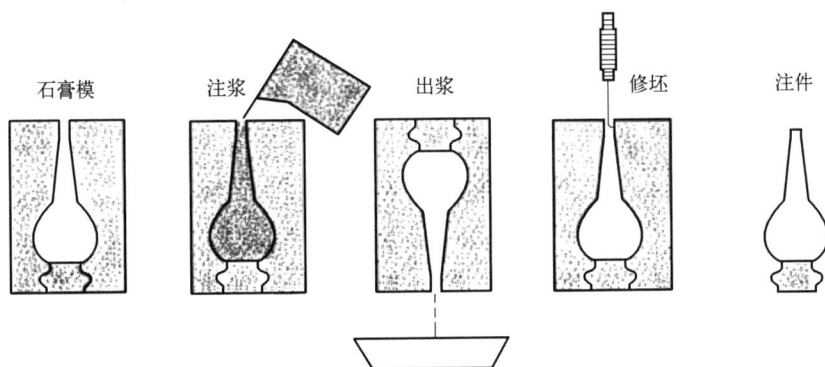

图 5.2　注浆成型

通常，成型后坯体的强度不高，常含有较多的水分。为了便于运输和适应后续工序（如修坯、施釉等），必须进行干燥处理。

将坯料放在空气中，当空气中的水蒸气分压小于坯体内的水蒸气分压时，水分即从坯体内排出，干燥过程从此开始。

干燥可以分为三个阶段。第一阶段为干燥的初始阶段，水分能不受阻碍地进入周围空气中，干燥速度保持恒定而与坯体的表面积成比例，大小则由当时空气中的湿度和温度决定。当然，必须保持空气流通而使蒸发的水分随时离开坯体表面。这一阶段的水分排出量与泥料的体积收缩相当，即体积收缩与排出水分量成比例，排出的水分越多，则坯体体积收缩越大。第二阶段的干燥主要是排除颗粒间隙中的水分，其特点是干燥速度呈现下降趋势，坯体在继续收缩时已出现气孔，由于水分的输送主要通过毛细管进行，干燥时水分在坯体内蒸发，水蒸气要克服较大的扩散阻力才能进入周围空气中，而且微细的毛细管中水的蒸气压也较低。这些因素都使得干燥速度下降。实际中，干燥只进行到第二阶段即结束，此时坯体已具有一定的机械强度，可以被运输及修坯和施釉等。第三阶段主要是排除毛细孔中残余的水分及坯体原料中的结合水，这需要采用较高的干燥温度，仅靠延长干燥时间是不够的。

5.2.1.3 烧结或烧成

坯体经过成型及干燥过程后，颗粒间只有很小的附着力，因而强度相当低，要使颗粒间相互结合以获得较高的强度，通常是使坯体经一定高温烧成。在烧成过程中往往包含多种物理、化学变化，如脱水、热分解和相变、熔融和溶解、固相反应和烧结，以及析晶、晶体长大和剩余玻璃相的凝固等过程。

烧结是陶瓷制备中重要的一环，伴随烧结发生的主要变化是颗粒间接触界面扩大并逐渐形成晶界；气孔从连通逐渐变成孤立状态并缩小，最后大部分甚至全部从坯体中排出，使成型体的致密度和强度增加，成为具有一定性能和几何外形的整体。烧结可以发生在单纯的固体之间，也可以在液相参与下进行，前者称为固相烧结，后者称为液相烧结。无疑，在烧结过程中可能会有某些化学反应的作用，但烧结并不依赖化学反应的发生。它可以在不发生任何化学反应的情况下，简单地将固体粉料进行加热转变成坚实的致密烧结体，如各种氧化物陶瓷和粉末冶金制品的烧结就是如此，这是烧结区别于固相反应的一个重要方面。

基于上述分析，可以把烧结过程划分为初期、中期、后期三个阶段。烧结初期只能使成型体中颗粒重排、空隙变形和缩小，但总表面积没有减小，并不能最终填满空隙；烧结中、后期则可能排出气体，使孔隙消失，得到充分致密的烧结体。陶瓷烧结在我国有悠久历史，技艺精湛（图5.3）。

图 5.3 古时陶瓷烧结

5.2.2 普通陶瓷的应用

普通陶瓷材料的用途包括日用和工业用两部分。日用陶瓷主要为瓷器，一般要求具有良好的白度、光泽度、热稳定性和机械强度。日用陶瓷主要有长石质瓷、绢云母质瓷、骨灰质瓷和滑石质瓷四种类型。长石质瓷是目前国内外普遍使用的日用瓷，也用作一般制品；绢云母质瓷是我国的传统日用瓷；骨灰质瓷是较少用的高级日用瓷；滑石质瓷是近年来我国开发的一类新型日用瓷。

普通工业陶瓷主要为炻器和精陶。按用途分为建筑瓷、卫生瓷、电瓷、化学瓷和化工瓷等。建筑瓷、卫生瓷一般尺寸较大，要求强度和热稳定性好，常用于铺设地面、砌筑和装饰墙壁、铺设输水管道以及制作卫生间的各种装置、器具等。电瓷要求机械强度高、介电性能和热稳定性好，主要用于制作机械支撑以及连接绝缘材料。化学化工瓷主要要求耐各种化学介质侵蚀的能力强，常用作化学、化工、制药、食品等工业和实验室的实验器皿、耐蚀容器、管道、设备等（图5.4）。

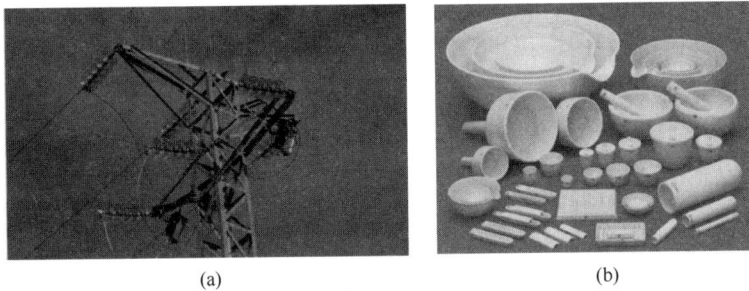

(a)　　　　　　　　　　　　　(b)

图 5.4　电网中的电瓷（a）和实验室常见的化学化工瓷（b）

5.3　新型陶瓷

新型陶瓷是指具有特殊力学、物理或化学性能的陶瓷，应用于各种现代工业和尖端科学技术，所用的原料和所需的生产工艺技术已与普通陶瓷有较大的不同，有的国家称新型陶瓷为"精密陶瓷""先进陶瓷"等。新型陶瓷根据其性能特点及用途的不同，可细分为结构陶瓷、功能陶瓷和工具陶瓷。新型陶瓷，按其应用功能分类，大体可分为高强度、耐高温的复合结构陶瓷及电工电子功能陶瓷两大类。在陶瓷坯料中加入特别配方的无机材料，经过1360℃左右高温烧结成型，从而获得稳定可靠的防静电性能，成为一种新型陶瓷，通常具有一种或多种功能，如电、磁、光、热、声、化学、生物等功能，以及耦合功能，如压电、热电、电光、声光、磁光等功能。新型陶瓷不同的化学组成和组织结构决定了它不同的特殊性质和功能，如高强度、高硬度、高韧性、耐腐蚀、导电、绝缘、磁性、透光、半导体，以及压电、光电、电光、声光、磁光等。由于性能特殊，这类陶瓷可作为工程结构材料和功能材料应用于机械、电子、化工、冶炼、能源、医学、激光、核反应、宇航等方面。一些经济发达国家，特别是日本、美国和西欧的国家，为了加速新技术革命，为新兴产业的发展奠定物质基础，投入大量人力、物力和财力研究开发新型陶瓷，因此新型陶瓷的发展十分迅速，在技术上也有很大突破。新型陶瓷在现代工业技术，特别是在高技术、新技术领域中的地位日趋重要。其主要应用新发展领域包括以下内容：

① 耐热性能优良的新型陶瓷可作为超高温材料用于原子能有关的高温结构材料、高温电极材料等；

② 隔热性优良的新型陶瓷可作为新的高温隔热材料，用于高温加热炉、热处理炉、高温反应容器、核反应堆等；

③ 导热性优良的新型陶瓷极有希望用作内部装有大规模集成电路和超大规模集成电路电子器件的散热片；

④ 耐磨性优良的硬质新型陶瓷用途广泛，如今的工作主要集中在轴承、切削刀具方面；

⑤ 高强度的陶瓷可用于燃气轮机的燃烧器、叶片、涡轮、套管等，在加工机械上可用于机床身、轴承、燃烧喷嘴等，这类陶瓷有氮硅、碳化硅、氮化铝、氧化锆等；

⑥ 具有润滑性的陶瓷如六方晶型氮化硼极为引人注目，国外正在加紧研究；

⑦ 生物陶瓷方面，正在进行将氧化铝、磷石灰等用作人工牙齿、人工骨、人工关节等的研究，这方面的应用引起人们极大关注；

⑧ 一些具有其他特殊用途的功能性新型陶瓷（如远红外陶瓷等）也已开始在工业及民用领域发挥其独特的作用。

5.3.1　结构陶瓷

结构陶瓷主要是指发挥其力学、热、化学等性能的一大类新型陶瓷材料，它可以在许多苛刻的工作环境下服役，因而成为许多新兴科学技术得以实现的关键。结构陶瓷具有优越的强度、硬度、绝缘性、热传导、耐高温、耐氧化、耐腐蚀、耐磨耗、高温强度等特点，因此，在非常严苛的环境或工程应用条件下，所展现的高稳定性与优异的力学性能，在材料工业上备受瞩目，其使用范围亦日渐扩大。而全球及国内业界对高精密度、高耐磨耗、高可靠度机械零部件或电子元件的要求日趋严格，因而陶瓷产品的需求相当受重视，其市场成长率也颇可观。

在空间技术领域，制造宇宙飞船需要能承受高温和温度急变、强度高、重量轻且长寿的结构材料和防护材料，在这方面，结构陶瓷占有绝对优势。第一艘宇宙飞船即开始使用高温与低温的隔热瓦，碳-石英复合烧蚀材料已成功地应用于发射和回收人造地球卫星。未来空间技术的发展将更加依赖于新型结构材料的应用，在这方面结构陶瓷尤其是陶瓷基复合材料和碳/碳复合材料远远优于其他材料。高新技术的应用是现代战争制胜的法宝。在军事工业的发展方面，高性能结构陶瓷占有举足轻重的作用。例如先进的亚声速飞机，其成功就取决于高韧性和高可靠性的结构陶瓷和纤维补强的陶瓷基复合材料的应用。

5.3.1.1　氧化物与非氧化物结构陶瓷

（1）氧化物陶瓷

氧化物陶瓷是发展比较早和应用广泛的一类陶瓷材料，一般是指熔点高于 SiO_2 晶体熔点（1730℃）的各种简单氧化物陶瓷，如 Al_2O_3、MgO、ZrO_2、BeO、ThO_2、TiO_2，或复合氧化物陶瓷如莫来石（$Al_6Si_2O_{13}$）、镁铝尖晶石（$MgAl_2O_4$）、堇青石（$2MgO \cdot 2Al_2O_3 \cdot 5SiO_2$）等。

氧化物陶瓷是典型的离子型晶体，其阳离子和阴离子由较强的离子键结合，因此具有高强度、耐高温、抗氧化及良好的化学稳定性和电绝缘性等优异性能。其中，Al_2O_3陶瓷由于其优异的综合性能及相对较低的制造成本，是目前使用最多的氧化物陶瓷；而相变增韧ZrO_2陶瓷（如 Y-TZP）及ZrO_2增韧Al_2O_3陶瓷（ZTA），在现有陶瓷材料中具有最优异的力学性能，其抗弯强度可达到 2.0GPa，断裂韧性超过 $15MPa \cdot m^{1/2}$，从而在现代科技和工业领域得到广泛的应用。

氧化物陶瓷热膨胀系数相差较大，如 MgO、ZrO_2 的膨胀系数接近或大于 $10 \times 10^{-6}/℃$；而堇青石、锂铝硅酸盐（Li_2O-Al_2O_3-SiO_2）、熔融石英等陶瓷的膨胀系数却非常低，通常小于 $2 \times 10^{-6}/℃$，有的甚至是零膨胀；而莫来石、硅酸锆的膨胀系数居中，大约为 $(4 \sim 5) \times 10^{-6}/℃$。因此依据热膨胀系数大小，氧化物陶瓷可分为三类：低热膨胀系数（$<2.0 \times 10^{-6}/℃$），中热膨胀系数 [$(2.0 \sim 8.0) \times 10^{-6}/℃$]，高热膨胀系数（$>8.0 \times 10^{-6}/℃$）。

热导率是氧化物陶瓷的一个重要性质，因为直接涉及热的扩散和传递速度从而影响制品的热稳定性。BeO 陶瓷是目前热导率最高的陶瓷材料，Al_2O_3 陶瓷也具有较好的热传导性；而 ZrO_2 的热导率较低，具有较好的隔热性能，可用在热胀材料或热胀涂层中。通常随温度的升高，氧化物陶瓷热导率减小。此外，离子晶体晶格的复杂化会引起热导率减小，因此，莫来石、尖晶石的热导率都较小。

氧化物陶瓷作为结构材料，不仅在机械、化工、电子、能源、环保、航天等领域作为耐热、耐磨损、耐腐蚀、绝缘和抗氧化等结构材料得到广泛使用，而且一些氧化物陶瓷，如 Al_2O_3、ZrO_2、云母微晶玻璃陶瓷，由于其良好的生物相容性、化学稳定性、耐磨性及强度匹配性，自 20 世纪 70 年代以来一直作为生物陶瓷大量使用（图 5.5），例如用作人工关节、人工骨螺钉、人工中耳骨、牙科移植物等。特别是具有高强度、高韧性、耐磨损的 Al_2O_3 基复合陶瓷材料，作为人工髋关节和膝关节等生物陶瓷在国际上得到普遍使用。

图 5.5 氧化物结构陶瓷部件

（2）氮化物陶瓷

氮化物陶瓷是 20 世纪 70 年代后迅速发展起来的一类具有高强度、高硬度、耐高温和优良热学、电学性能的陶瓷材料，其中最为重要的是 Si_3N_4、AlN、BN 以及在 Si_3N_4 晶格中固溶 Al、O 形成的 SiAlON（赛隆）陶瓷。

氮化物几乎都是通过人工合成的，主要以共价键结合的高温化合物，除了上述的 Si_3N_4、AlN、BN 外，还有 TiN、ZrN、HfN、TaN、NbN、VN、CrN 等。晶体结构大部分为六方晶系和立方晶系，密度变化范围为 2.5~16g/cm³。典型氮化物主要特征包括以下几点。

① 熔点较高。HfN、TiN 熔点分别为 3310℃和 2950℃，但是 BN、Si_3N_4、AlN 等，在高温下不出现熔融状态而直接升华分解。氮化物在真空条件下使用受到一定限制，但在非氧化气氛中，氮化物的耐热性很好。

② 高硬度和高强度。TiN、ZrN、Si_3N_4 硬度都较高，只有六方氮化硼（h-BN）的硬度很低，但其晶体结构在高温高压下从六方晶系转变为立方晶系，硬度非常高，仅次于金刚石。此外，Si_3N_4、AlN、SiAlON、TiN 陶瓷还具有较高的强度。

③ 导电性能变化大。常用的 Si_3N_4、BN、AlN、SiAlON 陶瓷是良好的绝缘体，但是像 TiN、ZrN 等氮化物属于间隙相，其晶体结构保留着原来的金属结构，而 N 原子填充于其间隙中，因而具有金属光泽和导电性。

④ 抗氧化能力较差。氮化物容易氧化，所以氮化物陶瓷烧结要在无氧气氛下（如 N_2 中）进行。而氮化物制品在空气中一定温度下就要发生氧化。某些氮化物氧化时在表面可形成氧化物保护层，从而可阻止进一步氧化。如对 Si_3N_4 陶瓷进行预氧化，表面可形成氧化硅保护层。

相对于氧化物陶瓷来说，氮化物陶瓷的粉末合成及产品的制造成本都比较高，由于共价键结合、扩散系数小，使其难以烧结，因此常需要加入烧结助剂和采用压力烧结（如热压、气压烧结、热等静压烧结）方式来达到致密化，并且需要在 N_2 气氛条件下进行烧结。

氮化物陶瓷如 Si_3N_4、AlN、BN、SiAlON 作为高强度机械部件、耐热部件、耐腐蚀及耐磨损部件，已在冶金、化工、机械、航空航天、汽车发动机等领域得到越来越多的工程应用，其中高导热 AlN 陶瓷还是半导体集成电路中的重要基板材料,而具有高熔点的 ZrN、HfN、TaN 是目前超高温陶瓷的候选材料（图 5.6）。

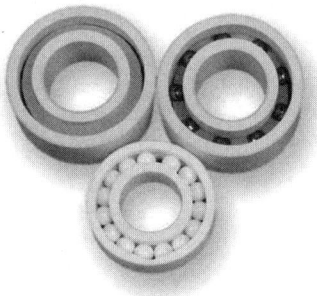

（3）碳化物陶瓷

碳化物陶瓷主要分为两类：一类是非金属碳化物，如碳化硅（SiC）、碳化硼（B_4C）；另一类是过渡金属碳化物，如碳化钛（TiC）、碳化锆（ZrC）、碳化铪（HfC）、碳化钽（TaC）、碳化铬（Cr_3C_2），属间隙相的金属碳化物，其结构是碳原子嵌入金属原子空隙中，金属原子构成密堆积的立方或六方晶格，在晶格的八面体空隙中安置着碳原子。

碳化物陶瓷以共价键为主，结合强度很高，因此，具有高熔点、高硬度、高弹性模量、良好的导热性和较低的热膨胀系数。碳化物的熔点明显高于一般氧化物和氮化物，大多数熔点在 3000℃以上，其中 HfC 和 TaC 的熔点最高。碳化物有非常高的硬度，特别是，其硬度仅次于金刚石和立方氮化硼，但是一般说来碳化物陶瓷的脆性比较大。几乎所有的碳化物在非常高的温度下会氧化，不过很多碳化物的抗氧化能力比高熔点金属〔如钨（W）和钼（Mo）等〕好。这是由于一些碳化物氧化后形成的氧化膜可明显提高抗氧化性能。例如，SiC 在 1000℃时就会氧化，氧化后表面形成的 SiO_2 膜显著增加了抗氧化性，使其能在 1350℃以

图 5.6　陶瓷轴承

上的氧化气氛中使用。

过渡金属碳化物不水解，不和冷的酸反应，但硝酸和氢氟酸的混合物能侵蚀碳化物。按照对酸和混合酸的稳定性，过渡金属碳化物大致排列顺序为 TaC>NbC>WC>TiC>ZrC>HfC>Mo_2C，但是碳化物在 500~700℃时能与氯及其他卤族元素作用，大部分碳化物在高温时和氮作用生成氮化物，如 SiC 在高温和 N_2 气氛中会生成 Si_3N_4。

虽然碳化物种类繁多，但是实际上应用较广泛的高温碳化物材料主要是 SiC、B_4C、TiC 等，其应用在众多工业领域（图 5.7）。例如，碳化硅可用于发动机的涡轮增压器转子、燃气轮机叶片、滑动轴承、密封环、高温热交换器等；B_4C 可用于制备喷砂嘴、防弹装甲等；TiC 因具有非常高的硬度和优异的耐磨性，可作为切削刀具和耐磨材料，特别是作为陶瓷的分散相，如在 Al_2O_3、Si_3N_4 陶瓷基体中引入 TiC 硬质相制备的复合陶瓷，可显著提高材料的硬度，具有较高的切削能力。

图 5.7 新型碳化物陶瓷助力超声速航空旅行

此外，TiC、WC 等与其他组成构成的复合材料也称为金属陶瓷，它既有陶瓷的高强度、高硬度、耐磨损、耐高温、抗氧化及良好的化学稳定性等特性，又有较好的金属韧性和可塑性及导电特性，是一类非常重要的工具材料和结构材料。而 WC 通常需要与 Ni、Co 等金属复合才能实现致密化，且表现出许多硬质合金的特点，因此，一般将其纳入硬质合金中。

5.3.1.2 其他类型结构陶瓷

（1）低膨胀陶瓷

根据热膨胀系数 α 的高低，氧化物陶瓷可分三类：低热膨胀系数，$\alpha<2.0\times10^{-6}/℃$；中等热膨胀系数，$\alpha=（2.0~8.0）\times10^{-6}/℃$；高热膨胀系数，$\alpha>8.0\times10^{-6}/℃$。通常平均热膨胀系数小于 $2.0\times10^{-6}/℃$，即可称为低热膨胀陶瓷材料，主要有堇青石、钛酸铝、熔融石英、锂铝硅酸盐（$LiAlSi_2O_6$，也称作 LAS）以及磷酸锆钠［$NaZr_2（PO_4）_3$］。由于它们的热膨胀系数很小，因而可经受苛刻的热变换而不被破坏，表现出良好的热稳定性和抗热震性，是一类重要的耐热工程陶瓷材料。

Holcomb 等认为低膨胀氧化物具有非立方结构。大多数低膨胀氧化物的共同结构特征是在最低膨胀方向上，常含有链状或螺旋状的共顶连接的多面体，在三维空间延伸，键长变化小；具有开放的结构或结构中存在空旷的通道或孔腔，可以填入小原子，晶格可以部分容纳键的横向振动热能，这就是低膨胀氧化物存在很大的各向异性膨胀的原因，在某个方向为负膨胀，导致整体膨胀系数显著降低。此外，因膨胀的各向异性导致冷却时晶界上产生内应力，当应力超过抗张强度时产生微裂纹，微裂纹也可以吸收热振动，从而导致低膨胀。

低膨胀陶瓷受到广泛关注，特别是零膨胀或负膨胀陶瓷，成为一些高技术领域不可替代的材料，已在国防、民用工业和人们日常生活中有着广泛应用。如堇青石质蜂窝陶瓷作为汽车尾气净化用蜂窝载体，自 20 世纪 70 年代中期由美国康宁公司开始生产后，现已得到广泛应用，而且蜂窝陶瓷孔密度越来越高，从 80 年代的 400~600 孔/英寸（1 英寸为 2.54cm），目前已达到 1000~1200 孔/英寸。熔融石英制成多孔泡沫层，镶衬在航天飞机关键耐热表面，在飞机返回大气层时暴露于高温下而不会出现炸裂；熔融石英陶瓷制作的大尺寸坩埚是太阳能电池用多晶硅铸锭炉的关键部件，作为装载多晶硅原料的容器；而采用纤维或晶须的增强型石英陶瓷基复合材料已用于导弹天线罩。锂质（LAS）陶瓷的热膨胀系数很小甚至为负数，已开发出 LAS 基多晶陶瓷，用作耐热炊具和炉顶。

（2）可加工陶瓷

可加工陶瓷是指在室温环境下，用传统的机加工方法和刀具（如硬质合金或高速钢刀具）能够进行一般的车、铣、钻、刨、磨、攻螺纹等加工的陶瓷材料，加工精度可达 10μm 左右。

通常结构陶瓷由于其硬度高和脆性大，很难进行普通的机加工，必须采用金刚石刀具或砂轮加工；但是若在多晶陶瓷或玻璃中引入具有层片状结构的软质相（如六方氮化硼、云母、$LaPO_4$、$CePO_4$ 等），通过它们与基体形成弱界面，调整显微结构和晶界应力，使陶瓷获得可加工性，从而可大大降低加工成本，便于制备各种复杂形状的陶瓷零部件。

Lawn 等在 *Science* 中报道，陶瓷可以获得"延塑"。通过对含云母的玻璃陶瓷和含钇铝石榴石（YAG）的碳化硅陶瓷的分析发现，弱界面（云母/玻璃、YAG/SiC）具有产生和捕获微缺陷，甚至促使微裂纹延伸的作用，不但可耗散主裂纹的扩展能量，而且能导致局部的剪切变形。其本质虽然与金属的位错不同，但能起到与之相似的作用，赋予陶瓷"塑性"，即有渐次断裂特征和非线性的应力应变行为。

自 20 世纪 70 年代可加工的云母玻璃陶瓷问世以来，许多新型可加工陶瓷，主要包括钛硅碳（Ti_3SiC_2）和钛铝碳（Ti_3AlC_2）类层状结构陶瓷，稀土磷酸盐（$LaPO_4$、$CePO_4$）/氧化物（Al_2O_3、ZrO_2）构成的复合陶瓷，含六方氮化硼（h-BN）的各种复合陶瓷相继被开发和发展起来。特别是日本学者 Niihara 等使用纳米粉体包覆的方法制备的 Si_3N_4/h-BN 纳米复合可加工陶瓷，不但可采用 WC/Co 金属刀具对其进行精密加工，而且材料抗弯强度达到 1000MPa 以上，并且可保持在 1400℃不下降，从而使这类复合陶瓷同时具有可加工性和优异的力学与热学性能，极大地丰富了可加工陶瓷材料的家族，已在现代国防、生物医疗及各工业领域中得到越来越多的应用。

（3）透明陶瓷

长期以来，人们一直认为陶瓷是不透明的。自 1962 年美国通用电气（GE）公司的 R. L. Coble 首次报道成功地制备了半透明 Al_2O_3 陶瓷（商品名称为 Lucalox）以后，一举打破了人们的传统观念，也为陶瓷材料开辟了新的应用领域。此后，其他氧化物透明陶瓷，如 Y_2O_3、

MgO、BeO、CaO、ThO$_2$（氧化钍）、MgAl$_2$O$_4$（镁铝尖晶石）、（Pb，La）（Zr，Ti）O$_3$（锆钛酸镧铅）等相继问世。随后，可作为新一代固体激光材料的掺杂钇铝石榴石（如 Nd：YAG）透明陶瓷也被制备出来，并得到广泛的研究和应用。近十年来，一批非氧化物透明陶瓷也相继开发出来，如 AN（阿隆）透明陶瓷、AlN 透明陶瓷、SiAlON（赛隆）透明陶瓷等。

上述这些透明陶瓷不仅具有良好的透明性和光学特性，同时又保持结构陶瓷的高强度、耐腐蚀、耐高温、电绝缘好、热导率高及良好的介电性能，因此在新型照明技术、高温高压及腐蚀环境下的观测窗口、红外探测用窗、导弹用防护整流罩、军事用透明装甲等领域得到愈来愈多的应用。

此外，与单晶相比，透明陶瓷制造成本低、易于大批量生产，可以制成尺寸较大、形状复杂的制品（图 5.8）；而与玻璃相比，透明陶瓷具有强度和硬度高、光学透过范围大、导热性好、耐腐蚀、可以实现活性离子的高浓度均匀掺杂等特点，对于许多特殊要求的光学零部件及激光材料来说，透明陶瓷具有无可比拟的优势。

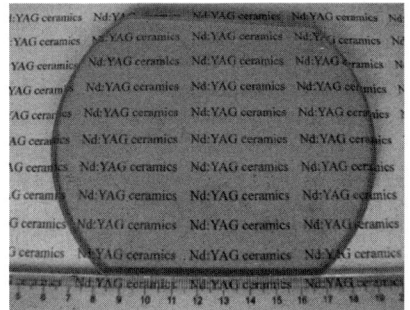

图 5.8 透明陶瓷片

（4）超高温陶瓷

超高温陶瓷（ultra-high temperature ceramics，UHTCs）通常指的是在高温环境（1650~2200℃）下，以及在反应气氛中（如原子氧环境），能够保持物理和化学稳定性的一类特种陶瓷材料。与工作温度在 1600℃以下的普通高温陶瓷（如氮化硅和碳化硅）比较，超高温陶瓷不仅使用温度更高，而且对高温化学稳定性和耐烧蚀性等有更特殊的要求。这类陶瓷主要是一些过渡金属硼化物（如 ZrB$_2$、HfB$_2$、TaB$_2$）、碳化物（如 ZrC、HfC、TaC）和氮化物（HfN）。这些陶瓷及其复合材料具有高的熔点，特别是硼化物瓷由于具有较好的高温抗氧化性、良好的导热性和抗热震性而成为超高温陶瓷的主要候选材料和研究重点。

5.3.2　功能陶瓷

功能陶瓷是指以电、磁、光、声、热、力、化学和生物等信息的检测、转换、耦合、传输及存储等功能为主要特征的陶瓷材料，主要包括铁电、压电、介电、半导体、超导、磁性陶瓷以及化学和生物陶瓷等。

外场（电、磁、力、热、光等）作用会诱发功能陶瓷材料各种物理效应，如表 5.1 所示，这些物理效应可分为直接效应和耦合效应。功能陶瓷所表现出的各种直接效应和耦合效应赋予功能陶瓷材料丰富的内涵，成为许多重要应用的基础。例如，在电场作用下功能陶瓷材料所呈现的介电极化或电流传导属于直接效应。介电极化是电介质物理学研究的重要内容，也是功能陶瓷作为介质材料应用的基础。输运特性则决定了功能陶瓷的绝缘性、导电性，甚至超导电性。直接效应还包括磁化特性、应力-应变特性等。耦合效应使功能陶瓷呈现许多奇特的物理性质，例如，极化的铁电陶瓷中机械量与电学量之间的耦合（即机电耦合）产生压电效应，成为各种压电换能器的应用基础，而温度和电场之间耦合则产生热释电效应，使陶瓷材料可用于红外探测器等。

表 5.1 功能陶瓷中的各种物理效应

输入	输出				
	电荷电流	磁化强度	应变	温度	光
电场	介电常数 电导率	电磁效应	逆压电效应	电卡（热）效应	电光效应
磁场	磁电效应	磁导率	磁致伸缩	磁卡（热）效应	磁光效应
应力	压电效应	压磁效应	弹性常数	—	光弹效应
热	热电效应	—	热膨胀	比热容	—
光	光电效应	—	光致伸缩	—	折射率

功能陶瓷材料具有成分可控性、结构宽容性、性能多样性和应用广泛性等诸多特点，根据其组成的可控性和结构的宽容性，可以进行适当的组成选择和结构调制，从而获得从高绝缘性到半导电性、导电性甚至超导电性的陶瓷材料。根据功能陶瓷的能量转换和耦合特性，可以制备具有包括压电、光电、热电、磁电和铁电等功能各异的材料和器件。根据对外场的敏感效应，可制备热敏、气敏、湿敏、压敏、磁敏和光敏等一系列敏感陶瓷材料。功能陶瓷在电、磁、光、热、力、化学、生物等信息的检测、转化、处理和存储显示中具有广泛的应用，是电子工业信息技术中基础元器件的关键材料，对于发展电子信息技术等许多高新技术领域有重要的战略意义。

功能陶瓷种类繁多，包括介电、铁电、压电、半导体、导电、铁氧体等电磁功能陶瓷，也包括气敏、湿敏、生物等化学和生物陶瓷。功能陶瓷的主要分类见表 5.2。

表 5.2 功能陶瓷的分类

类别		成分举例	应用
电功能陶瓷	绝缘陶瓷	Al_2O_3、BeO、MgO、AlN、Si_3N_4	集成电路基板、封装、高频绝缘等
	介电陶瓷	TiO_2、$CaTiO_3$、$Ba_2Ti_9O_{20}$	高频陶瓷电容器、微波器件等
	铁电陶瓷	$BaTiO_3$、Pb（$Mg_{1/3}Nb_{2/3}$）O_3、（Pb，La）（Zr，Ti）O_3	陶瓷电容器、红外传感器、薄膜存储器、电光器件等
	压电陶瓷	Pb（Zr，Ti）O_3、$PbTiO_3$、$LiNbO_3$、（$Bi_{1/2}Na_{1/2}$）TiO_3	超声换能器、谐振器、滤波器、压电点火器、压电电动器、微位移器等
	半导体陶瓷	NTC（Mn、Co、Ni、Fe 尖晶石，$LaCrO_3$、ZrO_2-Y_2O_3、SiC）	温度传感器、温度补偿等
		PTC（Ba-Sr-Pb）TiO_3	温度补偿和自控加热元件等
		CTR（V_2O_5）	热传感元件等
		压敏电阻 ZnO	浪涌电流吸收器、噪声消除器、避雷器等
		SiC 发热体	电炉、小型电热器等
		半导性 $BaTiO_3$、$SrTiO_3$	晶界层电容器

	类别	成分举例	应用
电功能陶瓷	快离子导电陶瓷	β-Al₂O₃、ZrO₂	钠硫电池固体电解质、氧传感器、燃料电池等
	高温超导陶瓷	Y-Ba-Cu-O、La-Ba-Cu-O	超导电缆、磁悬浮、微波滤波器等
磁功能陶瓷	软磁铁氧体	Mn-Zn、Cu-Zn、Cu-Zn-Mg、Ni-Zn 铁氧体	记录磁头、温度传感器、电视机、收录机、通信机、磁芯、电波吸收体
	硬磁铁氧体	BaFe₁₂O₁₉、SrFe₁₂O₁₉	铁氧体磁石
	微波铁氧体	Y₃Fe₅O₁₂、LiFe₂.₅O₄	环行器、隔离器等微波器件
	记忆用铁氧体	Li、Mn、Ni、Mg、Zn 与铁形成的尖晶石型铁氧体	计算机磁芯等
光功能陶瓷		透明 Al₂O₃ 陶瓷	高压钠灯
		透明 MgO 陶瓷	照明或特殊灯管、红外输出窗口材料
		透明 Y₂O₃-Th₂O₃ 陶瓷	激光元件
		（Pb，La）（Zr，Ti）O₃ 透明铁电陶瓷	光存储元件、视频显示和存储系统等
生物及化学功能陶瓷	湿敏陶瓷	MgCr₂O₄-TiO₂、TiO₂-V₂O₅、Fe₂O₃、ZnO-Cr₂O₃（LiZnVO₄）	工业湿度检测、烹饪控制元件等
	气敏陶瓷	SnO₂、α-Fe₂O₃、TiO₂、ZrO₂、CoO-MgO、ZnO、WO₃	汽车传感器、锅炉燃烧控制器、气体泄漏报警器、各类气体探测器等
	载体用陶瓷	堇青石瓷、Al₂O₃ 瓷、SiO₂-Al₂O₃ 瓷等	汽车尾气催化载体、化学工业用催化载体、酶固定载体等
	催化用陶瓷	沸石、过渡金属氧化物	接触分解反应催化、排气净化催化等
	生物陶瓷	Al₂O₃、羟基磷灰石	人造牙齿、关节骨等

5.3.2.1 各类功能陶瓷及应用

（1）绝缘陶瓷

许多离子键或共价键化合物具有大的禁带宽度，是良好的电绝缘体，以这些化合物为主晶相的功能陶瓷通常具有高电阻率、低高频损耗和高抗电强度，因此被广泛用作高频绝缘材料，如集成电路管壳、基片、绝缘子、密封件等，用于各种电子电路和元器件的绝缘、支撑与封装等，这类功能陶瓷通常称为绝缘陶瓷。最常用的绝缘陶瓷有氧化铝陶瓷、氮化铝陶瓷、堇青石瓷、橄榄石瓷、氧化铍瓷等。

（2）介质陶瓷

许多氧化物陶瓷具有离子位移极化和电子位移极化特性，这类功能陶瓷通常具有相对较高的介电常数、低的介质损耗以及优异的温度和频率稳定性，因而被广泛用作高频电容器介质材料，又被称为电容器介质陶瓷。按其温度特性的不同，这类介质陶瓷材料可分为温度稳定型和温度补偿型介质陶瓷，工业上最常用的电容器介质陶瓷材料有金红石陶瓷、钛酸钙陶瓷、镁镧钛瓷、钙钛硅瓷、锆酸盐瓷等。

另一类重要的介质陶瓷是应用于微波和毫米波频段的陶瓷材料，称为微波介质陶瓷（图5.9），该类介质陶瓷通常在微波频段内具有较高的介电常数（10~100）、非常低的介质损耗（或高的品质因数）和接近零的谐振频率温度系数，作为谐振器、滤波器、天线、微波基板、微波电容等广泛应用于微波通信领域中。微波介质陶瓷按其介电特性通常分为高介电常数、中等介电常数和高 Q 值微波陶瓷，最常用的高介电常数微波介质陶瓷主要有钨青铜结构的 Ba-Ln-Ti-O 系材料，中等介电常数材料有钛钡（$BaTi_4O_9$、$Ba_2Ti_9O_{20}$）陶瓷和钛锡锆 $[(Zr, Sn)TiO_4]$ 陶瓷，高 Q 值材料有 $Ba(Mg_{1/3}Ta_{2/3})O_3$、$Ba(Zn_{1/3}Ta_{2/3})O_3$ 等。

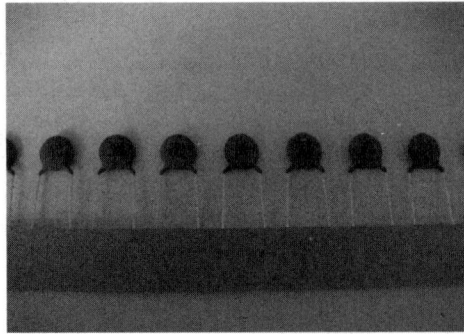

图 5.9　微波介质陶瓷电容器

（3）铁电陶瓷

铁电陶瓷的基本特征是具有自发极化，且自发极化随外场而取向。铁电陶瓷呈现异常高的介电常数，是高比容电容器重要的介质材料，以改性 $BaTiO_3$ 为基的铁电陶瓷是当前应用最广泛的多层陶瓷电容器（MLCC）的介质材料。铁电陶瓷在电场下呈现的极化反转特性是铁电存储应用的基础，可用于非挥发性随机存取存储器；铁电陶瓷的可逆非线性可应用于相移器等可调谐微波器件。铁电体通常以薄膜形式用于铁电存储器和可调微波器件等，称为铁电薄膜，目前研究最多的铁电薄膜有 PZT（锆钛酸铅）薄膜、BST（钛酸锶钡）薄膜等，铁电薄膜是当前功能陶瓷领域最活跃的研究方向之一。

铁电体的自发极化因温度而变化，导致电荷释放，称为热释电效应，这类材料称为热释电陶瓷。热释电陶瓷在红外探测和热成像等方面有广泛的应用。某些具有复合钙钛矿结构的铁电体表现出不同于通常铁电体的介电特性，即具有扩散相变和频率弥散特性，这类铁电体通常称为弛豫铁电体。弛豫铁电单晶和陶瓷表现出优异的介电、铁电和压电性能，是重要的 MLCC 介质、压电和电致伸缩材料，典型的弛豫铁电体有 $Pb(Mg_{1/3}Nb_{2/3})O_3$、$Pb(Zn_{1/3}Nb_{2/3})O_3$ 等。近年来，在铁电材料研究中取得的一个重大进展是大尺寸弛豫铁电单晶材料的制备及其异常压电性能的发现。

（4）压电陶瓷

极化的铁电陶瓷具有压电效应，即机电耦合效应，该类功能陶瓷称为压电陶瓷。压电陶瓷作为一种重要的换能材料，以其优良的机电耦合效应在电子信息、机电换能、自动控制以及微机电系统元器件中得到了广泛应用。目前，最常用的压电陶瓷材料为 $Pb(Zr,Ti)O_3$ 及其与其他钙钛矿化合物形成的固溶体陶瓷。按照不同的应用要求，通过离子取代改性形成软性和硬性压电陶瓷。近年来，环境友好的无铅压电陶瓷成为功能陶瓷重要的研究热点之一。

（5）半导体陶瓷

通过不等价离子取代，许多功能陶瓷材料可以由绝缘体变为半导体，并且外界条件（温度、电压、气氛、湿度等）可引起陶瓷的电导率的变化。半导体陶瓷是一类能将力、热、声、光、电、湿、气等转化为电信号的敏感功能陶瓷材料。图 5.10 展示了这种半导体陶瓷的封装管壳。按照电导率对不同外界条件的响应特征，半导体陶瓷可分为热敏、压敏、气敏、湿敏、光敏等半导体陶瓷，其中 $BaTiO_3$ 基 PTC 热敏陶瓷和 ZnO 系压敏陶瓷已获得广泛应用。

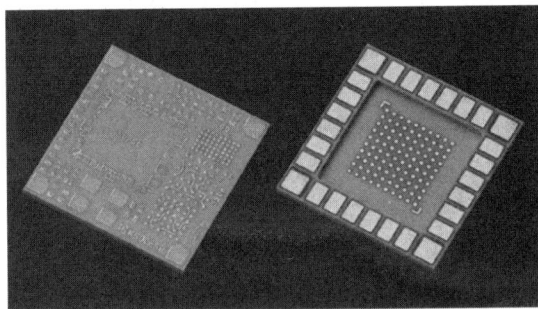

图 5.10　半导体陶瓷封装管壳

（6）离子导电陶瓷

具有离子导电特性的陶瓷称为离子导电陶瓷，可以应用在固态电池、传感器等方面，因而深受人们的关注。快离子导电陶瓷通常要求其离子电导率大于 10^{-2}S/cm，且电子电导很小，电导活化能应小于 0.5eV。目前，比较引人注目的快离子导电陶瓷主要有稳定 ZrO_2、β-Al_2O_3、Nasicon 以及 CeO_2 基固溶体等陶瓷。

（7）高温超导陶瓷

氧化物陶瓷类高温超导体是目前转变温度最高的一类超导材料，主要包括钇系 $YBa_2Cu_3O_{6+\delta}$、铋系 $Bi_2Sr_2Ca_{n-1}Cu_nO_{2n+4+\delta}$、汞系 $HgBa_2Ca_{n-1}Cu_nO_{2n+2+\delta}$ 高温超导体。高温超导陶瓷在强电和弱电方面都有非常诱人的应用前景，在强电应用方面主要包括超导磁体、磁悬浮、大电流传输电缆等，在弱电方面已实用化的一个重要应用实例是超导微波滤波器。高温超导体的应用开发已经在线材、块材、单晶、薄膜的研制上取得了重要的进展。

（8）磁性陶瓷

铁氧体是具有亚铁磁性的氧化物陶瓷材料，又称磁性陶瓷。铁氧体磁性材料广泛应用于各种磁性元器件中。铁氧体材料主要包括软磁材料、硬磁材料、矩磁材料以及微波铁氧体材料等。最常用的软磁铁氧体有 NiZn 铁氧体、MnZn 铁氧体。Ba 铁氧体是最常用的永磁材料。微波铁氧体广泛应用于环行器、隔离器、移相器等非互易器件以及滤波器等静磁波器件，

$Y_3Fe_5O_{12}$ 石榴石铁氧体是最重要的微波铁氧体材料。

（9）生物陶瓷

生物陶瓷是具有特殊生理行为和功能的一类陶瓷材料，可用来构成人类骨骼和牙齿的某些部分，甚至有望部分或整体地修复或替代人体的某些组织（图 5.11）。生物陶瓷最重要的特性是与人体组织的生物相容性。生物陶瓷分为生物惰性陶瓷和生物活性陶瓷，前者主要有氧化铝陶瓷和氧化锆陶瓷等，后者主要有磷酸钙基生物陶瓷、生物活性玻璃陶瓷等。

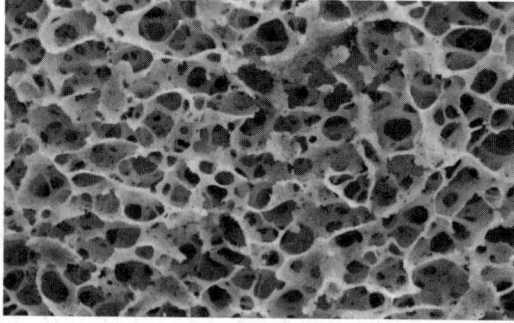

图 5.11　能够引导新的骨细胞在正确的位置再生的生物陶瓷材料

（10）纳米功能陶瓷

纳米功能陶瓷是应用于空气净化及水处理等具有抗菌、活化、吸附、过滤等功能的新型高科技陶瓷。抗菌（杀菌）陶瓷是一种保护环境的新型功能材料，技术含量高，是抗菌剂、抗菌技术与陶瓷材料结合的产物，它在保持陶瓷制品原有使用功能和装饰效果的同时增加消毒杀菌及化学降解的功能，从而能够广泛用于卫生、医疗、家庭装饰、民用或工业建筑，已成为高新技术产品研究开发的热点之一。由于纳米材料具有表面与界面效应、量子尺寸效应、小尺寸效应和宏观量子隧道效应，其纳米抗菌粉体的抗菌效果将更强，抗菌率可达到 99.9%，且实验证明以磷酸锆为载体的抗菌粉体可用于 1100~1300℃一次烧成的日用瓷和卫生瓷产品中，且纳米磷酸锆载银抗菌粉体在陶瓷釉中具有缓释性，使得载银抗菌瓷具有抗菌持久性，结果表明载银抗菌陶瓷的抗菌时间可维持 20 年以上。图 5.12 展示了利用纳米技术制作的冰箱除臭用纳米陶瓷板的实物照片。

图 5.12　冰箱除臭用纳米陶瓷板

5.3.2.2 功能陶瓷在电子信息领域中的应用

电子信息领域是目前功能陶瓷最重要的应用领域,应用于电子信息领域的功能陶瓷通常称为信息功能陶瓷材料。功能陶瓷具有丰富的物理效应,是其获得广泛应用的物理基础。电容器介质陶瓷是目前应用量最大的一类功能陶瓷,就陶瓷介质而言,可分为高频介质陶瓷、铁电介质陶瓷、半导体介质陶瓷、反铁电介质陶瓷等。随着电子信息技术日益走向集成化、薄型化、微型化和智能化,多层陶瓷电容器(MLCC)已成为陶瓷电容器的主流,如 2004 年多层陶瓷电容器的全球市场已达 8000 多亿只,并且以 20%的年增长速度在递增,表现出强劲的增长态势。MLCC 是世界上用量最大、发展最快的片式元件之一,主要用于各类军用和民用电子整机中的振荡、耦合、滤波、旁路电路中,应用领域已经拓展到计算机、手机、数字家电、汽车电器等行业。由于军事用途的各类高技术电子系统、设备所处的环境差异很大,对军用可靠 MLCC 产品提出了更高要求,不仅需要电容量大、体积小、质量轻,还要能在高温、低温、淋雨、盐雾等气候环境和在振动、冲击、高速运动等机械环境条件下保持性能的稳定性及可靠性。随着我国国防事业的发展,装备现代化进程加快,军用高可靠性 MLCC 作为基础元件,其市场前景非常广阔。军用 MLCC 已经在"长征"系列运载火箭、人造卫星、"神舟"系列载人飞船成功应用,取得了良好的经济效益和社会效益。

工业类 MLCC 市场主要包括系统通信设备、工业控制设备、医疗电子设备,汽车电子等。全球特别是我国移动数据网络加速、智能手机热销、专属网络建设等导致系统设备快速更新,对高可靠性 MLCC 产品的需求也将逐渐体现。机械电子装备制造业蓬勃发展,产品档次及规模也在日益提高,机电一体化、数字化进程加快,对高精度、高可靠性 MLCC 产品的需求也日益扩大。中国汽车用 MLCC 市场规模快速增长,汽车电子产品直接关系到司机及乘客的人身安全,故汽车厂商对其所选用的 MLCC 产品的可靠性、环境适应能力都有更严格的要求。相对于单价,汽车厂商更注重 MLCC 产品的性能,目前国内市场 MLCC 产品主要来自 Murata、TDK、Kyocera 等日系厂商。随着汽车用电子控制及车载装置占比逐渐提升,汽车厂商对 MLCC 产品的需求也将相应提高。

消费类市场主要包括笔记本式计算机、手机、专业录音与录像设备等。工业和信息化部发布的《2023 年电子信息制造业运行情况》显示,手机产量 15.7 亿台,其中智能手机产量 11.4 亿台;微型计算机设备产量 3.31 亿台,集成电路产量 3514 亿块。由于智能手机系统复杂性及功能增加,内埋在产品模块中的 MLCC 需求量也快速增加,传统手机电容产品用量为 100~200 个,而智能手机的电容产品用量为 400~500 个,随着四核及以上处理器的智能手机逐渐成为市场主流,智能手机的更新换代加速及电容产品用量的增加,带动了相关 MLCC产品的需求增长,而丰富多彩的功能应用对 MLCC 产品的要求也逐渐提高,"更小、更薄、高比容"是 MLCC 产品未来的发展方向。

压电陶瓷作为一种重要的换能材料,以其优良的机电耦合效应在电子信息、机电换能、自动控制以及微机电系统元器件中得到了广泛应用,包括压电振子、压电换能器、压电滤波器、高压发生器和压电驱动器等在内的种类繁多的压电陶瓷器件已广泛应用于电子信息和微机电系统中。目前,压电换能器在工业中还被广泛用于水中导航、海洋探测、精密测量、超声清洗、固体探伤以及医学成像、超声诊断、超声疾病治疗等方面。当今压电超声换能器的另一个应用领域是遥测和遥控系统，其具体应用实例主要有：压电陶瓷蜂鸣器、压电点火器、超声显微镜等。压电超声马达是利用压电陶瓷的逆压电效应产生超声振动，将材料的微变形通过共振放大，靠振动部分和移动部分之间的摩擦来驱动，是无须通常的电磁线圈的新型微电动机。与传统微电动机马达相比，具有成本低、结构简单、体积小、功率密度高、低速性能好、转矩及制动转矩大、响应快、控制精度高、无磁场和电场、没有电磁干扰和电磁噪声等特点。压电超声马达由于自身的特点和性能上的优势，广泛应用于精密仪器、航空航天、自动控制、办公自动化、微型机械系统、微装配、精密定位等领域。压电陶瓷作为重要的功能材料在电子材料领域占据相当大的比重。近几年来，压电陶瓷在全球每年销售量按 15%左右的速度增长，随着电子整机向数字化、高频化、多功能化，以及薄、轻、小、便携式的方向发展，压电陶瓷器件也在向片式化、多层化和微型化方向发展，近年来，包括多层压电变压器、多层压电驱动器、片式化压电频率器件、声表面波（SAW）器件等一些新型压电陶瓷器件不断被研制出来，并广泛应用于微机电系统和电子信息领域。

微波介质陶瓷广泛应用于微波谐振器、滤波器、振荡器、移相器、微波电容器以及微波基板等，是移动通信、卫星通信、全球卫星定位系统（GPS）、蓝牙技术以及无线局域网（WLAN）等现代微波通信的关键材料。GPS 天线主要由陶瓷片、银层、馈点和放大电路组成。其中陶瓷片是 GPS 核心部件，其性能的优劣直接影响天线的性能。现在市场上的陶瓷片主要规格为 25mm×25mm，18mm×18mm，15mm×15mm，12mm×12mm，10mm×10mm。陶瓷片面积越大，介电常数越大，其共振频率越高，接收效果越好。陶瓷片大多是正方形，是为了保证在 XY 方向上的共振基本一致，从而达到均匀接收信号的效果。

随着全球范围内通信、导航和计算机技术的不断融合，越来越多的 GPS 接收机将被嵌入到其他通信计算机、安全和消费类电子产品中，这是 GPS 应用方面的又一崭新领域（嵌入式技术）。如带有 GPS 定位功能的蜂窝电话、寻呼机、便携式 PC、汽车导航/安全系统、掌上电脑（personal digital assistant，PDA）和手表等，使 GPS 应用领域得到进一步扩展。GPS 模块带天线如图 5.13 所示。在通信系统中微波基站发射机、接收机以及移动电话均需要大量的微波介质滤波器、鉴频器、谐振器、双工器等。

利用半导体陶瓷电阻率、电动势等物理量对热、湿、光、电压、某种气体以及某种离子的变化特别敏感的特性，人们开发出了多种敏感元件，主要包括温度传感器、气体传感器、湿度传感器、结露传感器、光传感器和离子传感器等。这些敏感陶瓷材料已广泛应用于工业检测、控制仪器、交通运输系统、汽车、机器人、家用电器等领域。

每种导电陶瓷都有一种起主导作用的导电机制，对应着某种迁移载流子，因此导电陶瓷具有很好的离子选择性。导电陶瓷中离子的传导对周围物质的活度（浓度或分压）、温度、湿度以及压力很敏感，可以利用快离子导体制作多种固态离子选择电极，气（液）敏、热敏、湿敏和压敏传感器，高纯物质提取装置，电色显示器，库仑计，可变电阻器，电积分器，双电层电容器，电池

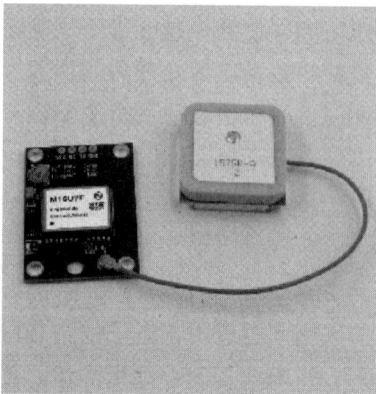

图 5.13　GPS 模块带天线

的隔膜等。导电陶瓷材料在具有清洁高效特点的燃料电池、新型能源部件以及功能独特的电致变色玻璃等先进技术领域发挥着越来越重要的作用。

磁性陶瓷是磁性材料中应用最广泛的一个分支，是具有亚铁磁性的无机非金属磁性材料。利用这些材料制作的电感器、滤波器、扼流圈、宽带变压器和脉冲变压器，可广泛用在数字技术和光纤通信等高新技术领域。利用微波铁氧体独特的旋磁特性制造的非互易性微波器件，如环行器、隔离器、振荡器和移相器，在现代通信系统发挥着无可取代的重要作用。采用多层陶瓷技术发展起来的叠层片式电感也已成为重要的片式元件，广泛用于计算机、数字电视、手机、无绳电话等电子终端设备。

低温共烧陶瓷（low temperature co-fired ceramics，LTCC）技术是 1982 年美国休斯公司开发的一种新型材料技术，它是将低温烧结陶瓷粉制成厚度精确而致密的生瓷带，逻辑控制单元作为电路基板材料，在生瓷带上利用激光打孔。微孔注浆、精密导体浆料印刷等工艺制出所需要的电路图形，并将多个无源元件和功能器件（如电容、电感、滤波器、阻抗转换器、耦合器等）埋入其中；然后叠压在一起，在 900℃烧结，制成三维电路网络的无源集成组件，也可制成内置无源元件的三维电路基板，在其表面可以贴装 IC（集成电路）和有源器件，制成无源/有源集成的功能模块。利用 LTCC 技术已成功地制造出各种高技术 LTCC 产品。这也是功能陶瓷在电子领域应用的重要方向。

随着电子信息技术的高速发展，以信息技术为主要应用领域的功能陶瓷成为新材料研究中一个十分活跃的领域。而其应用领域则正在从传统的消费类电子产品移向数字化的信息产品，包括通信设备、计算机和数字化音频/视频设备等。数字化技术对陶瓷元器件提出了一系列特殊的要求。新型电子陶瓷元器件的发展趋势和方向主要体现在以下几个方面。

① 小型化/微型化：随着移动通信和卫星通信的迅速发展，尤其是近些年来蓝牙、GPS等技术的迅速发展，对器件小型化/微型化的要求越来越迫切，而电子元器件，特别是大量使用的以电子陶瓷材料为基础的各类无源器件是实现整机小型化/微型化的主要"瓶颈"。因此，小型化/微型化（包括片式化）是目前功能陶瓷元器件研究开发的一个重要目标。

② 高频化与频率系列化：数字化技术的核心是将各种信息变成脉冲编码信号，为了获得足够的带宽和处理速度，要求较高的工作频率。目前商品化的 CPU（中央处理器）时钟频率最高可达 2~3GHz。移动通信所使用的频率也在不断升高：以模拟信号的调制为主要特征的第一代移动通信所用的频段在 800~900MHz；以数字信号为主要特征的第二代移动通信所用的频段则在 900MHz 和 1.8GHz 左右；目前正在研究的第三代移动通信系统的使用频率则在 2GHz 左右。适应高的工作频率对各类电子元器件中的陶瓷材料来说是一个严峻的挑战。因此，寻找具有良好高频特性以及系列化工作频率的功能陶瓷材料是目前新型电子元器件领域的一个研究热点。

③ 集成化/模块化：适应电子产品小型化和满足高频电路要求的一个途径是将分立的陶瓷元件集成化以及进一步的模块化。目前，越来越多的集成陶瓷元件被研制出来，如集成若干个高介陶瓷电容器和电感器的 LC 滤波器，集成若干个陶瓷电阻器、电容器和电感器的 LCR 组件（感容式电阻），以及应用在手机上的射频收-发模块、功率模块、蓝牙模块等无源集成陶瓷系统。

④ 多功能化：随着信息技术的发展并进一步渗透到人类生活的方方面面，电子元器件

的多功能化成为一个新的趋势。具有电、磁、光、热机耦合行为的新型多功能陶瓷材料及其耦合机制的研究日益为研究者所重视。

⑤ 功能陶瓷纳米化：随着电子信息技术日益走向集成化、薄型化、微型化和智能化，陶瓷元器件小型化、多层化、片式化、集成化和多功能化成为这一领域的发展趋势。元器件的微型化和介质薄层化发展趋势，必然促使相关的功能陶瓷材料走向晶粒微细化和纳米化。因此，功能材料纳米化、纳米陶瓷、纳米器件是功能陶瓷元器件发展的必然趋势，正成为国际研究的热点。纳米晶陶瓷发展的一个重要的推动力来自功能陶瓷技术与半导体技术的集成化。面向铁电存储、红外探测、微波调谐、激光调制和微机电系统应用的铁电和压电陶瓷薄膜化，成为当前功能陶瓷领域最重要的研究方向之一。以半导体工艺和铁电材料工艺为基础发展起来的集成铁电学，已发展成为电介质物理学重要的分支。铁电集成的核心是铁电压电陶瓷的薄膜化。薄膜化功能陶瓷的特征是在尺度上的纳米化，这就要求发展溶胶-凝胶法、水热法、共沉淀法等纳米功能陶瓷粉体技术，将粉末粒度控制在纳米级，而且要发展便捷、低成本的纳米粉体烧结技术，控制烧结过程中陶瓷晶粒的长大，获得纳米晶陶瓷。功能陶瓷的纳米化是电子元器件微型化和集成化的必由之路，世界各国对纳米功能陶瓷的研究和开发给予了高度重视。

由此可见，电子信息技术的发展向功能陶瓷材料提出了一系列严峻的挑战，同时也为功能陶瓷的研究和发展提供了前所未有的机遇。

5.4 新型陶瓷的制备过程

虽然，新型陶瓷的生产过程与传统陶瓷生产过程类似但原料已扩大到化工原料和合成矿物，组成也延伸至无机非金属材料范畴，并且出现了众多新工艺。

5.4.1 新型陶瓷一般制备流程

如图 5.14 所示，新型陶瓷的一般制备流程分为以下几步：配料、球磨、预烧、球磨、成型、烧结。其中预烧和二次球磨可根据实际情况进行调节，为非必要步骤。

5.4.2 原料制备

陶瓷原料可以分为天然原料和人工合成原料。天然原料是开发出来以后，通过筛选、风选、淘洗、研磨以及磁选等，分离出适当颗粒度的所需矿物组分。人工合成原料主要用于生产电工陶瓷、磁性陶瓷等特殊陶瓷制品，这些原料需要人工合成，无法从自然界直接获取。

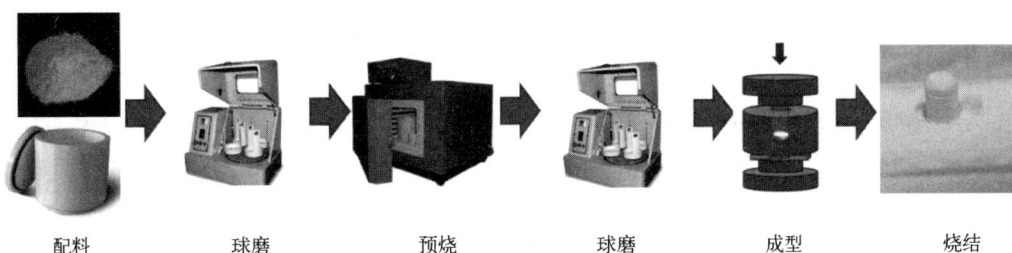

配料　　　　　球磨　　　　　预烧　　　　　球磨　　　　　成型　　　　　烧结

图 5.14　新型陶瓷一般制备流程图

5.4.2.1　天然原料

天然原料可分为可塑性原料、弱塑性原料和非塑性原料。可塑性原料主要成分是高岭土、伊利石、蒙脱石等，多为细颗粒的含水铝硅酸盐，具有层状晶体结构。用水混合时，其有很好的可塑性，起塑化和黏合作用，赋予坯料以塑性或注浆成型能力，并保证干坯的强度及烧成后的使用性能，如机械强度、热稳定性和化学稳定性等。弱塑性原料有叶蜡石（$Al_2O_3 \cdot 4SiO_2 \cdot H_2O$）和滑石（$3MgO \cdot 4SiO_2 \cdot H_2O$），具有层状结构特征，与水结合时具有弱的可塑性。陶瓷制备中常使用减塑剂及助熔剂，前者对可塑性有影响，后者则对烧成过程起作用。石英砂和黏土烧熟料是典型的减塑剂，长石是典型的助熔剂。非塑性原料主要是二氧化硅。二氧化硅质硬、化学稳定性高、难熔、能降低坯料的黏度或可塑性。烧成时部分石英溶解在长石熔体中，能提高液相的黏度，防止坯料高温变形，冷却后在瓷坯中起骨架作用。

5.4.2.2　合成原料

（1）固相法

固相法是通过对固相物料进行加工得到超细粉体的方法。如把盐转化为氧化物、将大颗粒产品加工成超细粉体等，就属于固相法范围。此外，当一些复杂化合物，采用液相法和气相法难以制备时，必须采用高温固相反应合成，这也属于固相法。固相法具有工艺过程简单、化学组成精确可控、几乎可以合成所有的复合氧化物粉体、产量大、易实现工业化的特点。不足之处是粉体的细度、纯度及形态受设备和工艺本身的限制，往往得不到很细及高纯的粉体，烧结活性较差、化学均匀性较差。固相合成超细粉体有热分解法、高温固相反应法、热还原法、金属燃烧法、高能球磨法等工艺路线，图 5.15 展示的是行星式高能球磨机，在高动能的磨球冲击下可以实现粉末的破碎和合金化。

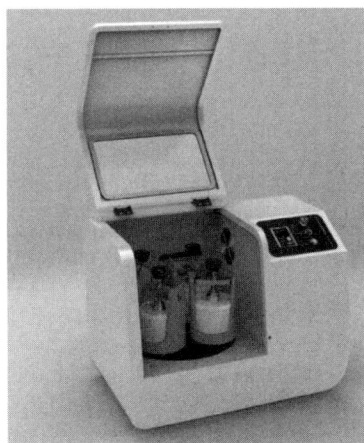

图 5.15　行星式高能球磨机

① 热分解法制备超细粉体是利用固体原料的热分解生成新的固相物料的方法，常用作热分解原料的有碳酸盐、草酸盐、硫酸盐等，例如菱镁矿分解可得到氧化镁，这是获得制造镁质耐火材料的基础。再如，硫酸铝铵[$Al_2(NH_4)_2(SO_4)_4 \cdot 24H_2O$]在空气中热分解可获得性能良好的 Al_2O_3 粉体。热分解法制备超细粉体的特点是设备简单，用一般电阻加热即可，工艺也易于控制，但一般仅限于制备氧化物。大多数情况下

制得的粉料粒度偏大或团聚较重，要得到超细粉体需要进行粉碎。

② 高温固相反应法分两步进行：首先根据所要制造粉料的成分设计反应物质的组成和用量，常用的反应物为氧化物、碳酸盐、氢氧化物。将反应物充分均匀混合，再压成坯体，于适当高温下煅烧合成，再将合成好的熟料块体用粉磨机磨至所需粒度。该法常用于制备成分复杂的电子陶瓷原料。优点是适合大批量生产，成本较低。缺点是制得的粉料粒度较大，一般为 $0.5\sim1\mu m$，并且机械粉磨易混入杂质。

③ 热还原法制备超细粉体是一种制备非氧化物粉体的工艺，其基本原理是用一种与氧亲和力更高的还原剂去还原氧化物，再将其氮化、碳化或硼化等，从而获得该元素相应的非氧化粉体，最常用的还原剂是碳。例如用碳还原二氧化硅制备 SiC 超细粉体反应式如下：

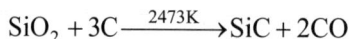

$$SiO_2 + 3C \xrightarrow{2473K} SiC + 2CO$$

为了让产物 CO 顺利逸出，原料中可以加入一定量的木屑和食盐，由于原料的纯度有限，生成的 SiC 常常含有较多的杂质，需进行酸碱洗涤以提高纯度。碳热还原法合成氮化铝，反应式为：

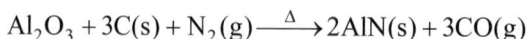

$$Al_2O_3 + 3C(s) + N_2(g) \xrightarrow{\Delta} 2AlN(s) + 3CO(g)$$

该反应原料通常是市售的 Al_2O_3 和炭黑，入炉前将二者充分混合，合成温度以 1650℃左右为宜。

④ 金属燃烧法制备超细粉体是指通过剧烈的放热反应使金属氧化或氮化而获得粉体的一类方法，迄今为止，最成功的是自蔓延高温合成法。自蔓延高温合成法的基本原理：利用强烈放热反应的生成热形成自蔓延燃烧过程来制取化合物粉体，用此法已成功制备出 TiN、AlN 等粉体。自蔓延燃烧法利用化学能在其内部快速自热，而不是用电能外部缓慢加热。其优点是工艺装置较简单，产量较大；不足之处是产品粉末团聚较重，粒度偏大。

⑤ 高能球磨法是利用球磨机的转动或振动，使介质对原料进行强烈撞击、研磨和搅拌，把物料粉碎为超细粉体甚至纳米级粉体的方法。高能球磨中较为先进的技术是机械合金化，机械合金化将两种或两种以上的粉末物质，在球磨罐中进行压延、压合、碾碎、再压合的反复过程，最后获得组织和成分分布均匀的合金粉末。高能碰撞和碾压使材料远离平衡状态，获得其他技术难以获得的特殊组织、结构，扩大了材料的性能范围，且材料的组织、结构可控；突破了熔铸法和快速凝固技术的局限，拓宽了合金成分范围，诱发固态相变，制备准晶、非晶态材料，从而避开了准晶、非晶形成时对熔体冷速和成核条件的苛刻要求，可制备一系列纳米晶材料和过饱和固溶体等亚稳态材料。

（2）液相法

相比于固相法，液相法制备超细粉体更为常用，是应用最为广泛的合成超细粉体的方法，主要包括共沉淀法、溶胶-凝胶法、蒸发溶剂法等。共沉淀法是在含有一种或多种离子盐的溶液中加入沉淀剂（OH^-、$C_2CO_4^{2-}$、CO_3^{2-} 等）后，于一定温度下使其形成不溶性的氢氧化物、水合氧化物或盐类并从溶液中析出，将溶剂和溶液中原有的阴离子洗去，经热解或脱水得到所需要的氧化物粉料方法。共沉淀法制备的粉体种类较多，粉体粒径较细，烧结活性较高，粉体的化学均匀性较固相反应法好，但是由于各种离子在一定的 pH 值下的溶度积不同，化学计量难以控制。

① 溶胶-凝胶法是 20 世纪 60 年代发展起来的一种制备玻璃、陶瓷等无机材料的新工艺，近年来，此法用于制备纳米微粒。溶胶-凝胶法的基本原理是：将金属醇盐或无机盐经水解形成溶胶，再经缩聚、溶剂的蒸发形成凝胶，再将凝胶干燥、焙烧，得到纳米粉体。图 5.16 所示为溶胶-凝胶法制备粉体材料的基本流程图。

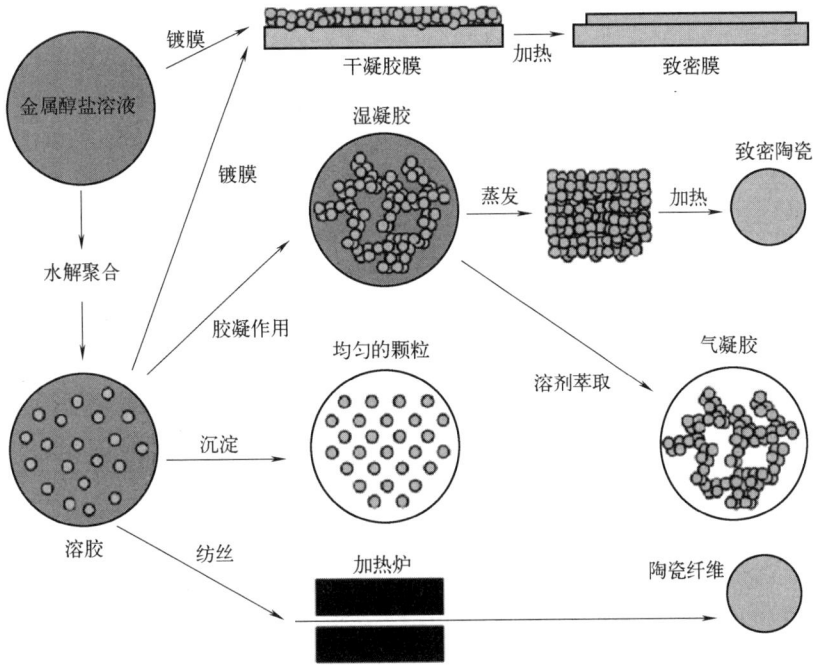

图 5.16　溶胶-凝胶法制备粉体或纤维的流程图

典型的溶胶-凝胶工艺是从金属的醇氧化物开始的，醇氧化物分子中的有机基团与金属离子通过氧原子键合，它可以由相应金属与醇类反应制得。以钛和乙醇反应来说明该过程：

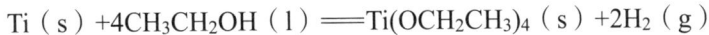

$$Ti（s）+4CH_3CH_2OH（l）=\!=\!=Ti(OCH_2CH_3)_4（s）+2H_2（g）$$

产物醇氧化物可溶于相似的醇溶剂中。当加入水时，醇氧化物与水作用形成 $Ti(OH)_4$ 和醇：

$$Ti(OCH_2CH_3)_4（s）+4H_2O（l）=\!=\!=Ti(OH)_4（s）+4CH_3CH_2OH（l）$$

$Ti（s）$ 与 $H_2O（l）$ 直接反应会导致反应体系中存在氧化钛和氢氧化钛，而通过 $Ti(OCH_2CH_3)_4（s）$ 的水解则可以制得均匀的 $Ti(OH)_4$ 悬浮体。$Ti(OH)_4$ 在这个过程中作为溶胶存在，是一种超微粒子悬浮体。调节溶胶的酸碱度可引起两个 Ti—OH 键间的脱水反应：

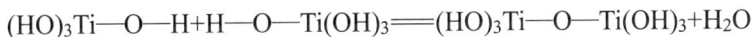

$$(HO)_3Ti—O—H+H—O—Ti(OH)_3=\!=\!=(HO)_3Ti—O—Ti(OH)_3+H_2O$$

这是一类缩聚反应，反应中涉及两个反应物之间脱去小分子水。上述脱水聚合还可以发生在中心钛原子的其他氢氧基团之间，产生三维网状结构。这时产物是一种黏稠的超微粒子悬浮体，称作凝胶。将凝胶在 100~500℃加热干燥，除去其中的液体，凝胶就变为纳米级的金属氧化物粉末。溶胶-凝胶法适用性较广，能合成种类繁多的复合氧化物粉体，能合成纳米级超细粉体，粉体烧结活性较高，能准确控制粉体的化学计量，纯度较高，由于有机物含量较高，相对成本较高、效率较低；煅烧过程有氮化物排放，大规模生产容易造成空气污染。

② 蒸发溶剂法是将溶液通过各种物理手段进行雾化获得超微粒子的一种化学与物理相结合的方法。它的基本过程是溶液的制备、喷雾、干燥、收集和热处理。其特点是颗粒分布比较均匀，但颗粒尺寸为亚微米到 10 微米。根据雾化和凝聚过程分为喷雾干燥法、喷雾水解法、喷雾焙烧法。

（3）气相法

气相法是指直接利用气体或者通过各种手段将物质变成气体，使物质在气体状态下发生物理变化或化学反应，最后在冷却过程中凝聚长大形成超细微粒的方法。气相法又大致可分为气体中蒸发法、化学气相沉积法、化学气相凝聚法等。气相法制备超细粉体相比于固相法和液相法适用场合较少。

5.4.3　陶瓷粉料制备

新型陶瓷微细粉料应用于非常广的工程领域中，是近年来得以迅速发展的电子材料中的一个重要分支。陶瓷粉料通常经成型加工，在高温条件下加热成烧结体后加以利用。根据这些用途，一般要求陶瓷粉料具有颗粒微细、粒度均匀、高纯度等性能。

新型陶瓷粉料的制备方法一般分为粉碎法（break-down process）和合成法（build-up process）两种。通常前者是利用机械粉碎由粗颗粒获得细颗粒的方法。这种方法工艺简单、成本低，适用于工业化大生产，但在粉碎过程中难免混入杂质，而且不易制得 1μm 以下的微细颗粒。后者是通过离子、原子或分子的反应，成核和成长，收集，后处理来获得微细颗粒的方法。这种方法能制得化学纯度高、粒度均匀的微粉，适用于新型陶瓷微细粉料的制备。合成法通常又可分为液相法、固相法和气相法，但固相法合成出来的原料往往需要进行机械粉碎。

5.4.4　陶瓷成型工艺

成型是陶瓷材料制备的一个重要工艺环节。所谓成型就是将制备好的陶瓷粉料或浆料通过一定的方法制成具有特定形状和尺寸的坯体。成型后的坯体通常称为素坯（body）。理想的素坯应该具有如下特点：

① 符合产品所要求的形状和尺寸；

② 具有一定的强度，以便于后续工序的操作；

③ 坯体相对密度高，且组织结构均匀、无宏观缺陷。

根据成型方式的不同，陶瓷材料的成型可以分成干法成型和湿法成型两种。干法成型主要包括干压成型（dry pressing）和冷等静压成型（cold isostatic pressing molding）两种；湿法成型方法较多，包括注浆成型（slip casting）、注射成型（injection molding）、挤压成型（extrusion）以及流延成型（tape casting）（图 5.17）等。上述成型方法在陶瓷产品的规模化生产中均有很好的实用性。

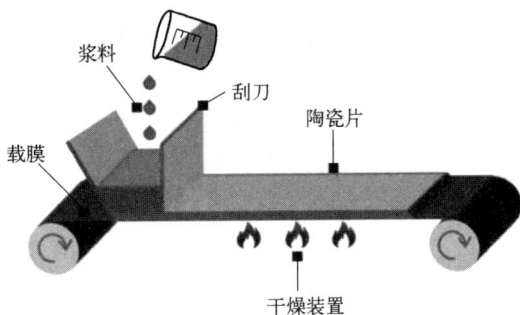

图 5.17 流延成型

主要的成型方法有三种：可塑成型、注浆成型和压制成型。其中，可塑成型是在坯料中加入水或塑化剂，制成塑性泥料，然后通过手工、挤压或机械加工成型；注浆成型是将浆料浇注到石膏模中成型的方法；压制成型是在粉料中加入少量水或塑化剂，然后在金属模具中加较高压力成型的方法。

（1）可塑成型

可塑成型是利用外力对具有一定可塑变形能力的坯料进行加工成型的方法。主要有塑压成型、注射成型、轧膜成型等方法。其中塑压成型是将可塑泥料放在模型中，在常温下压制成型的方法。模型由半水石膏制成，内部盘绕多孔性纤维管，多孔性纤维管用以通压缩空气或抽真空。注射成型是将粉料与有机添加剂混合，加压挤制的成型方法。坯料由陶瓷粉料与结合剂（热塑性树脂）、润滑剂、增塑剂等有机添加剂构成。轧膜成型是薄片瓷坯的成型工艺，主要用于制作电子陶瓷工业中直流瓷片电容、独石电容及电路基板等瓷坯，适用于制备1mm 以下的薄片陶瓷。

（2）注浆成型

将制备好的坯料泥浆注入多孔性模型内，由于多孔性模型的吸水性，泥浆在贴近模壁的一侧被模型吸水而形成均匀的泥层，并随时间的延长而加厚，当达到所需厚度时，将多余的泥浆倾出，最后该泥层继续脱水收缩而与模型脱离，从模型取出后即为毛坯，这种成型方法称为注浆成型。注浆成型适于成型形状复杂、不规则、体积较大而且尺寸要求不严的器物，如花瓶、汤碗、椭圆形盘、茶壶等。注浆成型的坯体结构含水量大，干燥与烧成收缩大。

（3）压制成型

将含有一定水分或其他黏结剂的粒状粉料填充于模具之中，对其施加压力，使之成为具有一定形状和强度的陶瓷坯体的成型方法叫作压制成型。粉料含水量8%~15%时为半干压成型；粉料含水量为 3%~7%时为干压成型；等静压法坯料含水量可在 3%以下。等静压成型是一种特殊的压制成型方式，是一种装在封闭模具中的粉体在各个方向同时均匀受压成型的方法。等静压成型是干压成型技术的一种新方向，但模型的各个面上都受力，故优于干压成型。该工艺主要是利用了液体或气体能够均匀地向各个方向传递压力的特性来实现坯体均匀受压成型的。等静压压制与施压强度大致相同的其他压制成型相比，可以得到较高的生坯密度，且密度在各个方向上都比较均匀，不会因尺寸大小及形状的不同而有很大的变化。成型的生坯强度高，内部结构均匀，不会像挤压成型那样使颗粒产生有规则的定向排列。等静压成型可以采用较干的坯料，不使用或很少使用黏合剂或润滑剂，有利于减少干燥和烧成收缩，并且对制品的尺寸和尺寸之间的比例没有很大的限制。

5.4.5　烧结基础理论

陶瓷烧结是在不熔化的情况下，利用热量将粉末转化为固体的过程，一般将陶瓷粉料的素坯在高温下烧结（图 5.18）而成制品。在加热过程中，粉体颗粒间的孔隙减少，样品的整体密度增加，这个过程被称为致密化。同时，与原始材料相比，烧结体的颗粒直径也不断变大。因此，烧结包括致密化和晶粒生长两个过程。烧结工艺的目标是要尽可能地抑制晶粒生长，并使烧结密度无限地接近理论密度。

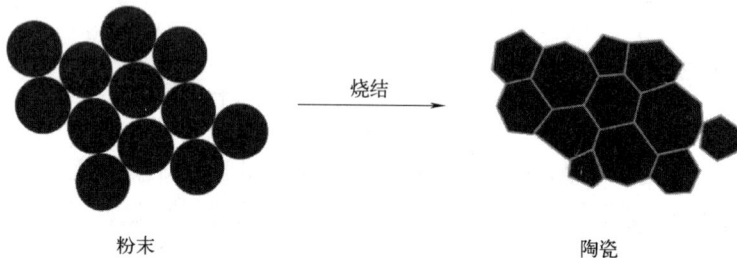

图 5.18　烧结过程晶粒长大

烧结过程可分为烧结初期、中期、后期三个阶段。烧结初期，颗粒之间相互接触，原子通过扩散向接触点移动，从而在两颗粒之间形成像颈一样的部位。颈部直径小于颗粒直径的三分之一，宏观收缩率在 4% 以下的过程常称为烧结初期过程。随着烧结过程的进行，颈部不断长大并相互接触，在三个颗粒之间形成一个细长的孔隙，即进入烧结的中期阶段。随着时间的进一步延长，烧结进入后期后，原来像网络一样连接在一起的气孔通道被切断，成为孤立于烧结体内部的闭气孔。图 5.19 展示了粉末烧结前后的微观形貌。

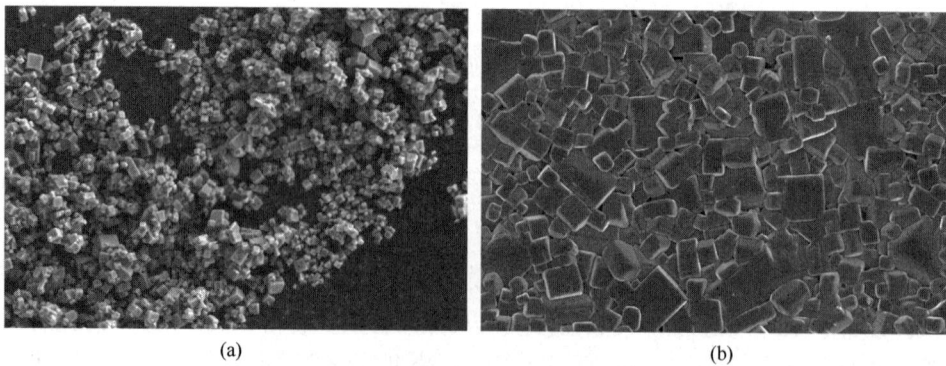

(a)　　　　　　　　　　　　　　　　(b)

图 5.19　粉末（a）和陶瓷晶粒（b）SEM 照片

如果在烧结过程中没有产生液相或者发生化学反应，烧结前后除了表面能和晶界能以外，没有其他自由能的变化。烧结致密化过程是通过减少表面面积和晶界面积从而使整个被烧结体所含的自由能量减少的过程。因此，从宏观上来看，表面自由能与晶界自由能的差值是烧结的驱动力。

针对陶瓷这一特定材料来说，烧结是它在制备过程中的一个重要环节。除了常用的烧结方法外，还提出了微波烧结、燃烧烧结、自蔓延高温烧结、智能烧结、喷涂烧结、低温烧结以及无压烧结等。

先进陶瓷的烧结技术按照烧结压力主要分为常压烧结、无压烧结、真空烧结以及热压烧结、热等静压烧结、气氛烧结等各种压力烧结。对同一类物料来说，和正常压力烧结工艺比较，热压烧结工艺温度降低了许多，同样气孔率也降低了；另外由于在较低的高温下烧结，控制了颗粒的形成，因此得到的烧结体紧密，并具备很大的硬度。而高温热压烧结工艺的特点是发热快、凝结时间长，并且需要通过后加温，因此制造效率低，但可以制造形状不太复杂的成品。

按照烧结时是否出现液相，可将烧结分为固相烧结和液相烧结两类。固相烧结是指在烧结温度下基本上无液相出现的烧结，如高纯氧化物之间的烧结过程。液相烧结是指有液相出现的烧结，如多组分物系在烧结温度下常有液相出现。近年来，在研制特种结构材料和功能材料的同时，产生了一些新型烧结方法，如热压烧结、放电等离子烧结、微波烧结等。

5.4.5.1 常规固相烧结法

常规固相烧结法（CS）是目前应用最广泛的陶瓷制备方法。将压成片状的坯片直接放置在坩埚中，一般在坯片下铺有相应陶瓷粉末以防止陶瓷与坩埚在烧结过程中黏结，然后将坩埚置于马弗炉中升温加热。由于烧结驱动力单纯源于受热后晶粒自发生长，为保证陶瓷致密性，一般提前将坯片进行适当的施压处理。根据烧结过程中坯片所处的环境不同，可将烧结分为单坩埚敞口烧结、单坩埚封口烧结、双坩埚封口烧结，如图 5.20 所示。气氛 A、B、C 为三种不同的烧结气氛，不同烧结气氛下氧蒸气压、某种元素（如 Pb 等易挥发元素）蒸气压等有所差异。当然，也可根据烧结需求对烧结方式进行适当调整以控制烧结气氛。

一般也可根据实验需求或变量控制，将烧结分为单片烧结和多片烧结，如图 5.21 所示。多片烧结时坯片之间宜以粉末隔离，防止坯片在烧结过程中黏结。多片烧结时一般最上层陶瓷片与最下层陶瓷片性能相差较大，这可能和上下温差、受力等因素有关。大量实验证明，多片烧结可以避免某些陶瓷片在烧结过程中发生翘曲现象。CS 制备方法简单、设备一次性投资较小，属于现阶段陶瓷生产、实验室研发的主要烧结技术。然而，其不可控因素较多，如马弗炉炉温检测不当易发生性能突变、马弗炉规格较多导致换炉重复性差、炉腔内存在温度梯度导致烧结温度不易掌控等。

为满足部分应用需求以及研究需要，在 CS 的基础上，科研人员对烧结进行了优化，先后主要发展出低温烧结、分步烧结、气氛烧结。这些烧结方式具有各自的特点。

① 低温烧结可以降低 CS 的烧结温度。一般可以通过以下方式实现：添加低熔点玻璃相或化合物、形成固溶体、提高粉体活性，也可通过特殊烧结方式（如微波烧结、热压烧结等）降低烧结温度。表 5.3 是 PZT 基压电陶瓷和 1.5%（质量分数）B_2O_3-Bi_2O_3-CdO 玻璃相掺杂

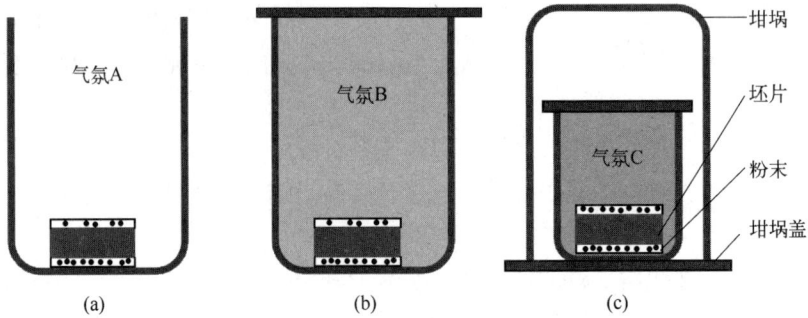

图 5.20　坯片处于不同环境下的 CS 烧结

（a）单坩埚敞口烧结；（b）单坩埚封口烧结；（c）双坩埚封口烧结

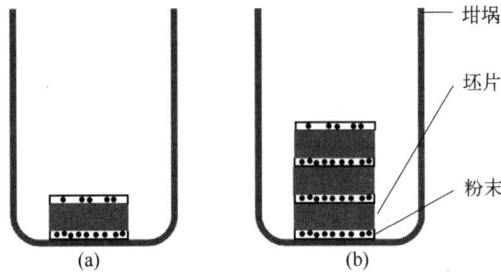

图 5.21　单片和多片 CS 烧结

（a）单片烧结；（b）多片烧结

的 PZT 基压电陶瓷（PZT-G）的主要性能对比，可以发现低温烧结在降低烧结温度的同时，还可以提高压电陶瓷的致密度以及压电、铁电、介电性能。对于传统 PZT 压电陶瓷，在陶瓷中掺杂 0.25%（质量分数）V_2O_5 后可以将烧结温度降低至 960℃，同时 PZT 压电陶瓷可以保持良好的电学性能。V_2O_5 在 325℃的温度下易与 PZT 粉体作用形成钒酸铅化合物，该化合物会在温度升高后变成一种具有流动性的液体。这种液体会增加 PZT 晶粒表面的缺陷，导致烧结过程加速进行。与 CS 相比，低温烧结可以降低能耗、减少挥发性成分的挥发，同时对低温烧结机理的研究可以促进陶瓷烧结理论的完善和发展。PZT 陶瓷中的 Pb 元素在烧结过程中极易挥发，这不仅会造成环境污染，同时会导致烧结后的陶瓷偏离设计组分。而低温烧结由于烧结温度较低，可以有效地减少 PZT 陶瓷中 PbO 的挥发，杜绝 CS 所带来的以上弊端。在压电陶瓷多层器件的制备过程中，常常使用 Pt、Pd 等惰性贵金属作内电极，以防止在烧结过程中由高温所导致的电极被氧化现象。而低温烧结可以降低 PZT 陶瓷的烧结温度，这时采用 Ag、Ni 等作为内电极而不会被氧化，可以极大地降低器件的成本。

表 5.3　PZT 压电陶瓷与 PZT-G 低温烧结压电陶瓷的性能对比

类别	k_p	Q_m	d_{33}/（pC/N）	ρ/（g/cm³）	$\tan\delta/\times10^{-4}$	T_s/℃
PZT	0.51	420	310	7.56	80	1250
PZT-G	0.57	1800	480	7.64	30	960

　　② 分步烧结是将烧结过程分步骤完成，最为常用的方法是两步烧结。两步烧结主要有

图 5.22 中所示的两种烧结方式。图 5.22（a）中先低温保温再高温保温的烧结方式可细化微结构，从而改善材料性能。图 5.22（b）中先高温再低温保温的烧结方式可抑制晶粒的加速生长和异常长大。

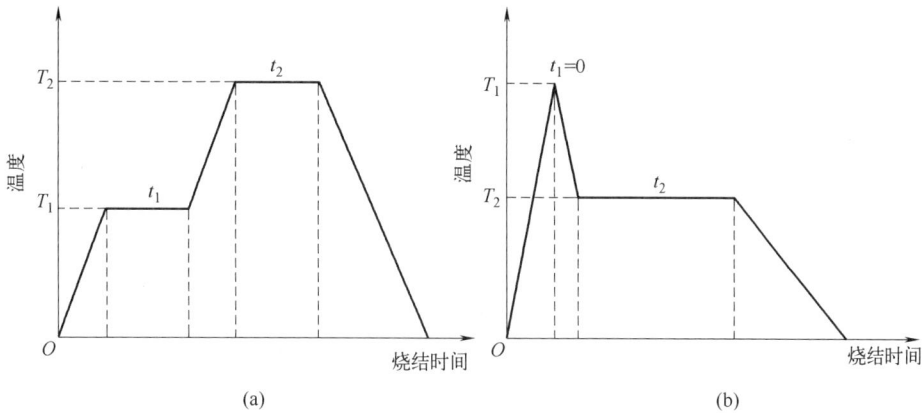

图 5.22　分步烧结升温曲线
（a）先低温保温再高温保温；（b）先高温再低温保温

图 5.23 是常规烧结和两步烧结的原理对比。常规烧结制备的陶瓷晶粒分布不均匀，包含很多大晶粒。两步烧结的陶瓷中孔洞在晶粒长大之前变得平滑，在早期烧结状态下晶粒分布较为均匀；在较低的温度下陶瓷的初始致密化阶段被推迟，这是由小晶粒的消失造成的。在第一步中消除这些晶粒可以有效地减少致密分区化现象，并在初始致密化阶段形成较致密的区域，这将降低陶瓷密度的不均匀性，使最终的陶瓷微观结构更加均匀。粉末的初始特征

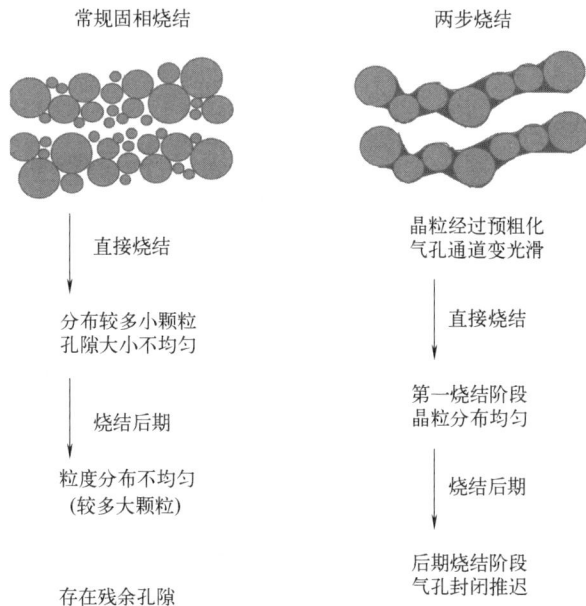

图 5.23　常规烧结和两步烧结的原理对比

是影响两步烧结是否成功的重要因素，如颗粒大小、成型工艺、微观结构均匀性、生坯气孔数量等。图 5.22（b）所示的两步烧结包含第一阶段（T_1）和第二阶段（T_2），尽管 T_2 的保温时间可能更长，但温度有所降低，与传统烧结相比，在相同的相对密度下，可以获得更小的晶粒尺寸。在相同的致密化条件下，晶粒尺寸的减小可以使材料获得更好的性能，特别是在力学性能方面。两步烧结间接改善了这些性能。

③ 气氛烧结是通过改变烧结炉炉腔内部的气氛以满足特殊烧结需求的烧结方式。一般可将炉腔气氛控制为惰性气氛、氧化性气氛、还原性气氛、真空气氛，可以用来制备 MgO、Y_2O_3、BeO、ZrO_2 等。气氛烧结可降低气孔率、防止非氧化陶瓷的氧化、控制易挥发成分挥发、调节陶瓷内部氧缺陷。其在新型陶瓷制备和研究中应用较为广泛。

5.4.5.2　放电等离子烧结

放电等离子烧结（spark plasma sintering，SPS）技术又称等离子活化烧结，它是在真空环境下直接在模具两侧施加电场以达成加热烧结目的的烧结技术。该技术利用热效应和其他场效应进行烧结，升温速度可以达到 100℃/min，并可以在烧结的过程中对样品施加压力。根据模具承受程度和烧结所需外界力可以对压力进行合理调控。因此，SPS 可以在相对较低的温度下短时间内致密化陶瓷以实现烧结。SPS 可以调控陶瓷晶粒在烧结过程中的长大和第二相的产生等。

SPS 装置（图 5.24）原理与传统热压陶瓷烧结炉十分相似，截然不同的是这一流程给承压导电设计模型施加可控脉冲电压，脉冲电压经过模型内部，也经过了试样本体，并有部分电压穿过试样表层及模型空隙。电压经过试样和孔洞之间的部分，活化颗粒表层，并击穿孔洞内残留的有机气体，局部释放或者形成等离子体，实现颗粒之间的局部整体融合。同样，经过模型的部分电压预热模型表层，为试样创造了一种外在热源。

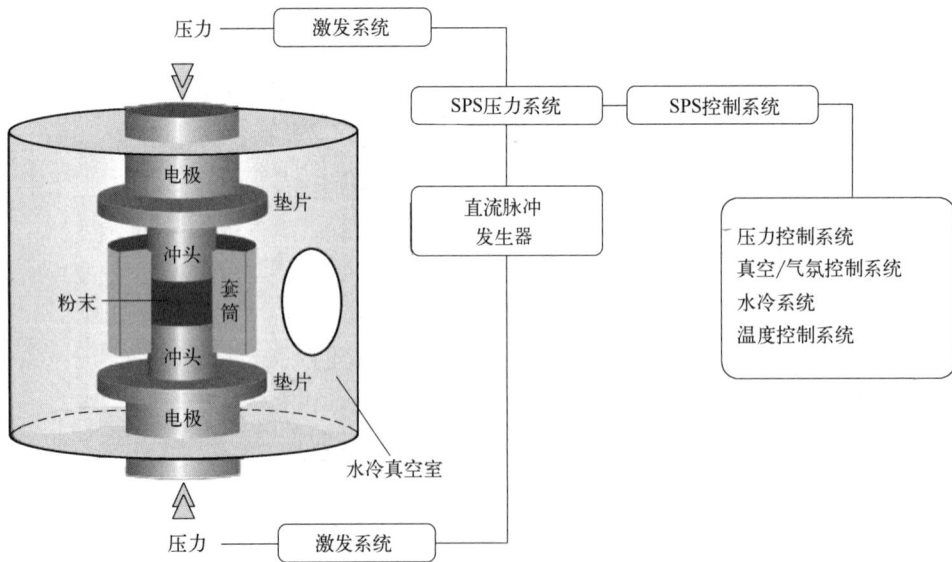

图 5.24　SPS 装置

图 5.25 是 SPS 烧结过程中可能产生的作用机制与其具有的优势的关系图。在脉冲电压接通后，烧结体内部产生等离子体放电、焦耳热、电场等，正是这些效应使得 SPS 可以在低温、短时间内烧结样品，而且可以烧结特殊材料，如连接不相容材料、非晶材料、耐火材料等。

自 1930 年 SPS 烧结原理被美国科学家提出以来，经过近一个世纪的发展，该技术先后被美国、日本、瑞典等国家用于研发新型材料。近几年，国内也开展了利用 SPS 技术研发新材料的工作。SPS 作为一种全新的材料制备技术，现阶段可用于制备诸多材料。表 5.4、表 5.5 分别是 SPS 在功能陶瓷材料领域和结构陶瓷材料领域的主要应用。

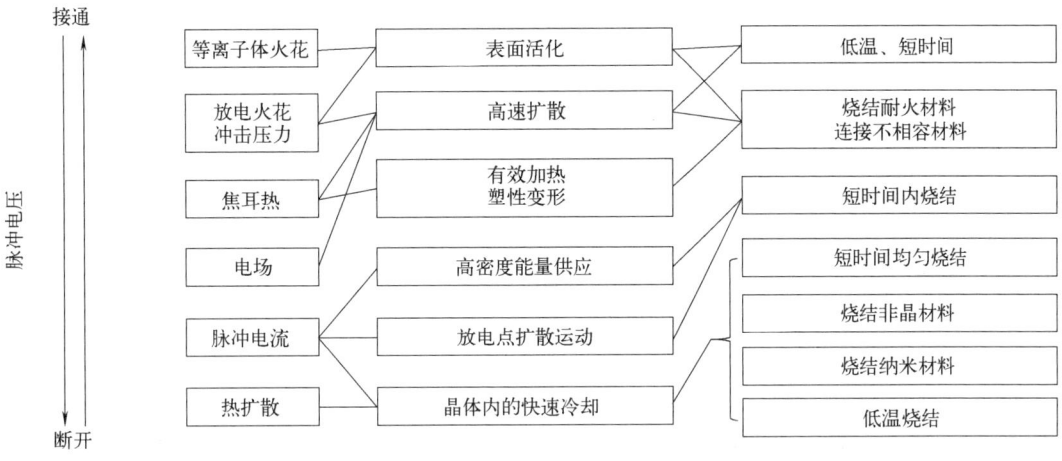

图 5.25　SPS 脉冲电压和烧结效果的关系

表 5.4　SPS 在功能陶瓷材料中的应用

类别	功能陶瓷材料
热电材料	$Ca_3Co_4O_9$，$NaCo_2O_4$，$(Zn_{1-y}Mg_y)_{1-x}Al_xO$，$SiC/Si_3N_4$，$B_{12+x}C_{3-x}$
介电材料	$BaTiO_3$，$BaTiO_3$-$SrTiO_3$
微波介电材料	$Mg_{0.93}Ca_{0.07}TiO_3$-$Ca_{0.3}Li_{0.14}Sm_{0.42}TiO_3$，$Ba_{6-3x}Sm_{8+2x}Ti_{18}O_{54}$
铁电压电材料	PZN-PZT，PNNT，PMNT，PZT，PLZSnT，PT，KNN，KNN-PT，NN
铁素体	$(NiZn)Fe_3O_4$，$(Sr$-La-$Co)Fe_3O_4$，$(MnZn)Fe_3O_4/(LaLi)TiO_3$
生物材料	HAP，Ti_3SiC_3-HAP

表 5.5　SPS 在结构陶瓷材料中的应用

类别	结构陶瓷材料
Al_2O_3	Al_2O_3，Al_2O_3-$BaTiO_3$，Al_2O_3-SiC，Al_2O_3-ZrO_2，Al_2O_3-SiC-ZrO_2，Al_2O_3-YA 共熔合金
ZrO_2	ZrO_2-莫来石，Y-TZP，YSZ
TiSiC	Ti_3SiC_2，Ti_3SiC_2-Al_2O_3，Ti-Al-C
氮化物	AlN，TiN，Si_3N_4，TiN-SiN，Ti(C,N)，TiN-Al_2O_3 分层材料，CrN/CrN_2

类别	结构陶瓷材料
碳化物	SiC/TiC，SiC/Si$_3$N$_4$，SiC/YAG，SiC/莫来石
硼化物	MgB$_2$，ZrB$_2$-ZrC，TiB$_2$-WB$_2$，SiB

SPS 技术不仅能够制备高致密的材料，而且可以调控新型陶瓷材料的性能。Li 等利用 SPS 技术在 920℃的烧结温度下制备了致密度高达 99%的 KNN 陶瓷（CS 约为 1100℃），在几乎保持了铌酸钾钠陶瓷居里温度（395℃）的前提下，提高其 d_{33} 值至 14 pC/N。Shen 等采用 SPS 制备了压电常数高达 416pC/N 的 BaTiO$_3$ 陶瓷。

5.4.5.3　热压烧结

热压烧结是将陶瓷粉末装进模具，对上下压头加压的同时将粉末加热到烧结温度进行烧结的技术。图 5.26（a）为热压烧结示意图。热压烧结能够使陶瓷在较短的时间内达到较高的致密度，同时陶瓷具有均匀的小晶粒，这是因为热压烧结过程中外部施加的压力可以起到补充烧结驱动力的作用。该烧结技术可以在低于常压烧结温度 100~200℃的温度下制备高致密化的新型陶瓷。

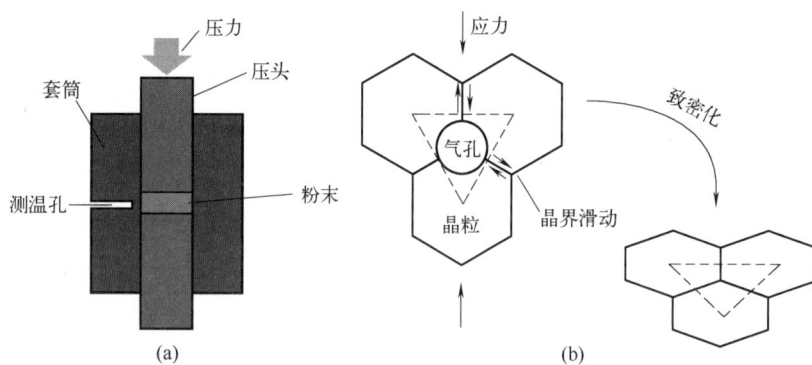

图 5.26　热压烧结（a）和热压烧结致密化（b）

图 5.26（b）为热压烧结过程中陶瓷致密化的局部晶粒变化图。在热压烧结过程中晶粒在施加压力的方向上更加紧密。对于热压烧结而言，其实现快速致密化的驱动力除焦耳热之外还包括外加机械压力作用下的黏性流动、晶界滑移、晶粒重排、位错运动产生的塑性变形。热压烧结主要有以下几大优势：显著地提高致密化速率，从而保证绝大多数情况下制得的陶瓷具有均匀细晶粒的微观结构，以及更优异的材料力学性能，同时，热压烧结能够减少烧结时间，从而降低能耗并控制晶粒长大情况；将烧结温度降低 100~200℃，对含挥发性组分或高温分解组分的陶瓷体系尤为有利；削弱共价键陶瓷烧结时对烧结助剂的依赖，减少陶瓷中第二相（如玻璃相）的产生，提高结构陶瓷的力学性能。但是，热压烧结只能用于制备扁平状的简单形状陶瓷，而且一次烧结的陶瓷数量有限、成本较高。工业生产中一般通过热压烧结制备陶瓷刀头、强共价键陶瓷、晶须、透明陶瓷或纤维增强陶瓷的复合陶瓷等。

5.4.5.4　热等静压烧结

热等静压烧结技术是现阶段使新型陶瓷快速致密化最有效的一种烧结方法，其烧结机理是以高压气体作为传导压力的介质，作用于塑性包套（或模具）内的陶瓷材料（包括粉末、素坯或烧结体）上。热等静压烧结过程中，高压气体作用在陶瓷材料上的压力是均衡的、全方位的，这使陶瓷材料致密化的效果较好，不易发生因受力不均匀而导致的分层、断裂等现象。热等静压烧结过程中高压气体作用在陶瓷材料上的压力一般为 100~320MPa，烧结温度最高可达 2000℃。图 5.27 为热等静压烧结炉工作示意图，陶瓷粉末或预成型后的陶瓷坯体被置于不透气的包装材料内，然后在高温高压下完成致密化烧结。模具（或包套）只起传递压力的作用，故对其强度要求不高。一般要求模具材料具有良好的耐高温性、优异的可焊性、高温下具有良好的可塑性、足够大的黏度。常用的模具材料包括石英玻璃，钨、钽、钼等高熔点金属薄壁容器。当热等静压烧结温度低于 1500℃时，一般可采用低碳钢薄板。而无包套热等静压技术是在常压烧结后再进行热等静压烧结处理，又称热等静压后处理工艺。它是将烧结之后得到的陶瓷进行再处理，即将陶瓷放入热等静压炉加压加热。经过热等静压后处理的陶瓷内剩余气孔的数量会有一定程度的减少，尺寸会相对减小，这种工艺还可以在一定程度上愈合裂纹，在此过程中晶粒不会发生长大。热等静压烧结技术可以缩短烧结时间、降低烧结温度、提高陶瓷性能、减少甚至取消烧结助剂的使用，同时热等静压烧结技术还可以烧结复杂形状的陶瓷。一般将其用于制备氮化硅陶瓷制品、高强度氧化物陶瓷、陶瓷基复合材料、核废料处理用复合陶瓷包套、透明陶瓷等。

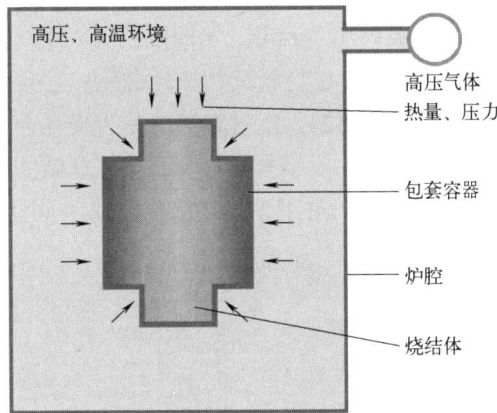

图 5.27　热等静压烧结炉工作示意图

5.4.5.5　微波烧结

微波烧结概念于 20 世纪 60 年代末期被提出，而陶瓷的微波烧结自 80 年代中期才开始得到发展。微波烧结利用微波与材料的相互作用，产生介电损耗而使陶瓷表面和内部同时受热（即材料自身发热，也称体积性加热）。图 5.28 是微波烧结和 CS 烧结的原理对比。与 CS 相比，微波烧结具有烧结温度低、烧结时间短、烧结体更加均匀等优势，具有较高的能量利用率。对于工业陶瓷的生产，该烧结技术可以降低生产周期从而提高生产效率，由于微波烧结的烧结周期较短，所以可以减少烧结过程中保护气体的用量，节约成本。微波加热的特点是体积性加热，这种加热方式不仅升温速率较热传导迅速，而且不会产生烧结体内明显的温度分区，致密化速度较快且致密性较高。采用微波烧结制备的陶瓷材料的晶粒尺寸明显小于

CS 制备的材料，因为在烧结过程中晶粒长大之前即可完成微波烧结，这可以有效地抑制晶粒异常长大，适用于制备超细晶粒的陶瓷材料。微波烧结还可以对材料进行选择性烧结，因为不同的材料、不同的物相对微波作用能力差异较大，产生的热量相差较大，通过对材料组分进行设计，可以实现在烧结炉中进行选择性烧结，从而得到预期的材料性能。

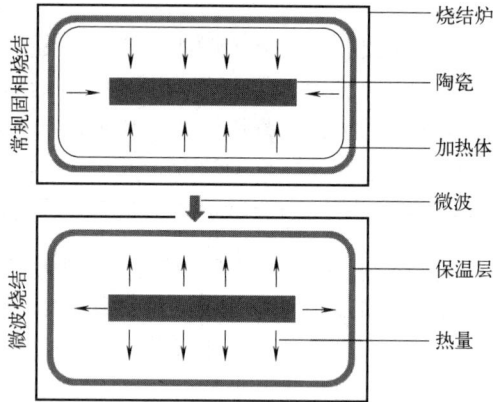

图 5.28　微波烧结和 CS 的烧结原理

微波作用于材料时可能出现四种情况，如图 5.29 所示。微波可以穿透 A 材料传输，且微波的强度几乎不会减小，如石英玻璃、云母、聚四氟乙烯。B 材料会将微波完全反射，如导电性好的银、铜、铝等大多数金属。C 材料又称损耗介质，它会使微波强度在传输过程中明显减小，如氧化铝、氧化铁等陶瓷材料。D 材料第二相为损耗介质，陶瓷组分吸收微波程度较小，但第二相会吸收大量的微波，属于复合材料。微波烧结的优势在于升温速率快、整体均匀加热、无热惯性、烧结周期短、可用于加热修复或缺陷愈合。

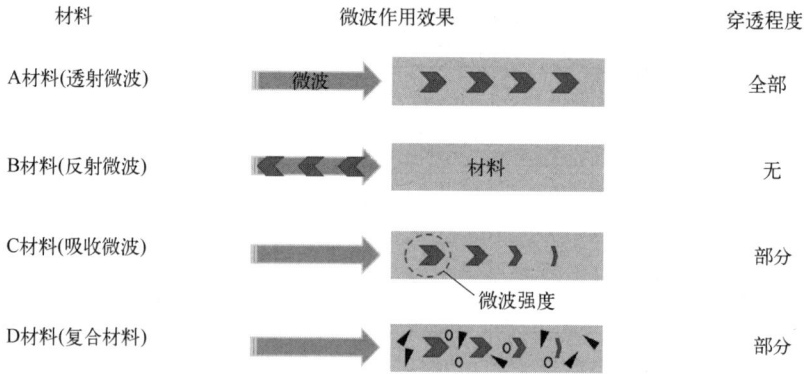

图 5.29　材料与微波的作用关系

5.4.5.6　其他烧结

除以上主流的特殊烧结外，气压烧结、自蔓延高温烧结、爆炸烧结、水热反应烧结、闪烧结等也是具有各自特色的烧结技术。其中，气压烧结是指陶瓷在烧结的过程中同时在炉中施加一定的气体（通常为 N_2）压力，这样可以抑制陶瓷材料在烧结过程中的分解和失重现象，可以优化材料的致密化程度，从而获得高密度的陶瓷样品。相比于热等静压烧结，气压烧结施加的气体压力较小，这可以抑制 Si_3N_4 或其他氮化物类高温材料的热分解。自蔓延高温烧结是利用固相反应原理来实现烧结，一般其烧结气氛可以为空气、真空、惰性气体、还原性气体等。该烧结是在一定的气氛中点燃粉末压坯，发生化学反应，其放出的反应热会使附近的粉末温度升高从而引发新的化学反应，以这种燃烧波的形式蔓延整个反应物，烧结结束反应物即转变成生成物。还可以在反应物中添加适当的反应助剂，实现陶瓷的液相烧结。自蔓延高温烧结技术可以用来制备高质量的高熔点难熔化合物。爆炸烧结是利用可控爆炸作为加热、加压手段的烧结技术，又称激波固结或激波压实。该技术利用滑移爆轰波掠过试件时所产生的斜入射激波，使金属或非金属粉末在瞬态高温、高压下发生烧结或合成。爆炸烧结比较适用于烧结非晶、微晶等新型材料，且具有较大的发展前景，相比 CS 爆炸烧结技术可以提高脆性材料的性能。通过爆炸加热与化学反应放热相结合的方法可大幅减少或消除陶瓷、超硬材料、高强度材料在室温下爆炸所产生的宏观和微观裂纹，提高材料的密度和强度。水热反应烧结是在高温高压的水热环境下进行的，对氧化物陶瓷烧结尤其适用。水热反应通常在密封的金属釜中进行，比较容易控制反应时的气氛。然而，密封的金属反应釜难以观察水热反应进行的状况，并且是间歇式操作，不适合连续化大规模工业化生产。

习题

1. 列出陶瓷烧成过程中包括的物理、化学、物理化学变化内容。
2. 从原料、制备工艺、用途等方面对比普通陶瓷和新型陶瓷的异同。
3. 俗称的"白色石墨烯"是什么？请简述其化学结构与性能。
4. 简述溶胶-凝胶法的工艺过程。
5. 与常规烧结相比，SPS 烧结有哪些特点？
6. 举例说明结构陶瓷的主要用途有哪些。
7. 陶瓷与金属相比，其塑性有何特点。
8. $BaTiO_3$ 是一种典型的铁电陶瓷，试画出其电滞回线并标注出主要的物理参数。
9. 陶瓷的导电性是否可以调控？请叙述调控方法。
10. 举一例功能陶瓷在电子信息领域中的应用。

参考文献

[1] 谭毅，李敬锋. 新材料概论 [M]. 北京：冶金工业出版社，2004：199.

［2］ 谢志鹏. 结构陶瓷［M］. 北京：清华大学出版社，2011.

［3］ 卢安贤. 无机非金属材料导论［M］. 3版. 长沙：中南大学出版社，2013：59-84.

［4］ 杨瑞成，张建斌，陈奎，等. 材料科学与工程导论［M］. 北京：科学出版社，2012：285.

［5］ 徐梅花. 新型功能陶瓷材料研究及发展［J］. 西部探矿工程，2007（12）：180-183.

［6］ Randhawa K S. A state-of-the-art review on advanced ceramic materials：fabrication，characteristics，applications，and wettability［J］. Pigment & Resin Technology，2023.

［7］ 崔唐茵，刘镇，魏春城. 流延成型技术制备陶瓷薄片的研究现状［J］. 中国陶瓷工业，2022，29（5）：39-44.

［8］ 肖永清. 探秘新型结构陶瓷材料及其运用与发展［J］. 现代技术陶瓷，2015，36（2）：31-38.

［9］ 时刻，黄英，廖梓珺. 纳米功能陶瓷的研究与应用［J］. 中国陶瓷，2005（1）：22-25.

［10］ 张启龙，杨辉. 功能陶瓷材料与器件［M］. 北京：中国铁道出版社，2017.

第6章

高分子材料

　　高分子材料在现代社会生活中几乎无处不在，在支撑人类社会并推动其发展上起着至关重要的作用。天然高分子材料的使用伴随着人类自身的发展。早在远古时代，人们已经学会利用动物毛皮、棉、麻、蚕丝等制作衣物。且随着生命科学的发展和研究水平的进步，人们发现生命体内的 DNA、蛋白质、各种生物酶均属于高分子材料的范畴。例如人自身的肌体除了 60% 的水外，剩下 40% 里的一半以上是蛋白质、核酸等天然高分子。为了进一步揭开生命的奥秘，人工合成蛋白质材料已成为生命科学领域的研究热点之一。而合成高分子材料具有天然高分子材料没有的或较为优越的性能——较小的密度，较高的力学性能、耐磨性、耐腐蚀性、电绝缘性等。合成高分子材料种类众多，其中塑料、纤维、橡胶三大合成高分子材料已成为国家建设和人们日常生活中必不可少的重要材料。这些合成高分子材料在我们的日常生活、工农业生产和尖端科学技术领域中起着越来越重要的作用。可以说，21 世纪人们已经进入"高分子时代"。

　　在功能性高分子材料研发方面，发达国家均全力发展新材料产业，例如美国将新材料称为"科技发展的骨肉"。自改革开放以来，我国十分重视高分子材料的创新与发展，自"七五"计划以来，高分子材料一直是国家重点科技攻关计划与产业化的内容。《石油和化学工业"十四五"发展指南》特别强调，石化行业在大力提升产业创新自主自强能力时，尤其要加快化工新材料产业发展。重点突破高端聚烯烃、工程塑料、高性能氟硅材料、高性能膜材料、电子化学品、生物基及可降解材料以及己二腈、高碳 α-烯烃共聚单体、茂金属催化剂等关键原料。重点优化提升聚碳酸酯、聚甲醛等工程塑料，特种树脂及可降解材料，碳纤维、对位芳纶等高性能纤维，全氟离子交换膜、高通量纳滤膜、锂电池用隔膜等膜材料产品性能。化工新材料领域加快开发特种茂金属聚烯烃等高端聚烯烃材料、5G 通信新一代高分子材料、高性能芳杂环特种工程塑料、高性能特种尼龙工程塑料、高端功能膜材料等高端新材料，提高我国高端化工新材料自给率。开发废塑料、废橡胶、废纤维等化学再生与回收利用技术。中国石油和化学工业联合会关于"十四五"化工新材料产业发展的战略和任务的重点工作指导：开发 5G 通信基站用核心覆铜板用树脂材料；聚砜、聚苯砜、聚醚醚酮、液晶聚合物等高性能工程塑料。此外，《中国制造 2025》《新材料产业发展指南》也为"十四五"期间高分子新材料产业发展指明重点方向。现代高科技迅猛发展，带动了社会经济和其他产业的飞跃，功能性高分子材料已明确地承担起历史的重任,向高性能化、多功能化、生物化三个方向发展。高分子材料已成为当下材料科学中强有力的支柱,未来也将会取得更大的成就。

6.1 概述

6.1.1 高分子材料发展历程

高分子材料根据来源可以分为天然高分子和合成高分子。最初人类直接使用天然高分子材料,特别是我国自古就有棉、麻、丝、竹等材料的使用。15 世纪美洲玛雅人就使用天然橡胶制作容器、雨具等生活用品。随着人类认识自然、改造自然能力的提高,后来又出现了使用化学方法改性的天然高分子,如天然橡胶的硫化、棉麻的丝光处理、由天然纤维制造人造丝和赛璐珞塑料(硝酸纤维素塑料)等。但 19 世纪以前,人们对这些材料的化学组成和结构仍所知甚少,且并未认识到这类材料属于高分子化合物范畴。

20 世纪初合成高分子得到了飞速开发和广泛应用。1907 年,Baekeland 为寻找虫胶的代用品,第一次用人工方法合成酚醛树脂。1926 年,美国 Semon 合成了聚氯乙烯。1930 年,合成聚苯乙烯。1935 年,英国 ICI 公司高压聚乙烯(PE)问世。1935 年,杜邦公司 Carothers 第一次用人工方法制成合成纤维——尼龙 66。随着化学合成方法和制备方法的进步,低压 PE、聚丙烯(PP)、聚苯乙烯、丁基橡胶等一系列材料和相关制品得到广泛应用。

虽然人们对高分子材料的应用由来已久,但直至 20 世纪 20 年代高分子学科才被正式提出。19 世纪由于分析方法和表征水平的限制,化学家们无法用经典的有机化学和物理化学方法得到这类化合物的熔点和沸点,也不能用已知方法进行提纯和分析,甚至连表征化合物最基本的参数——分子量也无法测定出来。因此化学家们认为这类物质不是纯粹的化合物,而是由小分子在一定条件下缔合形成的胶体。胶体缔合体成为当时化学界对这类物质的广泛认同。1920 年德国科学家 Staudinger 首次提出"大分子"概念,提出高分子物质是由具有相同化学结构的单体经过化学反应(聚合),通过化学键连接在一起的大分子化合物。Staudinger 的大分子学说提出后在化学界掀起了一场轩然大波且大分子学说受到了胶体缔合论者的强烈反对,在随后的 10 年里两种观点进行了多次激烈的交锋。随着越来越多实验结果的支持,大分子学说得到人们的普遍认同。至 20 世纪 30 年代末期,大分子学说取代了胶体缔合论。Staudinger 本人在 1953 年以"链状大分子物质的发现"获得了诺贝尔化学奖。20 世纪 50 年代德国化学家 Zigler 和意大利化学家 Natta 发明了配位定向聚合技术,获得了具有立构规整性的聚合物。不仅生产出极具工业意义的高分子材料,也促进了链结构、聚合机理、结构与性能关系研究的进一步发展。1963 年两位科学家以"关于有机金属化合物及聚烯烃的催化聚合的研究"获得了诺贝尔化学奖。另一位高分子科学奠基人,美国科学家 P. J. Flory 由于其在聚合反应原理、高分子结构、高分子物理化学等方面做出的杰出贡献,在 1974 年以"高分子物理化学的理论与实验方面的基础研究"获得诺贝尔化学奖。20 世纪 70 年代中期发现的导电高分子，改变了长期以来人们对高分子只能是绝缘体的观念，进而开发出了具有光、电活性的被称为"电子聚合物"的高分子材料，为 21 世纪提供可进行信息传递的新功能材料。且导电高分子的发明者于 2000 年获诺贝尔化学奖。另外，高分子科学正向生物学和医学渗透，形成了生物医学高分子这样一门边缘学科，其任务是配合分子生物学，从分子水平去研究生命过程，并运用高分子科学的理论和实践，向着人工合成生命物质的道路迈进。1984年美国科学家梅里菲尔德因在用于生物高聚物领域的肽合成法获得诺贝尔化学奖。

与国外相比，我国在高分子科学领域研究起步较晚，于 20 世纪 50 年代初才开始发展。王葆仁先生 1952 年建立了尼龙 6 研究组，在我国高分子科学的形成和发展中进行了重要的组织工作，培养了一大批学科骨干。冯新德先生 20 世纪 50 年代在北京大学开设高分子化学专业，在自由基聚合、氧化还原引发体系等领域开展了系统的基础研究，并开创了国内医用高分子研究领域。钱人元先生于 1952 年建立了高分子物理研究组，对我国高分子物理的发展起了奠基作用，开拓了我国高分子溶液、高分子凝聚态、有机金属导体等一些重要的研究领域。何炳林先生 20 世纪 50 年代中期在南开大学开展了离子交换树脂的研究，并在将基础研究和应用研究相结合推动产业发展方面做出了富有成果的尝试。钱保功先生 20 世纪 50 年代初开始了高聚物黏弹性和辐射化学的研究，在组织高分子化学、高分子物理进行学科联合，共同开发我国新品种橡胶研究方面做出了重要贡献。唐敖庆先生于 1951 年发表了首篇高分子科学论文（高分子统计理论），开展了高分子统计理论研究，在高分子化学、高分子物理理论研究方面开创了一个重要领域。徐僖先生 20 世纪 50 年代初在成都工学院（现四川大学）开创了塑料工程专业，开展的塑料成型研究对我国高分子成型科学基础研究的发展起了重要的推动作用。此外，周其凤、王佛松、严德岳等众多科研工作者在高分子科学领域也做出了一系列重要的研究成果。这些科研人员的努力使得我国在高分子领域的研究水平不断提高。

6.1.2　基本概念

（1）高分子的定义

分子量高是高分子化合物的基本特征，也正是由于其分子量高，它才具有许多与低分子化合物截然不同的性质和性能。通常把分子量在 $10^4 \sim 10^6$ 数量级范围的称为高分子，1000~10000 之间的称为低聚物或齐聚物，高于 10^6 的则称为超高分子量聚合物。高分子化合物简称为高分子或大分子，它与聚合物在大多数情况下没有本质区别，可以相互混用。严格意义上，大分子是分子量比较高的一类化合物的总称，而聚合物指的是由结构单元通过共价键重复连接而成的大分子。因此，高分子化合物可以分为两种：一种是分子量很高，但无重复结构单元的高分子量物质，如一些天然高分子，如蛋白质、核酸等；另一种是聚合物，它的特点是不仅分子量高，而且具有重复结构，许多天然高分子和极大部分合成高分子属于这一种，如天然橡胶（顺式聚异戊二烯）、聚乙烯、尼龙 66 等。实际工作中，高分子化学领域涉及的绝大部分是聚合物，所以高分子化合物和聚合物两词常常混用，当说到高分子化合物时往往指的是聚合物。

聚合物通常由小分子单体聚合而成。能够进行聚合反应，并构成高分子基本结构组成单元的小分子，称为单体，由单体相互连接形成的结构称为主链，主链结构单元上原子连接的取代基称为侧基，如图 6.1 所示。末端基团为主链两端连接的结构单元或官能团，端基可能是引发剂的碎片，一般不表示出来。端基由于含量较少通常可以忽略不计。

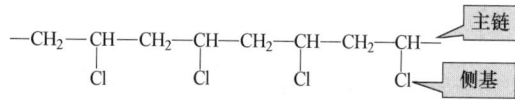

$$-CH_2-CH-CH_2-CH-CH_2-CH-CH_2-CH$$

主链

侧基

图 6.1　聚氯乙烯高分子链结构

对低聚物而言，分子中的重复结构单元少，增减几个结构单元对其物理力学性能有显著影响。而高聚物分子中的重复结构多，增减几个结构单元对其物理力学性能无明显影响。由于高分子学科的研究对象主要是高聚物，所以高聚物也经常叫作聚合物，当说到聚合物时往往指的是高聚物。因此，聚合物指的是具有重复结构的高分子量物质，具有高的分子量（$10^4 \sim 10^6$），增减几个结构单元对其物理力学性能影响不明显。

（2）高分子的分类

高分子分类方式较多，按来源分为天然高分子、半合成高分子和合成高分子；按化学组成不同高分子可分成碳链高分子、杂链高分子、元素有机高分子、无机高分子；按性质和用途，高分子分成塑料、纤维、橡胶、涂料、胶黏剂、功能高分子等不同类别；按高分子链的形态形状可分为线型、支链型、梳状、交联型等。

按高分子受热后的形态变化可分为热塑性和热固性两种类型。热塑性高分子在受热后会从固体状态逐步转变为流动状态。这种转变理论上可重复无穷多次。或者说，热塑性高分子是可以再生的。聚乙烯、聚丙烯、聚氯乙烯、聚苯乙烯和涤纶树脂等均为热塑性高分子。热固性高分子在受热后先转变为流动状态，进一步加热则转变为固体状态，这种转变是不可逆的。换言之，热固性高分子是不可再生的。通过加入固化剂使流体状转变为固体状的高分子，也称为热固性高分子。典型的热固性高分子包括酚醛树脂、环氧树脂、氨基树脂、不饱和聚酯、聚氨酯、硫化橡胶等。

（3）高分子材料的命名

天然高分子，一般有与其来源、化学性能与作用、主要用途相关的专用名称，如纤维素（来源）、核酸（来源与化学性能）、酶（化学作用）。由于不同职业的人在不同场合下使用不同的命名方法，高分子材料的名称较混乱。高分子材料的命名方法和原则，主要分为以下4 种。

① 习惯命名法，包括前缀法和后缀法两种。前缀法，即由一种单体合成的高分子，在单体名称前加"聚"命名。这种命名方法的特点是简单直观，由聚合物的名称往往可知道其单体，从而也就知道了其结构，但有时也易造成混乱。根据其结构并不能说明其来源。后缀法适用于某些由两种单体合成的缩聚物，通过单体简称后加"树脂"或"共聚物"命名。

② 结构特征命名，根据聚合物大分子主链的结构特征（化学键或官能团）命名，如聚酯、聚醚、聚酰胺。该命名方式指的是一类高分子，而非单种高分子。

③ 商品命名，该方法常用于合成纤维和橡胶的命名。用作纤维类的，在我国是用"纶"作为后缀，如涤纶（聚对苯二甲酸乙二酯）、腈纶（聚丙烯腈）、氯纶（聚氯乙烯）等。还有直接引用的国外商品名称音译，如尼龙6（聚己内酰胺）、尼龙66（聚己二酰己二胺）、尼龙610（聚癸二酰己二胺）、尼龙1010（聚癸二酰癸二胺）（前面数字表示二元胺的碳的数目，后面数字表示二元酸的碳的数目）。

合成橡胶一般为共聚物，从共聚单体中各取一字，后加"橡胶"，如丁苯橡胶（丁二烯-苯乙烯共聚物）、丁腈橡胶（丁二烯-丙烯腈共聚物）、乙丙橡胶（乙烯-丙烯共聚物）、异戊橡胶（聚异戊二烯）等。另外还有一些常用俗名简称，如ABS为丙烯腈（acrylonitrile）-丁二烯（butadiene）-苯乙烯（styrene）共聚物，SBR为丁苯橡胶（styrene-butadiene rubber），EPR为乙丙橡胶（ethylene-propylene rubber），EVA为乙烯（ethylene）-醋酸乙烯酯（vinyl acetate）的共聚物。

④ IUPAC系统命名法。该方法比较严谨，但太烦琐，常用于专业研究文献中。命名方法如下：首先确定重复结构单元；按小分子有机化合物的IUPAC命名规则给重复结构单元命名；最后在重复结构单元的名称前加前缀"聚"。

常见高分子材料的习惯命名、俗名及英文名称如表6.1所示。

表6.1　常用高分子材料的命名

名称	俗名	英文	名称	俗名	英文
聚乙烯	PE	polyethylene	聚碳酸酯	PC	polycarbonate
聚丙烯	PP	polypropylene	聚丙烯酰胺	PAM	polyacrylamide
聚异丁烯	PIB	polyisobutylene	聚丙烯酸甲酯	PMA	poly（methyl acrylate）
聚苯乙烯	PS	polystyrene	聚甲基丙烯酸甲酯	PMMA	polymethyimethacrylate
聚氯乙烯	PVC	polyvinyl chloride	聚乙酸乙烯酯	PVAc	poly（vinyl acetate）
聚四氟乙烯	PTFE	polytetrafluoroethylene	聚乙烯醇	PVA	poly（vinyl alcohol）
聚丙烯酸	PAA	poly（acrylic acid）	聚丁二烯	PB	polybutadiene
聚酯	PET	polyester	聚丙烯腈	PAN	polyacrylonitrile

6.1.3　高分子材料的结构

物质的结构是指在平衡态分子中原子之间或平衡态分子间在空间的几何排列。分子量大小对物质的结构、状态和性质起重要影响。由于分子量较大，分子链长，高分子相比小分子而言其结构更加复杂。根据研究尺度的不同，高分子结构可分为高分子链结构和聚集态结构两个层次。高分子的链结构又称一级结构，进一步可分为近程结构和远程结构。高分子的聚集态结构又称二级结构，是指具有一定构象的高分子链通过范德瓦耳斯力或氢键的作用，聚集成一定规则排列的高分子聚集体结构，如晶态、非晶态、取向态、液晶态及更高层次的织态结构等。高聚物的结构层次如图6.2所示。

高聚物结构
- 高分子链结构
  - 近程结构
    - 支化与交联
    - 结构单元的序列分布
    - 结构单元的构型
    - 结构单元的键接方式
    - 结构单元的化学组成
  - 远程结构
    - 分子链的形态
    - 分子链的大小
- 聚集态结构
  - 三次结构
    - 液晶结构
    - 取向态结构
    - 非晶态结构
    - 晶态结构
  - 高次结构
    - 织态结构

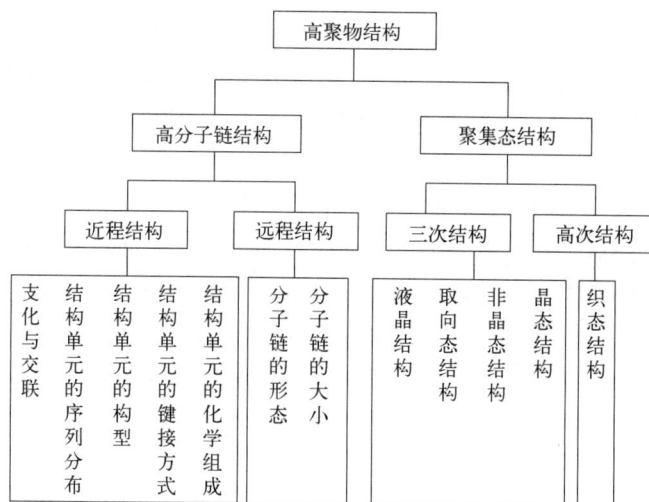

图 6.2　高聚物的结构层次

6.1.4　高分子材料的制备

高分子材料通过单体聚合制备而成。根据聚合前后单体与聚合物在组成及结构上的变化可分为加成聚合和缩合聚合。该分类方法 1929 年由 Carothers 提出。其中加成聚合结构单元与单体组成相同，聚合物分子量是单体分子量的整数倍；缩合聚合为单体通过官能团之间的缩合反应，失去小分子化合物（如水、醇等）形成聚合物的反应，所得产物为缩聚物，从单体到聚合物，组成和结构均发生变化，聚合物的分子量不是单体的整数倍，且聚合物中常含有单体官能团的特征，反应伴随低分子副产物生成。

随后 20 世纪 50 年代 Flory 提出按照聚合机理或反应动力学进行分类，主要分为连锁聚合反应和逐步聚合反应两类。其中，连锁聚合反应是由引发剂形成活性中心，引发单体聚合形成聚合物的过程。反应过程包括链引发、链增长和链终止三个基元反应。单体一经引发，迅速连锁增长，各步反应速率和活化能差别很大。聚合过程中，只含有单体、聚合物及少量的引发剂等，无聚合度逐渐递增的中间产物。转化率随着反应时间而增加，而反应过程中产物的分子量变化不大。根据活性中心的不同又可分为自由基聚合、离子聚合和配位聚合，采用哪种聚合方式则需根据单体的结构来选择。逐步聚合反应是单体之间通过官能团间的反应逐渐形成低聚体，低聚体之间再经官能团间的反应形成高聚物的过程。逐步聚合反应无特定的活性中心，反应逐步进行，每一步的反应速率和活化能大致相同，反应过程中，体系由单体和分子量递增的一系列中间产物组成，产物分子量随着反应的进行缓慢增加，而转化率在短期内很高。一般含碳碳不饱和键的单体、含羰基的化合物和杂化化合物常采用连锁聚合反应进行聚合，而含有羟基、羧基、氨基等多官能团的单体则常采用逐步聚合反应进行聚合。

此外，基团转移聚合、活性可控自由基聚合、原子转移自由基聚合、可逆加成-断裂链转移聚合等多种新型聚合反应的研究，推动了新型高分子材料的制备和发展应用。

6.2 通用高分子材料

人工合成高分子化合物的成功为人工合成材料开辟了新的道路，改变了只能依靠天然材料的历史。合成材料的品种很多，按用途和性能可分为通用合成高分子材料（包括塑料、橡胶、合成纤维、黏合剂、涂料等）、功能高分子材料（包括高分子分离膜、液晶高分子、导电高分子、医用高分子、高吸水性树脂等）和复合材料。其中，被称为"三大合成材料"的合成塑料、合成橡胶和合成纤维应用最广泛，在此对三者的性能和应用进行简要介绍。

6.2.1 合成塑料

（1）塑料的基本特点

塑料是以高聚物（树脂）为主要组分，在其制造或加工过程中的某一阶段能流动成型或聚合成型，并在常温下保持形状不变的固体材料。塑料的主要成分是合成高分子化合物，即合成树脂。在塑料的组成中除了合成树脂外，还有为改进其性能根据需要加入的具有某些特定用途的加工助剂，如提高柔韧性的增塑剂、改进耐热的热稳定性、防止塑料老化的防老剂、赋予塑料颜色的着色剂等。塑料的基本性能主要取决于树脂的本性，但添加剂也起着重要作用。

塑料的密度小（$\rho=1{\sim}1.4\text{g/cm}^3$），故制成同样大小的制品，塑料件要轻得多，绝缘性和绝热性好，耐腐蚀性和化学稳定性好，且加工性能优良，容易成型加工，性能可调范围宽。由于其具有众多优点，如取材容易、价格低廉、加工方便、质地轻巧，因此塑料一问世，便深受欢迎，迅速渗入社会生活的方方面面。塑料被制成碗、杯、袋、盆、桶、管等，创造了巨大的社会和经济效益，在人们的生产和生活中广泛应用。

（2）塑料的编码及材料特点

塑料按应用范围可分为通用塑料、工程塑料和特种塑料。通用塑料产量大（产量占总产量的一半以上）、用途广、价格低、性能一般，包括6大品种：聚乙烯、聚丙烯、聚氯乙烯、聚苯乙烯、酚醛树脂、氨基塑料。工程塑料指在工程技术中用作结构材料的塑料。与通用塑料相比，其具有较高的强度，很好的耐磨性、耐腐蚀性、自润滑性及尺寸稳定性，即具有某些金属性能，可以替代金属作某些机械构件，常用种类包括聚酰胺、聚甲醛、聚碳酸酯、ABS、聚砜、聚苯醚、聚四氯乙烯等。特种塑料指具有某些特殊性能的塑料，如聚四氟乙烯。以下简要介绍几种日常生活中常见塑料。

美国塑胶工业协会提出利用塑料类型来分类。可回收的塑胶容器均会附有一个以三个箭号围绕而成的三角形标签，标签上会表示塑料的类型，如图6.3所示。人们无须费心去学习各类塑料材质的异同，就可以简单地加入回收工作的行列，且可通过这个标识知道塑料制品的材质和使用环境。

图 6.3 塑料编码、材料种类及对应日常生活用途

① 聚对苯二甲酸乙二醇脂（PET）：为乳白色或浅黄色高度结晶性的聚合物，表面平滑而有光泽。耐蠕变、抗疲劳性和尺寸稳定性好，磨耗小而硬度高，具有热塑性塑料中最大的韧性。无毒，耐气候性、抗化学药品稳定性好，吸水率低，耐弱酸和有机溶剂，但不耐热水浸泡，不耐碱。PET 树脂的玻璃化转变温度较高，结晶速度慢，模塑周期长，成型周期长，成型收缩率大，尺寸稳定性差，结晶化的成型呈脆性，耐热性低，塑料制品加热至 70℃时易变形，有对人体有害的物质融出，所以不能加热使用。PET 塑料瓶广泛用于包装碳酸饮料、饮用水、果汁、酵素和茶饮料等，是当今使用量最大的饮料包装，在食品、化工、药品包装等众多领域已获得广泛应用。

② 高密度聚乙烯（HDPE）：为白色粉末或颗粒状产品。结晶度为 80%~90%，软化点为 125~135℃；使用温度可达 100℃；硬度、拉伸强度和蠕变性能优于低密度聚乙烯；耐磨性、电绝缘性、韧性及耐寒性较好；化学稳定性好，在室温条件下，不溶于任何有机溶剂，耐酸、碱和各种盐类的腐蚀；薄膜对水蒸气和空气的渗透性小，吸水性低；但耐老化性能差，耐环境应力开裂性不如低密度聚乙烯，特别是热氧化作用会使其性能下降，所以树脂中需加入抗氧剂和紫外线吸收剂等来改善这方面的不足。高密度聚乙烯树脂可采用注射、挤出、吹塑和旋转成型等方法成型塑料制品。采用注射成型可成型出各种类型的容器、工业配件、医用品、玩具、壳体、瓶塞和护罩等制品。采用吹塑成型可制备各种中空容器、超薄型薄膜等。采用挤出成型可制备管材、拉伸条带、电线和电缆护套等。

③ 聚氯乙烯（PVC）：仅次于聚乙烯的第二大塑料品种，是氯乙烯单体在过氧化物、偶氮化合物等引发剂或在光、热作用下，按自由基聚合反应机理聚合而成的聚合物。本身质地很硬，加入增塑剂可变成比 PE 还柔软的塑料，用于制备各种不同的用品。具有较高的强度、刚性、良好的电绝缘性、耐化学腐蚀性和阻燃性；但热稳定性较差，使用温度较低，介电常数、介电损耗较高。此外，单体氯乙烯有毒，使用的某些增塑剂有毒，在高温或燃烧时会分解放出氯化氢，对人体和环境造成一定危害。纯聚氯乙烯属无规立构，无色透明，硬而脆，很少应用。常利用橡胶和增塑剂对其改性。增塑（软）聚乙烯用于制作窗帘、桌布、雨衣、手提箱、人造革、墙纸、农用薄膜、耐酸碱软管及电线电缆包覆层等。硬聚氯乙烯常用于制造工业管道、给排水管道、板件、管件、建筑及家用防火材料、化工防腐设备及各种机械零件。

④ 低密度聚乙烯（LDPE）：白色蜡状固体，柔而韧，比水轻，吸水性低，易燃烧且离火后继续燃烧，透明度随结晶度增加而下降。拉伸强度不高、硬度低、环境应力开裂严重。具有优良的耐低温性能，使用温度可达–100~–70℃，但受热易老化（氧化和降解）。室温下能耐大多数酸碱的侵蚀，常温下不溶于任何已知的溶剂。流动性极好，其成型时无须太高压力就能制出薄壁长流程制品，常用于制造食品包装袋、农用薄膜、各种饮水瓶、容器、玩具等。

⑤ 聚丙烯（PP）：密度为 0.90~0.91g/cm³，为最轻的塑料。等规立构聚丙烯结晶度高，占 PP 产量的 95%，具有较高的熔点和较好的耐热性能。比聚乙烯更透明、更轻，力学性能更好，特别是抗弯曲疲劳强度高。可在 100℃左右使用，但低温时变脆，不耐磨，易老化。有优良的耐腐性和高频绝缘性。生活中常用于制造餐盒、婴儿奶瓶等，是唯一可以放入微波炉中加热的塑料制品。在工业中用于制作各种机械零件，如法兰、接头、泵叶轮、汽车零件、水蒸气、各种酸碱等的输送管道、化工容器以及各种绝缘零件。

⑥ 聚苯乙烯（PS）：普通聚苯乙烯树脂为无毒、无臭、无色的透明颗粒，似玻璃状脆性材料。其制品具有极高的透明度，透光率可达 90%以上。聚苯乙烯电绝缘性能好，易着色、加工流动性好，刚性及耐化学腐蚀性好，加工成本低，常用于制备仪表外壳、汽车灯罩、照明制品、高频电容器、高频绝缘材料、光导纤维、包装材料。不足之处在于性脆，冲击强度低，易出现应力开裂，耐热性差。此外，以聚苯乙烯树脂为原料，经特殊工艺连续挤出，发泡成型，可制备泡沫聚苯乙烯，其内部具有紧密的闭孔蜂窝结构，具有高强度、耐老化、阻燃、防潮、轻质、耐腐蚀性，常用于建筑、运输、冷藏、化工设备的保温、绝热和减震方面。

⑦ 聚碳酸酯（PC）：透光率达 90%，被誉为透明金属，具有硬而韧的性质，耐高温，其抗冲击强度是工程塑料中最高的。近年来被大量用于制备饮水杯（又称"太空杯"）和净水桶等中空容器。工业上用于制造继电器盒盖、计算机和磁盘的壳体、荧光灯罩、汽车及透明窗的玻璃等，也是宇宙、航空工程中不可缺少的材料。但近年来研究发现，长期使用的聚碳酸酯塑料制品会释放双酚 A，双酚 A 可能对人体健康产生严重危害，故 PC 在食品容器应用中逐渐淡出，但它在其他工业领域仍然有着广泛的应用。

（3）白色污染的危害与防治

塑料产量不断增大、生产成本越来越低，突出的便利性使其在日常生活中获得广泛应用。小到食品包装，大到建筑材料，甚至包含交通工具、医疗器械等诸多人类必需品都离不开它。然而，我们用过的大量农用薄膜、包装用的塑料袋和一次性塑料餐具在使用后被抛弃在环境中，给景观和环境带来很大破坏。

由于塑料包装物大多呈白色，它们造成的环境污染被称为白色污染。人类每年平均制造几百万吨塑料废物，这些废物从海岸地区进入海洋，但塑料在海洋中自然降解却要几十年甚至上百年，对水系和海洋生物造成了严重危害。海洋里，多种水生物种的体内发现了微塑料。研究表明，微塑料能进入动物血液、淋巴系统甚至肝脏，造成肠道甚至生殖系统的损害。而2018 年欧洲联合胃肠病学周发布了一项研究，首次确认：在人体内发现了多达 9 种不同种类的微塑料。一项发表在《环境科学与技术》杂志上的最新研究发现，全球销售的食盐品牌中，超过 90%被塑料污染，其中海盐中塑料含量最高。在瓶装水和贻贝等水产中也发现了微塑料颗粒。塑料正悄无声息地被人类吃入体内！塑料的不可降解和稳定性将使得其可在人体内长久存在。虽然微塑料是否对人类健康造成威胁、造成什么程度的威胁目前尚不明确，但警钟已经敲响。

回收废塑料并使之资源化是解决白色污染的根本途径。近年来，一些国家大力开展 3R运动：要求做到废塑料的减量化（reduce）、再利用（reuse）、再循环（recycle）。2008 年 3 月，我国发布《国务院办公厅关于限制生产销售使用塑料购物袋的通知》，标志着我国"限塑令"正式出台。2020 年 1 月，我国发布的《国家发展改革委、生态环境部关于进一步加强塑料污染治理的意见》的主要目标是：到 2020 年，率先在部分地区、部分领域禁止、限制部分塑料制品的生产、销售和使用。这被称为我国"禁塑令"。一方面，由国家倡导减少塑料制品的过度使用。另一方面，科学研究者正积极提高塑料废弃物回收再利用技术及研发新型可降解塑料（如光降解塑料、生物降解塑料等）。加强环保宣传，提高公民的环保意识，在社会上形成良好的环保氛围，是解决白色污染及其他各种形式污染的前提。对我们个人来说，减少或停止使用一次性餐具及超薄塑料袋，自觉加强垃圾分类，有意识地减少不必要的塑料制品使用，将对塑料污染治理起到重要作用。彻底解决塑料污染问题可能要经过数年之久，但小的改变也将会带来大的效果。

一直以来，新型塑料材料及绿色加工方式研究是该领域的热点。传统塑料的加工过程通常涉及高温、高压等苛刻条件，能耗较高，而探索低碳环保的塑料加工方式对实现塑料生产的节能降耗具有重要意义。近来，塑料的水塑加工引起了大家的广泛关注。水作为一类"绿色"增塑剂，可以有效改变聚合物的状态，帮助实现材料的塑形，而水分的挥发能够将形状固定。然而，该过程中塑料的力学性能和加工性能往往存在着此消彼长的关系。因此，在构筑兼具优异的力学性能和便捷的水塑加工性能的"绿色"塑料方面仍然存在着较大的挑战。为解决上述问题，2022 年东华大学武培怡/侯磊研究团队提出了一种以超分子类塑性水凝胶（SPHs）为加工平台构筑"绿色"塑料的新策略。他们利用甲基纤维素（MC）和甲基丙烯酸（MAA）之间的氢键和疏水相互作用制备了 MC/MAA 配合物沉淀，进一步聚合形成透明的薄膜。利用折纸、剪纸和压花等方式可获取丰富的 3D 形状。由于超高的刚度和优异的塑形能力，该超分子塑料在用作石膏代替品方面展现出巨大的潜力，从而赋予该塑料丰富的形状，如图 6.4 所示。此外，该塑料具有双重刺激响应（温度、水）的形状记忆特性。由于氢键动态交联的超分子结构，该塑料可以在水和热的存在下修复，从而可完成形态自回收再利用。以上研究成果以 "Hydrogen-bonding affords sustainable plastics with ultrahigh robustness and water-assisted arbitrarily shape engineering"为题发表在 *Advanced Materials* 上。

6.2.2　合成橡胶

在较小的外力作用下，可以产生很大的形变，在去除外力后，形变几乎完全恢复，聚合物这种特性称为高弹性。室温下具有高弹性的高分子材料称为橡胶。

（1）橡胶的基本特点

构成橡胶弹性体的分子结构有下列特点：①分子是由重复单元（链节）构成的长链

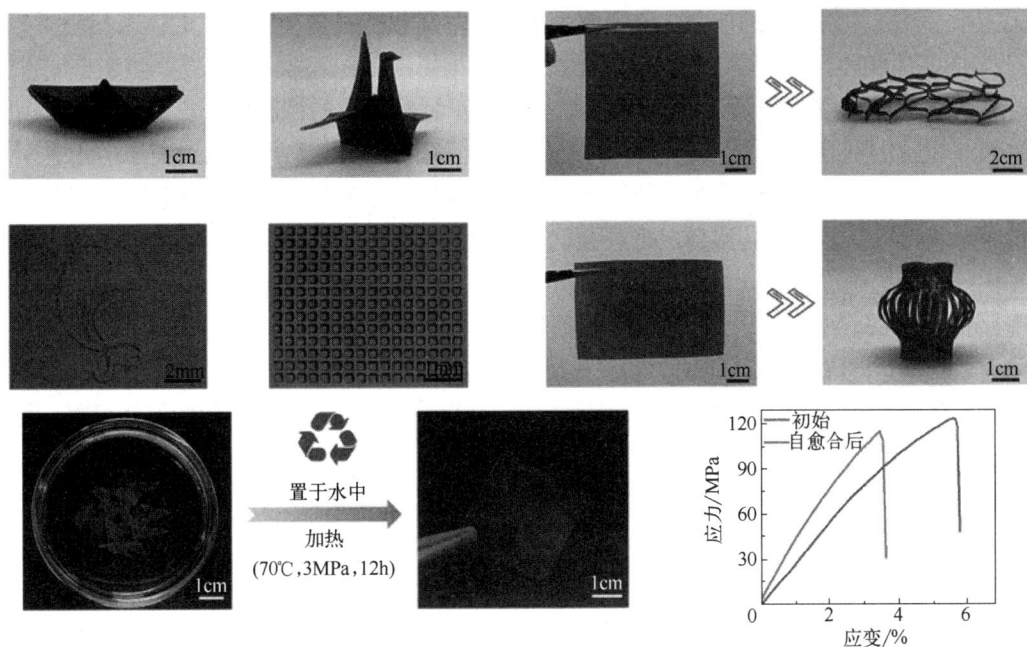

图 6.4　超分子类塑性水凝胶的形状编辑及自修复性能

分子，分子链柔软且链段有高度的活动性，玻璃化转变温度（T_g）低于室温；②分子间的吸引力（范德瓦耳斯力）较小，在常态（无应力）下是非晶态，分子彼此间易于相对运动；③其分子之间有一些部位可以通过化学交联或由物理缠结相连接，形成三维网状分子结构，以限制整个大分子链的大幅度的活动性。从微观上看，组成橡胶的长链分子的原子和链段由于热振动而处于不断运动中，整个分子呈现极不规则的无规线团形状，分子两末端距离远小于伸直链的长度。未拉伸的橡胶像是一团卷曲的线型分子的缠结物。橡胶在不受外力作用时，未变形状态熵值最大。当橡胶受拉伸时，高分子链段在拉伸方向上以不同程度排列成行。这种排列需要消耗能量，因为橡胶本身是抵制受伸张的。为了保持这种定向排列，必须对橡胶施加外力并做功。当外力除去时，橡胶将收缩回熵值最大状态，故橡胶的弹性主要源于体系中熵的变化，即"熵弹性"。

（2）橡胶的分类

橡胶根据材料来源可分为天然橡胶和合成橡胶。

① 天然橡胶。人类使用天然橡胶的历史悠久。早在 11 世纪，南美洲人已开始利用野生天然橡胶。14 世纪哥伦布第二次到美洲，发现了橡胶树。1839 年 Goodyear 发现硫黄可使橡胶硫化，使其弹性大大提升，这奠定了橡胶加工业的基础。硫化是指橡胶态线型大分子链通过化学交联而构成三维网状结构的化学变化过程，也是天然橡胶工业制备工艺中的重要步骤。通过这一过程，橡胶的化学结构发生根本改变，并在性能上获得显著提高。1888 年，充气轮胎的发明则使橡胶工业真正起飞。对天然橡胶，其保持高弹性的温度范围只在 5~35℃，生胶的机械强度也比较低，用纯生胶是不能制造出符合使用要求的橡胶制品的。根据制品的性能要求，考虑加工工艺性能和成本等因素，把生胶和配合剂组合在一起，一般的配合体系包括

硫化体系、补强体系、防护体系、增塑体系等，有时还包括其他一些特殊的体系如阻燃、着色、发泡、抗静电、导电等体系。

② 合成橡胶。随着汽车数量的大量增加，用于制造轮胎的橡胶的需求量也急剧增加，导致天然橡胶供不应求。面对橡胶生产的严峻形势，各国竞相研制合成橡胶。除天然橡胶外，丁苯橡胶、顺丁橡胶、异戊橡胶、氯丁橡胶、丁基橡胶、丁腈橡胶、乙丙橡胶等多种通用合成橡胶已获得广泛应用。通用合成橡胶是优异的电绝缘体，丁基橡胶、乙丙橡胶和丁苯橡胶都有很好的介电性能，所以在绝缘电缆等方面得到广泛应用。丁腈橡胶和氯丁橡胶，因其分子中存在极性原子或原子基团，其介电性能较差。另外，在橡胶中掺入导电炭黑或金属粉末等导电填料，会使橡胶有足够的导电性来分散静电荷，甚至成为导电体。通用合成橡胶是热的不良导体，其热导率在厚度为 25mm 时为 2.2~6.28W/（m·K），是优异的隔热材料。如果将橡胶做成微孔或海绵状态，其隔热效果会进一步提高，使热导率下降至 0.4~2.0W/（m·K）。

共价橡胶聚合物网络的寿命和实用性由其反复拉伸而不断裂的能力决定。在长期使用之后，一旦裂痕变得足够大，材料在形变过程中就很容易发生断裂。而从材料力学角度考量这一现象时，人们往往将其当作机械工程的问题。从化学角度来说，高分子网络是一个非常大的分子，是能看得见、摸得着的一个超大分子。共价链的断裂（通常是同质键的断裂）是通过化学反应发生的，这种断裂是由裂纹扩展前沿过度拉伸的链的张力加速的。裂痕在材料中的延伸，意味着要断开很多高分子链，也意味着要断开很多化学键。事实上，这是一个既特殊又复杂的化学反应。那么高分子在力作用下发生的化学反应，到底如何影响整个高分子网络材料的力学性质？

高分子材料由化学键连接而成，这些化学键越弱，高分子材料的抗撕裂性也会越弱。但在 2023 年，研究者发现，使用弱的化学键作为交联节点将强的高分子链相互连接起来，即高分子链本身很强但是链和链之间的连接很弱，出人意料的是这种高分子网络表现出优异的抗撕裂性。产生这种现象的原因可能是高分子链本身很强，所以当裂痕扩展时，弱的连接节点会先于高分子主链断裂，从而在分子尺度上让裂痕偏离了原本的方向。这样一来，裂痕的延伸路线就会非常崎岖。更重要的是，当弱的连接节点断裂时，节点之间有效高分子的主链长度会变得更长，这会让高分子链上的力得到重新分配，从而导致裂痕更加难以向前延伸。如果使用普通的共价交联剂则不会产生这种效果，因为普通的共价交联剂和高分子主链一样强，因此应力很容易集中在裂痕尖端的桥接链上，所以就算高分子主链本身很强，也依然很容易断裂。该研究基于环丁烷基机械载体交联剂，突破了力触发的裂环，导致聚合物网络的强度是传统类似物的 9 倍。如图 6.5 所示，具有长聚丙烯酸酯骨架的侧链交联网络是通过 2-甲氧基乙基丙烯酸酯单体（M）的可逆加成-断裂链转移（RAFT）聚合形成的。用双丙烯酸酯交联剂 C1 和 C2 分别聚合预凝胶溶液，会形成两个渗流弹性体网络 E1 和 E2，因为 E1 和 E2 中的主链被交联剂 C1 和 C2 固定在一起。交联剂 C1 是一种顺式二芳基取代的环丁基基团，在张力下通过力耦合环化反应形成两个肉桂酸酯，而交联剂 C2 由普通碳氢键和碳氧键组成，具有机械化学强度。虽然这两种弹性体具有类似的网络连接，但它们的无缺口薄膜在拉伸时的断裂情况非常不同，用较弱的交联剂制成的网络 E1 明显比用较强的交联剂制成的 E2 更难撕裂。这种反应归因于长而强的主聚合物链和交联剂裂解力的结合。增强的韧性没有与非共价交联相关的滞后现象，而且在两种不同的丙烯酸酯弹性体中，在疲劳和恒定位移速率张力中，以及在凝胶和弹性体中都观察到了这种韧性。此外，这种利用弱共价键的增韧方式，基本不会改变高分子网络材料的其他性质，而是仅仅在需要对抗裂痕扩展的时候，才会表现出增韧的性质。这一突破性发现可能在提高橡胶轮胎的使用寿命和减少微塑料污染等方面产生重大影响。相关成果以 "Facile mechanochemical cycloreversion of polymer cross-linkers enhances tear resistance" 为题发表在 *Science* 上。

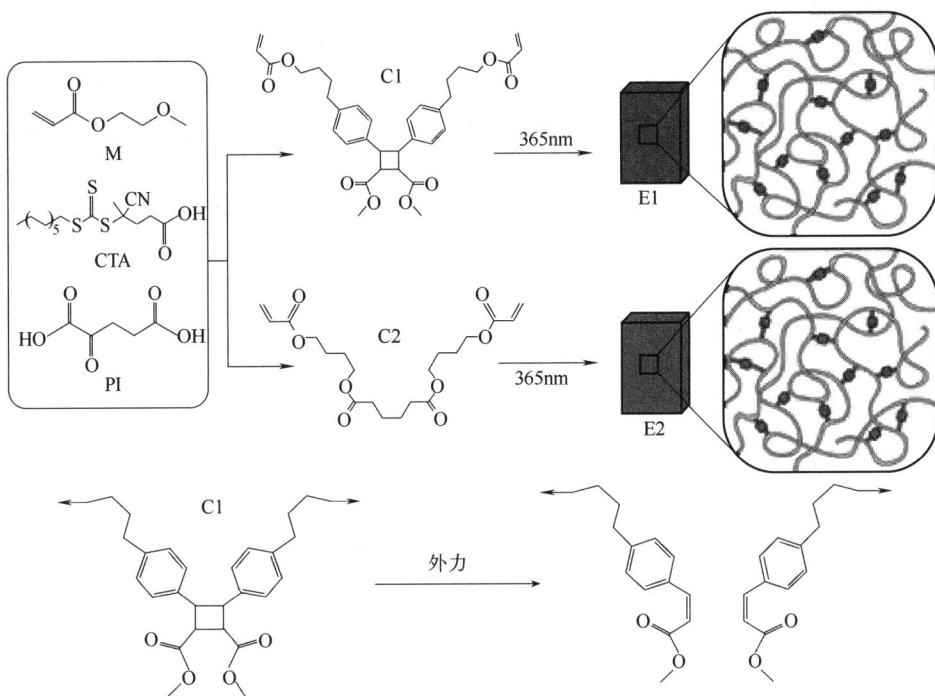

图 6.5　材料结构及 C1 分子的机械化学反应变化

6.2.3　合成纤维

凡能保持长度比自身直径大 100 倍以上的均匀、线条状或丝状的高分子材料都称为纤维（fiber）。合成纤维品种繁多，按主链结构一般可分为碳链合成纤维和杂链合成纤维两类。碳链合成纤维是由大分子主链上全由碳原子构成的聚合物得到的纤维，杂链合成纤维则是由大分子主链上，除含有碳原子外还含有氧、氮、硫等杂原子的聚合物制得的纤维。根据其用途进行分类可分为通用合成纤维和高性能合成纤维。

6.2.3.1　通用合成纤维

三大通用合成纤维包括聚酯（聚对苯二甲酸乙二醇酯）纤维、聚酰胺（尼龙 6 和尼龙 66）纤维、聚丙烯腈纤维。在我国对通用合成纤维一般以"纶"作后缀命名。对应上述三大合成纤维其名称分别为涤纶、锦纶和腈纶。它们的产品占合成纤维总产量的 90% 以上，尤其在纺织领域应用最多，此外，还有丙纶（聚丙烯纤维）、维纶（聚乙烯醇纤维）、氯纶（聚氯乙烯纤维）等。通用合成纤维的强度高、弹性好、耐磨和耐化学腐蚀，但它的吸水性和透气性较差。因此，合成纤维常与棉纤维或羊毛纤维混合纺织，使衣服既舒适又美观。

6.2.3.2 高性能合成纤维

除上述常用的合成纤维材料，近年来，高性能合成纤维材料得到快速发展和应用。高性能合成纤维是指具有特殊的物理化学结构、性能和用途，或具有特殊功能的化学纤维，一般具有极高的抗拉强度、杨氏模量，同时具有耐高温、耐辐射、抗燃、耐高压、耐酸、耐碱、耐氧化剂腐蚀等其他特性，被广泛应用于航空航天、国防军工、交通运输、工业工程、土工建筑及生物医药和电子产业等领域。按应用功能进行分类可分为高温耐腐蚀纤维（如聚四氟乙烯纤维）、耐高温纤维（如聚间苯二甲酰间苯二胺纤维、聚苯并咪唑纤维等）、高强度纤维（如聚对苯二甲酰对苯二胺纤维、聚对苯甲酰胺纤维等）、高模量纤维（如碳纤维、石墨纤维等）、耐辐射纤维（如聚酰亚胺纤维等）、抗燃纤维、高分子光导纤维以及离子交换纤维等。

（1）芳纶纤维

芳纶纤维具有很长的生命周期。在 20 世纪 60 年代，美国杜邦公司研制出一种新型复合材料聚对苯二甲酰对苯二胺，并以"Kevlar（凯芙拉）"作为其商标。芳纶的发现，被认为是材料界一个非常重要的历史进程。芳纶纤维具有超高强度、高模量、耐高温、耐酸耐碱、重量轻等优良性能，其强度是钢丝的 5~6 倍，模量为钢丝或玻璃纤维的 2~3 倍，韧性是钢丝的 2 倍，而重量仅为钢丝的 1/5 左右，在 560℃下，不分解、不融化，具有良好的绝缘性和抗老化性能。

芳纶纤维作为世界三大高性能纤维之一，是重要的战略物资，在国防领域应用广泛，例如芳纶防弹衣、头盔的轻量化有效提高了军队的快速反应能力。除了军事上的应用外，芳纶现已作为一种高技术含量的纤维材料被广泛应用于航空航天、机电、建筑、汽车、体育用品等国民经济的各个方面。

芳纶生产的技术瓶颈难以突破，目前只有美国、日本、俄罗斯等少数发达国家能工业化生产。新中国成立初期我国的技术水平、产品档次及生产能力都与国外发达国家存在较大的差距，大部分原料需要进口。芳纶已被列入我国鼓励发展的高新技术产品目录之中。目前，在间位芳酰胺的开发和生产方面，我国取得了一定程度的进步。此外，中国航天科工集团第六研究院四十六所，从 1994 年开始启动 F-12 高强有机纤维的研制，2014 年具有完全自主知识产权的含杂环芳香族聚酰胺纤维（又称 F-12 高强有机纤维）年产 50 吨生产线，在内蒙古自治区呼和浩特市实现连续稳定生产，总体技术达到国际先进水平，应用前景广阔。该研究打破了中国高端芳纶纤维研究制造领域依赖进口的被动局面，形成芳纶纤维的国内自主保障能力，为中国国防军工及高端民用产品的研制提供强有力的支撑。

（2）碳纤维

碳纤维（carbon fiber, CF）是一种含碳量在 90% 以上的高强度、高模量纤维的新型纤维材料。它由片状石墨微晶等有机纤维沿纤维轴向方向堆砌而成，经碳化及石墨化处理而得到的微晶石墨材料。碳纤维"外柔内刚"，质量比金属铝轻，但强度却高于钢铁，并且具有耐腐蚀、高模量的特性，在国防军工和民用方面都是重要的材料。2018 年 2 月，中国完全自主研发出第一条百吨级 T1000 碳纤维生产线。

碳纤维及其复合材料被广泛应用于航空航天、汽车材料、土木建筑、体育用品等领域，如图 6.6 所示。

图 6.6　碳纤维及其复合材料的应用

碳纤维是火箭、卫星、导弹、战斗机和舰船等尖端武器装备必不可少的战略基础材料。将碳纤维复合材料应用在战略导弹的弹体和发动机壳体上，可大大减轻重量，提高导弹的射程和突击能力，如美国 20 世纪 80 年代研制的洲际导弹三级壳体全部采用碳纤维和环氧树脂复合材料。碳纤维复合材料也开始大量使用在新一代战斗机上，如美国第四代战斗机 F22 采用了约 24% 的碳纤维复合材料，从而使该战斗机具有超高声速巡航、超视距作战、高机动性和隐身等特性。美国波音推出新一代高速宽体客机的声速巡洋舰，约 60% 的结构部件采用强化碳纤维塑料复合材料，其中包括机翼。中国自行研制的碳纤维复合材料刹车预制件性能达到国际水平。采用这一预制件技术所制备的国产碳刹车盘已批量装备于国防重点型号的军用飞机，并在 B757 型民航飞机上使用，在其他机型上的使用在实验考核中，并将向坦克、高速列车、高级轿车、赛车等推广使用。碳纤维在舰艇上也有重要的应用价值，可减轻舰艇的结构重量，增加舰艇有效载荷，从而提高运送作战物资的能力，同时碳纤维不存在腐蚀生锈的问题。碳纤维还是让大型民用飞机、汽车、高速列车等现代交通工具实现"轻量化"的完美材料。航空领域对碳纤维的需求不断增多，新一代大型民用客机空客 A380 和波音 787 使用了约 50% 的碳纤维复合材料。波音 787 的机身采用碳纤维，这使飞机飞得更快、油耗更低，同时能增加客舱湿度，让乘客更舒适。

碳纤维材料也成为汽车制造商青睐的材料，在汽车内外装饰中开始大量采用。碳纤维作为汽车材料，最大的优点是质量轻、强度大，重量仅相当于钢材的 20%~30%，硬度却是钢材的 10 倍以上。所以，汽车制造采用碳纤维材料可以使汽车的轻量化取得突破性进展，并带来节省能源的社会效益。

碳纤维在运动休闲领域也应用广泛，球杆、钓鱼竿、网球拍、自行车、滑雪杖、滑雪板、帆板桅杆、航海船体等运动用品已使用碳纤维材料。2021 年 2 月 4 日，在北京冬奥会开幕倒计时一周年活动上，火炬"飞扬"揭开面纱。从表面看，火炬"飞扬"外形极具动感和活力。在设计上，为了衬托北京成为奥运历史上首座"双奥之城"，"飞扬"的外观与 2008 年北京奥运会开幕式主火炬塔形态相呼应。它以祥云纹样"打底"，自下而上，从祥云纹逐渐过渡到雪花图案，最后在顶端化身为飞扬的火焰。"飞扬"不仅有漂亮的外观，而且其外壳蕴含着"黑科技"。火炬的外壳采用了碳纤维材料，手感非常轻，研发团队用碳纤维与树脂形成的复合材料来做奥运火炬，堪称世界首创。"飞扬"采用了三维编织技术，生产车间里，一条条黑色丝束，每一束都包含着 1.2 万根碳纤维丝。经过三维立体编织，最终像"织毛衣"一样织成了火炬外壳，看不出任何接缝与孔隙，整个造型浑然一体。火炬面世，凝聚了我国科研人员和工程师的智慧和心血。

碳纤维在风能、核能和太阳能等新能源领域也具有广阔的应用前景。当风力发电机功率超过 3MW，叶片长度超过 40m 时，传统玻璃纤维复合材料的性能趋于极限，采用碳纤维复合材料制造叶片是必要的选择。只有碳纤维才能既减轻叶片的重量，又能满足强度和刚度的要求。此外，碳纤维在电化学领域也有应用。研究发现，碳纤维可以满足燃料电池的要求，与传统碳材料相比，具有质量轻、体积小和效率高等优点。用碳纤维制成质子交换膜扩散电极材料已经得到很好的发展。

6.3 功能高分子材料

功能高分子材料是指通过光、电、磁、热、化学、生化等作用后具有特定功能的高分子材料。材料的特定功能与材料的特定结构是相联系的，如对导电聚合物来说，它一般具有长链共轭双键，一般是通过物理的或化学的方法将功能基团与聚合物骨架相结合制备得到，如功能性小分子单体直接发生聚合反应形成高分子、通过聚合包埋与高分子材料结合、利用化学反应将活性功能基引入聚合物骨架或功能性小分子与聚合物共混等。

功能高分子材料是 20 世纪 60 年代发展起来的新兴领域，是高分子材料渗透到电子、生物、能源等领域后开发出的新材料。最早的功能高分子可追溯到 1935 年发明的离子交换树脂。20 世纪 50 年代，美国人开发了感光高分子并将其用于印刷工业，后来又发展到电子工业和微电子工业。1957 年研究发现了聚乙烯基咔唑的光电导性，打破了多年来认为高分子材料料只能是绝缘体的观念。1966 年，Little 提出了超导高分子模型，预计了高分子材料超导和高温超导的可能性，随后在 1975 年发现了聚氮化硫的超导性。1993 年，俄罗斯科学家报道了在经过长期氧化的聚丙烯体系中发现了室温超导体，这是迄今为止唯一报道的超导性有机高分子。20 世纪 80 年代，高分子传感器、人工脏器、高分子分离膜等技术得到快速发展。1994 年，塑料柔性太阳能电池在美国阿尔贡实验室研制成功。1997 年发现聚乙炔经过掺杂具有金属导电性，随后聚苯胺、聚吡咯等一系列导电高分子问世。下面对液晶高分子材料、吸附分离功能高分子材料、电活性功能高分子材料及智能高分子材料的发展现状和应用作简要介绍。

6.3.1 液晶高分子材料

6.3.1.1 概述

液晶高分子（LCP）是指在一定条件下能以液晶相存在的高分子，其特点为分子具有较高的分子量又具有取向有序。从首次发现合成高分子多肽溶液的液晶态至今，液晶高分子的历史仅七十余年，但其发展迅速、应用广泛。目前已知的液晶高分子种类很多，据不完全统计，至今已经合成了两千多种结构的液晶高分子。从科学意义上看，液晶高分子兼有液晶态、晶态、非晶态、稀溶液和浓溶液等各种凝聚态，研究它有助于全面了解高分子凝聚态的科学奥秘。

LCP以液晶相存在时，黏度较低且高度取向，而将其冷却、固化后，它的形态又可以保持稳定，因此LCP材料具有优异的力学性能。此外，LCP材料还具有低吸湿性、耐化学腐蚀性、耐候性、耐热性、阻燃性以及低介电常数和介电损耗因数等特点。

液晶的分类方法较多。根据化学结构分类，LCP可分为主链型、侧链型、甲壳型、复合主侧链型、网型、碗型、星型七类。值得一提的是，甲壳型液晶高分子由我国周其凤院士于1987年在 Macromolecules 上首次报道，该报道得到了国内外同行的广泛重视和认同。三十多年来，我国在甲壳型液晶高分子方面的研究不断深化和延伸拓宽，取得了一系列重要成果。按液晶分子在空间的排列可分为向列相、盘状柱相、近晶相、胆甾相。按照液晶态形成的方式可以分为溶致液晶高分子（LLCP，以 Kevlar TM 为代表）和热致液晶高分子（TLCP，以液晶聚酯为代表）。三种分类方法互相交叉，主链液晶高分子中可包含 LLCP 或 TLCP，TLCP中也可包括主链型液晶高分子或侧链液晶高分子。

（1）溶致液晶高分子材料

溶致液晶高分子可在合适溶剂、一定浓度范围内，产生液晶相。常见溶致液晶高分子有两种：一种是生物溶致液晶高分子，如多肽、纤维素、DNA等；另一种是合成溶致液晶高分子，如聚芳酰胺液晶高分子、聚芳杂环液晶高分子。LCP在分子链刚性、分子间强相互吸引力作用下，主链一维取向，制备的LCP纤维具有高强度、高模量、高耐热、耐辐射、耐老化等优良性能，在高性能纤维行业应用广泛，其典型代表就是芳纶（全芳香聚酰胺，Kevlar）纤维。芳纶主要分为两种（图6.7）：对位芳酰胺纤维（芳纶1414）和间位芳酰胺纤维（芳纶1313）。在此基础上，进一步开发出耐温性能更高的聚对亚苯基苯并二唑（PBO）纤维等，分子结构如图6.7所示。多种高性能纤维获得了巨大的发展，在极端工况或军工领域可广泛应用。

（2）热致液晶高分子材料

TLCP滞后于LLCP，属于特种工程塑料，具有力学强度更高、熔融黏度较低、热膨胀系数低、介电损耗低等优异性能，不但可制成高强度、高模量纤维，还可以进行注塑/挤出加工精密铸件。熔融加工过程中，TLCP易发生分子链取向而产生一些微纤结构，使得材料拥有类似纤维增强材料的形态、性质，因此也被称为"自增强塑料"，在工业方面进展迅速，代表产品是全芳香族聚酯。典型 TLCP 大致有三种代表性结构，如图 6.8 所示。Ⅰ 型 LCP 主合成单体为对羟基苯甲酸、对苯二甲酸、4,4'-联苯二酚，耐热性好但加工性差，主要商品化产品有 Solvay Advanced Polymers 公司的 Xydar 系列、Sumitomo 公司的 Ekonol 系列。Ⅱ 类 LCP 单体为 6-羟基-2-萘甲酸、对羟基苯甲酸，萘环产生的"侧步"效应降低了分子链段的刚性，耐热性、加工性介于 Ⅰ 类、Ⅲ 类之间，主要商品化的产品有 Polyplastics 公司的 Vectra 系列。Ⅲ 类 LCP 单体为对苯二甲酸乙二醇酯、对羟基苯甲酸共聚物，因主链含脂肪族结构、柔性段增加，温度较高会发生明显的分解、水解现象，耐温、耐潮湿差，但加工性好，主要商品化产品为 Unitika 公司 Rodrun 系列。

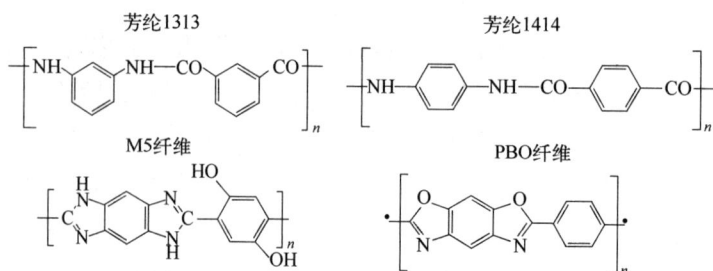

图 6.7　聚芳杂环 LLCP 模型

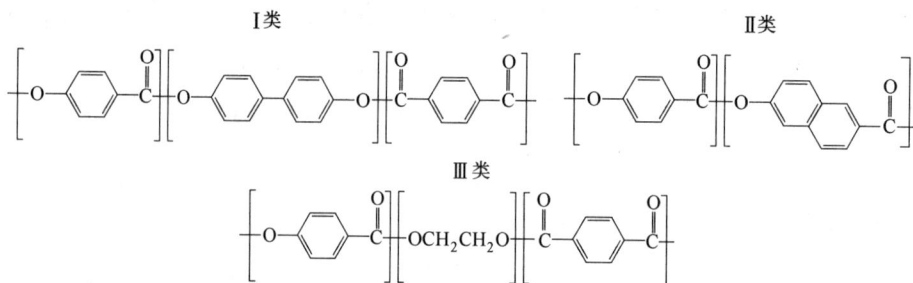

图 6.8　三类热致液晶高分子材料结构

6.3.1.2　液晶高分子材料的应用

作为各向异性的聚合物材料，LCP 具有加工流动性好、成型压力低等加工优势，可兼容传统的注塑、挤出、拉丝等成型工艺，制备的产品具有拉伸强度高、韧性好等优异性能。由于 LCP 在力学性能、化学性能和信号传输方面具有良好的特性，所以在多个领域具有极强的应用价值。作为结构性材料，LCP 可用于防弹衣、航天飞机、宇宙飞船、人造卫星、飞机、船舶、火箭和导弹等；由于它具有对微波透明，极小的线膨胀系数，突出的耐热性，很高的尺寸精度和尺寸稳定性，优异的耐辐射、耐气候老化、阻燃和耐化学腐蚀性，因此可用于微波炉具、纤维光缆的被覆，以及仪器、仪表、汽车及机械行业设备及化工装置等；作为功能材料它具有光、电、磁及分离等功能，因此可用于光电显示、记录、存储、调制和气液分离材料等。目前液晶高分子主要应用在工程塑料领域、薄膜领域和纤维领域。随着 5G 时代的到来，因液晶高分子具有优异的介电性能，其会进一步拓展到高频封装领域、无人驾驶领域和可穿戴领域等。

（1）工程塑料领域

作为工程塑料的液晶高分子主要通过添加玻璃纤维、矿物质及其他添加剂来填充改性，以达到某些特定的规格应用于不同的产品。液晶高分子的早期应用较为单一，基本是电子器件，随着科技发展逐渐扩宽，应用涵盖了以下应用场景：电子电器，包括连接器、线圈架、线轴、基片载体、电容器等；汽车工业，包括汽车燃烧系统元件、燃烧泵、隔热部件、精密元件、电子元件等；航空航天，包括雷达天线屏蔽罩、耐高温耐辐射壳体等。

（2）特种纤维领域

液晶高分子纤维具有强度大、模量高、质量轻、耐磨损、耐切割、耐次氯酸钠、耐老化等性能优异，是严峻环境下作业人员防护用具材料的优选。液晶高分子纤维和芳纶纤维同属于高强高模的高性能纤维，在高强度的牵引绳缆领域具有较广泛的应用。而液晶高分子纤维具备独特的低吸湿性，更优越的干/湿态耐磨性能使其在海洋等恶劣的环境中有优异的运用性能；同时，轻质及优异的电绝缘性使其在线缆包覆增强材料的应用上具有优越的综合性能，是一种理想的通信光缆的增强材料。

（3）通信领域

近年来，随着移动数据通信、工业自动化、航空航天等电子产业的飞速发展，万物互联承载的数据流量越来越大，这对相关电子设备、基础材料提出进一步要求。作为承载信息传输的印制电路板（PCB），从4G的MHz到5G的GHz，再到未来的更高频率，面临的挑战逐渐升级，不断向高频化、高速化、数字化方向发展。研究表明，为了保证信息高速传输、低时延，要求低的铜箔传输损耗，要求PCB基板材料具有低的介质传输损耗（TL）。

液晶高分子在高频段能表现出优异的介电性能，其自身具有较低的介电常数和介电损耗，因此，在5G时代设备对材料的各项性能要求（特别是电性能要求）越来越高的背景下，液晶高分子将会被广泛应用于高速连接器、5G基站天线振子、5G手机天线、高频电路板等方面。例如，5G传输速度大幅提升，为了确保数据传输的可靠性需要提升高速连接器的性能，从而增加了对低介电常数、低介电损耗连接器材料的需求，液晶高分子具有极低的吸水性和很好的介电稳定性，同时具备低翘曲、高流动性和尺寸稳定性，适合应用于5G高速连接器。振子是天线内部最为重要的功能性部件，出于减重降本的目的，塑料振子受到关注。激光直接成型（LDS）工艺生产的塑料振子已经导入量产，其中采用了部分LDS-LCP材料。液晶高分子材料具有高流动、薄壁成型和尺寸稳定等特性，超高的耐温特性可通过回流焊制成，适合用于LDS天线。5G时代对高频传输绝缘材料的要求非常高，要保证信号在传输过程中的损失降至最小，LCP材料突出的高频介电性、尺寸稳定性、耐热性，是非常理想的5G高频高速电路板基材。此外，液晶高分子性能突出，有望应用于5G高频封装材料，尤其是可以用作射频前端的塑封材料，相比于低温共烧陶瓷工艺，使用液晶高分子封装的模组具有烧结温度低、尺寸稳定性强、吸水率低、产品强度高等优势，目前已被行业认作5G射频前端模组首选封装材料之一，应用前景广阔。

除了手机天线FPC（柔性电路板）外，LCP基材的电路板还可应用在5G关联通信、笔记本电脑、智能穿戴、汽车毫米波雷达、远程医疗、高清无线视频实时传播等领域。经过多年的发展，液晶高分子仍未实现大面积普及与高端应用，其主要原因之一便是现有的通信技术无法稳定高效地提供信号传输支持。5G 新时代的来临，高速、高频、低时滞的信号传输将大大提升无人驾驶技术的稳定性，液晶高分子天线的毫米波雷达具有探测距离远、分辨率高、方向性较好、体积小等优点，其受到天气环境影响较小，可有效辨别行人，且对驾驶感测精度有不错的提升，因而低介电损耗的液晶高分子天线将成为无人驾驶汽车的绝佳选择。与汽车制造的高额成本相比，液晶高分子天线的单体价格差异可以忽略不计，因此在未来无人驾驶智能汽车的推广中，液晶高分子天线有望实现高速渗透，提高液晶高分子的市场需求。可穿戴设备在近年来呈现持续增长势头，可穿戴智能手表作为通信终端，需要高频信号的同步接收，且因其体积小、质量轻的特殊性，对空间有较高要求。液晶高分子具有传输效率高且性价比高的优势，随着 5G 配套网络及应用场景的推广应用，液晶高分子将随着可穿戴设备的增长实现同步高速增长。

液晶高分子材料介电损耗、热膨胀系数极低，耐热、耐燃性良好，在 5G 高频段竞争优势明显。随着 5G 频率提升，LCP 材料及其制品的渗透率将逐步提升，预计将使 LCP 整个市场快速增加至百亿元以上。由于液晶高分子膜制备技术壁垒较高及薄膜企业的供应链相对封闭，因此市场上薄膜制备企业稀缺。目前国内尚没有能够自主量产满足天线用液晶高分子膜的企业。虽然部分厂商开始研发液晶高分子薄膜产品，但是离可量产成熟应用的液晶高分子薄膜产品还需要较长的时间。

（4）生物医用领域

生物医用材料，在取代、修复生物组织/器官功能领域应用广泛，需具备无毒性、耐腐蚀性、力学性能长期保持率高、易加工成各种形状、生物相容强等特征。LCP 符合这些特征，具有高强度、高模量、易加工、自增强等优异性能。此外，研究表明，许多生物组织具有液晶态有序结构，而 LCP 结构在分子层次上正好与生物胶原纤维一致。例如，利用液晶弹性体制备人工肌肉，通过温度变化使其发生向列相到各向同性态之间的相变，引起弹性体薄膜沿指向矢方向单轴收缩，因此可以用来模拟肌肉的行为。然而其局限性在于液晶弹性体薄膜自身具有的低导热性和导电性，因而对外界刺激响应比较缓慢。对于以上缺陷，可以通过掺杂导热导电物质的方法来提高其响应能力。近期，研究者报道了通过液晶弹性体表面涂覆碳涂层，使用红外二极管激光器产生光吸收，从而可以大大缩短反应时间，而且弹性体薄膜的力学性能未受影响。复旦大学俞燕蕾教授报道了改变偏振光的波长和方向能使液晶弹性体在不同方向上进行可逆卷缩和舒展的机械效应，液晶弹性体有望用于微米或纳米尺寸的高速操控器，如微型机器人和光学微型镊子。

LCP 目前在加工性、应用性等方面仍然存在问题：在材料制备与加工性方面，熔融黏度、加工温度、拉伸比等工艺参数仍需要优化。理论模拟、循环利用率、界面相容性对成本/性能的影响，会是重要的研究方向。鉴于目前液晶高分子市场的现状，我国液晶高分子产品的发展，还需要各企业积极面对、勇于创新，积极开发液晶高分子产品新牌号，如导热、导电、耐磨等特殊规格的液晶高分子以应对新的应用和新的领域，积极开发高频段低介电常数的液晶高分子以应对 5G 市场的需求，以新的应用领域的增长带动液晶高分子质和量的快速增长。另外，液晶高分子企业还需要积极开发合成液晶高分子所需要的单体，降低液晶高分子产品的生产成本，使国产液晶高分子在保证产业链安全的同时，有更多的技术优势和成本优势。

6.3.2　吸附分离功能高分子材料

吸附分离功能高分子材料主要是指那些对某些特定离子或分子有选择性亲和作用的高分子材料，主要利用该类材料对液体或气体中的某些分子具有选择性的吸附，从而实现复杂物质体系的分离与各种成分的富集与纯化及检测，应用如图 6.9 所示。化学吸附功能高分子包括离子交换树脂（主要应用在清除离子，离子交换，酸、碱催化反应等方面）、螯合树脂（可通过选择性螯合作用而实现对各种金属离子的浓缩和富集，因此，其广泛地应用于分析检测、污染治理、环境保护和工业生产等领域）。物理吸附功能高分子根据其极性大小可分为非极性、中极性和强极性三类。该类功能高分子的吸附性主要靠范德瓦耳斯力、氢键和偶极作用进行，主要应用于水的脱盐精制、药物提取纯化、稀土元素的分离纯化、蔗糖及葡萄糖溶液的脱盐脱色等。

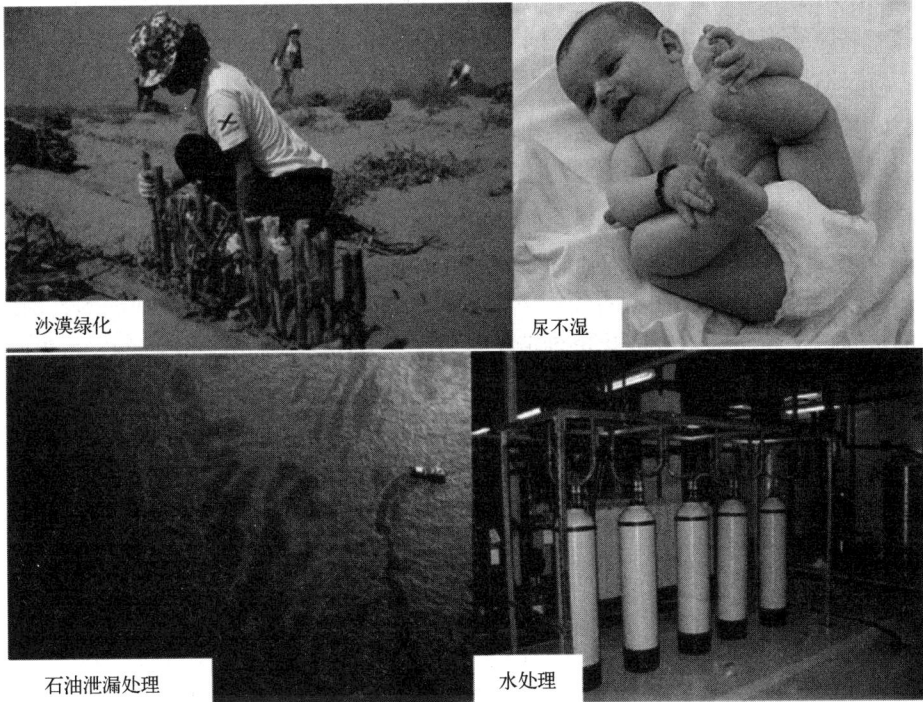

沙漠绿化　　尿不湿　　石油泄漏处理　　水处理

图 6.9　吸附性高分子材料的应用

6.3.2.1　吸附性高分子材料

吸附性高分子材料主要是由单体和交联剂通过共聚反应合成，形成具有一定交联度的三维网状聚合物。为获得规则颗粒状吸附树脂，多选择悬浮聚合和乳液聚合工艺。吸附性树脂性能受温度影响，对大多数物质而言，在高温下分子的活动能力增强，因此吸附剂的吸附量和吸附力与温度成反比。利用这一性质，可以通过加热来脱除被吸附物质，使高分子吸附剂获得再生。吸附性树脂性能还受周围介质的影响，这里的介质是除了被吸附物质之外，存在于树脂周围的大量其他不应被吸附的物质，其中主要是一些液体溶剂和气体物质。

吸附性高分子材料从外观形态上看，主要有微孔型、大孔型、米花型和大网状树脂几种。根据分子结构和性质可以划分为：①非离子型吸附树脂，这种树脂中不含特殊的离子和官能团，吸附主要依靠分子间的范德瓦耳斯力；②吸水性高分子吸附剂，具有亲水性网状分子结构，并可以被水以较大倍数溶胀，因此具有较大吸收和保持水分的能力；③金属阳离子配位型吸附剂，骨架上带有配位原子或者配位基团，能够对特定金属离子进行配位反应，二者间生成配位键而结合，因此对多种过滤金属有吸附和富集作用；④离子型吸附树脂，骨架中含有某些酸性或者碱性基团，在溶液中解离后分别具有与阳离子或阴离子相互以静电引力生成盐而结合的趋势。

高吸水性树脂在人们的日常生活中获得了广泛的应用。高吸水性树脂可吸收相当于自身重量几百倍到几千倍的水，是目前所有吸水剂中吸水功能最强的材料，其吸水机理主要考虑化学组成和分子结构对吸水性能的影响。从化学组成和分子结构看，高吸水性树脂是分子中含有亲水性基团和疏水性基团的交联型高分子。从直观上理解，当亲水性基团与水分子接触时，会相互作用形成各种水合状态。水分子与亲水性基团中的金属离子形成配位水合，与电负性很强的氧原子形成氢键等。高分子网状结构中的疏水基团因疏水作用而易于斥向网格内侧，形成局部不溶性的微粒状结构，使进入网格的水分子由于极性作用而局部冻结，失去活动性，形成"伪冰"结构。亲水性基团和疏水性基团的这些作用，显然都为高吸水性树脂的吸水性能做出了贡献。此外，高吸水性树脂中的网状结构对吸水性有很大的影响。未经交联的树脂基本上没有吸水功能。而少量交联后，吸水率则会成百上千倍地增加。但随着交联密度的增加，吸水率反而下降。因为在普通水中，水分子是以氢键形式互相联结在一起的，运动受到一定限制。而在亲水性基团作用下，水分子易于摆脱氢键的作用而成为自由水分子，这就为网格的扩张和向网格内部渗透创造了条件。水分子进入高分子网格后，由于网格的弹性束缚，水分子的热运动受到限制，不易重新从网格中逸出，因此，具有良好的保水性。高吸水性树脂吸收水后发生溶胀，形成凝胶。在溶胀过程中，一方面，水分子力图渗入网格内使其体积膨胀，另一方面，由于交联高分子体积膨胀导致网格向三维空间扩展，使网格受到应力而产生弹性收缩，阻止水分子的进一步渗入。当这两种相反的作用相互抵消时，溶胀达到平衡，吸水量达到最大。

6.3.2.2 高分子分离膜材料

随着科学技术的迅猛发展和人类对物质利用广度的开拓，物质的分离已成为重要的研究课题。膜分离技术是利用膜对混合物中各组分的选择渗透性能的差异来实现分离、提纯和浓缩的新型分离技术，也是21世纪最具有发展前途的高新技术之一。膜分离过程的优点是成本低、能耗少、效率高、无污染并可回收有用物质，特别适合于性质相似组分、同分异构体组分、热敏性组分、生物物质组分等混合物的分离。膜分离过程没有相的变化（渗透蒸发膜除外），常温即可操作，由于避免了高温操作，所浓缩和富集物质的性质不容易发生变化，因此膜分离过程在食品、医药等行业使用时具有独特的优点：膜分离装置简单、操作容易，对无机物、有机物及生物制品均可适用，并且不产生二次污染。作为一项高效分离、浓缩、提纯及净化技术，它具有传统分离方法（蒸发、萃取或离子交换等）不可比拟的优势，因而在海水淡化、环境保护、石油化工、节能技术、清洁生产、医药、食品、电子领域等得到广泛应用，并将成为解决人类能源、资源匮乏和环境危机的重要手段，有力地促进社会、经济及科技的发展。

原则上，凡能成膜的高分子材料和无机材料均可用于制备分离膜。但实际上，真正成为工业化膜的膜材料并不多。这主要决定于膜的一些特定要求，如分离效率、分离速度等，此外，也取决于膜的制备技术。目前，实用的有机高分子膜材料有纤维素酯类、聚砜类、聚酰胺类及其他材料。从品种来说，已有成百种以上的膜被制备出来，其中 40 多种已被用于工业和实验室中。醋酸纤维素是当今最重要的膜材料之一。醋酸纤维素性能稳定，但在高温和酸、碱存在下易发生水解。为了改进其性能，进一步提高分离效率和透过速率，可采用各种不同取代度的醋酸纤维素的混合物来制膜，也可采用醋酸纤维素与硝酸纤维素的混合物来制膜。此外，醋酸丙酸纤维素、醋酸丁酸纤维素也是很好的膜材料。纤维素酯类材料易受微生物侵蚀，pH 值适应范围较窄，不耐高温和某些有机溶剂或无机溶剂。因此发展了非纤维素酯类（合成高分子类）膜。非纤维素酯类膜材料的基本特性有分子链中含有亲水性的极性基团；主链上应有苯环、杂环等刚性基团，使之有高的抗压密性和耐热性；化学稳定性好；具有可溶性。常用于制备分离膜的合成高分子材料有聚砜、聚酰胺、芳香杂环聚合物和离子聚合物等。

根据分离膜的分离原理和推动力的不同，可将其分为微孔膜、超滤膜、反渗透膜、纳滤膜、渗析膜、电渗析膜、渗透蒸发膜等。几种主要的膜分离过程及其传递机理如表 6.2 所示。典型的膜分离技术有微孔过滤（MF）、超滤（UF）、反渗透（RO）、纳滤（NF）等，性能如表 6.3 所示。

表 6.2 膜分离过程及其传递机理

膜分离过程	推动力	传递机理	透过物	截留物	膜类型
微孔过滤	压力差	颗粒大小形状	水、溶剂溶解物	悬浮物颗粒	纤维多孔膜
超滤	压力差	分子特性、大小形状	水、溶剂小分子	胶体和超过截留分子量的分子	非对称性膜
纳滤	压力差	离子大小及电荷	水、一价离子、多价离子	有机物	复合膜
反渗透	压力差	溶剂的扩散传递	水、溶剂	溶质、盐	非对称性膜复合膜
渗析	浓度差	溶质的扩散传递	低分子量物质、离子	溶剂	非对称性膜
电渗析	电位差	电解质离子的选择传递	电解质离子	非电解质、大分子物质	离子交换膜
气体分离	压力差	气体和蒸汽的扩散渗透	气体或蒸汽	难渗透性气体或蒸汽	均相膜、复合膜、非对称膜
渗透蒸发	压力差	选择传递	易渗溶质或溶剂	难渗透性溶质或溶剂	均相膜、复合膜、非对称膜
液膜分离	浓度差	反应促进和扩散传递	杂质	溶剂	乳状液膜、支撑液膜

表 6.3　不同膜分离技术分离特征与分离膜特点的比较

分离过程	通过物质的分子量	操作压力/MPa	孔隙率/%	孔径范围/nm	孔密度/（个/cm²）
微孔过滤	极大	0.1~0.2	70	100~10000	10^9
超滤	10^3~10^6	0.1~0.5	60	10~100	10^{11}
纳滤	10^2~10^3	0.5~5	50	1~10	10^{12}
反渗透	10~10^2	1~10	<50	<1	>10^{12}

① 微孔过滤技术。微孔过滤技术始于十九世纪中叶，是以静压差为推动力，利用筛网状过滤介质膜的"筛分"作用进行分离的膜过程。实施微孔过滤的膜称为微孔膜。微孔膜的主要优点为孔径均匀、过滤精度高，能将液体中所有大于指定孔径的微粒全部截留；孔隙大、流速快，由于膜很薄、阻力小，其过滤速度较常规过滤介质快几十倍；无吸附或少吸附。微孔膜为均一的高分子材料，过滤时没有纤维或碎屑脱落，因此能得到高纯度的滤液。微孔膜是均匀的多孔薄膜，厚度在 90~150μm，过滤粒径在 0.025~10μm 之间，操作压在 0.01~0.2MPa。到目前为止，国内外商品化的微孔膜约有 13 类，总计 400 多种。

微孔膜的缺点是颗粒容量较小、易被堵塞，使用时必须有前道过滤的配合，否则无法正常工作。微孔过滤技术目前主要在微粒和细菌的过滤、检测，气体、溶液和水的净化，食糖与酒类的精制，药物的除菌和除微粒等方面得到应用。在微粒和细菌的过滤方面，其可用于水的高度净化、食品和饮料的除菌、药液的过滤、发酵工业的空气净化和除菌等。在微粒和细菌的检测方面，微孔膜可作为微粒和细菌的富集器，从而进行微粒和细菌含量的测定。在气体、溶液和水的净化方面，大可借助微孔膜去除空气中悬浮的尘埃、纤维、花粉、细菌、病毒等，溶液和水中存在的微小固体颗粒和微生物。在药物的除菌和除微粒方面，以前药物的灭菌主要采用热压法。但是热压法灭菌时，细菌的尸体仍留在药品中。而且对于热敏性药物，如胰岛素、血清蛋白等，不能采用热压法灭菌。对于这类情况，微孔膜有突出的优点，经过微孔膜过滤后，细菌被截留，无细菌尸体残留在药物中。常温操作也不会引起药物的受热破坏和变性。许多液态药物，如注射液、眼药水等，用常规的过滤技术难以达到要求，必须采用微孔过滤技术。

② 超滤技术。超滤技术始于 1861 年，其过滤粒径介于微孔过滤和反渗透之间，5~10nm，在 0.1~0.5MPa 的静压差推动下截留各种可溶性大分子，如多糖、蛋白质、酶等分子量大于 500 的分子及胶体，形成浓缩液，达到溶液的净化、分离及浓缩目的。超滤技术的核心部件是超滤膜，分离截留的原理为筛分，小于孔径的微粒随溶剂一起透过膜上的微孔，而大于孔径的微粒则被截留。膜上微孔的尺寸和形状决定膜的分离效率。超滤膜均为不对称膜，形式有平板式、卷式、管式和中空纤维状等。超滤膜一般由三层结构组成。最上层为表面活性层，致密而光滑，厚度为 0.1~1.5μm，其中细孔孔径一般小于 10nm；中间为过渡层，具有大于 10nm 的细孔，厚度一般为 1~10μm；最下面为支撑层，厚度为 50~250μm，具有 50nm 以上的孔，用于提高膜的机械强度。膜的分离性能主要取决于表面活性层和过渡层。

制备超滤膜的材料主要有聚砜、聚酰胺、聚丙烯腈和醋酸纤维素等。超滤膜的工作条件取决于膜的材质，如醋酸纤维素超滤膜适用于 pH=3~8，三醋酸纤维素超滤膜适用于 pH=2~9，芳香聚酰胺超滤膜适用于 pH=5~9，温度 0~40℃，而聚醚砜超滤膜的使用温度则可超过 100℃。

超滤技术主要用于含分子量500~500000的微粒的溶液分离，是目前应用最广泛的膜分离过程之一，它的应用领域涉及化工、食品、医药、生化等。在纯水的制备方面，超滤技术广泛用于水中的细菌、病毒和其他异物的去除，用于制备高纯饮用水、电子工业超净水和医用无菌水等。在汽车、家具等制品电泳涂装淋洗水的处理方面，超滤装置可分离出清水重复用于清洗，同时又使涂料得到浓缩重新用于电泳涂装。在食品工业方面，用超滤技术可从乳清中分离蛋白和低分子量的乳糖。在果汁、酒等饮料的消毒与澄清方面，超滤技术可除去果汁的果胶和酒中的微生物等杂质，使果汁和酒在净化处理的同时保持原有的色、香、味，操作方便，成本较低。在医药和生化工业方面，超滤技术用于处理热敏性物质，分离浓缩生物活性物质，从生物中提取药物等。另外，超滤技术还可以用于造纸厂的废水处理。

③ 反渗透技术。如果用一张只能透过水而不能透过溶质的半透膜将两种不同浓度的水溶液隔开，水会自然地透过半透膜从低浓度水溶液向高浓度水溶液一侧迁移，这一现象称为渗透。这一过程的推动力是低浓度溶液中水的化学位与高浓度溶液中水的化学位之差，表现为水的渗透压。随着水的渗透，高浓度水溶液一侧的液面升高，压力增大。当液面升高至 H 时，渗透达到平衡，两侧的压力差就称为渗透压。渗透过程达到平衡后，水不再渗透，渗透通量为零。

如果在高浓度水溶液一侧加压，使高浓度水溶液侧与低浓度水溶液侧的压差大于渗透压，则高浓度水溶液中的水将通过半透膜流向低浓度水溶液侧，这一过程就称为反渗透。反渗透技术所分离的物质的分子量一般小于500，操作压力为2~100MPa。

用于实施反渗透操作的膜为反渗透膜。反渗透膜大部分为不对称膜，孔径小于 0.5nm，可截留溶质分子。制备反渗透膜的材料主要有醋酸纤维素、芳香族聚酰胺、聚苯并咪唑、磺化聚苯醚、聚芳砜、聚醚酮、聚芳醚酮、聚四氟乙烯等。反渗透、超滤和微孔过滤都是以压力差为推动力使溶剂通过膜的分离过程，它们组成了分离溶液中的离子、分子、固体微粒的三级膜分离过程。一般来说，分离溶液中分子量低于500的低分子物质，应该采用反渗透膜；分离溶液中分子量大于500的大分子或极细的胶体粒子可以选择超滤膜，而分离溶液中直径0.1~10μm 的粒子应该选微孔膜。以上关于反渗透膜、超滤膜和微孔膜之间的分界并不是十分严格、明确的，它们之间可能存在一定的相互重叠。

淡水资源匮乏已经成为全球性的问题，而发展海水淡化也成为了一种趋势。海水淡化技术的应用在半个世纪以来养活了世界上1亿多的人口，促进了干旱沙漠地区和发达国家沿海经济和社会发展。近年来，膜技术发展迅速，反渗透作为一种高效节能的技术，特别是在海水淡化方面，显示出其广泛的经济效益和社会效益以及环保节能的特性。反渗透技术是将进料中的水（溶剂）和离子（或小分子）分离，从而达到纯化和浓缩的目的。该过程无相变，一般不需要加热，工艺过程简单，能耗低，便于操作。海水淡化设备利用反渗透技术实现水资源利用的开源增量，利用半透膜来将水与盐分离，适用于海水及高浓度苦咸水的处理，常用于海水淡化、高浓度苦咸水脱盐、发电厂锅炉补给水等各种工业水处理。随着世界人口的增长和经济社会的快速发展，全球水资源危机不断加剧，海水淡化在解决全球缺水问题中发挥着越来越重要的作用。用水缺口庞大，这一形势对海水淡化产业来说，是新的机遇，也是更重的责任。

随着膜技术的发展，反渗透技术已扩展到化工、电子及医药等领域。近年来，反渗透技术在家用饮水机及直饮水给水系统中的应用更体现了其优越性。在医药、食品工业中用以浓缩药液、果汁、咖啡浸液等。与常用的冷冻干燥和蒸发脱水浓缩等工艺比较，反渗透法脱水浓缩成本较低，而且产品的疗效、风味和营养等均不受影响。反渗透膜在印染、食品、造纸等工业中用于处理污水、回收废液中有用的物质等。

④ 纳滤技术。纳滤膜是 20 世纪 80 年代在反渗透复合膜基础上开发出来的，是超低压反渗透技术的延续和发展分支，早期被称作低压反渗透膜或松散反渗透膜。目前，纳滤膜已从反渗透技术中分离出来，成为独立的分离技术。纳滤膜主要用于截留粒径在 0.1~1nm 之间，分子量 1000 左右的物质，可以使一价盐和小分子物质透过，具有较小的操作压强（0.5~1MPa）。被其分离物质的尺寸介于反渗透膜和超滤膜之间，但与上述两种膜有所交叉。目前关于纳滤膜的研究多集中在应用方面，而有关纳滤膜的制备、性能表征、传质机理等的研究还不够系统、全面，进一步改进纳滤膜的制作工艺，研究膜材料改性，将极大提高纳滤膜的分离效果与清洗周期。

纳滤技术最早也是应用于海水及苦咸水的淡化方面。该技术对低价离子与高价离子的分离特性良好，因此在硬度高和有机物含量高、浊度低的原水处理及高纯水制备中颇受关注。在食品行业中，纳滤膜用于果汁生产，大大节省能源；在医药行业，其可用于氨基酸生产、抗生素回收等方面；在石化生产的催化剂分离回收等方面更有着不可比拟的作用。

四种高分子分离膜及其应用如图 6.10 所示。

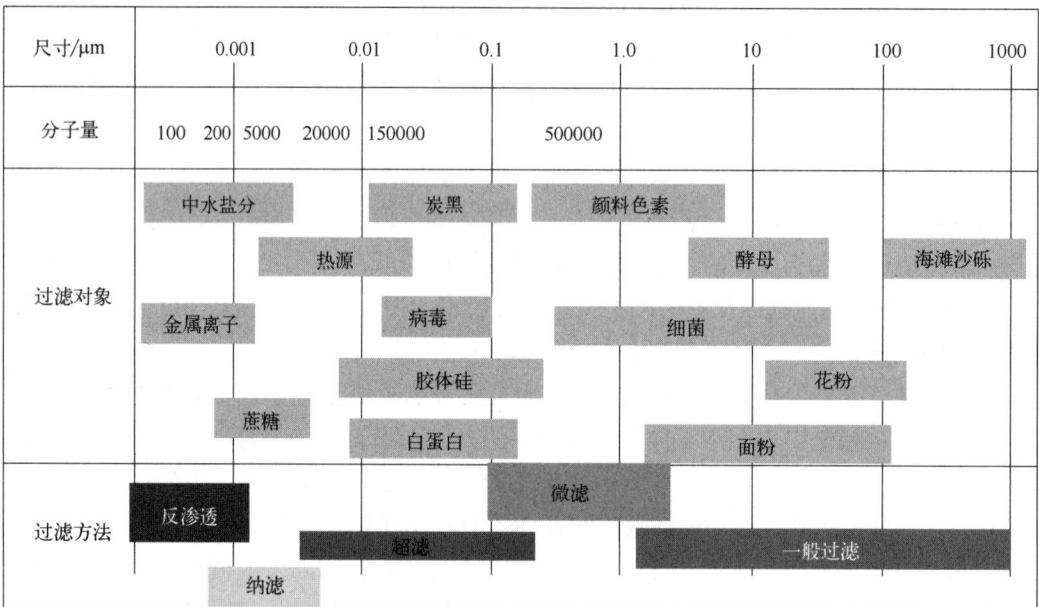

图 6.10 四种典型膜过程及应用

6.3.2.3 离子交换膜

离子膜是含功能基团的、对溶液里的离子具有选择透过能力的高分子膜。离子交换膜是膜状的离子交换树脂，包括高分子骨架、固定基团及固定基团上的可移动离子 3 个主要部分，可根据其带电荷的种类不同分为阳离子交换膜和阴离子交换膜。阳离子交换膜能选择透过阳离子而阻挡阴离子透过；阴离子交换膜能选择透过阴离子而阻挡阳离子透过。选择性离子传输膜是清洁能源技术的关键组成部分，包括大规模、高效节能的分离和净化过程（图 6.11），以及各种各样的电化学设备，如 CO_2 和水电解器、H_2/O_2 燃料电池等。在这些成熟和新兴的电化学系统中，离子膜分离器在两个半电池中起传输离子和隔离电化学反应的作用。

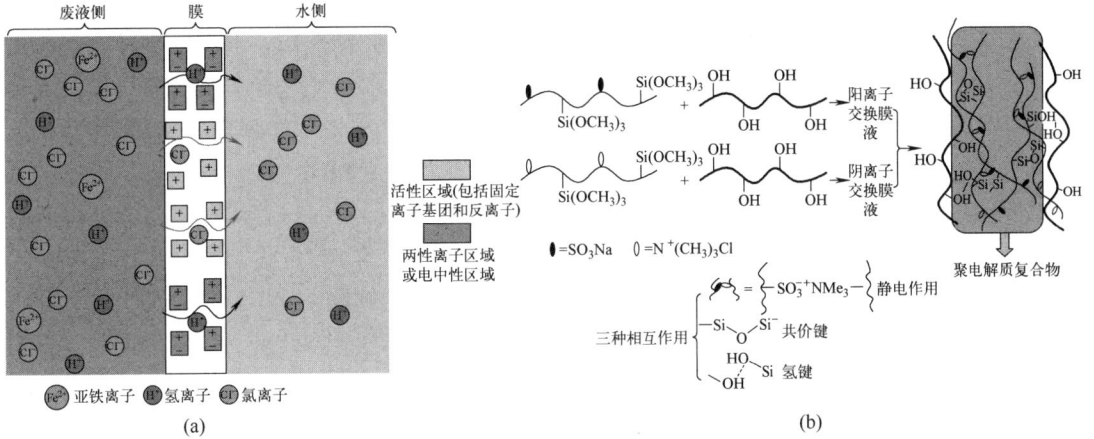

图 6.11　从 $HCl/FeCl_2$ 溶液中回收 HCl 时离子穿过 PECs/PVA 膜（a）及聚电解质复合物/PVA 膜的制备（b）

　　离子交换膜的发展历程如图 6.12 所示。美国科学家 Juda 在 1949 年发明了离子交换膜，并于 1950 年成功研制了第一张具有商业用途的离子交换膜，从此，离子交换膜成为一个新的技术领域受到日本及欧美国家的充分重视。七十余年来，人们对离子交换膜的合成做出过很多改进，使其从无到有，从初期性能差的非均相离子交换膜发展到适合于工业生产的、性能较好的均相离子交换膜，从单一电渗析水处理用膜发展到扩散渗析用膜、高选择透过性膜和抗污染用膜。

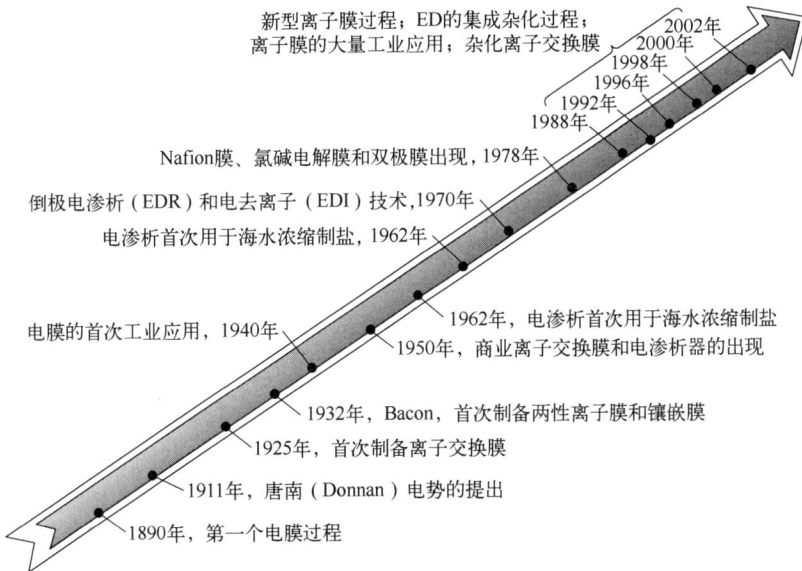

图 6.12　离子交换膜相关过程发展历程

我国离子交换膜的研究是从 1958 年开始的，离子交换膜是我国最早研究的膜品种。当时北京和上海的科研单位最早是将离子交换树脂磨成粉再加压成异相离子交换膜。中国科学院化学研究所于 1958 年首先在国内研制成功了聚乙烯醇异相阴、阳离子交换膜，在北京维尼纶厂进一步改进并投入了生产。20 世纪 60 年代中期到 70 年代末，是我国高子交换膜研究的活跃时期，此间各种均相膜、半均相膜竞相开发。80 年代，晨光化工研究院采用聚乙烯辐射接枝甲基丙烯酸二甲胺乙酯制备渗析阴膜。80 年代末到 90 年代，由于科研方向和任务的调整，研制单位和人员相应减少，上海化工厂成为异相生产离子交换膜的主要厂家。后来由于技术扩散，浙江临安、河北邢台、江苏宜兴等地也建立了生产异相离子交换膜的工厂。在原来技术的基础上，对异相膜进行了改进，生产出低渗透异相离子膜。我国离子膜技术从一开始就是在被限制中发展的。直到 20 世纪末，我国离子膜研究一直局限于离子交换树脂制备的异相离子膜，其电阻大、选择性差，只能用于初级水处理，与发达国家存在较大差距。由于技术限制，离子交换树脂存在资源浪费、需频繁再生的缺陷。

离子膜关键材料及装备技术，属于重点发展的国家战略性新兴产业，包括早期的"异相离子膜"和代表未来发展趋势的"均相离子膜"，其在清洁能源、节能减排、能量转换与储存等方面有着广泛的应用前景。离子膜是液流电池、燃料电池等电化学器件或装备的关键部件，它既要阻隔正负极间活性物质、防止短路，又要保证离子在充放电过程中高效通过、减少损耗，而传统离子膜普遍存在"传导性-选择性"相互制约、不可兼得的难题。就像用筛子筛沙，最好的筛子是阻隔粗沙（选择性）、筛选细沙并使其快速通过（传导性），但是筛子孔小的，粗沙过不去、细沙流得也慢（传导性差）；筛子孔大的，粗沙细沙都能过去（选择性差）。离子膜的研究重点，就是如何在膜内构筑仅允许"细沙"快速通过的高效通道。此外，传统的离子膜材料，用于传导离子的通道不够"坚固"，长时间使用后，结构会发生老化，从而导致性能下降。中国科学技术大学（以下简称中国科大）徐铜文教授、杨正金教授团队与合作者创新性地设计了一种具有贯通亚纳米离子通道的微孔框架离子膜材料，解决了传统离子膜材料中离子通道老化和吸水溶胀问题；此外，该团队在通道壁面进行了化学修饰，使离子在膜内的扩散系数接近在水中的状态，实现近乎"零摩擦"的传导，从而打破了传导性和选择性间的相互制约关系。据了解，该成果涉及的微孔框架离子膜的设计理念，还可拓宽至其他功能化框架聚合物膜，并以此为基础进行高性能膜材料的定向设计。2023 年 4 月该研究成果以题目 "Near-frictionless ion transport within triazine framework membranes" 发表在国际学术期刊 *Nature* 上。

离子交换膜技术在我国诸多工业领域的广泛应用使得离子交换膜受到越来越多的关注。然而，未来膜技术的发展必须综合考虑与之相辅相成的组件设计及应用过程的研究，即离子膜的制备要面向其实际应用进行设计，实现量体裁衣。因此，膜的微观结构、宏观性能以及实际应用三者之间的关系将是今后离子交换膜技术研究中的重中之重，从而建立膜结构-性能-应用之间的定量关系。从应用方面来看，膜越薄，传质阻力越小、电耗越小，因此膜的超薄化也是发展方向之一。同时也应该看到，离子交换膜在我国的发展刚刚起步，空间很大。当前，国家对环保愈加重视，高盐废水零排放、煤化工废水零排放、烟气零排放等是国家所期待的，也是当前化工、环保工作者的重要任务。离子交换膜电渗析过程可选择性地对废水中有用成分进行分离回收实现废水的有效利用；双极膜电渗析可对电渗析回收的高浓缩盐水进行解离，实现产酸、产碱，回用于生产过程，实现资源的充分利用。尤为重要的是，双极膜电渗析产生的碱液也可用于回收工业废气中 CO_2 和 SO_2 等酸性气体，产生的酸液可用于回收工业废气中的碱性气体(如 NH_3)，对离子膜应用新工艺的开发也是一个新的发展方向。在我国科学家的努力下，我国的离子膜研究已经从最初的"奋力追赶"，到目前有望实现"弯道超车"，有望为实现国家"双碳"目标和可持续发展提供技术支撑。

6.3.2.4 吸附分离技术发展趋势

吸附分离材料行业市场空间广阔。随着经济不断发展、人们生活水平进一步提高以及国家对食品医药安全标准、环境保护标准的日趋严格化，吸附分离材料的传统应用市场随之稳步扩大。作为应用广泛的朝阳行业，吸附分离技术成为新一轮高新技术发展的重要方向，各国竞相大力支持、重点发展。我国是制造业大国，下游应用领域的巨大需求量，形成了吸附分离材料广阔的市场空间。吸附分离材料行业获得国家产业政策支持，是《中国制造 2025》《战略性新兴产业分类（2018）》《新材料产业发展规划指南》等国家战略重点支持发展的功能性高分子材料，对下游客户提质增效、成本控制、节能减排、资源化回收利用起着重要作用。伴随经济结构调整和产业升级，传统行业工艺技术和水平的不断提高，下游客户和消费者对产品精度和纯度的要求越来越高，吸附分离技术在食品、化工等传统领域市场需求继续保持高速增长，尤其是来自新兴国家和地区产业升级带来的市场需求增速较好。吸附分离技术的新兴领域需求旺盛。新兴产业技术进步带来了多个细分领域的新需求，随着吸附分离技术研究的不断深入，其应用范围、应用领域和应用数量都呈现快速递增的趋势。《麻省理工科技评论》每年发布"十大突破性技术"，如 2021 年的 mRNA 疫苗、锂金属电池，2020 年的抗衰老药物、个性化药物，2019 年的捕捉二氧化碳、核能新浪潮等，吸附分离技术在这些生物技术、新能源、环保产业均为其核心关键环节。例如，在新能源汽车行业，快速发展的动力汽车推动了锂、镍、钴的需求，带来该类资源开发和回收产业的新技术创新；在半导体、电子元器件行业，第三代半导体对金属镓需求旺盛，同时，产业升级要求产品品质提升，对纯化技术提出更高要求；在生命科学领域，对药品、疫苗、血液制品、重组蛋白质、抗体等的纯度提出更高的要求。这些新兴领域对分离、纯化技术更高、更细分的要求将引导行业逐步向定制化、系统装置和集成服务模式发展。新技术快速爆发式进步，带来更大、更尖端需求，拥有技术创新和快速响应机制的企业将迎来巨大的机遇。

日益紧迫的环保压力促进了吸附分离材料产业的发展。随着国民经济建设和社会生活的快速发展，环境污染问题尤其是大气污染和水环境污染问题越来越受到全社会的广泛关注，具有环境净化功能的吸附分离树脂对大气污染控制、工业废水等水污染控制和改善环境具有重大意义。该类材料有效应用于烟气脱硫、工业废水中有机污染物的处理、重金属污染治理以及资源化处理等方面。"碳达峰""碳中和"加速了对二氧化碳捕捉技术和产品的需求。面对日益紧迫的环保压力和成本降低需求，以资源化回收优势兼具废水、废气处理的吸附材料及技术成为最优方案，因而得以快速发展。

6.3.3 电活性功能高分子材料

在电参数作用下，材料本身组成、构型、构象或超分子结构发生变化，因而表现出特殊物理和化学性质的高分子材料被称为电活性高分子材料，也称为电活性高分子。

电活性高分子材料是功能高分子材料的重要组成部分，其研究与应用在科学领域和工程领域备受重视，近年来发展非常迅速。如随着集成电路和大规模集成电路的迅速发展，电磁波及静电等问题给我们的生产和生活带来了很大影响。电子线路和元件越来越集成化、微型化、高速化，使用的电流为微弱电流，致使控制信号的功率与外部侵入的电磁波噪声功率相接近，因此容易造成误动作、图像障碍和音响障碍，妨碍航空、军警、防卫等通信的畅通，造成卫星总装调试障碍等，其后果不堪设想，抗静电和防静电高分子材料的使用就可以有效地解决这一问题。各种电活性高分子材料为解决这些实际问题而发展起来。

根据施加电参量的种类和材料表现出的性质特征，可以将电活性高分子材料划分为以下类型。①导电高分子材料，施加电场作用后，材料内部有明显电流通过，或者电导能力有明显变化的高分子材料。②电极修饰材料，用于对各种电极表面进行修饰，改变电极性质，从而达到扩大使用范围、提高使用效果的高分子材料。③高分子电致变色材料，材料内部化学结构在电场作用下发生变化，因而引起可见光吸收波谱发生变化的高分子材料。④高分子电致发光材料，在电场作用下，分子生成激发态，能够将电能直接转换成可见光或紫外光的高分子材料。⑤高分子介电材料，电场作用下材料具有较大的极化能力，以极化方式储存电荷的高分子材料。⑥高分子驻极体材料，材料荷电状态或分子取向在电场作用下发生变化，引起材料永久性或半永久性极化，因而表现出某些压电或热电性质的高分子材料。

不同于其他类型的功能高分子材料，电活性高分子材料的性能通常是通过具有特定结构和组成的器件表现出来的，因此材料的物理化学性能对器件的结构和组成起决定性作用，而且在电活性高分子材料研究中，结构和性能的研究比作用机理的研究要复杂。当将电参量施加到电活性高分子材料时，有时材料仅发生物理性能的变化。如高分子驻极体当被注入电荷后，由于其高绝缘性质，能够将电荷长期保留在局部；高分子介电材料在电场作用下发生极化现象；高分子电致发光材料在注入电子和空穴后，二者在材料中复合成激子，能量以光的形式放出。而在另外一些场合中，材料在电参量的作用下可能会发生化学变化，而表现出某种特定功能。例如电致变色材料在吸收电能后发生了可逆的电化学反应，其自身结构或氧化还原状态发生变化，所以光吸收特性在可见光区发生较大改变而显示出明显的颜色变化。而高分子修饰电极有时可能发生物理性能的变化，有时又可能发生化学性质的变化。如选择性修饰电极是改变电极表面的物理特性，而各种高分子修饰电极型化学敏感器则是因为在电极表面的电活性材料发生化学变化，从而导致电极电势的变化。由于电参量控制是目前最容易使用的控制方式，同时也是最容易测定的参量，而电活性功能高分子的功能和控制是由电参量控制的，实用性很强，所以电活性高分子材料的研究一旦获得成功便会很快被投入生产，获得实际应用。例如，从电致发光材料的发现、研制成功到生产出基于这种功能材料的全彩色显示器实用化产品仅需几年。

（1）铁电高分子材料

近年来，铁电高分子材料吸引了科研界的广泛关注。铁电材料作为当代构建机电系统的基础材料之一，最早是在无机材料中发现的。1969年，研究者观察到机械拉伸的聚偏氟乙烯（PVDF）具有压电性，随后便开启了聚合物铁电材料的时代。聚合物铁电体具有高柔韧性、易于制造成复杂形状、机械坚固性和极性活性等特点。因此这类材料为电能、机械能和热能之间有效交叉耦合提供了材料平台。

铁电高分子材料在力（机械应力或温度变化）的作用下会发生电极化变化，从而产生一系列物理效应，包括压电和电伸缩、电热和热释电以及各种介电和铁电效应。由于易于加工成薄、轻、柔韧的薄膜和纤维，铁电高分子材料可以实现便携式、小型化和可穿戴电活性设备，并应用于多种场景，如图 6.13 所示。

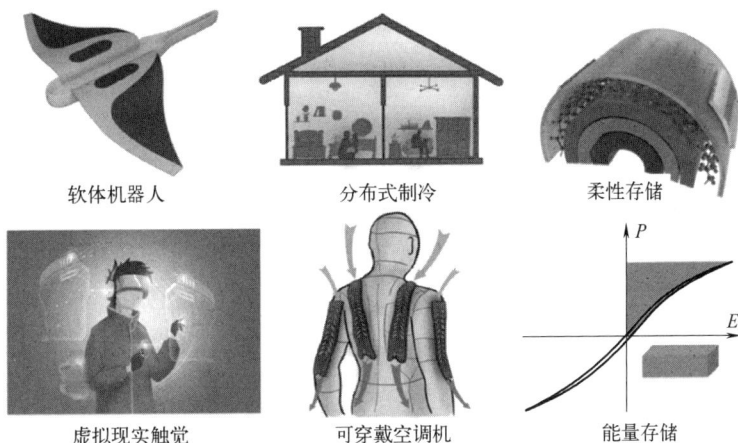

图 6.13　铁电高分子材料的应用

了解并定制聚合物铁电体的结构和极化响应以获得各自的功能对这些聚合物体系的发展至关重要。聚合物材料在化学结构设计上的灵活性和多样性，使得在分子尺度上的修饰为根据需要操纵聚合物铁电体的极性结构和场致相变提供了大量的方法。因为大量可选择的单体和纳米级外部复合物，聚合物铁电体的缺陷修饰在很大程度上仍未被探索，因此这类聚合物材料仍然有很大的发展潜力。近两年，铁电高分子材料及其衍生物在机电耦合效率、电致伸缩应变、电卡制冷/热泵能力和循环使用寿命等方面取得了显著进步，并极大地促进了该柔性自极化材料的实际应用和发展。

近年来的一系列应用突破证明了利用缺陷调控极化过程能够精确调控高分子在不同能量转化过程中的效率。在单体选择、高分子结晶和极化微区形态结构层面上，涌现了一系列突破性的工作。最新研究表明，氟化烷基（FA）修饰的弛豫铁电四聚物的压电和机电耦合系数首次超过了目前世界上使用最广泛的压电陶瓷——PZT 压电陶瓷。在低电场下，该铁电材料达到了 4%的电致应变。这一进展有望推动高效感知和触觉设备，以及低能耗的电活性驱动器等领域的快速发展。在早期报道中，由类似方法设计的电卡聚合物材料在超低电场下表现出大电卡制冷效应且不易产生疲劳，首次实现了超过百万次的制冷循环。这些电卡聚合物可以提供定制化、零 GWP（全球增温潜能值）、节能的制冷/热泵解决方案，从而在目前商业热泵、空调和冰箱等产业的碳减排领域贡献力量。

铁电聚合物的研究进展，从最初的单聚物到现在的四聚物，催生了大批利用其高效机电、电热以及电介质能量转化效应的应用，有利于现代社会的可持续发展，也为铁电物理学、功能高分子等领域研究提供新方向和机遇。当前研究发现，不同的能量转化过程，所需的极性单元的设计与控制策略不尽相同，因此需要针对明确的应用场景设计特异性的铁电高分子。未来的研究需要进一步探索铁电聚合物分子结构和极化响应的关系，设计跨尺度缺陷来修饰/操纵极性结构，降低场致相变势垒，以更高效的能量转化促进绿色、智能和元宇宙的生活方式。目前高分子行业的成熟制程（多层电容、纤维织物等）可以为快速生产、迭代未来的先进功能高分子薄膜器件带来便利，有望在即将到来的元宇宙的触觉感知、机器人应用中发挥关键作用，更可作为平板或可穿戴空调的固态制冷工质，提供目前市场上其他产品无法提供的可穿戴、轻量化、低能耗的主动冷热调控能力。

（2）导电高分子材料

有机高分子材料通常属于绝缘体的范畴。但 1973 年科学家发现四硫富瓦烯-7,7,8,8-四氰二次甲基苯醌电荷转移复合物具有超导涨落现象；1974 年日本筑波大学的白川英树研究室在意外的情况下于高催化剂浓度下合成出具有交替单键和双键结构的高顺式聚乙炔。随后，美国高分子化学家黑格与麦克迪尔米德等和白川英树合作研究，发现此聚乙炔薄膜经过 AsF_5 或 I_2 掺杂后，呈现明显的金属特征和独特的光、电、磁及热电动势性能。如其电导率由绝缘体的 $10^{-9}S/cm$ 转变为金属导体的 $10^{-3}S/cm$，而且伴随着掺杂过程聚乙炔薄膜的颜色也由银灰色转变为具有金属光泽的金黄色。由此提出了一个新的概念"合成金属"，并诞生了导电高分子这一自成体系的多学科交叉的新的研究领域，并迅速发展成为世界范围内化学、电化学、固体物理与半导体物理等学科的研究热点。上述三位科学家（白川英树、黑格和麦克迪尔米德）也因在导电高分子领域的卓越贡献获得了 2000 年度诺贝尔化学奖。"合成金属"概念的建立和导电高分子领域的出现不仅打破了高分子材料为绝缘体的传统观念，而且为低维固体电子学和分子电子学的建立和发展打下了基础，具有重要的科学意义。

通常将高分子半导体和高分子导体，统一称作导电高分子，也称导电聚合物，按照材料的结构与组成，可将导电高分子分成三大类，即结构型（或称本征型）导电高分子、复合型导电高分子和超导电高分子。表 6.4 为这三类导电高分子的研究与应用情况。一般情况下，结构型导电高分子由具有共轭 π 键的高分子经化学或电化学"掺杂"，使其由绝缘体转变为导体的一类高分子材料，而复合型导电高分子是由导电填料与通用高分子材料复合而成。导电高分子在分子设计和材料合成，掺杂方法和掺杂机理，可溶性和加工性，导电机理，光、电、磁物理性能及相关机理以及器件制作技术方面的探索已取得重要的进展。但是导电高分子发展至今，无论在理论上还是在材料合成和技术应用上仍面临着诸多挑战，而这恰恰也给导电高分子的发展带来极好的机遇。

表6.4 三类导电高分子的研究与应用情况

分类	特点	应用	典型实例
结构型导电高分子	自身可提供载流子，经掺杂可大幅度提高电导率。除聚苯胺外，多数在空气中不稳定，加工性差，可通过改进掺杂剂品种和掺杂技术、共聚或共混等方式改性	可应用于大功率高分子蓄电池、高能量密度电容器、微波吸收材料及电致变色材料方面	聚乙炔、聚吡咯、聚噻吩、聚对苯硫醚、聚苯胺等
复合型导电高分子	在绝缘性通用高分子材料中掺入炭黑、金属粉或箔等导电填料，通过分散（最常用）、层积、表面等方法制成复合材料。制备方便，成本较低，实用性强	可用于导电橡胶、导电涂料、导电黏合剂、电磁波屏蔽材料和抗静电材料	用40%的炭黑与通用橡胶填充可获得电导率达 $10^{-2}S/cm$ 的导电橡胶

分类	特点	应用	典型实例
超导高分子	在一定条件下，处于无电阻状态的高分子材料。超导态时没有电阻，电流流经导体时不发生热能损耗，超导临界温度（T_t）低于金属和合金	可应用于远距离电力输送、制造超导磁体等	无机高分子聚氮硫（0.2K）

结构型导电高分子室温电导率可在绝缘体-半导体-导体范围内（10^{-9}~10^{-5}S/cm）变化，这是其他任何材料无法实现的，因此导电高分子呈现多种诱人的应用前景。如具有半导体性能的导电高分子，可用于光电子器件（晶体管、整流器）和发光二极管等；而具有高电导的导电高分子可用于电磁屏蔽、防静电材料及分子导线等。此外，结构型导电高分子可以重复进行掺杂与脱掺杂，即具有完全可逆的掺杂/脱掺杂过程，同时具有较高的室温电导率，使结构型导电高分子成为理想二次电池的电极材料，用于制造全塑固体电池。而与可吸收雷达波的特性相结合，则其可作为快速切换的隐身材料和电磁屏蔽材料。另外，利用结构型导电高分子与大气某些介质作用时，其室温电导率会发生明显的变化，而除去介质时又会自动恢复到原状的特性，制造选择性高、灵敏度高和重复性好的气体或生物传感器。结构型导电高分子的掺杂反应实质是氧化/还原反应，因此其氧化/还原过程也是完全可逆的过程。而不同氧化态下导电高分子呈现不同的颜色，如聚苯胺随着掺杂度的增大，颜色由暗棕色至墨绿色。这一特性使导电高分子材料能够实现电致变色或光致变色，进而有可能应用于显示领域、信息存贮、伪装和隐身技术。另外，由于具有 π 共规结构，因此一般的结构型导电高分子具有响应速度快（10^{13}s）和较高的二阶非线性光学系数，可能使调频、光开关和光计算机等尖端技术有所突破。

尽管人们对导电高分子材料的研究起步较晚，但由于其优良的性能和潜在的发展空间，特别是可以在绝缘体、半导体和导体之间变化，在不同的条件下呈现各异的性能，备受各国科学家的重视，因此发展非常迅速。尤其是复合型导电高分子材料，因其成本较低、简单易行，已经得到了广泛的应用，并展现了其广阔的应用前景。

① 电磁波屏蔽与隐身材料。随着各种商用和家用的电子产品数量的迅速增加，电磁波干扰已成为一种新的社会公害。因此，对电子仪器、设备进行电磁屏蔽是极为重要的。如果直接使用金属板作外壳既笨重又不方便，同时使制造工艺复杂并增加了产品成本。而导电高分子材料可屏蔽电磁波，且具有易加工和质量轻等优势。如用混有导电填料的导电塑料作外壳，或在塑料外壳上涂一层金属或含有碳粉、碳纤维的导电涂料，不仅可以大大简化产品的制备工艺，降低生产成本，而且同样可以达到有效的电磁屏蔽，甚至可以实现成型与屏蔽一体完成；利用导电高分子在掺杂前后导电能力的巨大变化实现防护层从反射电磁波到透过电磁波的切换，使被保护装置既能摆脱敌对方的侦察，又不妨碍自身雷达的工作，使"隐身"成为可逆过程，利用导电聚合物由绝缘体变为半导体再变为导体的形态变化，可以使巡航导弹在飞行过程中"隐身"，在接近目标后绝缘起爆。这些应用在军事上有极其重要的意义。

② 抗静电材料。绝缘性高分子材料表面的静电积累和火花放电可引发重大事故，让人在使用化纤类纺织品时感到不舒服。利用导电高分子的半导体性质，与高分子母体结合制成表面吸附或填充型等形式的抗静电材料，应用于各领域，如集成电路、印刷电路板及电子元件的包装材料，通信设备、仪器仪表及计算机的外壳，工厂、计算机室、医院手术室、制药

厂、火药厂及其他净化室的防护服装、地板、操作台垫及壁材和抗静电的摄影胶片等。其还可广泛地用作高压电缆的半导电屏蔽层、结构泡沫材料、化工仪器等。以导电高分子为抗静电剂的高分子抗静电材料从根本上解决了以小分子抗静电剂制成的高分子抗静电材料容易出现的因相溶性差而导致的力学性能下降和抗静电性能不稳定的问题，同时在材料的颜色、抗静电剂的用量等方面都优于以小分子抗静电剂制成的高分子抗静电材料，特别是聚苯胺在制备抗静电纤维和抗静电涂料方面有很好的开发应用前景。

③ 电子元件。导电高分子材料在掺杂状态下具有半导体或金属的电导性，在掺杂时表现为绝缘体或半导体，而原来禁带宽度较大的仍为绝缘体，所以可以利用这些性质来制作各种类型的结构元件，成为二极管、晶体管及场效应晶体管等具有非线性电流-电压特性的电子元件加以利用。利用导电高分子成型后具有较高电导率的特点，已经成功研制并生产出商业化产品的导电高分子电容器，主要包括电解电容器和双电荷层电容器。导电高分子材料由于其具有高频特性好、耐冲击、耐高温、全固体和体积小等特点，将替代传统的电解电容器，特别是在便携式和高频电器中有广阔的应用前景。双电荷层电容器是利用在溶液中电极和液体界面间所形成的数百埃以下厚度的双电荷层而制成的电容器。若增大电极表面积其容量会变得很大。由于导电高分子易加工成比表面积大的薄膜，其成为双电荷层电容器可板化电极的理想材料。

④ 微波吸收材料。导电高分子作为微波吸收材料，其薄膜重量轻、柔性好，可作任何设备（包括飞机）的蒙皮。通过对导电高分子的厚度、密度和导电性进行调整，从而可以调整微波反射系数、吸收系数。材料的电阻值随温度升高而急剧增大的现象称为 PTC 特性。一些导电高分子材料具有这种特性，被用于制作温度补偿和测量元件、过热以及过串流保护元件等，在电视机屏幕的消磁系统、电热地毯及坐垫等方面也得到越来越多的开发和应用。

⑤ 二次电池及传感器。二次电池是利用伴随着电化学掺杂、去掺杂而产生化学势的变化而工作。导电高分子特别是聚苯胺，由于具有可逆的电化学氧化还原性能而适宜作电极材料。将一对导电高分子或导电高分子与另一金属电极插入电解液制成可反复充电的二次电池。1991 年，日本推出了第一个商品化的聚合物二次电池，其正极为导电聚苯胺，负极为锂铝合金，最小尺寸仅为 $\phi20mm×1.6mm$。而由液体电解质溶剂增塑聚丙烯腈或含氟高分子所形成的高分子凝胶电解质，具有接近液体电解质的电导率和固体外观，且在力学性能方面有所突破，这一成果已经在制备异形锂电池和超薄型电池上获得应用，也使薄膜电池的制备有可能实现。导电高分子随着微量掺杂发生各种性质的变化，可用在制作有效掺杂物质的传感器方面，如制作气体传感器、检测 pH 值的传感器、温度传感器等。如只有在加压时才出现导电性的加压性导电橡胶，未加压部位仍保持绝缘性，可用作压敏传感器，被广泛应用于防爆开关、音量可变元件、高级自动把柄、医用电极、加热元件等方面。

⑥ 金属防腐与防污。导电高分子聚苯胺和聚吡咯等在钢铁或铝表面可形成致密而均匀的薄膜，通过电化学防腐与隔离环境中的氧和水分的化学防腐共同作用，可有效地防止各种合金钢和合金铝的腐蚀。据报道，中国科学院长春应用化学研究所研制的含聚苯胺的防腐涂料在性能上已经达到富锌防腐涂料的国标标准。国外已经有用于火箭、船舶、石油管道、污水管道中的实用化的商业产品。

⑦ 柔性电子设备。近年来，柔性电子设备以其优异的人体兼容性，受到广泛关注

（图 6.14）。为了保证设备在运动过程中的稳定运行，导电材料需要同时满足高导电性和高拉伸性。高导电性是电子器件的运行基础，而柔性及高拉伸性则保障了良好的组织贴合度，以及由人体运动导致的设备形变过程中的信号传输稳定性与信号采集信噪比。在此基础上，经微纳加工后仍可保持良好的力电性能，是柔性电子器件精密化的前提。目前，常用的柔性导体多数基于硬质金属的力学工程方法改进所得。然而，当电极通道缩减至微米/纳米尺寸时，"过硬"的金属材料在形变过程中的电导率难以保持。因此，实现如橡胶一般自身可延展的本征态可拉伸导体材料，是柔性精细电极发展的瓶颈。

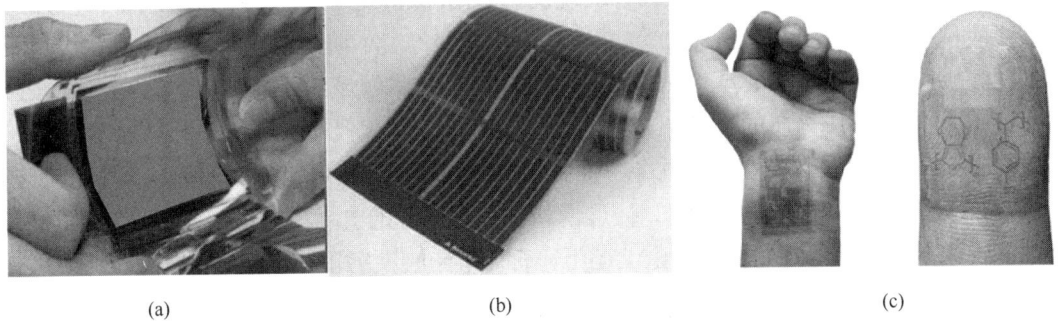

图 6.14　导电聚合物应用展示
（a）柔性显示器；（b）有机太阳能电池；（c）柔性电极

针对这一问题，具有更好本征态柔性的导电高分子材料（如 PEDOT：PSS），得到了广泛应用。然而，导电性需要高分子链段"整齐排列"，为电信号传输搭建"高速公路"；而拉伸性则需要"无序自由"，帮助材料受力时轻松延展。这一分子层面的天然矛盾，使得导电高分子材料的力学-电学综合性能始终难以突破。尽管关于可拉伸 PEDOT：PSS 的研究不胜枚举，目前仍无法同时实现良好的本征可拉伸性、优异的电导率，并用于高精度可拉伸器件的制备。

2022 年，斯坦福大学鲍哲南教授团队与天津大学胡文平教授团队合作，创造性地在目前广泛使用的 PEDOT：PSS 导电高分子材料中，引入第二重拓扑交联网络，选择了具有较高构象自由度的"机械互锁"结构，通过分子/链段几何形态的变化赋予了材料本征可拉伸性，使材料力学和电学性能都大大提升，并通过后处理工艺进一步提升电导率，最终实现材料力学-电学综合性能突破，得到了目前导电性最优的可拉伸、可光图案化的柔性电极。此外，借由第二重网络的侧链修饰，该材料可在紫外光照射下发生交联固化，使用水作为显影剂，可方便、绿色地实现光图案化。经过合理设计掺杂剂的拓扑结构和化学结构，得到的薄膜电导率相比于之前报道的策略提高了 2 个数量级，并且通过直接光固化工艺可制备微米级线宽可拉伸电极阵列。这种可拉伸透明导体将使许多可伸缩电路及相关应用成为可能，如发光二极管、太阳能电池、光电探测器和场效应晶体管等。对章鱼这一软体动物实现了精细的肌肉电生理信号监测，而传统的硬质电极器件在相同实验条件下则无法稳定接触，为软体机器人智能制造提供了重要数据参考；针对柔软且精细的器官——脑干，通过可拉伸阵列电极，实现单神经核团级别的刺激调控，进而以"热图"的形式快速且准确地勾勒脑干神经核团分布，有助于提升神经外科手术精度。此外，该技术在柔性脑机接口、脑神经损伤修复等脑科学研究与临床转化中可发挥重要作用。这一基于分子结构设计实现的材料性能突破，使得以前无法实现的应用成为现实，给材料化学、生物医学工程、柔性光电子等带来深刻的影响。如在材料化学领域，这种策略可广泛适用于聚合物材料的设计，特别是当试图结合力、电、光等多种竞争性性能时，它可能会实现传统方法无法达到的独特效果。相关工作以"Topological supramolecular network enabled high-conductivity,stretchable organic bioelectronics"为题发表在国际期刊 *Science* 上。

尽管导电高分子向世界预示了一个美好的明天，但研究开发过程中还存在许多有待解决的问题。导电高分子至今还没有彻底解决规模化应用问题。这曾经使导电高分子的研究在 20 世纪后期一度陷入低谷，但是 2000 年诺贝尔化学奖则肯定了前期基础性研究和理论性解释，同时也说明了导电高分子发展仍然是材料领域和高新技术领域的研究热点。此外，综合性能特别是电性能与合成金属的要求还有差距。如 20 世纪 80 年代初，聚乙炔的电导率在 10^3 数量级；1986 年高度取向聚乙炔使电导率提高了一个数量级，达到 10^4 数量级；1988 年拉伸后的聚乙炔电导率达到了 10^5 数量级，接近铜和银在室温下的电导率。但是其综合电学性能与铜还有一定差距。导电高分子在理论上还不完善，基本上仍沿用无机半导体理论和掺杂概念，需要从分子设计的角度重新实现合成金属的途径。就导电机理而言，导电塑料就是在塑料里掺杂半导体材料，其过程是一个简单的复合过程，而导电高分子的形成是一个分子合成过程，是本征导电，所以导电高分子不能称作"导电塑料"，这两个概念有本质的区别。有机高分子可达到多高的导电水平？如何能达到更高的水平?这些涉及理论和技术的问题，都需要认真地进行研究。在分子水平上，导电高分子的自构筑、自组装分子器件的研究还存在着不少问题。在导电高分子生命科学研究方面，研究发现 DNA 也具有导电性，可将导电高分子与 DNA 相结合，利用导电高分子来制造人造肌肉和人造神经，以促进 DNA 生长和修饰 DNA。虽然预测这将是导电高分子研究在应用上最重要的一个发展趋势，但人的所有感知，包括皮肤、肌肉、视觉、嗅觉等与电信号的关系目前还不十分明了，还需要进行深入探讨。

6.3.4　智能高分子材料

随着科技的日新月异，具有刺激响应性智能驱动材料逐渐成为当今的研究重点。智能响应材料，是指具有"智能"行为的特殊分子，能够对外部刺激，如温度、光照、电场、磁场、压力、湿度等作出诸如颜色变化、物理化学性能变化等特殊响应。目前根据材料物理化学特性可分为金属、无机非金属、智能高分子材料。其中，智能高分子材料种类多，应用范围广，且能对外部刺激作出微观结构的变化。此类材料一般响应速度快，制备工艺简单，应用范围广泛，在软体机器人、人工肌肉、药物缓释、智能传感，以及光电子学等领域有着巨大应用潜力。

（1）智能变色材料

自然界的许多生物，经过亿万年的环境自适应、自然选择和漫长进化，逐渐演变出令人敬畏的自适应变色伪装能力，从而能够躲避天敌或者向同类发出交流信号，如图 6.15 所示。

例如，变色龙能够通过主动控制细胞层内部的纳米晶体的排列结构，根据周围环境实现自身颜色的变化，达到与背景颜色匹配的目的。研究发现，变色龙处于平静状态时，这些光子晶体的排列是紧密的，可以特异性地反射短波长的可见光；而当变色龙紧张时，它们就会通过机械力作用主动控制光子晶体的疏密程度，使其排列变得更加松散，选择性反射波长更长的光。这些生物体独特的表皮微纳光学结构及其自主动态变色的机制，为我们开发新型的仿生智能变色材料与技术提供了丰富的灵感。

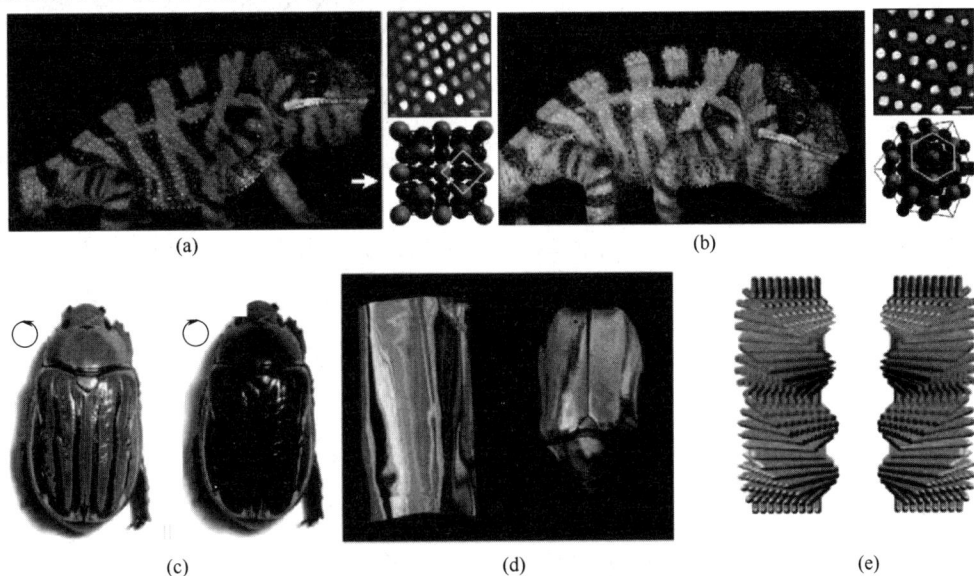

图 6.15　自然界中的光子晶体材料

（a）松弛状态下的变色龙；（b）受激状态下的变色龙；（c）甲虫（chrysina gloriosa）的圆偏振结构色；（d）仿甲虫的壳制备的柔性材料；（e）左旋（左）和右旋（右）的手性螺旋结构

响应型光子晶体因其可调控的周期性结构和对特定频率光波的有效控制，被认为是一种新型智能材料并在下一代纳米光子技术中具有广阔的应用前景，但精细的微观结构和复杂的制备工艺要求为其发展带来了重大挑战。在众多有机和无机材料当中，液晶材料既具有晶体的微观分子排列结构又具有液体的宏观流动性，因此，其可自组装形成周期性结构且对外界刺激保持高敏响应，是制备响应型光子晶体的一种理想材料。

手性液晶材料如胆甾相液晶弹性体（cholesteric liquid crystal elastomers，CLCEs）是一类具有周期性螺旋超结构的手性软光子晶体，不仅选择性地反射不同波长的可见光，还能够灵敏地响应环境刺激变化如力、热、电、光、磁等，呈现出结构色的动态变化（图 6.16），这种手性液晶智能变色材料在军事伪装和智能机器人等领域都具有广泛的应用前景。

经过几十年的研究与发展，智能变色材料的应用已经拓展到日常生活各个领域。比如，美国一家公司曾将热致变色性涂料用在陶瓷杯上，室温时陶瓷杯上的夜景，在倒入热水后会变换成日间景象，通过图案的变化就能知道杯子内水的冷热情况。在轮胎边缘加入合适的变色高分子材料能制成智能轮胎，当外界温度或内部温度超过轮胎的正常使用温度时，智能轮胎会变色以示警告；变色高分子材料还可用于制作变色车窗玻璃、变色油漆，尤其是变色车窗是近十几年发达国家竞相研究的重要课题，目前，已有电致变色的调光玻璃应用的报道，而光致变色和热致变色的智能车窗玻璃还在进一步研制中。智能变色材料还可以做成能指示冷热的智能用品，例如将智能变色涂料镀膜在木材、金属、陶瓷等基材上，可做成能指示冷热用的变色茶杯和婴儿用的汤勺、奶瓶等。另外，可变色的圆珠笔油、变色指甲油、变色儿童玩具、热敏体温计等产品都已经问世，这些产品极大地丰富了人们的生活。

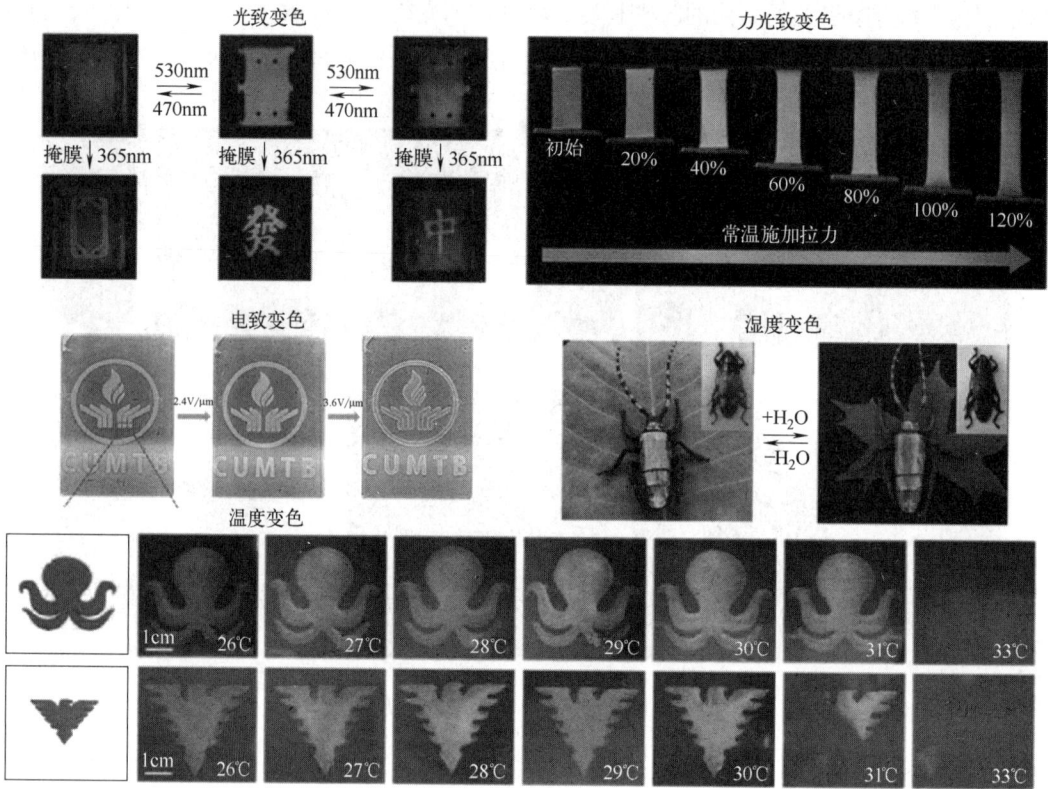

图 6.16　智能变色液晶高分子薄膜应用展示

防伪技术的研究历来就是一个受到普遍关注的课题，迄今为止，防伪领域所采用的方法多为激光防伪，使用设备昂贵，造价高。而基于智能变色高分子材料的防伪方法具有操作简单、识别方便、成本低等特点，在技术保密性和防伪有效性等方面都有较大的优势。目前，化学防伪标记一般直接印刷在商标、标签、封签或外包装上，因此制作化学防伪标记的关键是制备防伪印刷油墨，制备这种油墨的变色材料需要耐久性好、成本低，其变色发生的温度及变化的颜色要具有可选择性，因此智能变色材料也是化学防伪标记的首选材料。将智能变色材料涂在织物上还可以做成变色服装，这种衣服穿在身上，会随着季节不同、地区不同、温度不同而呈现出不同的色彩。这种智能变色材料同样也可以用于生产桌布、窗帘等各种变色纺织品。

（2）光响应形变高分子材料

人类热爱光明，对光的认识和利用始终伴随着人类的文明进程。从烛光到太阳能电池，光不仅使我们看清这个世界，也赋予我们一种清洁易获得的能源。如果我们能依靠光来远程控制物体，就可以舍弃电线和电池，很好地解决微型器件供能的难题。

在大自然中，物体直接被光驱动的现象并不罕见，如向日葵会跟随太阳的方向转动，一些植物的叶片和花瓣可以随光照强度的不同展开和闭合。光响应高分子是指在吸收特定波长的光能后，能发生某些化学或物理反应，并表现出性质或形态变化的一类功能高分子材料。其中，在光照下发生形状或尺寸改变的现象，又被化学家称为"光致形变"。光响应高分子中通常含有对光敏感的化学基团。理论上，对光照敏感的有机化合物有很多，但从材料设计的角度，可逆的光化学反应无疑是更为理想的，因为这可以赋予材料在光照下多次使用、循环往复改变性质的可能。

① 紫外光响应形变。在众多光响应基团中，偶氮苯是由氮双键（N=N）连接两个苯环组成的化合物，是目前研究和使用最为广泛的一类可逆光致异构分子。偶氮苯光响应特性的发现可以追溯到 20 世纪 30 年代。1937 年，英国化学家 S. Hartley 敏锐地观察到偶氮苯溶液暴露在阳光下后，测量的吸收光谱重现性很差。他没有轻易放过这一实验现象，并由此揭示了偶氮苯具有两种几何构型。随后的研究发现，偶氮苯分子一般处于热稳定的反式结构，但可以在紫外光（330~380nm）照射下发生从反式（trans）到顺式（cis）的构型变化。顺式构型自然状态下会逐渐变回反式构型，如果用可见光照射或者加热，恢复的过程会加快。反式异构体是近似棒状的分子，顺式构型却呈现弯曲的 V 字形，二者微观结构存在较大的差异，科学家们便想到如果将这种对光敏感的基团引入高分子中，可能制备出光照下可以发生宏观改变的材料。

早在 20 世纪 70 年代末，已经有化学家在该研究方向上做出尝试。比如，有研究者将少量偶氮苯基团引入聚丙烯酸酯的侧链，发现高分子在紫外光照条件下会有 1% 的体积收缩。研究者仔细排除了温度等其他因素影响，确认这是光引发的偶氮苯异构带来的宏观变化。尽管 1% 的体积变化看似微不足道，但这仍是较早报道的一例光致形变高分子，将偶氮苯连接到高分子的侧链也成为一种赋予材料光响应特性的重要方法。偶氮苯基团的光致异构化过程与其分子结构以及所处的环境密切相关。在溶液中，偶氮苯分子从反式到顺式的转变速度可以短至一秒之内，但在固态高分子中，由于分子链带来的位阻效应，构型的转换会受到很大阻碍，找到对光敏感、响应性可以满足实际需求的高分子材料并非易事。从光引发宏观形变的角度考虑，如果材料刚性太强，必然限制形变的幅度和速度，但如果完全是溶液状态，又不能将其作为固态功能材料来应用，所以，需要在灵活柔性和有序成型之间寻找一个恰当的平衡。于是，一些"刚柔相济"、处于固体和理想流体之间的"软物质"受到研究者的特别关注。

某些高分子在一定温度范围内存在液晶相。液晶材料内分子基团间具有良好的协同作用，当少量分子在外部刺激下发生排列变化时，其他液晶分子也会发生相应的取向改变，因此改变整个液晶体系所需的能量很少［仅需改变 1%（物质的量分数）的液晶分子排列方向的能量］，可谓"牵一发而动全身"。能够形成液晶相的高分子，主链或侧链中往往含有棒状或片状结构的介晶基元。有趣的是，反式偶氮苯基团不仅具有光响应功能，还是具有较大轴径比的刚性棒状分子，可以作为介晶基元形成液晶相；而顺式的偶氮苯分子则是弯曲结构，倾向于使整个液晶体系发生取向紊乱。于是，光响应高分子与液晶高分子就借助偶氮苯基团结下了"不解之缘"。

在高分子合成过程中，还可以加入交联剂（含有多个可聚合官能团的分子），使本来各自独立的线型高分子链，交联在一起形成网状结构聚合物，其中交联度较低的液晶高分子也被称为液晶弹性体。液晶弹性体兼具液晶的有序性和弹性体的柔韧性，优异的分子协同作用将更有利于将外界刺激引起的分子结构变化放大为宏观的形变。德国化学家 Finkelmann 等曾于 1981 年用两步交联法制备了世界上第一批液晶弹性体，他们于 2001 年首次合成了带有偶氮苯基团的聚硅氧烷液晶弹性体。在紫外光照射下，偶氮苯基团与主链的偶合作用使液晶弹性体沿着液晶基元排列方向发生收缩形变，形变量可以达到 20%，而在可见光的照射下又能够恢复其原有的长度。相比于很早报道的非液晶高分子 1% 的形变量，这是不小的进步。

此后，有关光响应液晶弹性体的研究工作取得一系列进展，而含有偶氮苯的液晶高分子薄膜是其中的主要研究热点。2003 年，日本科学家 Tomiki Ikeda 教授课题组报道了含有偶氮苯的聚丙烯酸酯类液晶弹性体制成的薄膜。这种薄膜的厚度有 10~20μm，但照射的紫外光 99% 以上被最上面薄薄一层（厚度小于 1μm）的表面区域吸收，而本体部分的偶氮苯仍保持着反式构型。因此只有薄膜的表层发生收缩，薄膜才会向入射光的方向弯曲。研究者将这种薄膜首尾相接后制成一条传动履带，当用紫外光（UV）和可见光（Vis）同时分别照射履带的右上方和左上方时，在右侧的滑轮上产生一个收缩应力使之逆时针转动，而在左侧的滑轮上产生一个膨胀的应力也使其逆时针转动，于是整条履带便沿着逆时针方向转动起来，形成持续旋转的微型马达。偶氮苯从反式构型转变为顺式构型离不开紫外光的照射，而从顺式构型再恢复到反式构型的过程中，可见光的刺激却并非必需。只不过如果没有可见光，恢复的过程通常会很缓慢。如果不想使用两种光源，又想在室温条件下加快这一过程，就需要在偶氮苯基团的分子设计上多费一番心思。2018 年，荷兰皇家科学院院士 Dirk J. Broer 教授和美国肯特州立大学的 Robin L. B. Selinger 教授合作，尝试用几种结构独特的偶氮苯基团制成薄膜材料。利用两种新合成的偶氮苯衍生物，可以形成分子间或分子内的氢键，它们从顺式构型恢复到反式构型的速度较常用的偶氮苯单体明显加快。而且，研究人员还研究了一种已经商业化生产的偶氮苯衍生物 DR1A。这种偶氮苯的化学结构式中一端带有吸电子的硝基（—NO$_2$），另一端带有具有供电子特性的胺基（—NR$_2$），于是形成一种被称为"推拉电子类偶氮苯（push-pull-type azobenzene）"的化合物。这种类型偶氮苯分子的构型变化速度快得惊人，DR1A 在 30℃时只需不到 1 秒就可以完成顺反构型的转变。研究者将引入这些偶氮苯分子的液晶高分子薄膜，两端固定，并用紫外光照射。由于形变导致的自遮蔽效应，紫外光可以交替照射在薄膜的不同部位。于是，伴随着偶氮苯基团迅速可逆的顺反构型转变，薄膜也会产生连续的波动。不出所料，由推拉电子类偶氮苯制备的薄膜，波动频率是最快的。如果将薄膜两端的固定移除，一个能够模仿毛毛虫步态，在光驱动下持续爬行的"微型机器"就展现出来。研究者设想，这种薄膜也许能够在难以接近的空间内运输小物体，或者借助光连续波动的特点在一些自清洁装置上使用。

② 可见光响应形变。作为应用最为广泛的一种光响应基团，偶氮苯从反式构型到顺式构型的转化需要紫外光的刺激，所以已报道的光响应液晶高分子也多需要紫外光的照射。然而从实际应用的角度，紫外光有很多不利因素，特别是容易对生物体造成损伤。在能量较低的光波范围内，是否可以让液晶高分子实现可逆的光响应呢？复旦大学俞燕蕾教授在可见与近红外光致形变的液晶高分子材料领域做出很多开创性的研究成果。2009 年，俞燕蕾教授课题组报道了一种基于偶氮二苯乙炔的液晶高分子材料，其中苯乙炔基团加大了偶氮苯的共轭体系。通常，分子中的共轭体系越长，分子可以吸收或捕获的光子波长也越长，苯乙炔基团的引入就使偶氮苯基团的最大吸收峰的位置移动到可见光区域。因此，当用 436nm 蓝色可

见光照射时，高分子薄膜也能朝着光源弯曲，而 577nm 的橙黄色光照射则可以使薄膜加速恢复到初始状态。这意味着只需要在太阳光的基础上加些特定波长的滤光片，就可以操纵物体运动，这对太阳能的利用具有十分重要的意义。在此基础上，2010 年，俞燕蕾教授课题组将偶氮二苯乙炔液晶高分子材料与具有合适力学性能的聚乙烯等常见柔性高分子进行复合拼接，这种软硬结合的复合设计实现了从"光"到"力"的有效传递，组装出具有"手指""手腕"和"手臂"的多关节微机器人。其中，光响应高分子在光照下产生形变，为微机器人提供动力源，类似于手臂肌肉。聚乙烯等柔性高分子作为支撑和连接材料，确保了不同形变部位分立操作的有机结合，类似于手臂骨骼。这种复合设计可以使该微机器人在光驱动下完成多位点联动以及高自由度位移等诸多精细、高难度动作。此外，通过与上转换纳米粒子等材料复合，实现了红外光驱动功能器件的制备。

除了偶氮苯分子，化学家现在已经发现了更多可以对光实现可逆响应的分子基团。另外，新的高分子结构（如超分子聚合物）以及发光机理（如聚集诱导发光）也在不断被揭示。这些进步都拓宽了人们的设计思路，推动了光响应高分子的研究进程。光致形变过程可以将光直接转化为机械运动，这意味着人们在光能的利用上又多了一种新的途径。虽然目前相关研究仍多处于基础探索阶段，但由于光刺激具有调控精准、清洁易得、远程操控性强等其他刺激难以具备的优点，各种以光为驱动力，能够实现弯曲、转动、仿生爬行等运动的智能材料无疑有着巨大的应用开发潜力（图 6.17）。相信在不久的将来，光响应液晶高分子将走进人们的日常生活，为我们点亮一个更为精彩的世界。

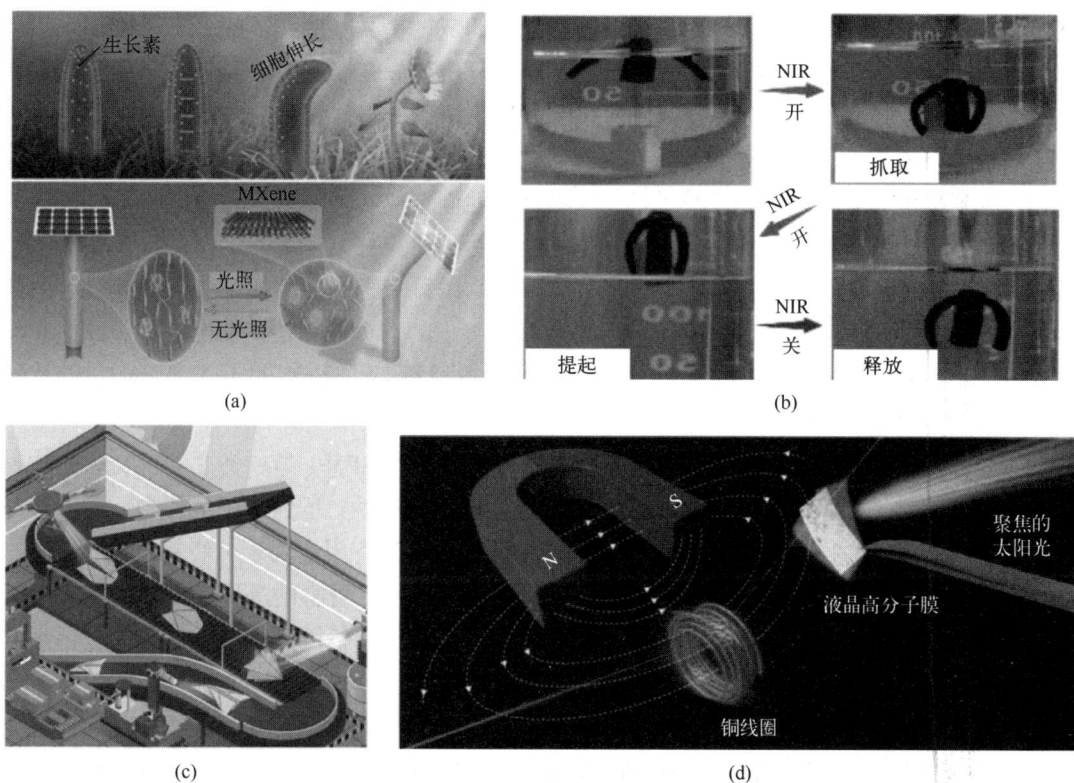

(a)　　　　　　　　　　　　　　　(b)

(c)　　　　　　　　　　　　　　　(d)

图 6.17　光响应形变高分子材料应用展示

（a）仿生功能器件；（b）软体机械手；（c）三维形态可编程器件；（d）能源转换器件

（3）自愈合功能高分子材料

合成聚合物自 20 世纪初商业化以来，已成为现代工程材料的重要组成部分。在过去的几十年里，高性能聚合物复合材料以其理想的力学性能、韧性和热稳定性被广泛应用于航空航天工程、智能电子、智能建筑和其他高科技领域。近年来，能够反复自愈物理损伤并恢复力学性能的聚合物引起了人们的广泛关注。

根据自我修复机制，自愈聚合物可分为外在修复型和本征修复型。外在自愈聚合物依赖于聚合物基质中的预嵌入微胶囊/纳米胶囊或血管网络，这些微胶囊/纳米胶囊或血管网络只允许聚合物进行有限次数的修复。更重要的是，由于聚合物基质和修复剂之间的内在差异，外在自修复聚合物不能解决结构损伤导致的功能退化。相比之下，基于动态共价键自组装策略或超分子动态化学的本征自愈聚合物引起了关注，因为它们不仅避免了修复剂复杂的整合和相容性考虑，而且还提供了可重复的自修复。在各种超分子相互作用中，氢键由于其动态性、强度可调性和对外部刺激的响应性，已成为发展自愈聚合物最具吸引力的方向之一。虽然单个氢键的强度不足以诱导超分子自组装行为，但当多个氢键排列形成氢键阵列时，方向性和强度都得到增加。此外，当聚合物的内部结构提供足够数量的氢键相互作用时，复合材料通常可以同时具有自愈性和机械强度。因此，设计具有良好的氢键自愈能力的自愈聚合物成为近年来的研究热点。

通过化学反应在聚合物结构中引入氢键交联基序是制备自愈聚合物最常用的策略之一。目前，聚合物内部结构中的氢键交联可以通过特定的氢键交联基序或链间多个氢键相互作用的自共轭，以及外部交联剂的加入来实现。这些基序的多重氢键通常包括三重氢键、四重氢键和六重氢键。通过化学反应结合氢键簇是制备基于氢键的自修复聚合物的另一个重要策略。自愈聚合物具有自愈、机械柔韧性和轻量化等优点，其作为能源器件和柔性电子器件的活性材料，受到学术界和工业界的广泛关注。这些材料的创新使各种类型的自愈电子器件得以迅速发展。迄今为止，科学家们已经投入了巨大的努力，将自修复功能（用于修复机械完整性和恢复其功能和设备性能）集成到柔性电子产品中，以显著提高耐用性并延长这些设备的使用寿命，从而降低经济成本和电子浪费。得益于其突出的自愈性和机械坚固性，氢键交联自愈聚合物已被广泛用作各种能源和电子设备中的自愈材料，包括能量收集装置、能量储存装置和柔性传感装置（图 6.18）。

超分子聚合物网络（supramolecular polymer networks，SPN）是一类非共价交联的软材料，该交联的动态特性赋予了其卓越的材料特性，包括高韧性、增强的阻尼能力、极端拉伸性、快速自愈和可逆的可塑性等。这些优异的材料特性使其有望应用于可修复电极、人造皮肤和药物输送等领域。尽管近年来对 SPN 的研究已经取得了可喜的进展，但其尚未满足某些苛刻应用下的材料需求。其中一个主要限制是 SPN 难以具备极高的压缩性和承受超高的压缩强度，并需要在短时间内完全自我恢复。

2021 年英国剑桥大学 Oren A. Scherman 教授等以葫芦脲介导的主客体相互作用作为非共价交联来设计和制造具有可调黏弹性、高拉伸性和韧性以及室温自修复的橡胶状 SPN。"葫芦脲"是一种交联分子，它将两个客体分子固定在其空腔中，就像一个分子手铐。研究人员设计的客体分子在空腔内停留时间长，这使聚合物网络保持紧密连接，使其能够承受压缩。通过选择特定的客体分子，改变手铐内客体分子的结构使材料的动力学显著"减慢"，最终水凝胶的力学性能从橡胶状到玻璃状，从而获得类似玻璃的超分子网络。该 SPN 具有高达 100 MPa 的抗压强度，即使在 12 次压缩和松弛循环下（93%的压缩应变）也不会断裂。此外，这些网络显示出快速的室温自我恢复能力（<120 s），这可能有助于高性能软材料的设计。为了强调这种材料的可压缩性，研究人员准备了一个体积为 70mm×50mm×6mm 的样品用于汽车压缩测试。通过结构控制延缓非共价交联的解离动力学能够获得此类玻璃状超分子材料，在软机器人、组织工程和可穿戴生物电子学等应用中具有广阔的前景。该研究以 "Highly compressible glass-like supramolecular polymer networks" 为题发表在国际期刊 *Nature Materials* 上。

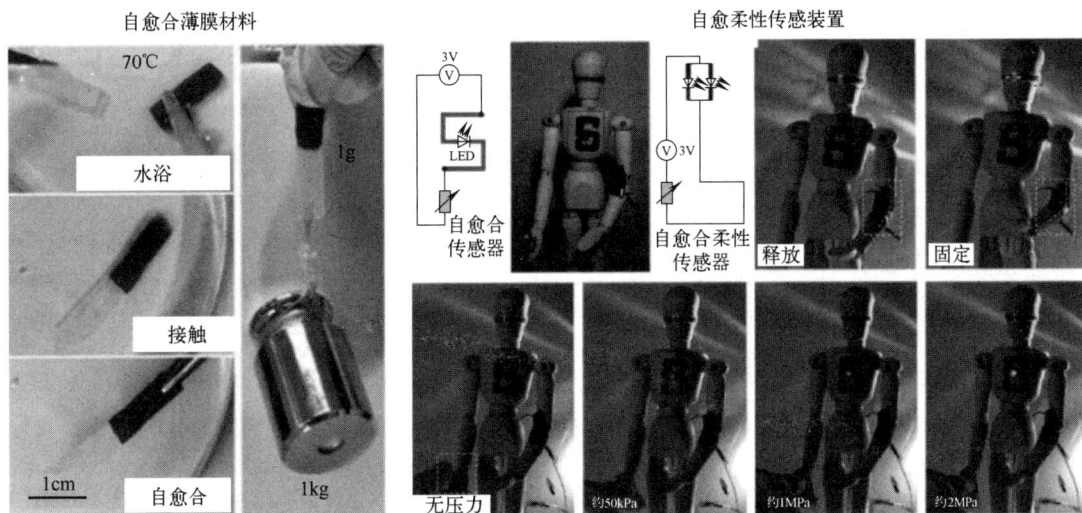

图 6.18　自愈合高分子材料应用展示

就可自我修复的电子设备而言，一个重大的挑战是平衡和优化不同应用的多种特性。对于能量转换/存储设备，通过在摩擦层、黏合剂、电极和电解质的设计中应用自愈合概念，已经成功地展示了自愈合纳米摩擦发电机、钙钛矿太阳能电池、锂离子电池和超级电容器。然而，应该指出的是，迄今为止报道的大多数自愈聚合物距离实际应用还很远。具体来说，大多数自愈聚合物需要热等外部能量来触发或加速愈合过程，这在设备的实际运行中很难实现。因此，开发能够在温和条件或室温下实现自愈的高分子材料是非常可取的。此外，另一个挑战在于设计具有合适自愈能力的自愈聚合物，同时具有高导电性，这无疑是未来自愈电子的主要研究方向。另外，由于需要更多的合成步骤和化学改性过程，用于储能转换/设备的自愈聚合物通常比商用聚合物更昂贵。进一步缩短商业化进程，降低制造成本，同时保证高性能也是迫切需要解决的关键问题。

对于基于氢键的可愈合柔性传感系统，由于材料设计和集成方面的重大挑战，迄今为止报道的工作相对较少。特别是嵌入式电子应用所需的小型自愈聚合物的图形化仍然是一个很大的挑战，这将直接阻碍软电子领域的进一步发展。考虑到需要直接接触人体皮肤或组织以及长期监测生理信号，下一代柔性传感设备需要在生物相容性、舒适性、可靠性和循环稳定性方面做出重大努力。虽然有一些基于氢键的自愈聚合物在航空航天和生物医学等新兴领域的应用报道，但未来应该探索更有前景的应用。相信这些先进的自愈聚合物会在药物递送载体、人造肌肉、组织工程和其他生物医学应用等方面找到有价值的应用。

功能高分子材料的研发和应用与我们的生活密切相关，从光功能高分子材料的太阳能利用，到电功能高分子材料在工业导体中的运用，再到生物功能高分子材料在医学人工器官等中的应用，都体现出功能高分子材料对人类生产和生活的重要意义。当前，国际功能材料及其应用技术正面临新的突破，诸如超导材料、微电子材料、光子材料、信息材料、能源转换及储能材料、生态环境材料、生物医用材料，以及材料的分子、原子设计等正处于日新月异的发展之中，发展功能材料技术正在成为国家强化经济及军事优势的重要手段。功能高分子材料已经成为国内外材料学科的重要研究热点之一，最主要的原因在于它们具有独特的"性能"和"功能"，可用于替代其他功能材料，并提高或改进性能，使其成为具有全新性质的功能材料，其发展对新材料的研制和应用具有重要意义。

习题

1. 什么是高分子材料？举例说明日常生活中哪些物品由高分子材料制备而成。
2. 从聚合机理或动力学角度，高分子材料的制备方法有哪些？各自的特点是什么？
3. 请简述高分子材料结构复杂的原因。
4. 从高分子材料的力学状态角度，分析合成塑料和合成橡胶的区别。
5. 举例说明高性能合成纤维应用领域。
6. 什么是功能高分子材料？与通用高分子材料相比，其特点和优势是什么？
7. 功能高分子材料按照用途分类，可以分为哪些类型？
8. 举例说明吸附分离类功能高分子材料在生态环保方面的应用。
9. 按照材料的结构和组成，导电高分子材料可分为哪几类？简要分析其在新能源领域的研究意义和应用前景。
10. 什么是智能高分子材料？它有哪些应用前景？

参考文献

［1］ 高长友. 高分子材料概论［M］. 北京：化学工业出版社，2018.

［2］ 张留成. 高分子材料基础［M］. 北京：化学工业出版社，2012.

［3］ 董炎明. 高分子科学简明教程［M］. 北京：科学出版社，2014.

［4］ 董建华. 高分子科学前沿与进展Ⅱ［M］. 北京：科学出版社，2009.

［5］ 张春红，徐晓冬，刘立佳. 高分子材料［M］. 北京：北京航空航天大学出版社，2016.

［6］ 贾红兵，朱绪飞. 高分子材料［M］. 南京：南京大学出版社，2009.

［7］ 马德柱，等. 高聚物的结构与性能［M］. 北京：科学出版社，1995.

［8］ 焦剑，雷渭媛. 高聚物结构、性能与测试［M］. 北京：化学工业出版社，2003.

［9］ 魏无忌. 高分子化学与物理基础［M］. 2 版. 北京：化学工业出版社，2011.

［10］ 赵俊会. 高分子化学与物理［M］. 北京：中国轻工业出版社，2010.

［11］ 何曼君. 高分子物理［M］. 上海：复旦大学出版社，2000.

［12］ 潘祖仁. 高分子化学［M］. 5 版. 北京：化学工业出版社，2011.

［13］ 张克惠. 塑料材料学［M］. 西安：西北工业大学出版社，2000.

［14］ 朱信明，徐云慧. 橡胶制品工艺［M］. 北京：化学工业出版社，2009.

［15］ 李栋高. 纤维材料学［M］. 北京：中国纺织出版社，2005.

［16］ 陈平，廖明义. 高分子合成材料学［M］. 北京：化学工业出版社，2010.

［17］ 柴春鹏，李国平. 高分子合成材料学［M］. 北京：北京理工大学出版社，2019.

［18］ 赵文元，王亦军. 功能高分子材料［M］. 2 版. 北京：化学工业出版社，2013.

［19］ 陈卫星，田威. 功能高分子材料［M］. 北京：化学工业出版社，2014.

［20］ 倪铭阳. 液晶高分子的现状与发展［J］. 上海塑料，2022，5：32-37.

［21］ 殷卫峰，曾耀德，杨中强，等. 液晶高分子聚合物的类型、加工、应用综述［J］. 材料导报，2022，36（S1）：536-540.

［22］ 葛倩倩，葛亮，汪耀明，等. 离子交换膜的发展态势与应用展望［J］. 化工进展，2016，35（6）：1774-1785.

［23］ Qian X S, Chen X, Zhu L, et al. Fluoropolymer ferroelectrics：multifunctional platform for polar-structured energy conversion［J］. Science，2023，380：6645.

［24］ 杨言昭，张璇，封伟，等. 仿生变色液晶功能材料［J］. 表面技术，2022，51：15-29.

［25］ 卿鑫，吕久安，俞燕蕾. 光致形变液晶高分子［J］. 高分子学报，2017（11）：1679-1705.

［26］ 顾伟，卿鑫，韦嘉，等. 交联液晶聚合物光致形变及其柔性器件［J］. 科学通报，2016，61（19）：2102-2112.

［27］ Chen L, Xu J H, Zhu M M, et al. Self-healing polymers through hydrogen-bond cross-linking：synthesis and electronic applications［J］. Materials Horizons，2023，10：4000-4032.

第**7**章

复合材料

7.1 概述

材料、能源、信息是现代科学技术的三大支柱。随着材料科学的发展，各种性能优良的新材料不断地出现，并广泛地应用到各个领域。然而，科学技术的进步对材料的性能也提出了更高的要求，如减轻重量、提高强度、降低成本等。满足性能的要求可以通过两种方法予以实现：①在原有传统材料上进行改进，如对金属材料可通过塑性变形、固溶强化、弥散强化等提高其强度，改善其性能；②也可以通过加入比金属更强的材料设计制备一种完全新型的高性能材料，即复合材料。

复合材料是应现代科学技术发展产生的有极强生命力的材料，它由两种或两种以上性质不同的材料，通过各种工艺手段组合而成。复合材料的各个组成材料在性能上起协同作用，其优越的综合性能是单一材料无法比拟的，已成为与当代重金属材料、无机非金属材料、高分子材料同等重要的一种新型的工程材料。复合材料具有刚度大、强度高、重量轻的优点，而且可根据使用条件的要求进行设计和制造，以满足各种特殊用途，从而极大地提高工程结构的效能。

1987 年英国学者 M. Ashby 对机械制造和土木工程材料在演化过程中各类材料的相对重要性进行了估计，见图 7.1。从图中我们可对材料的发展史有所了解。在一万年以前的旧石器时代，人类对石头进行加工，制造成器皿和工具；大约在公元前 5000 年，人类发明用黏土成型再火烧固化制成陶器，与此同时，在烧制陶器的过程中又还原出金属铜和锡，创造了炼铜技术，生产出各种青铜器物，从而进入青铜时代。5000 年前人类开始使用铁，随着炼铁技术的发展，人类发明了将生铁炼成钢的技术，1856 年和 1864 年先后发明了转炉和平炉炼钢，使世界钢产量从 1850 年的 6 万吨突增到 1900 年的 2800 万吨，大大促进了机械制造、铁路交通的发展。随着合金钢、特殊钢的相继出现以及 20 世纪中叶优质合金，Cu、Ti、Zr

合金的大量应用，人类跨入了钢铁时代，钢铁在机械及市政工程中起着举足轻重的作用。20世纪人工合成高分子材料的问世，尤其是三四十年代，尼龙等高分子材料的问世以及现代陶瓷业的崛起，钢铁材料现已开始渐渐失去往日的风采，高分子材料及现代陶瓷，尤其是复合材料高速增长，高分子材料、陶瓷材料、复合材料与钢铁材料将有平分秋色之势，而且复合材料是更有发展前途的材料，是今后材料发展的主要方向。聚合物基复合材料已广泛应用于航空航天等众多领域，随着陶瓷基、金属基复合材料的发展和应用，复合材料的重要性将越来越显著。

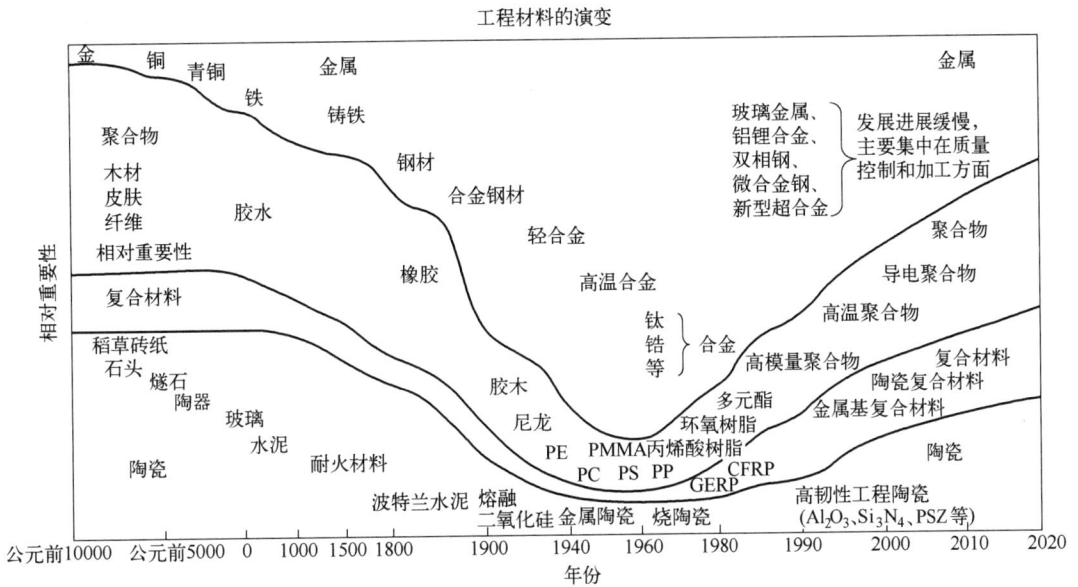

图 7.1　不同年代，四种材料（金属、陶瓷、聚合物和复合材料）在机械和市政工程中的相对重要性

（年代坐标是非线性的）

　　复合材料并不是人们发明的一种新材料，在自然界中有许多天然复合材料，如竹、木、椰壳、骨骼、甲壳、皮肤等。这些天然复合材料在与自然界长期抗争和演化的过程中形成了优化的复合组成与结构形式。以竹为例，它是由许多直径不同的管状纤维分散于基体中所形成的材料，纤维的直径与排列密度由表皮到内层是不同的，表皮纤维的直径小而排列紧密以利于增加它的抗弯能力，但内层的纤维粗而排列疏可以改善它的韧性，因此这种复合结构很合理，其力学性能达到了最优的强韧组合。

　　人类在 6000 年前就知道用稻草与泥巴混合垒墙，这是早期人工制备的复合材料，这种用泥土掺麦秸、稻草制土坯砌墙盖房的方法目前在有些地区仍然沿用，但这种复合材料毕竟是古老的和原始的，是传统的复合材料。距今已 600 多年的嘉峪关长城等古老的建筑上我们都不难寻觅到上述传统复合材料的应用。然而，当今我国建筑行业已发展到用钢丝或钢筋强化混凝土复合材料盖高楼大厦，用玻璃纤维增强水泥制造外墙体。新开发的聚合物混凝土材料则克服了水泥混凝土所存在的脆性大、易开裂及耐蚀性差的缺点。碳纤维增强水泥，不仅提高了强度，而且可改善水泥导电性，由此开发出了具有压力敏感或温度敏感的本征智能材料，适用于混凝土大坝等工程的无损自诊断检测。通过加入一些特殊材料，还可使建筑材料具有导电传光的功能。5000 年以前，中东地区曾用芦苇增强沥青造船。1942 年，玻璃纤维增强树脂基复合材料（俗称玻璃钢）的出现使造船业前进了一大步，现在造船业采用玻璃钢制造船体，尤其是赛艇、游艇的船体，不仅使船体重量减轻，而且外表美观，性能也大大改观。

20 世纪 70 年代末期发展的用高强度、高模量纤维与轻金属制成的金属基复合材料以及碳/碳复合材料则具有高比强度、高比模量、耐热、耐蚀等特点，已广泛用于航空航天等尖端技术领域。20 世纪 80 年代开始逐渐发展的陶瓷基复合材料，采用纤维增韧补强大大改善了陶瓷基体的脆性。可见随着科学技术的发展，现代的复合材料已被赋予了新的内容和使命，成为当代极为重要的工程材料。

自 20 世纪 40 年代美国诞生了玻璃纤维增强树脂基复合材料以来，随着新型增强材料的不断出现和技术的不断进步，聚合物基、金属基、陶瓷基和碳/碳复合材料正以前所未有的速度向前发展。不难预料，21 世纪我们面临的将是复合材料迅猛发展和更广泛应用的时代。

7.2 复合材料的定义和分类

7.2.1 复合材料的定义

什么是复合材料？要给复合材料下一个严格精确而又统一的定义是很困难的。概括前人的观点，有关复合材料的定义大致可分为两类。

（1）仅考虑复合后材料的性能

复合材料是由两种或更多的组分材料结合在一起，复合后的整体性能应超过组分材料，保留了所期望的性能（高强度、刚度、轻的重量），抑制了所不期望的特性（低延性）。

复合材料是多功能的材料系统，它们可提供任何单一材料所无法获得的特性；它们是由两种或多种成分不同、性质不同、有时形状也不同的相容性材料，以物理形式结合而成的。

（2）考虑复合材料的性能和结构

复合材料是两种或多种材料在宏观尺度上组合而成的一种有用的材料。

复合材料就是两种或两种以上的不同化学性质或不同组织相的物质，以微观或宏观的形式组合而成的材料。

复合材料是不同于合金的一种材料，在这种材料里每一种组分都保留着它们独自的特性，构成复合材料时仅取它们的优点而避开其缺点，以获得一种改善了的材料。

F. L. Matthews 和 R. D. Rawling 认为复合材料是两个或两个以上组元或相组成的混合物，并应满足下面三个条件：

① 组元含量大于 5%；

② 复合材料的性能显著不同于各组元的性能；

③ 通过各种方法混合而成。

按第二类定义，钢铁及其合金不应属于复合材料，如 Co-Cr-Mo-Si 合金不属于复合材料，因为这种合金经过熔化和凝固过程；而仅有如 SiC 颗粒强化的 Al 合金这种混合而成的材料才属于复合材料。因此有人认为可将复合材料划分为广义复合材料和狭义复合材料。

吴人洁教授在《复合材料的未来发展》一文中指出，复合材料将由宏观复合形式向微观（细观）复合形式发展。所谓微观复合材料包括均质材料在加工过程中内部析出增强相和剩余的基体相构成的原位复合材料或纤维增强复合材料，也包括用纳米级增强体的复合材料以及刚强棒状分子增强的分子复合材料等。

综上所述，复合材料定义所阐述的要点主要有两个，即组成规律和性能特征。

在《材料科学技术百科全书》及《材料大辞典》中关于复合材料的定义分别如下。

复合材料（composition materials，composite）是由有机高分子、无机非金属或金属等几类不同材料通过复合工艺组合而成的新型材料。它既能保留原组成材料的重要特色，又通过复合效应获得原组分所不具备的性能。可以通过材料设计使各组分的性能互相补充并彼此关联，从而获得现代优越性能，与一般材料的简单混合有本质区别。

复合材料根据应用的需要进行设计，把两种以上的有机聚合物材料，或无机非金属材料，或金属材料组合在一起，使之互补性能优势，从而制成一类新型材料。一般由基体组元与增强材料或功能体组元所组成，因此亦属于多相材料范畴。复合材料的特点之一是不仅能保持原组分的部分优点，而且可以产生原组分所不具备的新性能。特点之二是它的可设计性，由于各种原材料都具有各自的优点和缺点，所以在组合时可能出现如图 7.2 所示的结果。因此复合材料必须通过对原材料的选择，各组分分布的设计和工艺条件的保证等，以期使原组分材料的优点互相补充，同时利用复合材料的复合效应使之出现新的性能，最大限度地发挥优势。

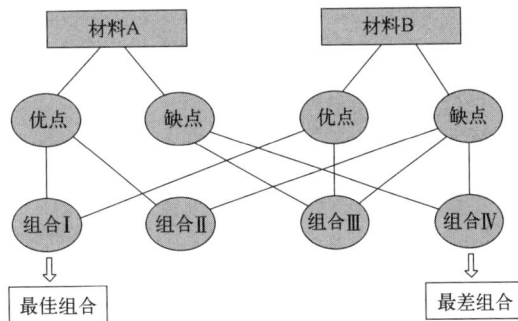

图 7.2　材料的优、缺点组合示意图

益小苏等主编的《复合材料手册》中认为，复合材料是指由两种或两种以上具有不同物理、化学性质的材料，以微观、细观或宏观等不同的结构尺度与层次经过复杂的空间组合而成的一个材料系统。

综上所述，复合材料应具有以下三个特点。

① 复合材料是由两种或两种以上不同性质的材料组元所制成的具有宏观、细观或微观等不同结构尺度的一种新型材料，组元之间存在着明显的界面。

② 复合材料中各组元不但保持着各自的固有特性而且可最大限度地发挥各种材料组元的特性，并赋予单一材料组元所不具备的优良特殊性能。

③ 根据性能和功能要求，复合材料具有可设计性。

因此，金属、陶瓷、高分子等单质材料的材料科学与工程学基础也是复合材料科学与工程学的最重要基础。复合材料与其他所有材料不同的最典型特征是复合材料具有多尺度、多层次结构，以及各尺度、各层次结构与复合材料微观、微观和宏观性能之间丰富的关联。

复合材料的结构通常由基体和增强体或功能体构成。基体在复合材料结构中是连续相，它起到连接增强相，并赋予复合材料成型和传递外界作用力的作用，并可保护增强体免于受到外界环境的损伤；而增强体是以独立的形态分布在整个连续相（基体）中的分散相，与连续相（基体）相比，这种分散相的性能优越，会使材料的性能显著增强，故常称为增强材料（也称为增强体、增强剂、增强相等）。因此在大多数情况下，分散相较基体硬，强度和刚度较基体大。分散相可以是纤维及其编织物，也可以是颗粒状或弥散的填料。在基体与增强材料之间存在着界面。

7.2.2 复合材料的分类

复合材料的分类有多种方法，如图 7.3 所示。

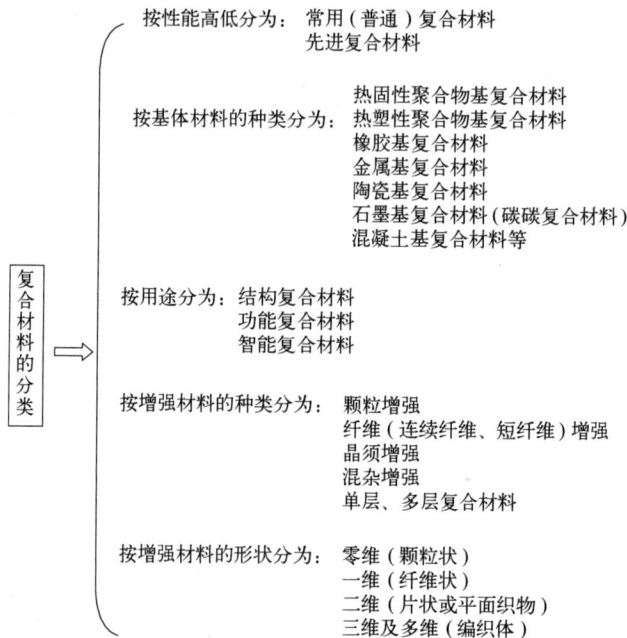

图 7.3 复合材料的分类

常用复合材料是指用普通玻璃纤维、合成与天然纤维等增强普通聚合物（树脂）的复合材料，多作为性能要求不高且量大面广的材料使用；先进复合材料（advanced composite）是以碳、芳纶、陶瓷、纤维、晶须等高性能增强材料与耐高温聚合物、金属、陶瓷和碳（石墨）

等构成的复合材料，用于各种高技术领域、用量少而性能要求高的场合。

结构复合材料主要用作承力和次承力结构，因此主要是要求质量轻、强度和刚度高，且能耐受一定的温度，在某些情况下还要求膨胀系数小、绝热性能好或耐介质腐蚀等其他性能。结构复合材料基本上由增强体和基体组成。前者是承受载荷的主要组元，后者则起到使增强体彼此黏结起来予以赋型并传递应力和增韧的作用，可按受力的状态进行复合结构的设计。

功能复合材料（functional composite materials）是指除力以外而提供其他物理性能的复合材料，即具有各种电学性能（如导电、超导、半导、压电等）、磁学性能（如永磁、软磁、磁致伸缩等）、光学性能（如透光、选择吸收、光致变色等）、热学性能（绝热、导热、低膨胀系数等）、声学性能（如吸声、消声呐等）以及摩擦、阻尼等性能。功能复合材料主要由功能体和基体组成，或由两种或两种以上的功能体组成。但基体不仅起到黏结和赋形的作用，同时也会对复合材料整体的物理性能有影响。

智能复合材料（intelligent composite materials）为机敏复合材料（smart composite materials）的高级形式。有人把机敏复合材料统一包括在智能复合材料之内。能检知环境变化，并通过改变自身一个或多个性能参数对环境变化作出响应，使之与变化后的环境相适应的复合材料或材料-器件的复合结构，称为机敏材料或机敏结构。在机敏复合材料的自诊断、自适应和自愈合的基础上增加自决策的功能，体现具有智能的高级形式，将其称为智能复合材料和系统。

混杂复合材料（hybrid composite materials）广义上包括两种或两种以上的基体或增强材料进行混杂所构成的复合材料，也包括用两种或两种以上的复合材料或复合材料与其他材料进行混杂所构成的复合材料。但通常是指用两种或两种以上的增强材料组成的混杂复合材料，如两种连续纤维单向排列或混杂编织、两种短纤维的混杂铺设或两种颗粒的混杂。但目前主要是两种连续纤维的定向排列或混杂编织，也有少量的纤维与颗粒的混杂。混杂复合材料由于各种增强材料不同性质的相互补充，特别是由于产生混杂效应将明显提高或改善原单一增强材料的某些性能，同时也大大降低复合材料的原料费用。

本书中将以复合材料基体分类的方式讨论各种基体的复合材料。

7.3 复合材料的性能特点

在后面的章节中将会详细介绍各种复合材料的性能，在此仅对复合材料的性能特点作简单介绍，使读者对复合材料性能有一些感性的认识。总体来讲，复合材料具有如下性能特点。

（1）比强度和比模量高

复合材料的最大优点是比强度和比模量高。比强度、比模量是指材料的强度或模量与密度之比，即

$$比强度 = \frac{强度}{材料密度}$$

$$比模量 = \frac{弹性模量}{材料密度}$$

材料的比强度愈高，制作同一零件则自重愈小；材料比模量愈高，零件的刚性愈大。表7.1 列出了某些复合材料的性能。从表中可以看出，尽管软钢的强度和模量比复合材料高，但它的比强度和比模量却比复合材料低。

表7.1 复合材料的性能

复合材料	密度ρ/ （g/cm³）	弹性模量E/GPa	拉伸强度Rm/MPa	比模量（E/ρ）/ [GPa/（g/cm³）]	比强度（Rm/ρ）/ [MPa/（g/cm³）]
40%Cf/尼龙66	1.34	22	246	16	184
连续S-玻璃纤维/环氧树脂	1.99	60	1750	30.2	879
25%SiCw/氧化铝	3.7	390	900（弯曲强度）	105	
25%Al₂O₃/Al合金	1.5	80	266	53	177
Al	2.7	69	77	26	29
软钢	7.86	210	460	27	59

（2）抗疲劳性能好

复合材料的疲劳性能较其单一的基体材料大大提高。疲劳破坏是材料在交变载荷作用下，由裂纹的形成和扩展造成的材料破坏现象。金属材料的疲劳常常是事先没有任何预兆就发生突发性破坏。而复合材料的疲劳破坏在破坏前有明显的预兆，即在纤维与基体材料的结合面上可观察到裂纹，因此，其疲劳断裂不像金属材料来得那么突然。

大多数金属材料的疲劳强度是其拉伸强度的40%~50%，而碳纤维/聚酯复合材料的疲劳强度则可达其拉伸强度的70%~80%。

（3）减震性能好

受力结构的自振频率除与结构本身形状有关外，还与材料的比模量的平方根成正比。复合材料的比模量高，因此具有高的自振频率，避免了工作状态下共振引起的早期破坏。同时，复合材料界面具有较好的吸振能力，提高了材料的振动阻力，因此，减震性能好。对相同形状和尺寸的梁进行试验可知，轻金属梁需要9s才能停止振动，而碳纤维复合材料梁仅需要2.5s就会停止同样大小的振动。

（4）化学稳定性优良

钢材不耐酸，尤其是不耐含有氯离子的酸，即使含有钼的不锈钢在这种介质中也会很快被腐蚀，但纤维增强塑料可在含氯离子的酸性介质中长期使用。

（5）耐热性高

耐热性是指材料在一定的温度上限内能长期使用，而其力学性能保持不低于80%的一种性能指标。目前聚合物基复合材料的最高耐温上限为350℃（一般常用高聚合物基体的使用温度为100~200℃）。金属基复合材料的耐温性较好，按不同金属基体的性质在350~1100℃

范围中变动。

SiC 纤维、Al_2O_3 纤维与陶瓷的复合材料，在空气中可耐 1200~1400℃高温，比所有高温合金的耐热性高 100℃以上。将其用于柴油发动机，可取消原来的散热器水冷却系统，减轻质量约 100kg；用于汽车发动机，使用温度可高达 1370℃。耐热性最高的是碳基复合材料，非氧化气氛下可在 2400~2800℃下长期使用。

（6）高韧性和高抗热冲击性、导电和导热性

金属材料具有良好的塑性变形能力、优异的导热性和导电性，因此，金属基复合材料也具有较高的韧性和抗热冲击性能。在受到冲击时，它能通过塑性变形吸收能量。金属基体的导电和导热性能可以使局部的高温热源和集中电荷很快扩散消失，有利于解决热气流冲击和雷击问题。

（7）减摩、耐磨、自润滑性好

在热塑性塑料中掺入少量短切碳纤维可大大提高它的耐磨性，其增加倍数为聚氯乙烯本身的 3.8 倍，为聚四氟乙烯本身的 3 倍，为聚丙烯本身的 2.5 倍，为聚酰胺本身的 1.2 倍，为聚酯本身的 2 倍。碳纤维增强塑料还可以降低塑料的摩擦系数。陶瓷纤维和颗粒加入金属基体中可提高基体的强度、硬度和耐磨性。

（8）其他特殊性能

玻璃纤维增强塑料是一种优良的电器绝缘材料，可用于制造仪表、电机与电器中的绝缘零部件，而这种材料不受电磁作用、不反射无线电波、微波透过性良好，因此，制造飞机导弹及地面雷达都采用它。复合材料根据其组成组元的特性，还具有耐烧蚀性、耐辐射性、耐蠕变性以及特殊的光、电、磁性能等。

此外，复合材料的可设计性与制备成型一体化也是复合材料的工艺性特点。

7.4 聚合物基复合材料

7.4.1 聚合物基复合材料的发展

聚合物基复合材料（PMC，polymer matrix composites）是目前结构复合材料中发展最早、研究最多、应用最广、规模最大的一类。它是由一种或多种微米级或纳米级的增强材料，分散于聚合物基体中，按照一定的工艺过程制成的具有优良力学性能和多种功能性的复合材料。同时，聚合物基复合材料还能实现一些独特的功能。

聚合物基复合材料作为复合材料家族的一个重要成员，具有密度低、比强度高、比模量高、热传导性高、可设计性好、尺寸稳定性好、耐腐蚀、抗疲劳性能好等优点，尤其是其环

境耐受性强，使得其具有极为广泛的适用范围。

聚合物基复合材料的基体决定了复合材料的性能，特别是剪切性能、温度及环境耐受性等，聚合物基体的性质各异使得复合材料的制备工艺较为多样。聚合物基复合材料因为通常使用无机材料作为增强体，有机基体与无机填料之间的界面容易成为复合材料的薄弱环节，一般需要经过界面处理。通过界面设计能够有效提升基体与填料之间的相容性，提高界面强度，增强复合材料的力学性能。

现代复合材料就是以 1942 年聚合物基复合材料——玻璃钢的出现为标志的。聚合物基复合材料自产生至今经过了长足的发展，基体、增强体的种类得到了极大丰富，由初期的颗粒、纤维状增强体发展到目前的纳米材料增强体，由最初的主要承担结构性能演变到目前具有各种功能，大致经历了以下几个发展阶段。

第一阶段，20 世纪 40 年代初到 20 世纪 60 年代中期，1942 年出现玻璃纤维增强环氧树脂、1946 年出现玻璃纤维增强尼龙，以后相继出现其他的玻璃钢品种。这一阶段主要是玻璃纤维增强塑料（glass-fiber-reinforced plastic，GFRP）的发展和应用，我国是 20 世纪 50 年代末开始研制 GFRP 的。然而，玻璃纤维模量低，无法满足航空、宇航等领域对材料的要求，因此，人们努力寻找新的高模量纤维。

第二阶段，从 20 世纪 60 年代中期到 20 世纪 80 年代初，各种纤维增强材料不断涌现。1964 年，硼纤维研制成功，其模量达 400GPa、强度达 3.45GPa。硼纤维增强塑料（BFRP）立即被用于军用飞机的次承力构件，如 F-14 的水平稳定舵、垂尾等。但由于硼纤维价格昂贵、工艺性差，其应用规模受到限制，随着碳纤维的出现和发展，硼纤维的生产和使用逐渐减少，除非用于一些特殊场合，如增强卫星、宇航等领域里的特殊构件（如受压杆件）。1965 年，碳纤维在美国一诞生，就显示出强大的生命力。1966 年，碳纤维的拉伸强度和模量还分别只有 1100MPa 和 140GPa，其比强度和比模量还不如硼纤维和铍纤维。而到 1970 年，碳纤维的拉伸强度和模量就分别达到 2.76GPa（早期 Toray 300）和 345GPa。自此，碳纤维增强塑料（CFRP）得到迅速发展和广泛应用，碳纤维及其复合材料性能也不断提高。1972 年，美国杜邦（Dupont）公司又研制出了高强、高模的有机纤维——聚芳酰胺纤维（商品名"Kevlar"），其强度和模量分别达到 3.4GPa 和 130GPa，使 PMC 的发展和应用更为迅速。

这个阶段是先进复合材料日益成熟和发展的阶段。表 7.2 列出了典型的纤维增强 PMC 的性能数据，按照美国空军材料实验室（AFML）和国家航空航天局（NASA）的定义，以碳纤维、硼纤维、Kevlar 纤维、氧化铝纤维、碳化硅纤维等增强的聚合物基复合材料为先进复合材料 [比强度大于 400MPa/（g/cm³），比模量大于 40GPa/（g/cm³）]，而应用最广泛的 GFRP 虽然比强度很高，但比模量较低，不属于先进复合材料。作为结构材料，先进复合材料在许多领域获得应用。

表 7.2   各种单向连续纤维（60%）增强塑料与金属性能比较

性能	材料								
	GFRP	CFRP	KFRP	BFRP	AFRP	SFRP	钢	铝	钛
密度/（g/cm³）	2.0	1.6	1.4	2.1	2.4	2.0	7.8	2.8	4.5
拉伸强度/GPa	1.2	1.8	1.5	1.6	1.7	1.5	1.4	0.48	1.0
比强度/［MPa/（g/cm³）］	600	1120	1150	750	710	650	180	170	210

性能	材料								
	GFRP	CFRP	KFRP	BFRP	AFRP	SFRP	钢	铝	钛
拉伸模量/GPa	42	130	80	220	120	130	210	77	110
比模量/［GPa/（g/cm³）］	21	81	57	104	54	56	27	27	25
热导率/［kcal/（m·h·K）］	5	43	2.4	5.4	2		65	160	53
热膨胀系数/×10⁻⁶K	8	0.2	1.8	4.0	4	2.6	12	23	9.0

注：1. GFRP—玻璃纤维增强塑料；CFRP—碳纤维增强塑料；KFRP—Kevlar 纤维增强塑料；BFRP—硼纤维增强塑料；AFRP—氧化铅纤维增强塑料；SFRP—碳化硅（Nicalon）纤维增强塑料。

2. 1cal=4.1868J。

第三阶段，20 世纪 80 年代后，聚合物基复合材料的工艺、理论逐渐完善，除了玻璃钢的普遍使用外，先进复合材料在航空航天、船舶、汽车、建筑、文体用品等各个领域都得到全面应用。同时，先进热塑性复合材料（ACTP）以 1982 年英国 ICI 公司推出的 APC-2 为标志，向传统的热固性树脂基复合材料提出了强烈的挑战，ACTP 的工艺理论不断完善、新产品的开发和应用不断扩大。此外，伴随着纳米复合材料的出现与进步，运用在电子、生物、能源等领域的具有电、热、磁、光等功能的聚合物基复合材料也逐渐发展起来。

7.4.2　聚合物基复合材料的制备工艺

聚合物基复合材料的性能在纤维与树脂体系确定后，外形和性能主要决定于成型工艺。成型工艺主要包括以下两个方面：一是成型，即将预浸料按产品的要求，铺置成一定的形状，一般就是产品的形状；二是固化，即把已铺置成一定形状的叠层预浸料，在温度、时间和压力等因素影响下使形状固定下来，并能达到预期的性能要求。聚合物基复合材料的成型工艺主要有手糊成型、注射成型、真空袋压法成型、挤出成型、压力袋成型、纤维缠绕成型、树脂注射和树脂传递成型、真空辅助树脂注射成型、连续板材成型、拉挤成型、离心浇铸成型、层压或卷制成型、夹层结构成型、模压成型、热塑性片状模塑料热冲压成型、喷射成型等方式。下面介绍其中的几种常见方法。

（1）手糊成型

手糊成型工艺是复合材料最早的一种成型方法，也是一种最简单的方法，其具体工艺为首先在模具上涂刷含有固化剂的树脂混合物，在其上铺贴一层按要求剪裁好的纤维织物，用刷子、压辊或刮刀压挤织物，在其均匀浸胶并排除气泡后，再涂刷树脂混合物和铺贴第二层纤维织物，反复上述过程直至达到所需厚度为止。然后，在一定压力作用下加热固化成型（热压成型）或者利用树脂体系固化时放出的热量固化成型（冷压成型），最后脱模得到复合材料制品。手糊成型工艺的优点：不受产品尺寸和形状限制，适宜尺寸大、批量小、形状复杂产品的生产；设备简单、投资少、设备折旧费低；工艺简单，易于满足产品设计要求，可以在产品不同部位任意增补增强材料；制品树脂含量较高，耐腐蚀性好。手糊成型工艺的缺点：生产效率低，劳动强度大，劳动卫生条件差；产品质量不易控制，性能稳定性不高；产品力学性能较低。图 7.4 所示为手糊成型的工艺流程。

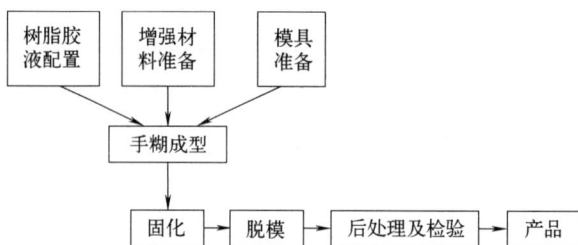

图 7.4　手糊成型工艺流程

（2）模压成型

模压成型是一种对热固性树脂和热塑性树脂都适用的纤维复合材料成型方法，早在 20 世纪初就出现了酚醛塑料模压成型工艺。复合材料模压成型过程是将定量的塑料或颗粒状树脂与短纤维的混合物放入敞开的金属对模中，闭模后加热使其熔化并在压力作用下充满模腔，形成与模腔相同形状的模制品，再经加热使树脂进一步发生交联反应而固化，或者冷却使热塑性树脂硬化，脱模后得到复合材料制品。模压成型工艺有较高的生产效率，制品尺寸准确，表面光洁，多数结构复杂的制品可一次成型、无须二次加工，制品外观及尺寸的重复性好，容易实现机械化和自动化等。但模压成型的模具设计制造复杂，压机及模具投资高，制品尺寸受设备限制，一般只适合制造批量大的中、小型制品。模压成型工艺已成为复合材料的重要成型方法，在各种成型工艺中所占比例仅次于手糊成型/喷射成型和连续成型而居第三位。近年来，随着专业化、自动化和生产效率的提高，制品成本不断降低，使用范围越来越广泛。图 7.5 所示为模压成型的工艺流程。

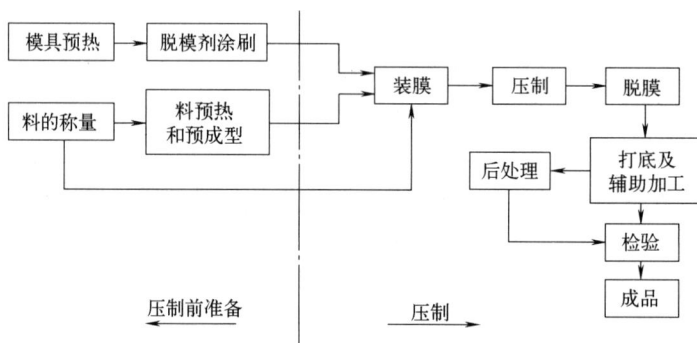

图 7.5　模压成型工艺流程

（3）层压成型

层压成型工艺，是把一定层数的浸胶布（纸）叠在一起，送入多层液压机，在一定的温度和压力下压制成板材的工艺。层压成型工艺属于干法压力成型范畴，生产的制品包括各种绝缘材料板、人造木板、塑料贴面板、覆铜箔层压板等。层压成型工艺的优点是制品表面光洁、质量较好且稳定以及生产效率较高。层压成型工艺的缺点是只能生产板材，且产品的尺寸大小受设备的限制。

（4）喷射成型

喷射成型是将混有促进剂和引发剂的不饱和聚酯树脂从喷枪两侧（或在喷枪内混合后）喷出，同时将玻璃纤维无捻粗纱由喷枪中心喷出，与树脂一起均匀沉积到模具上的制备工艺。当不饱和聚酯树脂与玻璃纤维无捻粗纱混合沉积到一定厚度时，采用辊压方式使纤维浸透树脂、压实并除去气泡，最后固化成制品。喷射成型对所用原材料有一定要求，例如树脂体系的黏度应适中，容易喷射雾化、脱除气泡和浸润纤维以及不带静电等。最常用的树脂是在室温或稍高温度下即可固化的不饱和聚酯。喷射法使用的模具与手糊法类似，但相比手糊法生产效率可提高数倍，能够制作大尺寸制品。用喷射成型方法虽然可以制成复杂形状的制品，但其厚度和纤维含量都较难精确控制，树脂含量一般在60%以上，孔隙率较高，制品强度较低，施工现场污染和浪费较严重。喷射法通常用来制作大篷车车身、船体、广告模型、舞台道具、贮藏箱、建筑构件、机器外罩、容器、安全帽等产品。

（5）连续缠绕成型

连续缠绕成型是将浸过树脂胶液的连续纤维或布带按照一定规律缠绕到芯模上，然后固化脱模成为增强塑料制品的工艺过程。为改善工艺性能和避免损伤纤维，可预先在纤维表面涂覆一层半固化的基体树脂，或者直接使用预浸料，纤维缠绕方式和角度可以通过机械传动或计算机控制。缠绕达到预定厚度后，根据所选用的树脂类型，在室温或加热箱内固化、脱模便得到复合材料制品。利用纤维缠绕工艺制造压力容器时，一般要求纤维具有较高的强度和模量且易被树脂浸润，纤维纱的张力均匀以及缠绕时不间断。此外，在缠绕的时候，所使用的芯模应有足够的强度和刚度，能够承受成型加工过程中各种载荷（缠绕张力、固化时的热应力、自重等），满足制品形状尺寸和精度要求以及容易与固化制品分离要求。常用的芯模材料有石膏、石蜡、金属或合金、塑料等，也可用水溶性高分子材料，如以聚烯醇作黏结剂制成芯模。连续纤维缠绕技术的优点为纤维按预定要求排列的规整度和精度高；通过改变纤维排布方式、数量，可以实现等强度设计，从而能在较大程度上发挥增强纤维抗张性能优异的特点；用连续纤维缠绕技术所制得的成品，结构合理，比强度和比模量高，质量比较稳定和生产效率较高等。连续纤维缠绕技术的缺点为设备投资费用大，只有大批量生产时才可能降低成本。连续纤维缠绕法适于制作承受一定内压的中空型容器，如固体火箭发动机壳体、导弹放热层和发射筒、压力容器、大型贮罐、各种管材等。近年来发展起来的异型缠绕技术，可以实现复杂横截面形状的回转体或断面呈矩形、方形以及不规则形状容器的成型。图7.6是连续缠绕工艺的制备流程实物图。

（6）拉挤成型

拉挤成型首先将浸渍过树脂胶液的连续纤维束或带状织物在牵引装置作用下通过成型模而定型；其次，在模中或固化炉中固化，制成具有特定横截面形状和长度不受限制的复合材料，如管材、棒材、槽型材、工字型材、方型材等。一般情况下，只需要将预制品在成型模中加热到预固化的程度，最后固化是在加热箱中完成的。拉挤成型过程中，要求增强纤维的强度高、集束性好、不发生悬垂和容易被树脂胶液浸润。常用的增强纤维如玻璃纤维、芳香族聚酰胺纤维、碳纤维以及金属纤维等。用作基体材料的树脂以热固性树脂为主，要求树脂的黏度低和适用期长等，常用基体材料有不饱和聚酯树脂和环氧树脂等。拉挤成型常用的工艺是热熔涂覆法和混编法。热熔涂覆法是使增强材料通过熔融树脂，浸渍树脂后在成型模中冷却定型；混编法是按一定比例将热塑性聚合物纤维与增强材料混编织成带状、空心状等几何形状的织物，然后利用具有一定几何形状的织物通过热模时基体纤维熔化并浸渍增强材料，冷却定型后成为产品。

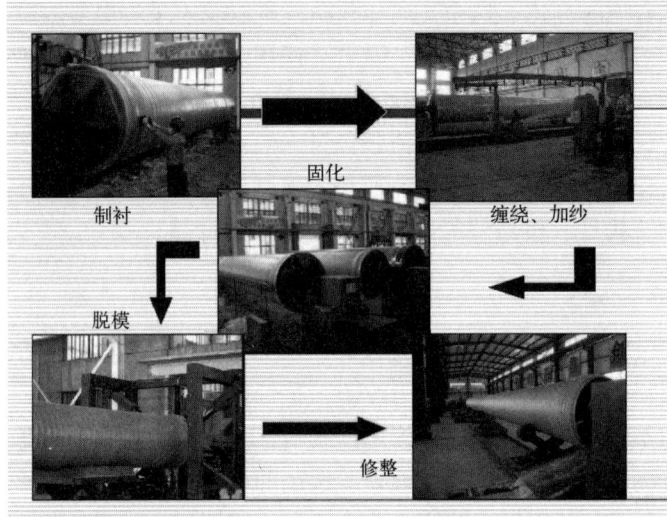

图 7.6　连续缠绕工艺制备流程实物图

拉挤成型的优点是生产效率高，易于实现自动化；制品中增强材料的含量一般为40%~80%，能够充分发挥增强材料的作用，制品性能稳定可靠；不需要或仅需要进行少量加工，生产过程中树脂损耗少；制品的纵向和横向强度可任意调整，以适应不同制品的使用要求，其长度可根据需要定长切割。拉挤制品的应用广泛：耐腐蚀领域，主要用于上、下水装置，工业废水处理设备，化工挡板及化工、石油、造纸和冶金等工厂内的栏杆、楼梯、平台扶手等；电工领域，主要用于高压电缆保护管、电缆架、绝缘梯、绝缘杆、灯柱、变压器和电机的零部件等；建筑领域，主要用于门窗结构用型材、桁架、桥梁、栏杆、支架、天花板吊架等；运输领域，主要用于卡车构架、冷藏车厢、汽车笼板、刹车片、行李架、保险杠、船舶甲板、电气火车轨道护板等；运动娱乐领域，主要用于钓鱼竿、弓箭杆、滑雪板、撑竿跳杆、曲棍球棍、活动游泳池底板等；能源开发领域，主要用于太阳能收集器、支架、风力发电机叶片和抽油杆等；航空航天领域，如宇宙飞船天线绝缘管、飞船用电机零部件等。随着科学和技术的不断发展，拉挤制品正向着提高生产速度、热塑性和热固性树脂同时使用的复合结构材料方向发展。生产大型制品、改进产品外观质量和提高产品的横向强度都将是拉挤成型工艺今后的发展方向。

（7）注射成型

注射成型是树脂基复合材料生产中的一种重要成型方法，它适用于热塑性和热固性复合材料，但以热塑性复合材料应用最广。注射成型是根据金属压铸原理发展起来的一种成型方法，该方法是将颗粒状树脂、短纤维送入注射腔内，加热熔化、混合均匀，并以一定的挤出压力，注射到温度较低的密闭模具中，经过冷却定型后，开模便得到复合材料制品。注射成型工艺过程包括加料、熔化、混合、注射、冷却硬化和脱模等步骤。加工热固性树脂时，一般是将温度较低的树脂体系（防止物料在进入模具之前发生固化）与短纤维混合均匀后注射到模具中，然后加热模具使其固化成型。在加工过程中，由于熔体混合物的流动会使纤维在树脂基体中的分布有一定的各向异性。如果制品形状比较复杂，则容易出现局部纤维分布不均匀或大量树脂富集区，影响材料的性能。因此，注射成型工艺要求树脂与短纤维的混合均匀，混合体系有良好的流动性，而纤维含量不宜过高，一般在 30%~40%。注射成型法所得制品的精度高、生产周期短、效率较高、容易实现自动控制，除氟树脂外，几乎所有的热塑性树脂都可以采用这种方法成型。

7.5　金属基复合材料

7.5.1　金属基复合材料的发展

金属基复合材料（metal matrix composites，MMCs）是以陶瓷（连续长纤维、短纤维、晶须及颗粒）为增强材料，金属（如铝、镁、钛、镍、铁、铜等）为基体材料制备而成的。MMCs 问世至今已有 60 余年，其具有比强度高、比模量高、耐高温、耐磨损以及热膨胀系数小、尺寸稳定性好等优异的物理性能和力学性能，克服了树脂基复合材料在宇航领域中使用时存在的缺点，得到了令人瞩目的发展，成为各国高新技术研究开发的重要领域。

金属基复合材料的范畴界定是一个长期以来存在争议的话题。广义上讲，从复合材料的定义出发，凡是包含金属相在内的双相和多相材料都可归于金属基复合材料，通常包括定向凝固共晶层片或纤维组织（如 Al_3Ni-Al、Al-CuAl、Ni-TaC、Ni-W）、双相金属间化合物层片组织（如 γ-TiAl）、珠光体钢、高硅铝合金（Al-Si）等。上述材料通常被看作是金属合金，而不是金属基复合材料。然而非晶/初晶复合组织（如 Zr 基非晶合金）通过控制凝固和固态相变在非晶基体中原位形成的晶相可以发挥增韧/增塑的作用，有望帮助人们冲破传统观念的束缚。不过，采用复合的思想发展金属材料具有巨大潜力，而合金与复合材料的争议本身却无关紧要。本节涉及的仍然是比较狭义的金属基复合材料，其增强体是从外部引入到金属基体当中，或是在金属基体内部由一种或多种原位生成的反应产物，这种反应产物作为增强相始终独立存在。

金属基复合材料是在 20 世纪 60 年代开始出现的。A. Mortensen 等认为最早（1965 年）在杂志上提出金属基复合材料的是 A. Kelly 及 D. Cratchley 等。1961 年由 Koppenaal 和 Parikk 试制的短切碳纤维和铝粉末的复合，可能是最初的碳纤维增强金属基复合材料的制造。但是实际上在远古，人们已在无意中使用金属基复合材料，如土耳其发现的公元前 7000 年的含有非金属的铜锥是由锻打叠合方式制成的。

1924 年，Schmidt 做了对金属铝和氧化铝粉的混合工作，掀起了 20 世纪 50 至 60 年代对金属基复合材料的研究热潮。人们开始用 W 或者 B 纤维增强铝或铜制备含有体积分数为 30%~70%连续 W 或 B 纤维增强铝或铜的丝线。近代金属基复合材料发展历程见表 7.3。

表 7.3 金属基复合材料及其制备方法的发展历程

年份	国家	复合材料系统	技术	研究者
1965	美国	Al-Cr	气吸及搅拌	Badia, Rohatgi
1968	印度	Al-Al$_2$O$_3$	搅拌铸造	Ray, Rohatgi
1974	印度	Al-SiC, Al-Al$_2$O$_3$	搅拌铸造	Rohatgi, Surappa
1975	美国	Al-Mg-Ca	搅拌铸造	Mehiabian, Sato
1979	印度	Al-Al$_2$O$_3$, Al-SiO$_2$	搅拌铸造	Fiemings, Rohatgi, Ram, Bamerjee
1980	美国	Al-SiC	搅拌铸造	Skibo, Schuster
1981	日本	Al-Cr	压力铸造	Snowa
1982	美国	Al-Al$_2$O$_3$	压力铸造	Dhingra
1983	日本	Al-氧化铝纤维	挤压铸造	
1984	印度	Al-微孔	搅拌铸造	Rohatgi, Das
1985	挪威	Al-SiC	搅拌铸造	
1985	美国	Al-TiC	原位铸造	
1986	美国	Al-SiC	压力浸渗	Comie oh Russel
1987	澳大利亚	Al-Al$_2$O$_3$	搅拌铸造	Flemings
1988	法国	Al-SiC	搅拌铸造	Millicee Suery
1988	日本	Al-Al$_2$O$_3$-C	压力铸造	Hayashi, Ushio, Ebisawa
1989	美国	Al-Al$_2$O$_3$-碳化物	无压浸渗	Aghajanan, Burke, Rocazella

连续纤维增强金属基复合材料出现于 20 世纪 60 年代，但因生产成本过高及工艺复杂而难以进行规模化生产，20 世纪 70 年代其发展反而变弱。金属基复合材料的真正发展是在 20 世纪 80 年代。20 世纪 80 年代，美国的复合材料开始转入实用化阶段，将复合材料大量用在航空航天工业。1981 年，美国发射的哥伦比亚号航天飞机上的货舱桁架使用的就是硼纤维增强铝基复合材料。20 世纪 80 年代以来，价格低廉的复合材料增强体的大量出现以及复合材料制备工艺的发展，促进了铝基复合材料在汽车工业上的应用。这个时期增强材料经过几十年的发展变得较为成熟，在加工工艺方面生产成本降低且工艺稳定，并且可设计复合材料的组织。

日本在 20 世纪 80 年代初期开始对金属基复合材料进行研究。在美国应用金属基复合材料两年后，日本的本田汽车公司首先将 Al$_2$O$_3$ 短纤维增强铝基复合材料应用到汽车缸体活塞上，并实现了大规模工业化生产。此外，日本还大规模制造了长纤维、晶须等多种类型的 MMCs 增强体。

俄罗斯在金属基复合材料研究生产和应用方面也具有很强的实力。其研究和应用主要集中在硼纤维增强铝基复合材料方面。

据不完全统计，目前日本至少有 40 家公司（如丰田、本田、铃木、富士重工、日本制钢、三菱重工、日立及住友等公司）在进行金属基复合材料的开发研究。

7.5.2　金属基复合材料的制备工艺

金属基复合材料是以金属及其合金为基体,与一种或几种金属或非金属增强相人工结合成的复合材料。其增强材料大多为无机非金属,如陶瓷、碳、石墨及硼等,也可以用金属丝。它与聚合物基复合材料、陶瓷基复合材料以及碳/碳复合材料一起构成现代复合材料体系。根据金属基复合材料制备的基本特点,金属基复合材料的制备工艺分为四大类:固态法、液态法、喷射沉积法、原位自生成法。

(1) 固态法

金属基复合材料固态制备工艺主要为扩散结合和粉末冶金两种方法。扩散结合也称扩散粘接法或扩散焊接法,是加压焊接的一种,是在低于基体合金熔点的适当温度下施加高压,通过基体发生塑性变形、蠕变及扩散过程,使基体与增强体紧密地结合,得到完全压实的工艺方法。扩散结合可有效地抑制界面反应、解决润湿性问题,是连续纤维增强金属基复合材料的主要制备方法。通常先把增强纤维制成预制品,然后剪裁、叠层封装,最后在模具中加热压制成复合材料,一般需真空或惰性气体保护。为使基体合金完全充满纤维间所有间隙,可适当提高工艺温度,但须同时兼顾工艺温度对界面反应的影响。压制方法主要有热压法、热等静压法、热轧法等,其中热等静压工艺是将制品放置到密闭的容器中,向制品施加各向同等的压力,同时施以高温,在高温高压的作用下,制品得以烧结和致密化。热等静压是高性能材料生产和新材料开发不可或缺的手段,例如钛合金、超合金等材料通常使用热等静压成型。相比于其他热压方法,热等静压工艺生产复合材料的基体与增强物界面紧密,组织致密,无缩孔、气孔等缺陷,形状、尺寸精确,性能更加均匀。扩散结合法是连续纤维增强金属基复合材料能够按照铺层要求编织排布的唯一可行工艺。但扩散结合工艺设备费用昂贵,制备成本高,产品的大小及形状受设备及其加压容量的限制,一般仅能得到平板状或低曲率板等形状较为简单的构件。

粉末冶金法是将金属粉末与增强体相混合后,在常温下压缩成型再烧结,或热压扩散结合使其复合制备金属基复合材料的方法。工艺流程为:将增强体(颗粒、晶须、短纤维等非连续增强体)与金属或预合金的粉末用机械混合均匀,制得复合坯料后装入模具中冷压,经真空除气再加热至基体合金的固液两相区或固相线以下进行热压或热等静压,从而制成复合材料锭块,再经挤压、轧制、锻造等二次压力加工(热加工)以改善组织、提高致密度,制成型材或零件。其优点是对基体合金及增强体的种类限制很少;增强体的体积分数容易调节和控制;二次塑性加工后性能优异。但原材料和设备成本高,制造工序多,工艺复杂,零件的结构、尺寸受限制。粉末冶金既可用于连续长纤维增强,又可用于短纤维、颗粒或晶须增强的金属基复合材料。

粉末冶金法的烧结温度低于金属熔点,由高温引起的增强材料与金属基体的界面反应少,减小了界面反应对复合材料性能的不利影响。同时可以通过控制热等静压或烧结时的温度、压力和时间等工艺参数来控制界面反应。可以根据性能要求,使增强材料与金属粉末以任何比例混合,纤维含量最高可达75%,颗粒含量可达50%,这是液态法无法达到的。粉末冶金法有利于改善增强相与基体润湿性差及密度差的缺点,使增强相均匀分布在金属基体之中。

图 7.7　放电等离子体烧结设备

但是粉末冶金法工艺过程比较复杂，金属基体必须制成粉末，增加了工艺复杂性和成本，制备铝基和镁基复合材料时，需要防止粉末爆炸。图 7.7 所示为粉末冶金产品放电等离子体烧结设备，这是先进的新型烧结设备，是当今世界上先进的快速烧结技术之一。

（2）液态法

液态法也称熔铸法，是指金属基复合材料在制造过程中，金属基体处于熔融状态与固体增强物复合的方法，包括铸造法、压铸法、半固态复合铸造、液态渗透以及搅拌法和无压渗透法等。液态法是制备颗粒、晶须和短纤维增强金属基复合材料的主要工艺方法。与固态法相比，液态法的工艺及设备相对简便，与传统金属材料的铸造、压铸工艺类似，制备成本较低，发展速度较快。为了减少高温下基体与增强材料之间的界面反应，改善液态金属基体与固态增强体的润湿性，通常采用加压浸渗、表面涂覆、添加合金元素等措施。

下面简要介绍两种液态法的具体工艺。高压凝固铸造法是将纤维与黏结剂制成的预制件放在模具中加热，并将熔融金属基体注入模具迅速合模加压，使液态金属以一定速度浸透到预制件中，而黏结剂受热分解去除，冷却后得到复合材料型材的工艺。为了避免熔融金属的氧化和杂质污染，整个工艺过程在真空条件下进行。纤维与金属在高温状态下的时间短，界面反应层的厚度小，故高压凝固铸造法可用于加工复杂性状的制品，制品的致密性好、纤维损伤少。熔融金属浸渗法是通过纤维预制件浸渍熔融态金属而制成金属基复合材料的方法。在浸渗过程中可以抽真空，利用渗透压迫使熔融金属浸透到纤维的间隙中，也可以在熔融金属一侧用惰性气体加压的方式实现渗透。

（3）喷射沉积法

喷射沉积法是将基体金属在坩埚中熔化后，在压力作用下送入雾化器，在高速惰性气体射流的作用下，液态金属被分散为细小的液滴，形成所谓"雾化锥"，然后通过一个或多个喷嘴向"雾化锥"喷射增强颗粒，使之与金属雾化液滴一起在收集器上沉积，并快速凝固形成颗粒增强金属基复合材料。喷射沉积工艺流程短，工序简单且效率高，有利于工业化生产；致密度高，一般可达到 95%~98%；快速凝固促进晶粒和组织细化，消除宏观偏析，合金成分均匀；增强相与金属液滴接触时间短，界面反应弱。喷射沉积法具有普遍适用性，例如合金钢、铝合金、高温合金等金属基体均可采用喷射沉积法制备相应复合材料。

（4）原位自生成法

在复合材料制造过程中，增强材料在基体中生成和生长的方法称作原位自生成法。增强材料从金属基体中原位生成，界面洁净、结合牢固，能够改善基体与增强相的相容性，减少二者间的界面反应，特别当增强材料与基体之间有共格或半共格关系时，能够有效传递应力，提升复合材料在高温制备和高温应用中的性能稳定性。原位自生成有三种方法：共晶合金定向凝固法、直接金属氧化法、反应自生成法。

共晶合金定向凝固法是增强材料以共晶的形式从基体中凝固析出，通过控制冷凝方向，在基体中生长出排列整齐的类似纤维的条状或片层状共晶增强材料的工艺方法。共晶合金定向凝固制备过程首先将合金原料在真空或惰性气体中通过感应加热熔化，控制冷却方向进行定向凝固，析出的共晶相沿凝固方向整齐排列，连续相为基体，条状或层状分散相为增强体。定向凝固法的纤维/基体界面能量极低，不发生界面反应，适合制备高温结构材料，因此基体通常是镍基或钴基合金，而增强相为高强度金属间化合物。

直接金属氧化法是制备金属基复合材料和陶瓷基复合材料的原位复合工艺，又可以分为唯一基体法和预成型体法。唯一基体法是指原材料中没有填充物和增强相，只是通过基体金属的氧化或氮化来获取复合材料。例如铝与氧化铝的复合材料，可以通过熔融铝的氧化来获取氧化铝增强相，并根据氧化程度来控制增强相的含量。当采用预成型体法时，预成型体是透气的，金属基体与渗透的氧气或氮气发生反应形成氧化物或氮化物增强相。

反应自生成法是根据所选择的原位生成的增强相类别或形态，选择金属粉末和反应粉末混合制成预制体，加热到金属熔点以上或自蔓延反应温度时，混合物进行放热反应，从而生成弥散的微观颗粒、晶须和片晶等增强相。例如将一定粒径的铝粉、钛粉和硼粉按比例混合后，加热反应生成 TiB_2，形成 TiB_2 增强铝基复合材料。反应自生成法制备复合材料增强相是原位形成，具有热稳定性；增强相的类型、形态可以较为自由的选择和设计；各种金属或金属间化合物均可作为基体，适用性较广。

7.6 陶瓷基复合材料

7.6.1 陶瓷基复合材料的性能

特种陶瓷由于具有高强度、高模量、超高硬度、耐磨性好、耐高温以及耐腐蚀等诸多优良的性能，已广泛用于制作剪刀、网球拍，以及工业上的切削刀具、耐磨件、发动机部件、热交换器、轴承等。然而，陶瓷材料的致命缺点是脆性大、抗热震性能差，而且陶瓷材料对裂纹、气孔和夹杂物等细微的缺陷很敏感，严重限制了其作为结构材料的应用。为此，陶瓷材料的强韧化问题成为研究的重点课题。

科学试验表明，第二相的引入可以改善陶瓷材料的力学性能。材料科学家通过向陶瓷中加入颗粒、晶须或纤维、层状材料等，使陶瓷材料的韧性大大改善，而且强度及弹性模量有了提高。陶瓷基复合材料的主要类型如图7.8所示。图7.9是整体陶瓷与陶瓷基复合材料的力-位移曲线比较。由图可知，颗粒增强陶瓷基复合材料的弹性模量及强度都较整体陶瓷提高，但力-位移曲线形状不发生变化；而纤维增强陶瓷基复合材料不仅使弹性模量及强度大大提高，而且改变了力-位移曲线的形状，表现出非弹性变形行为，由于非弹性形变，此类复合材料的缺口敏感性低，强度几乎不依赖于试样尺寸。换句话说，纤维增强陶瓷基复合材料在断裂前吸收大量的断裂能量，使韧性得以大幅度提高。表7.4列出了由颗粒、纤维及晶须增强陶瓷基复合材料的断裂韧性和临界裂纹尺寸大小的比较，很明显纤维的增韧效果最佳，其次为晶须、相变增韧和颗粒增韧。无论是纤维、晶须还是颗粒增韧均使断裂韧性较整体陶瓷有较大提高，而且也使临界裂纹尺寸增大。

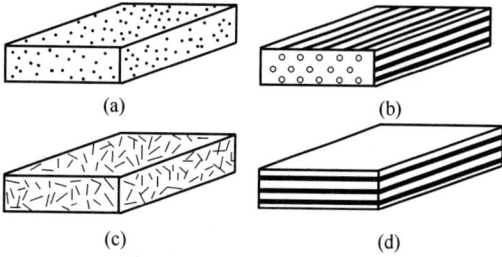

图 7.8　陶瓷基复合材料的主要类型
（a）颗粒增强陶瓷基复合材料；（b）连续纤维增强陶瓷基复合材料；（c）晶须或短纤维增强陶瓷基复合材料；（d）片状或层状材料增强陶瓷基复合材料

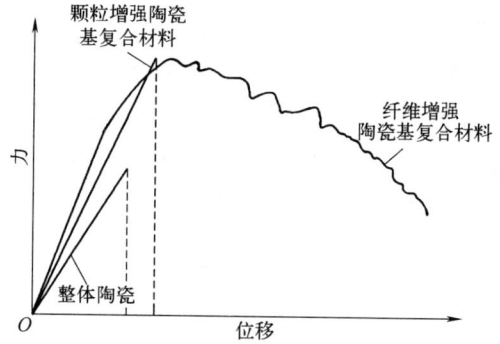

图 7.9　整体陶瓷与陶瓷基复合材料的力-位移曲线

表 7.4　陶瓷基复合材料与整体陶瓷断裂韧性和临界裂纹尺寸大小的比较

材料		断裂韧性/（MPa·m$^{1/2}$）	临界裂纹尺寸大小/μm
整体陶瓷	Al$_2$O$_3$	2.7~4.2	13~36
	SiC	4.5~6.0	41~74
颗粒增韧陶瓷	Al$_2$O$_3$-TiC	4.2~4.5	36~41
	Si$_3$N$_4$-TiC	4.5	41
相变增韧陶瓷	ZrO$_2$-MgO	9~12	165~292
	ZrO$_2$-YO	6~9	74~165
	ZrO$_2$-Al$_2$O$_3$	6.5~15	86~459
晶须增韧陶瓷	SiC-Al$_2$O$_3$	8~10	131~204
纤维增韧陶瓷	SiC-硼硅玻璃	15~25	
	SiC-锂铝硅玻璃	15~25	
铝		33~44	
钢		44~66	

与金属基和聚合物基复合材料有一点不同的是，制备陶瓷基复合材料的主要目的之一是提高陶瓷的韧性。制约陶瓷基复合材料发展的主要因素有两个：一是高温增强材料出现得较晚；二是陶瓷基复合材料的制造过程及制品都涉及高温，由于陶瓷基体与增强材料的热膨胀系数的差异，在制备过程中以及在之后的使用过程中易产生热应力。20世纪70年代末和80年代初，Si-C-O系列纤维的商品化促进了连续纤维增强的陶瓷基复合材料的发展。近20年来，从陶瓷基复合材料的制备工艺、力学性能及强韧化理论，到实际部件的开发，美国、日本及法国等国家都投入了大量的人力和财力，取得了突破性进展。目前，美国、日本及欧洲国家有许多专门从事陶瓷基复合材料的研究和应用研究机构，我国上海硅酸盐研究所、清华大学、哈尔

滨工业大学等高校和研究所也在陶瓷基复合材料的制备与应用领域取得了许多研究成果。

7.6.2 陶瓷基复合材料的制备工艺

陶瓷基复合材料制备的传统方法与普通陶瓷材料类似，有冷压-烧结法和热压法。新的制备技术有渗透法、直接氧化法、气相沉积法、溶胶-凝胶法等方法。

冷压-烧结法与传统陶瓷制备工艺相似，是将粉末和纤维冷压，然后烧结。借鉴聚合物生产工艺中的挤压、吹塑、注射等成型工艺，为了快速生产的需要，可以在一定的条件下将陶瓷粉体和有机载体混合后，压制成型，除去有机黏结剂，然后烧结成制品。在冷压-烧结法的生产过程中，通常会遇到烧结过程中制品收缩，同时最终产品中有许多裂纹的问题。在用纤维和晶须增强陶瓷基材料进行烧结时，除了会遇到陶瓷基收缩的问题外，还会使烧结材料在烧结和冷却时产生缺陷或内应力，这主要是增强材料具有较高的长径比、与基体不同的热膨胀系数、在基体中排列方式的不同所造成的。

热压法是目前制备纤维增强陶瓷基复合材料最常用的方法，一般把它称为浆料浸渍工艺，浆料浸渍工艺主要包括两个步骤：增强相渗入未固化基体以及固化后复合材料热压成型。浆料浸渍工艺非常适合玻璃或玻璃陶瓷基复合材料，因为它的热压温度低于这些晶体基体材料的熔点。热压过程中，除了要考虑制品的形状外，要尽量减少纤维的破坏。结晶陶瓷的耐火颗粒在与纤维的机械接触中会损伤纤维，太高的压力也会损伤纤维，同时还要避免纤维在高温中与基体反应。为了减少最终制品的孔隙率，在热压之前，要设法完全除去挥发性黏结剂，使用比纤维直径更小的颗粒状陶瓷基体。浆料浸渍工艺可以制得纤维定向排列、低孔隙率、高强度的陶瓷基复合材料，广泛应用在 Al_2O_3、SiC 和 Al_2O_3/SiO_2 纤维增强玻璃、玻璃陶瓷和氧化物陶瓷的制造工艺中。这种工艺的主要缺点是要求基体有较高的熔点或软化点。

陶瓷基复合材料新的制备技术是 20 世纪 70 年代开始发展起来的，包括渗透、直接氧化、化学气相沉积与化学气相渗透工艺、溶胶-凝胶法、聚合物热解、自蔓延高温合成等技术。

（1）渗透法

渗透法就是在预制的增强材料坯件中使基体材料以固态、液态或气态的形式渗透制成复合材料。渗透法类似于聚合物基复合材料制造技术中，纤维布被液相的树脂渗透后热压固化，差别是所用的基体是陶瓷，渗透的温度要高得多。为了提高陶瓷对增强材料预制件的渗透，通过采用化学反应的方式对增强材料进行表面处理，从而提高其浸渍性。此外，加压和抽真空这两种物理方法也可以用来提高渗透性。以这种方法生产陶瓷基复合材料的主要优点是制造工艺是一个简单的一步生产过程，可以获得较为均匀的制品。渗透法的主要缺点是如果使用高熔点的陶瓷，就可能在陶瓷和增强材料之间发生化学反应；陶瓷具有比金属更高的熔融黏度，因此对增强材料的渗透相当困难；增强材料和基体在冷却后，由于不同的热膨胀系数会引起收缩产生裂纹，为了避免这种情况，要尽量选用热膨胀系数相近的增强材料和基体。

（2）直接氧化法

直接氧化法是利用熔融金属直接与氧化剂发生氧化反应而制备陶瓷基复合材料的工艺

方法。直接氧化法生产过程：将增强纤维或纤维预成型件置于熔融金属的下方，并处于空气或其他气氛中，熔融金属中含有镁、硅等一些添加剂，在纤维不断被金属渗透的过程中，渗透到纤维中的金属与空气或其他气体不断发生氧化反应，这种反应始终在液相金属和气相氧化剂的界面处进行，反应生成的氧化物沉积在纤维周围，形成含有少量金属、致密的陶瓷基复合材料。一般在陶瓷基复合材料制品中，未发生氧化反应的残余金属量占 5%~30%。直接氧化法可以用来制造高温热能量交换器的管道等部件，具有较好的强度和韧性。但直接氧化法生产的产品中，残余的金属很难完全被氧化或除去，也难以生产较大的和比较复杂的部件。

（3）化学气相沉积技术与化学气相渗透技术

化学气相沉积（CVD）技术是通过一些反应性混合气体在高温状态下反应，分解出陶瓷材料并沉积在各种增强材料上形成陶瓷基复合材料的方法。图 7.10 是常见的实验室用 CVD 设备，其由真空室、加热部件、泵阀系统、气体控制系统等部件构成。将化学气相沉积技术运用在将大量陶瓷材料渗透进增强材料预制坯件的工艺就称为化学气相渗透工艺（CVI）。从工艺技术来说，CVD 技术首先被开发并应用于一些陶瓷纤维的制造和碳/碳复合材料的制备；CVI 是在 CVD 技术上发展起来并被广泛应用于各种陶瓷基复合材料。与 CVD 工艺相比，CVI 实际上是一种低温和低压工艺，这样就可以避免一般陶瓷基复合材料工艺对增强材料的损伤。CVI 制造的产品，其实际密度可以达到理论密度的 93%~94%。CVI 制造的陶瓷基复合材料在高温下有很好的力学性能，能较好地保持纤维和基体的抗弯性能，适合生产一些较大的、形状复杂的产品。

图 7.10　常见的实验室用 CVD 设备

（4）溶胶-凝胶法

溶胶-凝胶法是运用胶体化学的方法，将含有金属化合物的溶液与增强材料混合后反应形成溶胶，溶胶在一定的条件下转化成凝胶，然后烧结成陶瓷基复合材料的一种工艺。由于从凝胶转变成陶瓷所需的反应温度要低于传统工艺中的熔融和烧结温度，因此，在制造一些整体的陶瓷构件时，溶胶-凝胶法有较大的优势。溶胶-凝胶法与一些传统的制造工艺结合，可以发挥比较好的作用，如在浆料浸渍工艺中，溶胶作为纤维和陶瓷的黏结剂，在随后除去黏结剂的工艺中，溶胶经烧结后变成了与陶瓷基相同的材料，有效地减少了复合材料的孔隙率。

7.7 碳/碳复合材料

7.7.1 碳/碳复合材料的发展

碳/碳复合材料（C/C 复合材料）是以碳为基体，以高强度碳纤维（C_f）或碳纤维制品（碳纤维布、碳毡或碳织物等）为增强体，通过加工处理和碳化处理制成的全碳质复合材料。

C/C 复合材料作为碳纤维复合材料家族的重要一员，具有低密度、高比强度、高比模量、高热传导性、低热膨胀系数、高断裂韧性、耐磨损、耐烧蚀等特点，尤其是其强度随着温度的升高，不仅不会降低反而还可能升高，它是所有已知材料中耐高温性最好的材料，因此，它广泛应用于航天、航空、核能、化工、医用等各个领域，既可作为结构材料承载载荷，又可作为功能材料发挥作用。

然而，C/C 复合材料也具有碳材料的最大弱点，就是在空气气氛下易氧化，一般在 375℃以上就开始有明显的氧化现象，因此 C/C 复合材料在高温下使用时必须经过抗氧化处理。

C/C 复合材料自 20 世纪 60 年代问世以来，受到了人们的极大关注，得到了迅速的发展。

C/C 复合材料的发现来自一次偶然的实验。1958 年，美国 Chance Vought 航空公司实验室在测定碳纤维增强酚醛树脂基复合材料中的碳纤维含量实验过程中失误，聚合物基体没有被氧化，反而被热解了，意外得到了一种碳材料。该公司通过对碳化后的材料进行分析，并与美国联合碳化物公司共同经过了多次实验，发现所得到的碳纤维增强的碳基复合材料具有一系列优异的物理和高温性能，成为了一种新型的结构复合材料。从此，复合材料大家庭中又增添了一新成员，并开发出一系列 C/C 复合材料。

C/C 复合材料一经发现，立刻引起了材料研究人员的普遍关注。尽管 C/C 复合材料具有许多其他复合材料不具备的优异性能，但作为工程材料在最初的 10 年间发展较为缓慢，这主要是由于 C/C 复合材料的性能在很大程度上取决于碳纤维的性能和碳基体的致密化程度。当时，各种类型的高性能碳纤维正处于研究与开发阶段，C/C 复合材料的制备也处于实验研究阶段，同时其高温抗氧化防护技术也未得到很好的解决。

在 20 世纪 60 年代中期到 70 年代末期，现代空间技术的发展，对空间运载火箭发动机喷管及喉衬材料的高温强度提出了更高要求，载人宇宙飞船等空天飞行器的开发等迫使人们去探索超高温材料，这些对耐高温材料的需求对 C/C 复合材料技术的发展起到了有力的推动作用。此时，高强度、高模量碳纤维的制造技术已得到成功开发并开始了商品化，加上克服 C/C 复合材料各向异性的编织技术也得到了发展，更为重要的是 C/C 复合材料的制备工艺由浸渍树脂、沥青碳化工艺发展到多种化学气相沉积碳基体的工艺技术。可以说，这是 C/C 复合材料研究开发迅速发展的阶段，并且逐步走向了工程应用。

除了在军事和宇航领域的应用外，1974 年英国 Dunlop（邓禄普）公司首次研制出 C/C 复合材料飞机刹车盘，并在协和号超声速飞机上成功应用，刹车盘的使用寿命提高了 5~6 倍。从此，C/C 复合材料的应用从宇航和军事领域迅速扩大到民用领域。

20 世纪 70 年代 C/C 复合材料研究开发工作的迅速发展，带动了 80 年代中 C/C 复合材料在制备工艺、结构设计以及力学性能、热性能和抗氧化性能等方面基础理论及方法的研究，进一步促进和扩大了 C/C 复合材料在航空航天、军事以及民用领域的应用。尤其是预成型体的结构设计和多向编织加工技术日趋发展，复合材料的致密化工艺逐渐完善，并在快速致密化工艺方面取得了显著进展，同时复合材料的高温抗氧化性能得到了大幅度提高，使用温度可达到 1700℃，为进一步提高 C/C 复合材料的性能、降低成本和扩大应用领域奠定了基础。

我国自 20 世纪 70 年代初开始进行 C/C 复合材料的研究开发工作，在众多科研人员的努力下，已在多方面取得了进展并得到了应用。首先是 20 世纪 80 年代初固体火箭发动机的 C/C 复合材料喉衬进入了实用化阶段；其次，进入 21 世纪以来，其作为摩擦材料和防热材料的应用也取得了重大突破，成功地应用在火箭喷管和头部、飞机刹车盘等方面。

7.7.2 碳/碳复合材料的制备工艺

碳/碳复合材料的制备过程包括碳纤维预制体的成型、碳基体的形成及致密化、热处理、抗氧化涂层以及最终产品的加工检测等工序。典型的制备工艺流程如图 7.11 所示，其中几个重要的工艺环节为碳预制体的热固和热塑成型、热处理及抗氧化涂层。

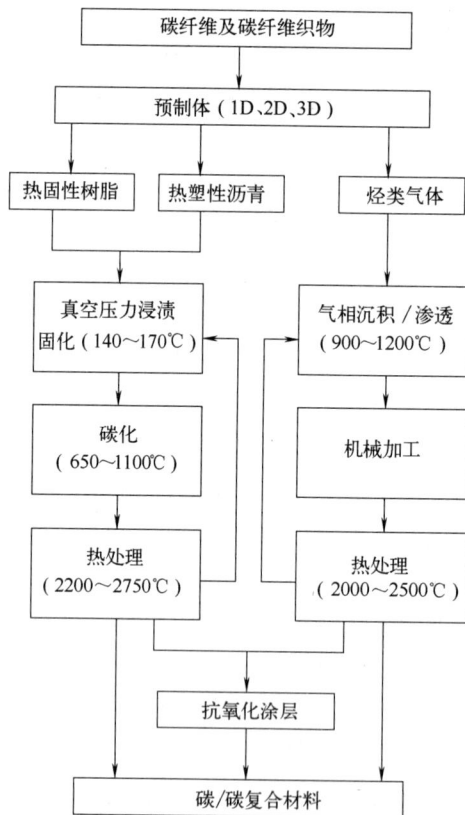

图 7.11　典型的碳/碳复合材料的制备工艺流程

根据 C/C 复合材料使用的工况条件、环境条件和所要制备的具体构件，可以设计和制备不同结构的 C/C 复合材料。它们的增强材料可以采用不同类型的碳纤维和编织方式等，构成构件所需的基本形状，组成预成型体。C/C 复合材料的基体碳也可以分别通过化学气相沉积或浸渍高分子聚合物碳化来获得。在制备工艺中，温度、压力和时间是主要工艺参量。工艺方式或所选择的工艺参量不同，所获得的碳/碳复合材料的显微结构、密度以及力学性能就不可能完全相同。因此，根据构件所需要的性能要求，可以从 C/C 复合材料制备工艺中找出许多不同风格的工艺流程。在制备工艺研究与开发中，重要的是如何尽可能缩短工艺的各工序，以降低 C/C 复合材料的成本。

7.8 复合材料的应用

目前，陶瓷基复合材料已有大量应用。聚合物基、金属基、陶瓷基和碳基复合材料已广泛应用于各个领域。

（1）在机械工业中的应用

复合材料在机械工业中主要用于阀、泵、齿轮、风机、叶片、轴承及密封件等。用酚醛玻璃钢和纤维增强聚丙烯制成的阀门比不锈钢阀门的使用寿命长，且价格便宜。玻璃钢不仅重量轻而且耐腐蚀，常用于泵壳、叶轮、风机机壳及叶片，铸铁泵一般重几十千克，玻璃钢泵仅几千克，并且耐腐蚀性好。SiC 纤维/Si_3N_4 陶瓷制造的涡轮叶片使用温度可高于 1500℃。碳纤维增强塑料耐磨性好、摩擦系数低、质轻、噪声小，可用于照相机齿轮。碳/碳复合材料耐高温、摩擦系数低，常用于机械密封件。

（2）在汽车工业及交通运输领域的应用

要使汽车提高速度，必须减轻汽车的重量。汽车重量减轻还可节省燃料，降低污染。用高强钢代替普通钢，重量可减少 20%~30%，用铝合金代替普通钢，重量可减少 50%，但价格高出 80%。复合材料应用最活跃的领域是汽车工业，聚合物基复合材料可用作车身、驱动轴、操纵杆、方向盘、客舱隔板、底盘、结构梁、发动机罩、散热器罩等部件。在国外，聚合物基复合材料已广泛用于各种汽车外壳、摩托车外壳以及高速列车车厢厢体。聚合物基复合材料的优点是质量轻、比强度大（比钢和铝高）、比刚度大，尽管玻璃纤维复合材料的比刚度比金属低，但石墨纤维增强复合材料的比刚度比金属要高，疲劳强度高、耐腐蚀并可整体成型。

（3）在化学工业中的应用

化学工业存在的主要问题是腐蚀严重，因此往往用非金属取代金属制作零部件。玻璃钢的出现给化学工业带来了光明的前景。目前，玻璃钢主要用于制造各种槽、罐、釜、塔、管道、泵、阀、风机等化工设备及其配件。玻璃钢的特点是耐腐蚀、强度高、使用寿命长、价格远比不锈钢低廉。但玻璃钢仅能用于低压或常压情况下，并且温度不宜超过120℃。图7.12为由玻璃钢制备的油气管道和化工管道。

图7.12　玻璃钢制备的油气管道和化工管道

（4）在航空宇航领域的应用

碳/碳复合材料、碳纤维或硼纤维增强聚合物复合材料及硼纤维增强铝合金复合材料常用于飞机、火箭和宇宙飞船的零部件。如国外和西欧许多先进固体发动机采用高强中模量碳纤维缠绕壳体，如三叉戟Ⅱ（D5）导弹和侏儒导弹三级发动机以及其他宇航发动机和航天飞机助推器改性外壳。碳/碳复合材料由于重量轻、耐烧蚀、耐高温和耐摩擦等性能已用于军用飞机和大型民用客机的减速板和刹车装置，阿波罗宇宙飞船控制舱的光学仪器热防护罩、内燃机活塞，X-20飞行器的鼻锥、喷嘴材料、机翼和尾翼等。飞机采用碳/碳复合材料刹车片，通常重量减少600kg，寿命提高近5倍，刹车性能也明显高于钢刹车装置。碳纤维增强酚醛复合材料已用于固体火箭的外壳和喷嘴。20世纪80年代后期，金属基复合材料也开始用于内燃机活塞、连杆、发动机汽缸套等，金属基复合材料如氧化铝纤维增强铝合金具有良好的高温强度和热稳定性、抗咬合、疲劳强度高等特点。人造卫星上也用了大量的新型复合材料，如由碳纤维增强聚合物（CFRP）制作的导波天线。1997年7月1日香港回归祖国的伟大历史时刻，中国人民解放军驻港空军驾驶着由哈尔滨飞机制造公司生产的直-9型直升机进驻香港，这种飞机使用复合材料超过了60%。法国宇航公司（Aerospatiale）已将碳化物纤维或玻璃纤维/环氧树脂（部分纤维缠绕）复合材料制作的应力传输轴用于机场，比使用金属重量减轻了30%。图7.13为复合材料在波音787飞机上的应用。

（5）在建筑领域的应用

在建筑业中，玻璃钢已广泛用于冷却塔、储水塔、浴盆、浴缸、桌、椅、门窗、安全帽、通风设备等。玻璃纤维、碳纤维增强混凝土复合材料具有优异的力学性能、在强碱中的化学稳定性和尺寸稳定性、在盐水介质中耐腐蚀等特点，作为高层建筑墙板等的应用日趋广泛。图7.14为赛姆菲尔（Sem-FIL）玻璃纤维增强水泥复合材料制作的建筑物外墙。近年来，国外还采用碳纤维增强聚合物复合材料来修补加固钢筋混凝土桥板、桥墩等，如日本用碳纤维增强聚合物复合材料片修补加固了由阪神大地震造成损坏的钢筋混凝土桥墩桥板，修复工作

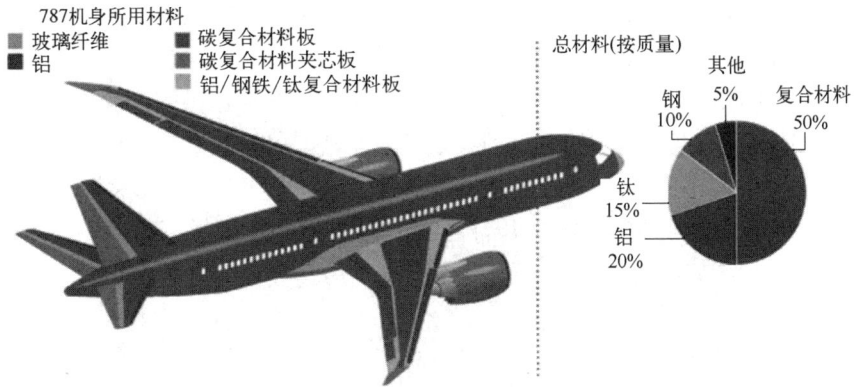

787机身所用材料
■ 玻璃纤维　　■ 碳复合材料板
■ 铝　　　　　■ 碳复合材料夹芯板
　　　　　　　■ 铝/钢铁/钛复合材料板

总材料（按质量）
其他 5%
钢 10%
复合材料 50%
钛 15%
铝 20%

图 7.13　复合材料在波音 787 飞机上的应用

取得了突破性进展。英国也曾用碳纤维复合材料来增强伦敦地下隧道的铸铁梁和增加石油平台壁的耐冲击波性能等。

图 7.14　Sem-FIL 玻璃纤维增强水泥复合材料外墙（奥林匹克巴赛罗纳记者村）

（6）在其他领域的应用

在船舶业，用玻璃钢制成的船体具有抗海生物吸附和耐海水腐蚀的特性。

在生物医学方面，碳/碳复合材料具有良好的生物相容性，其已作为牢固的材料用作高应力使用的外科植入物、牙根植入体以及用作人工关节等。图 7.15 为用碳/碳复合材料制作的人工关节。

图 7.15　碳/碳复合材料制作的人工关节

碳纤维增强聚合物复合材料由于其比强度高、比模量大也广泛用于制造网球拍、高尔夫球棒、钓鱼竿、赛车（图 7.16）、赛艇、滑雪板（图 7.17）、乐器（图 7.18）等文体用品。采用团状模塑料工艺（BMC）将 3~12mm 短切纤维与树脂混合后还可用于制作家用电器、开关及绝缘闸合、缝纫机外壳、卫浴用品、搅拌器等日常用品。

图 7.16　碳纤维和 Kevlar 纤维混杂复合材料制造的"永远第一（First-ever）"运动赛车

图 7.17　环氧树脂复合材料制造的滑雪板

图 7.18　用碳纤维/环氧树脂制作的小提琴

由上可知，复合材料不仅用于航空航天的高科技领域，而且在我们的日常生活中也广泛使用。因此，了解和掌握复合材料的基础知识极为必要。尽管复合材料已被广泛应用于各个领域，但仍存在一些问题，如价格太贵，特别是碳纤维和硼纤维增强的高级复合材料。复合材料组元间的结合以及复合材料的连接技术仍是人们研究的方向。

7.9　复合材料的进展

近年来，复合材料在增强纤维、计算机辅助设计工具的应用和先进加工技术的开发、智能材料和非破坏性检测技术等方面研究较多，并且不断开拓了市场应用，使复合材料的市场竞争力有了很大提高。

面临着矿物能源、资源的枯竭，环境污染等诸多问题以及人类对技术和生活质量需求的提高，这也对复合材料提出了更高的要求，主要表现在以下几个方面。

（1）增强纤维的性能提高以及环保要求

增强纤维的发展趋势仍然是强度、模量和断裂伸长率的提高。但随着全球对环保更严格的要求，如欧洲地区已有相关规定，热固性复合材料产品由于无法回收再利用而不宜销往欧洲。除树脂之外，复合材料产品中的增强纤维，如玻璃纤维、碳纤维、芳纶纤维，迄今都是无法回收的。因此，开发高性能环保增强纤维非常重要。目前，国内外都在研究环保型纤维如玄武岩纤维、黄麻纤维。

（2）高效的加工技术

降低加工成本对复合材料的应用起着十分重要的作用。一般而言，复合材料产品的制造成本主要取决于模具技术和加工技术，因此，模具与加工制备工艺的研发和改进很重要。

（3）多样化的功能/智能复合材料

人们对环境舒适性的要求日益提高，因此具有吸声减振功能的蜂巢芯材料三明治结构越来越受到重视。这种材料质量轻、强度高、刚性高，可显著降低办公、居家环境及各类交通载具的噪声及制动声。

（4）非破坏性检测技术

非破坏性检测技术对复合材料的性能和质量检测至关重要。美国 Laser Technology 公司研发出一套激光检测装置，可有效地检测出复合材料表面的缺陷如凹陷、脱层等。但内部的缺陷检测装置仍亟待开发。

总之，进一步提高结构复合材料的性能，了解和控制复合材料的界面问题，建立健全复合材料力学性能预测，优化复合材料结构设计和智能化，以及功能复合材料研究等仍是复合材料所面临的任务。

习题

1. 选择复合材料用树脂基体时，主要应考虑哪几方面？
2. 如何改善基体对增强材料的润湿性？
3. 简述复合材料的界面结合类型及特点。
4. 根据使用温度范围，金属基体分为哪几类？
5. 陶瓷和玻璃陶瓷的区别有哪些？
6. 论述纤维增韧陶瓷基复合材料的增韧机制。

7. 界面相的结构包括哪些？通常采用哪些方法分析界面相结构？界面相的力学性能通常采用哪些试验方法？

8. 简述金属基复合材料的界面类型及特点。

9. 碳/碳复合材料的抗氧化保护方法有哪些？

参考文献

[1] Matthews F L, Rawlings R D. Composite Materials: Engineering and Science [M]. Berlin: Springer Netherlands, 2010.

[2] 师昌绪. 高技术新材料的现状与展望 [J]. 机械工程材料, 1994（1）: 5-7.

[3] 吴人洁. 复合材料的未来发展 [J]. 机械工程材料, 1994（1）: 16-20.

[4] 张锦, 张乃恭. 新型复合材料力学机理及其应用 [M]. 北京: 北京航空航天大学出版社, 1993.

[5] 詹英荣. 玻璃钢/复合材料原材料性能与应用 [M]. 北京: 中国国际广播出版社, 1995.

[6] 王荣国, 武卫莉, 谷万里. 复合材料概论 [M]. 哈尔滨: 哈尔滨工业大学出版社, 2004.

[7] 师昌绪. 材料科学技术百科全书 [M]. 北京: 中国大百科全书出版社, 1995.

[8] 师昌绪. 材料大辞典 [M]. 北京: 化学工业出版社, 1994.

[9] 吴人洁, 等. 新型材料与材料科学 [M]. 北京: 科学技术出版社, 1988.

[10] Phillips L N. Design with advanced composite materials [J]. New York: Springer—Verlag New York Inc, 1989.

[11] 王荣国, 武卫莉, 谷万里. 复合材料概论 [M]. 哈尔滨: 哈尔滨工业大学出版社, 2015.

[12] 周祖福. 复合材料学 [M]. 武汉: 武汉工业大学出版社, 1995.

[13] 中国航空工业空气动力研究院. 航空复合材料技术 [M]. 北京: 航空工业出版社, 2013.

[14] 杨小平, 黄智彬, 张志勇, 等. 实现节能减排的碳纤维复合材料应用进展 [J]. 材料导报, 2010, 24（3）: 1-5.

[15] 肖长发. 纤维复合材料——纤维、基体、力学性能 [M]. 北京: 中国石化出版社, 1995.

[16] 张国定, 赵昌飞. 金属基复合材料 [M]. 上海: 上海交通大学出版社, 1996.

[17] 邢丽英, 蒋诗才, 周正刚. 先进树脂基复合材料制造技术进展 [J]. 复合材料学报, 2013, 30（2）: 1-9.

[18] 章明秋, 容敏智, 阮文红. 聚合物基纳米复合材料的研究进展 [C] //全国复合材料学术年会, 2010.

[19] 林超, 陈凤, 袁莉, 等. 智能复合材料研究进展 [J]. 玻璃钢/复合材料, 2012（2）: 74-77.

[20] 宋传江, 王虎. 玻璃纤维增强复合材料工程化应用进展 [J]. 中国塑料, 2015, 29（3）: 9-15.

[21] 李翠云, 李辅安. 碳/碳复合材料的应用研究进展 [J]. 化工新型材料, 2006, 34（3）: 18-20.

[22] 马明明, 张彦. 玻璃纤维及其复合材料的应用进展 [J]. 化工新型材料, 2016（2）: 38-40.

[23] 益小苏, 杜善义, 张立同. 复合材料手册 [M]. 北京: 化学工业出版社, 2009.

[24] Sharma S C. Composite materials [M]. Delhi: Narosa Publishing House, 2000.

[25] 吴人洁. 复合材料 [M]. 天津: 天津大学出版社, 2000.

[26] 鲁云, 朱世杰, 马鸣图, 等. 先进复合材料 [M]. 北京: 机械工业出版社, 2003.

[27] 刘雄亚. 复合材料新进展 [M]. 北京: 化学工业出版社, 2006.

[28] 陈华辉, 等. 复合材料 [M]. 北京: 北京大学出版社, 2021.

第 8 章

新能源材料

8.1 锂离子电池

能源是人类社会发展进步的主要物质基础。当今社会，随着世界各国人口的急剧增长与科技的迅速发展，世界各国对能源的需求正在日益扩大。我国作为一个发展十分迅速的发展中国家，对能源的需求也就更加强烈，而且由于我国特有的多煤、贫油、缺气的能源结构现状，大量使用煤炭资源带来了诸如大气污染、酸雨、温室效应、全球变暖、雾霾天气等一系列环境问题。同时，我国的石油进口量已经达到了使用总量的一半以上，且仍然呈现逐年增长的趋势，这严重制约和影响了我国的经济社会平稳发展与国家安全。因此，调整原有的能源发展结构，寻找和开发高效、清洁、可再生的新能源，对于我国经济社会发展迫在眉睫。

最近几十年间，氢能、太阳能、风能、潮汐能、地热能、生物质能、化学能、核能等新型能源都得到了一定程度的研究和开发，但是其中绝大部分能源受地域的影响较大，需要进行电网的调配以及相应能源运输与储能设备的配合，才能被更加高效地利用，因此难以在全国范围内推广使用。二次电池由于可以有效地进行化学能与电能的相互转化，而被作为能源存储与转化设备。与铅酸电池和镍镉电池等传统的二次电池相比，锂离子电池具有成本低、能量与功率密度大、循环寿命长、安全性能好、自放电率低、清洁环保等突出优点，因此被广泛地应用于各类便携式电子设备，同时也逐渐成为纯电动汽车和插电式混合动力汽车动力系统的首选。近年来，随着国家对新能源领域的政策性鼓励与支持，我国新能源汽车行业得到了飞速的发展，特别是比亚迪和宁德时代（CATL）等企业在动力汽车及锂离子电池研发与销售领域均处于行业领先地位，新能源汽车的大规模使用指日可待。因此，着力解决锂离子电池续航能力、充放电安全性等关键性问题，推动锂离子电池行业的快速发展势在必行。

8.1.1 锂离子电池概述

锂离子电池由锂电池发展而来，20 世纪 70 年代埃克森的 M. S. Whittingham 采用硫化钛为正极材料、金属锂作为负极材料，制造了第一块锂电池。但是金属锂负极制成的锂电池，由于易发生燃烧爆炸等安全问题受到全球学者的广泛关注。20 世纪 90 年代初，伊利诺理工大学的研究人员 R. R. Agarwal 和 J. R. Selman 发现锂离子能够嵌入石墨材料微孔中，而且这个过程是快速的，并且是可逆的。从此以后人们开始尝试利用锂离子嵌入石墨的特性制作二次充电电池。1991 年，索尼公司开发出了首个商用锂离子电池，这种锂离子电池以锂钴氧化物作为正极材料、石墨作为负极材料，就此革新了消费电子产品的面貌，至今仍是便携电子器件的主要电能来源。2018 年诺贝尔化学奖授予美国固体物理学家约翰·巴尼斯特·古迪纳夫（John B. Goodenough）、英裔美国化学家斯坦利·威廷汉（Stanley Whittingham）和日本化学家吉野彰（Akira Yoshino），以表彰他们在发明锂离子电池方面做出的贡献。锂离子电池相比于其他二次电池具有能量密度高、循环性能好、输出电压高、自放电率低等优点，尤其是高的比容量和比能量。表 8.1 为锂离子电池与其他传统二次电池的性能对比。

表 8.1 锂离子电池与传统二次电池性能对比

电池种类	工作电压/V	体积能量密度/（W·h/L）	质量能量密度/（W·h/kg）	循环寿命/次	月自放电率/%
铅酸电池	2.0	60~85	30~50	200~300	5
镍镉电池	1.2	150~180	45~80	1500	20
镍氢电池	1.2	320~555	60~120	300~500	30
锂离子电池	3.0~3.7	350~450	110~160	500~2000	10

锂离子电池主要由正极极片、负极极片、隔膜、电解质溶液和正负极集流体五部分组成，锂离子电池是分别由两个能可逆地嵌入与脱出锂离子的材料作为正极与负极材料构成的二次电池。如图 8.1 所示，当对锂离子电池进行充电时，电池的正极上脱出锂离子，脱出的锂离子经过电解液运动到负极。作为负极的石墨材料为层状结构，它的层状结构具有很多微小的孔，到达负极的锂离子嵌入到石墨材料的微孔中，同时，电子经外电路从正极运动到负极完成一次充电。

充电时正极发生的反应：$LiCoO_2 = Li_{(1-x)}Co_2 + xLi^+ + xe^-$

充电时负极发生的反应：$6C + xLi^+ + xe^- = Li_xC_6$

当电池进行放电时，嵌在负极石墨材料的锂离子从微孔中脱出，经过电解液运动到正极，嵌入正极材料中，同时电子经过外电路从负极运动到正极，完成一次放电。

放电时正极发生的反应：$Li_{(1-x)}Co_2 + xLi^+ + xe^- = LiCoO_2$

放电时负极发生的反应：$Li_xC_6 = 6C + xLi^+ + xe^-$

在锂离子电池的充放电过程中，锂离子处于从正极→负极→正极的运动状态，就好像锂离子在摇椅的两端来回摆动，所以锂离子电池又称为摇椅式电池。其中每部分材料的性质及各材料的相互作用都会对电池的性能产生影响，因此在提升电池的性能与安全性方面，不仅电池的各部分材料本身的结构与性能很关键，而且材料间的匹配程度也至关重要。

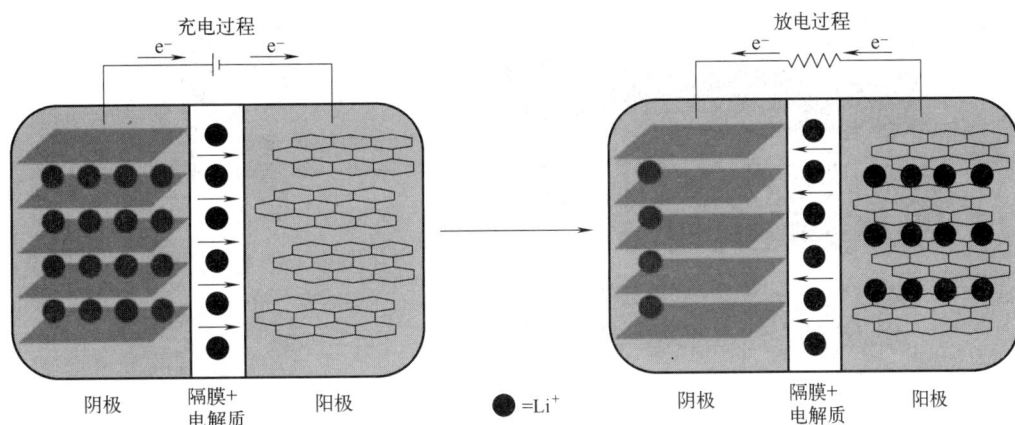

图 8.1 锂离子电池工作原理

8.1.2 锂离子电池正极材料

正极材料是锂离子电池的重要组成部分，一般来说，锂离子正极材料是典型的过渡金属氧化物。充电过程中，锂离子从正极中脱出，过渡金属离子氧化到更高价态。过渡金属离子氧化，使化合物保持电中性的状态。而在放电过程中，锂离子插入正极材料，电子从外电路到达正极，使过渡金属离子还原到低价态。所以，在充放电过程中材料的成分会发生一定变化，导致材料的结构发生变化，因此要求正极材料必须在较宽的成分范围内保持稳定。在理想的充电状态下，需要锂离子从正极中全部脱出，所以正极材料的结构稳定性是限制正极材料循环寿命和比容量的关键因素。电池的电压取决于正负极之间的电位差，正极材料的氧化还原电位越高，负极材料的氧化还原电位越低，电池正负极之间的电位差越大，电池的输出电压也就会越高。同时正极材料在充电与放电过程中的锂离子扩散速率、化学稳定性和热稳定性以及正极与电解质的相容性，这些性能的优劣直接决定电池的整体性能。

目前商业使用的正极材料主要有 $LiCoO_2$、$LiFePO_4$、$LiMn_2O_4$、$LiNi_xMn_yCo_zO_2$ 和 $LiNi_xCo_yAl_zO_2$。

8.1.2.1 钴酸锂（$LiCoO_2$）

1980 年，$LiCoO_2$ 被 Goodenough 教授首次提出作为嵌入式正极材料，主要是因为 $LiCoO_2$ 具有较高的电导率和优异的结构稳定性。现在 $LiCoO_2$ 常作为便携式设备锂离子电池最常用的正极材料，它具有 α-$NaFeO_2$ 结构，属于六方晶系，$R3$-m 空间群。如图 8.2 所示，其中氧原子呈面心立方最密堆积，以 $ABCABC$……排列，Li^+ 与 Co^{3+} 交替占据晶体结构中的八面体间隙。共边的 Li—O 八面体和 Co—O 八面体有序交替且垂直于（111）面形成 LiO_2 层与 CoO_2 层，O—Co—O 层内原子以强键结合，而层间主要靠较弱的范德瓦耳斯力结合。锂离子位于相邻的两个 CoO 八面体之间，这样的结构使 Li^+ 有二维扩散通道。

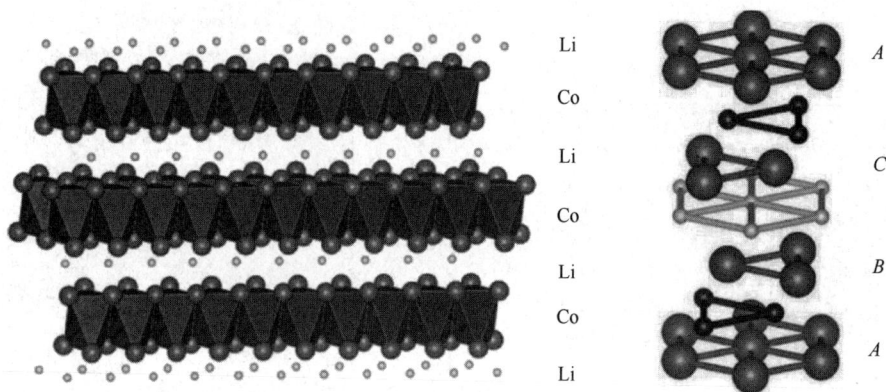

图 8.2　钴酸锂（LiCoO₂）的晶体结构

然而，LiCoO₂在高压使用时存在着一些问题：①体相相变，主要是锂离子在脱嵌的过程中会导致复杂的结构转变、体积变化进而发生不可逆的相变和颗粒裂纹，导致电池容量降低，材料稳定性下降。②表面重构，在高电压使用时，材料表面会发生持续的 CEI 膜的增长、表面相变、析氧反应和 Co³⁺溶解，这都会使电荷转移电阻增高。③电极反应不均匀，锂离子扩散动力学的差异，不同的颗粒和同一颗粒不同部分的荷电状态是不均匀的，从而导致电极颗粒的碎裂，造成容量损失。为了解决前面提到的问题，提升钴酸锂在高电压使用时的稳定性，研究人员提出了很多改进策略，比如表面包覆、元素掺杂。目前已经证实包覆后能够有效提高高压稳定性和容量的包覆材料有 Al₂O₃、AlPO₄、LiMn₂O₄、ZrO₂、TiO₂、ZnO、B₂O₃、Li₄Ti₅O₁₂、BaTiO₃等。元素掺杂可以改善材料的基本物理性质、能带结构、电荷分布和晶格参数等。在电极材料中掺杂各种元素能够改善电极材料的电动势、结构变化、阳离子的氧化还原以及材料的离子电导率和电子电导率。研究人员研究了 Ni、Al、Mg、Ti、Cr、Mn、Fe、Cu、Zr 等元素的掺杂改性，有效地提升了高度脱锂状态下 LiCoO₂的结构稳定性、循环稳定性和热学稳定性。

我国钴资源比较匮乏，导致含钴正极价格过高。虽然含钴正极仍是便携式电子产品市场的主流，但是随着电动汽车的广泛使用，LiCoO₂高昂的价格阻碍了其在电动汽车领域的使用。因此需要通过对 LiCoO₂精细结构的设计，提高其充电截止电压、实际容量、循环稳定性，进一步提升电池性能。

8.1.2.2　磷酸铁锂（LiFePO₄）

自 Goodenough 等 1997 年第一次报告以来，LiFePO₄表现出优异的安全特性，一直是科研界和工业界关注的焦点。如图 8.3 所示，LiFePO₄属于聚阴离子正极材料，属于正交晶系，*Pmnb* 空间群，其中氧原子的排列方式为六方最密堆积，磷原子进入氧原子的四面体间隙中的 $4c$ 位，形成 PO₄四面体，锂离子与三价铁离子分别占据氧原子构成的八面体间隙的 $4c$ 和 $4a$ 位，形成 LiO₆和 FeO₆八面体。这样构成的三维空间结构较为稳定。除此之外，LiFePO₄还具备适中的操作电压、合适的电池容量、丰富的材料储备、低廉的价格和环境友好等优点。但是 LiFePO₄的离子电导率和电子电导率很低，同时材料的低温性能差，体积能量密度低，这些是限制其广泛应用的主要障碍。为了解决这些问题，研究人员做了大量的工作，针对离子电导率和电子电导率低、低温性能差等问题，通常使用表面包覆、元素掺杂和减小粒径等方法来进一步改善其性能。而对于能量密度的限制问题，主要是通过制备纳米尺度的 $LiFePO_4$ 以及快离子导体包覆 $LiFePO_4$ 的方式解决。

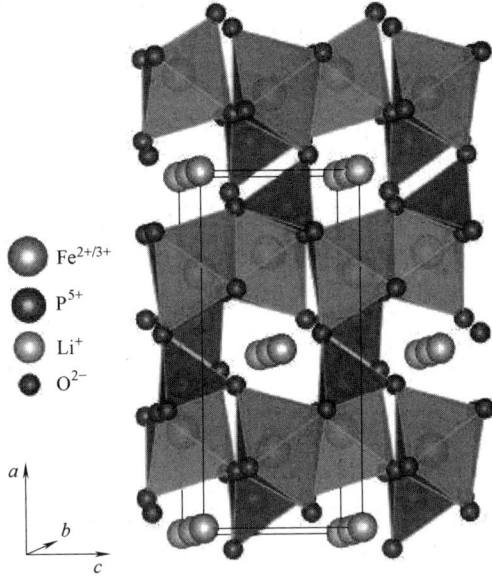

图 8.3 磷酸铁锂（$LiFePO_4$）晶体结构

8.1.2.3 尖晶石锰酸锂（$LiMn_2O_4$）

尖晶石锰酸锂（$LiMn_2O_4$）是在寻找更加廉价的正极材料的过程中发现的，1981 年，Hunter 首次报道了尖晶石 $LiMn_2O_4$ 在酸性水溶液中通过化学脱锂后形成 λ-MnO_2。这种 λ-MnO_2 提供了尖晶石 $LiMn_2O_4$ 电化学脱锂后的 $A[B_2]O_4$ 的框架结构，因此被用作正极材料。如图 8.4 所示，$LiMn_2O_4$ 具有立方尖晶石结构，属于 $Fd3$-m 空间群，O^{2-} 面心立方最密堆积，$Mn^{3+/4+}$ 占据一般的 $16d$ 的八面体间隙位置，Li^+ 占据 1/8 的 $8a$ 四面体间隙位置。这样的结构使锂离子具有稳定且坚固的 $3d$ 传输轨道，便于锂离子在材料中扩散。

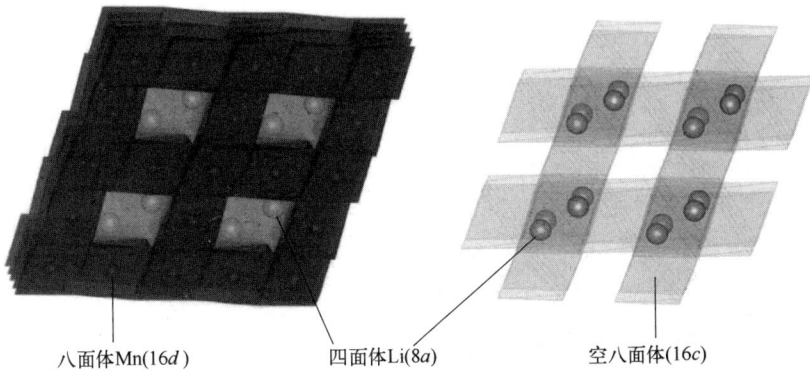

八面体Mn($16d$)　　　　四面体Li($8a$)　　　　空八面体($16c$)

图 8.4 尖晶石 $LiMn_2O_4$ 的晶体结构

尖晶石锰酸锂（$LiMn_2O_4$）的充放电电压为 4V，理论比容量为 148mA·h/g，但实际的比容量仅为 110mA·h/g，这主要是因为材料在充放电循环的过程中容量发生了衰减，发生衰减的原因在于：①由于 Mn^{3+} 在电解液中会发生歧化反应生成 Mn^{2+}，Mn^{2+} 的不断溶解使电池的循环稳定性降低；②循环过程中由于杨-特勒（Jahn-Teller）效应导致材料出现相变，立方晶系变为四方晶系，这种相转变严重影响了材料的结构稳定性。为了解决这些问题，常采用表面包覆改性的方法，在锰酸锂表面包覆一层能够抵抗电解液侵蚀的保护层，只允许锂离子自由通过，AlF_3 包覆正极颗粒使材料的电荷转移阻抗在循环过程中保持稳定，阻抗增幅不到未包覆样品的 1/4。使用碳材料包覆，可以明显提高正极材料的电子电导率，改善倍率性能。掺杂也是常用的改性方法，目前，稀土元素 Pr、Sm、Dy、Nd、Ce、Y、Yb、Gd 等都在材料中掺杂过，研究人员主要使用固相反应法合成锂锰氧化物，该氧化物的结构为尖晶石结构，一般使用镧系元素对其掺杂改性。实验结果表明，掺杂改性后的材料具有很高的充放电可逆容量，同时还具有很好的循环稳定性。

8.1.2.4　高镍正极材料概述

研究人员发现对 $LiNiO_2$ 材料进行过渡金属离子掺杂，改变其晶体结构和各原子之间的化学键的键长、键角和键能能够有效提升晶体材料的结构稳定性。1999 年，新加坡学者 Liu 等首次将 Co、Mn 掺杂进 $LiNiO_2$ 的晶格中，合成了电化学性能稳定、物理化学稳定性良好且循环稳定性优良的 $LiNi_{1-x-y}Co_xMn_yO_2$（$0 \leqslant x \leqslant 0.5$，$0 \leqslant y \leqslant 0.3$）等多种材料。2001 年，Ohzuku 和 Makimura 提出 Ni、Mn、Co 相同含量的 $LiNi_{1/3}Co_{1/3}Mn_{1/3}O_2$ 材料，后续研究者为了更高的放电容量在上述基础上，研发出了高镍三元正极体系，如 $LiNi_{0.8}Co_{0.1}Mn_{0.1}O_2$ 等。

高镍三元正极材料 $LiNi_{1-x-y}Co_xMn_yO_2$ 的晶体结构为 α-$NaFeO_2$ 结构，属于 $R3\text{-}m$ 空间群，如图 8.5 所示，氧离子呈立方最密堆积排列，Li^+ 和 Ni^{3+} 在（111）晶面交替占据八面体间隙。其中 Ni、Co、Mn 在充放电的过程中作用各不相同，一般认为 Mn 不参与电化学反应，其主要作用在于提高材料的结构稳定性、降低材料成本，但过高的 Mn 含量会破坏材料的层状结构，降低材料的比容量。Co 能够稳定正极材料的层状结构，提高材料的循环稳定性和倍率性能。Ni 的作用主要是提供正极材料的比容量。但高镍三元正极材料的性能与材料中镍的比含量有很大的关系，如图 8.6 所示，高镍三元正极材料中 Ni 含量越多，容量衰减得越多，这主要与晶胞的体积膨胀和表面结构破坏有关。

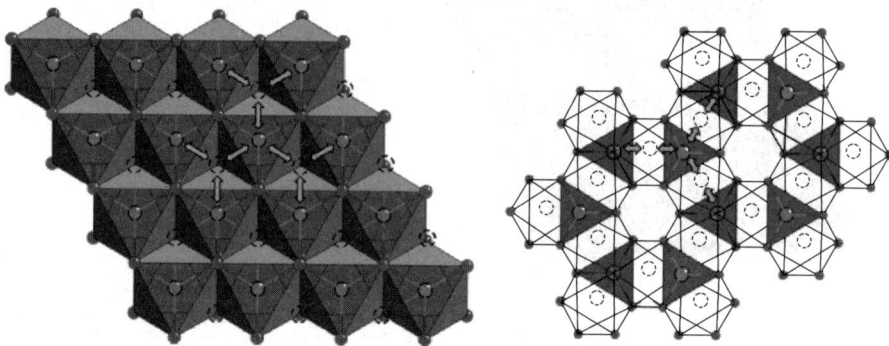

图 8.5　高镍三元正极材料 $LiNi_{1-x-y}Co_xMn_yO_2$ 的晶体结构

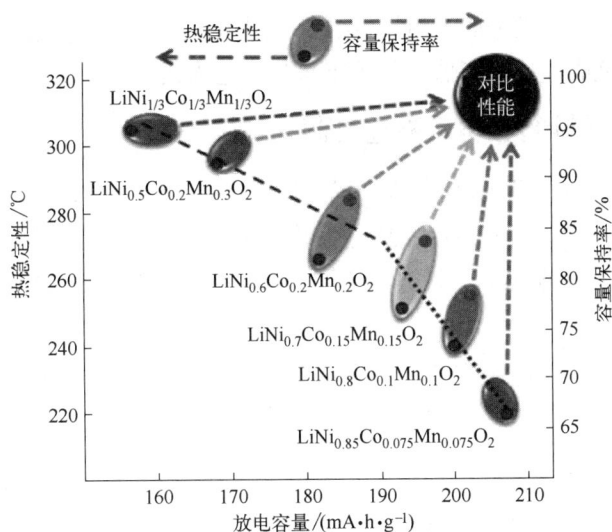

图 8.6　高镍正极材料不同镍含量的比容量、容量保持率的关系

8.1.3　锂离子电池负极材料

负极材料是锂离子电池的重要组成部分，是锂离子电池存储锂的主体，它主要影响锂离子电池的首次循环效率和循环性能。从锂离子电池的发展趋势来看，在锂离子电池商业化发展进程中，负极材料承担着非常重要的作用。因此，为了进一步提高锂离子电池性能，推动其在应用领域的发展并取得重大突破，对锂离子电池负极材料的研究十分重要。

8.1.3.1　负极材料的应用要求

作为锂离子电池负极材料，需要具备以下应用要求。

① Li^+ 嵌入的氧化还原电位尽可能低，要接近锂金属的电位，这样会增加电池的输出电压。

② 要有尽可能多的 Li^+ 能够在负极材料中发生可逆的嵌入与脱出，这样可以保证负极的比容量足够大。

③ 在电池的充放电过程中，保证 Li^+ 嵌脱的可逆且负极材料基体结构没有发生变化或者变化很小，这样可以保证电池具有良好的循环性能。

④ 在电池的充放电过程中，大量的 Li^+ 进行可逆的脱嵌，与此同时伴随着相应的氧化还原反应，氧化还原电位的变化应该尽可能小，这样可以保证电池的电压不会发生显著变化进而能实现平稳的充放电。

⑤ 插入型化合物负极材料要有较高的电子电导率和离子电导率，这样可以减少材料极化进而能承受充放电过程中大电流或不稳定电流的冲击，平稳地进行充放电。

⑥ 负极材料基体要具有良好的表面结构，这样可以与液态电解质形成稳定性良好的固体电解质界面膜（solid electrolyte interface film，SEI 膜）。

⑦ 插入型化合物负极材料在充放电过程中，在不同的电压范围下要有良好的化学稳定性，在形成 SEI 以后不再与电解质发生化学反应。

⑧ 负极材料基体要有较大的 Li⁺扩散系数，这样便于电池进行快速充放电。

⑨ 负极材料应该成本尽可能低、资源丰富且绿色无污染。

8.1.3.2　负极材料的分类及嵌锂机制

随着技术的不断进步，目前锂离子电池负极材料已经从单一的人造石墨发展到多种负极材料共存的局面。现如今，负极材料主要分为碳系负极材料和非碳系负极材料。碳系负极材料主要包括石墨、中间相碳微球、碳纳米管等。非碳系负极材料主要包括钛酸锂、硅基材料和锡基材料等。

负极材料的种类不同也导致其嵌锂机制不尽相同，主要有以下几种：插入/脱嵌机制、合金化/去合金化机制、转化型反应机制、复合型反应机制。

（1）插入/脱嵌机制

在充放电过程中，锂离子发生嵌脱反应而负极材料只发生结构上的变化。发生这类机制的代表性材料主要是目前被商业化应用的碳材料，钛酸锂，TiO_2、V_2O_5 等金属氧化物。其中碳材料则是以石墨为主，而以中间相碳微球为代表的软碳、热解碳和硬碳等的嵌锂机制还在探索研究中。石墨的锂化反应表达式如下所示：

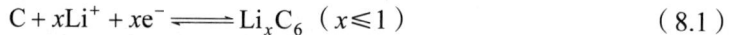

$$C + xLi^+ + xe^- \Longleftrightarrow Li_xC_6 \ (x \leq 1) \tag{8.1}$$

对石墨材料来说，其嵌锂后形成的层间化合物最多也只能达到 LiC_6，所以石墨的理论比容量只有 $372mA \cdot h/g$，而且层与层间结合的范德瓦耳斯力键能较小，在充放电过程中，当溶剂化锂离子嵌入时，溶剂分子也随之嵌入，对范德瓦耳斯力造成破坏，进而使得石墨的片层结构剥离坍塌，发生粉化效应。随后科学家 Dahn 发现成分为乙烯碳酸酯（EC）的电解液和石墨材料兼容性较好，解决了这一问题。尖晶石结构的钛酸锂 $Li_4Ti_5O_{12}$ 和锐钛矿 TiO_2、V_2O_5 等金属氧化物负极材料也采用插入/脱嵌机制，嵌锂示意图如图8.7所示，其锂化反应表达式如下所示：

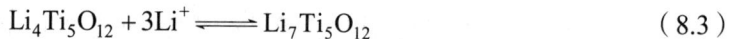

$$TiO_2 + xLi^+ \Longleftrightarrow LiTiO_2 \tag{8.2}$$

$$Li_4Ti_5O_{12} + 3Li^+ \Longleftrightarrow Li_7Ti_5O_{12} \tag{8.3}$$

该类材料晶体结构较为稳定，锂离子嵌脱过程中材料结构不会发生较大变化，但其理论比容量较低，如 TiO_2 只有 $330mA \cdot h/g$。

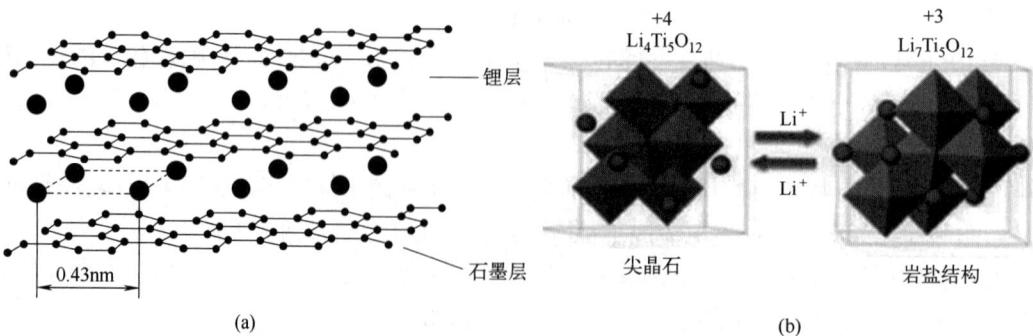

图 8.7　LiC_6 的结构（a）和钛酸锂 $Li_4Ti_5O_{12}$ 嵌锂的结构（b）

（2）合金化/去合金化机制

在充放电过程中，锂离子和负极材料发生合金化反应。具有这种嵌锂机制的材料主要是 Sn、Sb、Ge、Al 等金属单质、合金及其对应金属氧化物。这类材料的理论比容量较高，如 Sn 为 990mA·h/g。金属单质嵌锂机理以 Sn 为例，其锂化反应表达式如下：

$$Sn + 4.4Li^+ + 4.4e^- \Longleftrightarrow Li_{4.4}Sn \qquad (8.4)$$

可以看出，以金属单质为代表的合金化嵌锂材料，嵌锂过程是进行比较简单的合金与去合金化的反应，但在充放电过程中存在很大的问题，锂离子的嵌脱会引起合金材料的体积收缩与膨胀，例如 Sn 中锂离子嵌入浓度达到最大时，其体积膨胀达到 260%，从而引起材料的粉化和电极崩解，导致电池循环性能变差。以 Sn、Sb 等金属氧化物为代表的合金化嵌锂材料，嵌锂机理与金属单质不太相同，以 SnO_2 为例，其锂化反应表达式如下：

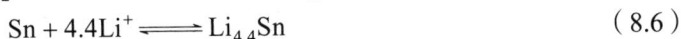

$$SnO_2 + 4Li^+ + 4e^- \longrightarrow Sn + 2Li_2O \qquad (8.5)$$

$$Sn + 4.4Li^+ \Longleftrightarrow Li_{4.4}Sn \qquad (8.6)$$

这类氧化物的嵌锂过程是：第一步，放电过程中锂离子先与氧化物中的 O 结合，形成无定型 Li_2O，同时还原出金属单质。第二步，之后嵌入的锂离子接着与金属单质发生合金化反应。而在之后的充放电循环中，负极嵌锂反应只是锂离子与金属单质的合金和去合金化过程，相比于 Sn 的合金化过程，SnO_2 的合金化过程中产生的纳米尺度的 Li-Sn 合金可以分散在无定型的 Li_2O 中，纳米尺寸和物理包覆使得合金材料的体积效应大大减小，循环性能也提高很多，但也依然存在很多问题：一是在第一步反应中，不可逆反应造成部分锂离子的浪费，这也是为什么 SnO_2 理论计算容量为 1491mA·h/g，但实际上只有 782mA·h/g，也因此造成电池的首次库仑效率低；二是纳米尺寸的合金材料比表面积大、表面能大，因此容易发生电化学团聚，造成电极材料结构崩塌；三是电极材料暴露于电解液中，电池每次充放电都会引发合金材料的膨胀与收缩，导致材料表面的 SEI 膜无法稳定存在，每次的破坏再生长都会消耗额外的锂离子，造成电池循环性能差。目前针对这些问题，科学家们正在积极地研究。

（3）转化型反应机制

转化型嵌锂机制主要发生在过渡金属氧化物、氮化物等中，这类材料在充放电过程中和 Li^+ 反应生成 Li_2O 和金属单质，且嵌锂过程是可逆的。这类过渡金属化合物主要为 M_xN_y（M 为 Fe、Co、Cu、Mn、Ni；N 为 O、P、N），其锂化反应表达式如下：

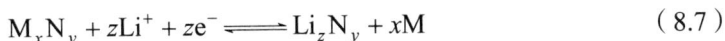

$$M_xN_y + zLi^+ + ze^- \Longleftrightarrow Li_zN_y + xM \qquad (8.7)$$

（4）复合型反应机制

在充放电过程中，复合型反应机制是比较复杂的嵌锂机制。具有这种嵌锂机制的材料主要是二维（2D）金属硫化物，如 SnS_2、MoS_2、CoS_2 等。以 SnS_2 为例，当其作为负极材料在充放电过程中时，锂化过程是通过一系列三种不同类型的反应进行：嵌入、转化和合金化。锂化过程的原子模型示意图如图 8.8 所示。其锂化反应表达式如下：

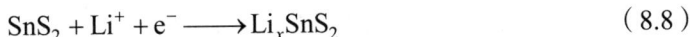

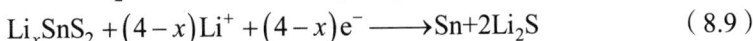

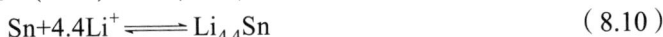

$$SnS_2 + Li^+ + e^- \longrightarrow Li_xSnS_2 \qquad (8.8)$$

$$Li_xSnS_2 + (4-x)Li^+ + (4-x)e^- \longrightarrow Sn + 2Li_2S \qquad (8.9)$$

$$Sn + 4.4Li^+ \Longleftrightarrow Li_{4.4}Sn \qquad (8.10)$$

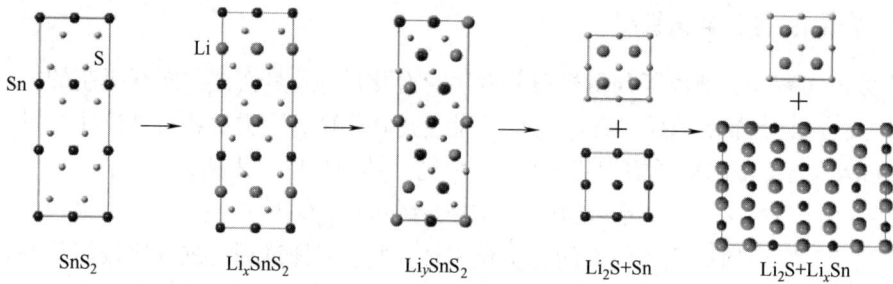

图 8.8　锂化过程相变的原子模型

由图 8.8 可以看出，SnS_2 具有 CdI_2 型层状结构，由两层六方密堆积的硫原子及其夹层间的锡原子层组成，分层距离为 0.59nm，锂离子直径为 0.076nm，有利于锂离子较容易地进行插入和脱嵌，进而发生后续的电化学反应。由锂化反应表达式可以看出，SnS_2 的锂化过程的第一、二步属于不可逆的嵌入、转化反应，第三步则为可逆的合金和去合金化过程，因此虽然 SnS_2 的理论反应比容量是 1231mA·h/g，但实际理论比容量为 645mA·h/g，这种差异来源于可逆的合金化反应过程。因此也可以看出，SnS_2 的锂化过程会面临较大的体积变化问题，导致材料严重粉化和纳米结构的坍塌。这是科研工作者们孜孜不倦致力于攻克的方向。

8.1.4　锂离子电池隔膜

8.1.4.1　锂离子电池隔膜的基本要求

隔膜是锂离子电池四个重要组成部分之一，从电池各个组分的成本上来说，隔膜的成本占电池整体的 13%左右；从各组件的作用上来讲，隔膜在电池内部发挥了至关重要的作用，既要能够阻断电池的正负极接触，防止电池短路，又要能够传导锂离子在正负极之间来回交换。由于需要满足不传导电子的作用，目前锂离子电池所用隔膜大部分是聚合物材质，但是又为了能够让锂离子在电池内部迁移，将其制备为多孔结构，使其能够吸纳液态电解液从而使锂离子可以快速顺利地在隔膜内部完成迁移。隔膜的材质和结构对锂离子在电池内部的迁移速率有重要的影响，从而间接影响了全电池的容量大小、快速充放电能力和锂枝晶生长。隔膜的质量还直接关系到电池的安全性能。为了满足对高能量密度和高安全性的锂离子电池日益增长的需求，锂离子电池隔膜对各项性能有严格要求。

（1）化学稳定性

隔膜在电池内部始终浸泡在有机电解液内，目前有机电解液的溶剂主要成分为碳酸酯或醚，为了保持隔膜的基本作用，防止电池正负极接触和锂枝晶透过隔膜孔洞，要求其不能够同电极和电解液发生反应，在长期的浸泡过程中隔膜不发生分解和溶胀。另外，目前电池的工作电压集中在 4.2V 左右，这就要求隔膜要有宽的电化学窗口，在电池充放电过程中隔膜本身不会发生氧化还原反应，隔膜的电化学窗口通常采用线性扫描伏安曲线测试得到。现代动力电池的发展对高电压和大电流的电池需求日益增长，对电池隔膜电化学稳定的要求也随之提高，促使科研工作者研发各种新型隔膜来配合高压电池和快充电池的发展。

（2）厚度

为了满足锂离子电池高能量密度的需求，薄隔膜是发展趋势，它能够减少隔膜和电池的质量，也能够减少其在电池内部所占的体积，进而可以增大正极极片的涂覆厚度，提升电池的容量，减小隔膜的厚度还可以节约隔膜原材料的成本。另外，隔膜厚度的减小可以缩短锂离子的迁移路径，提升电池的离子电导率和锂离子迁移数进而改善电池性能。但是，隔膜的厚度减小势必影响其本身的力学性能和热稳定性，损害了电池的安全性能。目前，发展极薄和高安全性锂离子隔膜是科研人员的目标。消费类锂离子电池要求高能量密度，其所用隔膜通常在 $10\mu m$ 左右；而动力电池对电池的安全性要求较高，故隔膜较厚。目前商业化的锂离子电池隔膜的厚度在 $6\sim40\mu m$ 范围内。

（3）孔隙率

高孔隙率的隔膜具有更多的孔道储存电解液来帮助传导锂离子，从而可以提升隔膜的离子电导率，但是为了维持隔膜基本的力学性能，不能盲目地提升聚合物隔膜的孔隙率，目前隔膜的孔隙率基本维持在 30%~60% 之间。

（4）孔径

隔膜的孔径大小对电池的安全性至关重要，隔膜在电池内部的作用是阻断正负极接触，所以要求隔膜的孔径不能大于正极活性物质颗粒的直径，防止溶解脱落在电解液中的活性物质穿过隔膜与负极接触。隔膜的孔径要尽可能均匀，均匀的孔径可以均匀锂离子通量和防止锂枝晶沿孔道生长。但是隔膜的孔径不能过小，孔径过小会影响隔膜对电解液的润湿性。所以现有的隔膜大多数具有亚微米尺寸孔道，孔径尺寸在 $0.1\sim1\mu m$ 之间。

（5）透气率

透气率不同于隔膜的孔隙率。在隔膜内部具有通孔、盲孔和闭孔三种结构，只有通孔对隔膜的透气性发挥作用，所以说隔膜的透气率才能真正反映锂离子在隔膜内部的迁移路径。透气率说明的是气体透过隔膜的时间，透气率与隔膜的离子电导率成反比，透气率愈大，说明隔膜的通孔结构比较曲折，故隔膜的离子电导率愈小。具有小透气率的隔膜在大电流下的充放电性能会较好。电池所使用的隔膜透气率需要小于 $800s$。

（6）润湿性

液态电解液是锂离子电池内部锂离子传导的载体，润湿性代表隔膜对液态电解液的吸收和保存能力，只有当隔膜完全被电解液润湿时，锂离子才可以迅速地通过隔膜。隔膜的润湿性和其材质、结构和形貌息息相关，良好的润湿性可以降低电池的内阻，提升电池的电化学性能。通常采用接触角测试和电解液吸收率测试来说明隔膜润湿性的好坏。

（7）力学性能

隔膜的力学性能指的是抗拉伸性能和穿刺性能，拉伸性能又包括横向拉伸性能和纵向拉伸性能。不同生产工艺制备的隔膜的横向拉伸性能和纵向拉伸性能有差异，采用单轴拉伸工艺制备的隔膜的横向拉伸性能和纵向拉伸性能不同，隔膜的材质、孔径和孔隙率对隔膜的拉伸性能也有影响，大孔径隔膜的拉伸性能较差。在隔膜生产和电池组装过程中需要对隔膜进行卷曲操作，所以对隔膜的纵向拉伸性能要求较高，一般纵向拉伸强度要大于 $1000kg/cm^2$。电池的正极极片可能会存在毛刺和活性物质颗粒凸起现象，负极在长时间循环过程中易出现锂枝晶，这就要求隔膜拥有一定的穿刺强度，一般采用标准规格的穿刺针以恒定的速度对隔膜进行穿刺强度测试，为了电池的安全装配和使用，隔膜的穿刺强度越大越好，至少需要 $100kg/cm^2$。

（8）热稳定性

电池在使用过程中会产生热量，当电池内部温度达到一定程度时，聚合物隔膜会发生收缩现象。以单层聚烯烃隔膜为例，聚乙烯隔膜的熔点为 135℃左右，当电池内部温度达到 135℃时隔膜会发生收缩，隔膜收缩会导致正负极接触，电池短路。不同材质的隔膜发生热收缩的温度不同，原材料的熔点直接决定了隔膜的热稳定性。隔膜的热收缩率是一项至关重要的指标，目前对商业化隔膜的最低要求是在 90℃下运作 30min，隔膜的热收缩率小于 5%。

（9）热闭孔性能

目前聚合物隔膜都是微孔结构，微孔主要起传导锂离子的作用。热闭孔性能就是隔膜在高温下微孔会自发闭合，从而阻断锂离子的传导使电池断路，热闭孔能力是锂离子电池一种特殊的保护机制，可以防止电池在温度过高或者电流过大时发生自燃或者爆炸。但是隔膜的热闭孔行为是不可逆的，隔膜一旦发生热闭孔，就意味着电池报废。隔膜的热闭孔性能主要来自聚合物的熔融性质，当温度达到隔膜的熔点时，聚合物材料在此时具有流动性，从而能够封闭微孔。隔膜的热闭孔温度可以通过差式扫描量热法（DSC）和电阻突变法来测试，隔膜的 DSC 曲线中熔融峰的位置温度代表闭孔温度，电阻突变法原理是测试升温过程下隔膜的电阻，当隔膜的电阻突然增大，此时的温度代表了闭孔温度。

8.1.4.2　锂离子电池隔膜的分类及制备工艺

根据隔膜所用原材料和隔膜结构可以将其划分为聚烯烃微孔隔膜、无纺布隔膜和有机-无机复合隔膜。由于锂离子电池所用的电解液含有强极性的有机溶剂，所以要求隔膜材质能够耐有机溶剂的腐蚀。聚烯烃材料具有优异的电化学稳定性、良好的力学性能和较低的成本，因此聚烯烃隔膜（聚乙烯隔膜、聚丙烯隔膜）在早前被用作锂离子电池的隔膜。随着锂离子电池和隔膜的发展，先后也出现了聚偏氟乙烯（PVDF）、聚四氟乙烯（PTFE）、聚酰亚胺（PI）和其他耐高温高分子聚合物制备的无纺布隔膜，但是无纺布隔膜的孔径大小难以控制、力学性能较差不适合大规模制备使用。随后，科研工作者研究开发了有机-无机复合隔膜，制备出具有高机械强度、高热稳定性的隔膜。

（1）聚烯烃微孔隔膜

聚烯烃微孔隔膜是指熔融态的聚合物在冷却后经过拉伸或者相转变后制备的具有微孔结构的隔膜。拉伸工艺是目前商业化锂离子电池隔膜常用的制备方法。用该方法制备的微孔隔膜的结构受熔体拉伸比、挤出温度、稀释剂性能和冷却速率的影响，微孔隔膜的制备工艺可分为干法和湿法。

干法是一种无溶剂制备商用聚烯烃隔板的制备方法，制备过程如图 8.9 所示。典型的干法制备过程可以概括为四个步骤：熔化、挤压、退火和拉伸。第一步首先对聚合物原材料进行加热形成均匀的熔融态溶液，然后将熔融态的液体挤出以形成薄膜，第三步将挤出的薄膜退火以形成高度定向的微晶层状结构，最后拉伸以形成微孔。为了使隔膜产生合适的微孔并减少热处理期间聚合物的内应力，拉伸过程分为三个步骤，即低温拉伸、高温拉伸和松弛。根据拉伸方向，可分为单向拉伸和双向拉伸，工业通常采用单向拉伸。通过单向拉伸获得的隔膜的拉伸强度是各向异性的，纵向拉伸强度高，这可以避免隔板在电池组装过程被破坏。双向拉伸工艺是我国自主研发的工艺，其工艺要点是在聚丙烯原材料中加入具有成核作用的成核剂，在拉伸过程中利用晶型转变的原理制备具有微孔结构的聚丙烯隔膜。双向拉伸制备的隔膜在横向和纵向上的力学性能差异较小，孔径分布较为均匀。干法过程简单、生产效率高、污染小，并且所获得的隔膜具有开放的多孔结构。然而，通过该工艺生产的隔膜具有较大的厚度和不均匀的孔径分布，并且在生产过程中难以控制孔隙率。干法工艺主要用来生产聚丙烯（PP）隔膜。图 8.10（a）是使用干法制备的 PP 隔膜的表面形貌，其采用单向拉伸工艺。从图中可以看出，隔膜的微孔结构单一，呈现为裂缝状，并且孔洞的曲折程度较小。通过干法制备的微孔隔膜适用于大功率电池，因为其孔径较大，有利于锂离子的快速迁移。但在长时间的大电流循环充放电时，由于孔径大小不一，会促使电流密度分布不均，将会加剧电池内部极化，进而加速锂枝晶的生长。

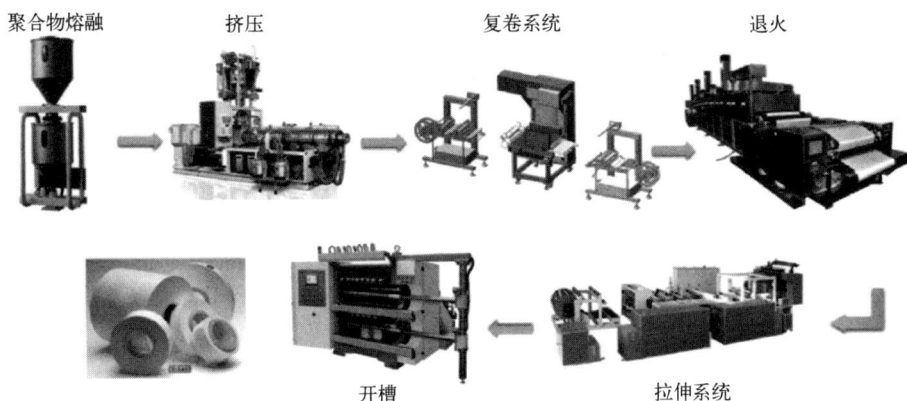

图 8.9　干法工艺的制备流程

湿法是使用溶剂挥发原理制造微孔隔膜的另一种方法，微孔结构的形成在于溶剂萃取挥发，可概括为四个步骤，即加热混合、挤出、溶剂去除和拉伸，如图 8.11 所示。首先，将聚合物加热至高于熔点的温度，然后加入高沸点溶液和一些添加剂以形成均匀的溶液。然后，混合溶液降温使体系发生分离，并将其压制成薄膜。随后，使用挥发性溶剂（如二氯甲烷、三氯乙烯等）提取液体和添加剂，形成亚微米级微孔结构。最后，将聚合物薄膜加热到熔点附近进行双向拉伸。在拉伸步骤中获得所需的孔隙率，隔膜可以在提取液体和添加剂之前和之后拉伸。与干法相比，湿法生产具有更高的孔隙率、更薄的厚度和更好的均匀性。然而，湿法工艺复杂，需要高产设备。在制备过程中需要添加溶剂，容易造成环境污染。图 8.10（b）

是采用湿法工艺制备的PE隔膜的表面形貌,从图中可以看出,隔膜的孔隙具有一定的弯曲性,可以有效地防止负极在充电过程中形成锂枝晶,这使其适用于对循环寿命要求较高的电池。

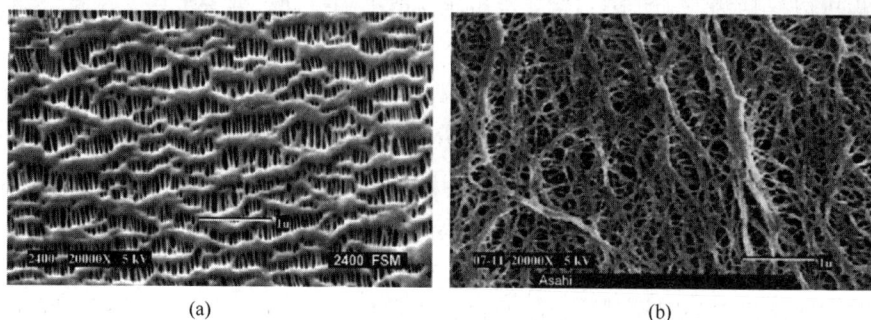

(a)   (b)

图 8.10　PP 隔膜（a）和 PE 隔膜（b）的表面形貌

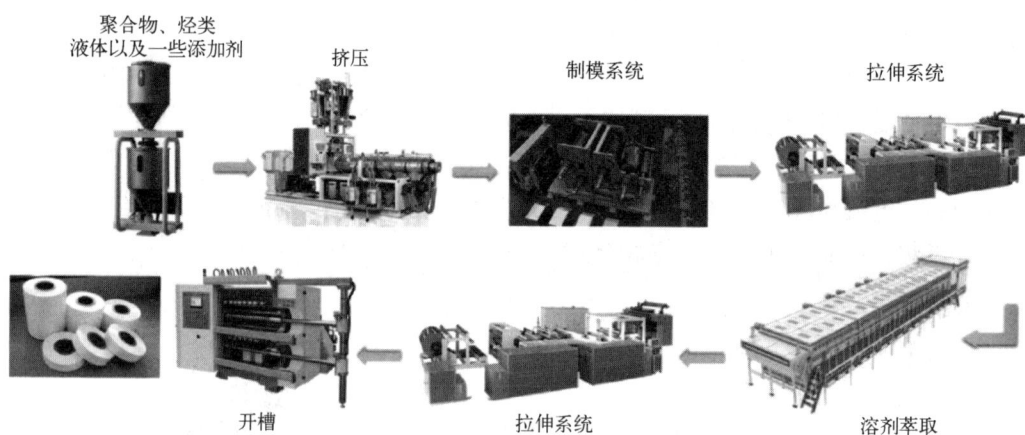

聚合物、烃类
液体以及一些添加剂　　挤压　　　　制模系统　　　　拉伸系统

开槽　　　　　拉伸系统　　　　溶剂萃取

图 8.11　湿法工艺的制备流程

　　相转化法也是制备锂离子电池微孔隔膜的常用方法。该方法避免了传统的拉伸过程,降低了内应力和孔隙热收缩,提高了热稳定性。其制备过程是首先将聚合物溶解在良好的溶剂中,然后将获得的聚合物溶液涂覆或浇铸在平坦的基底上以形成膜,然后将其浸泡在非溶剂中固化。固相主要成分为聚合物,而液相则缺乏聚合物,富含聚合物的相最终形成隔膜,而分散较差的液相被提取以形成孔隙。制备的隔膜通常具有不对称的多孔结构,如图 8.12 所示,在隔膜的顶部（面向空气的一侧）形成高度多孔的形状,在底部（与衬底接触的一侧）形成更少且更密集的孔。虽然相变过程简单,但需要大量溶剂,不利于大规模绿色生产。

　　目前,用于商业化锂离子电池的隔膜主要是 PP 隔膜和 PE 隔膜,因为它们的成本低、力学性能好,并且具有良好的化学和电化学稳定性。但是单层聚烯烃微孔隔膜（无论是 PP 隔膜还是 PE 隔膜）热力学性能较差。PE 隔膜的熔点在 135℃左右,PP 隔膜的熔点在 160℃左右。为了提升隔膜的安全性,科学家们研制了多层聚烯烃隔膜（PP/PE/PP 隔膜）。图 8.13 是 PP/PE/PP 隔膜的表面形貌和截面形貌,从图中可以看出明显的三层结构。当温度上升到 135℃时,PE 层的微孔开始收缩闭合,阻断锂离子的传输通道使电池断路停止运行,但是 PP 层依旧保持着原有的形貌和大小,继续起阻止正负极接触的作用。

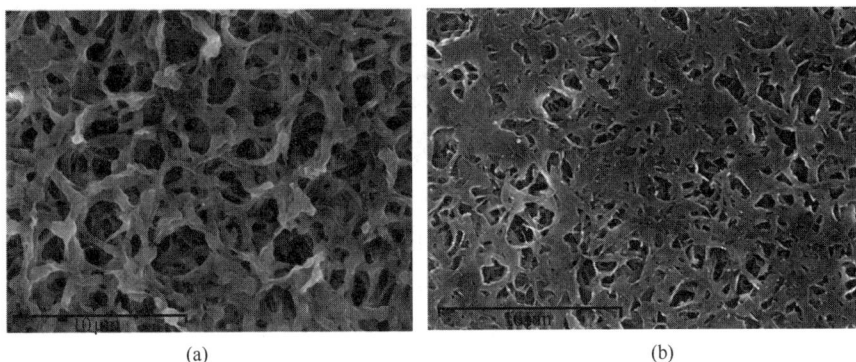

图 8.12 相转化法制备的隔膜表面形貌

（a）顶部；（b）底部

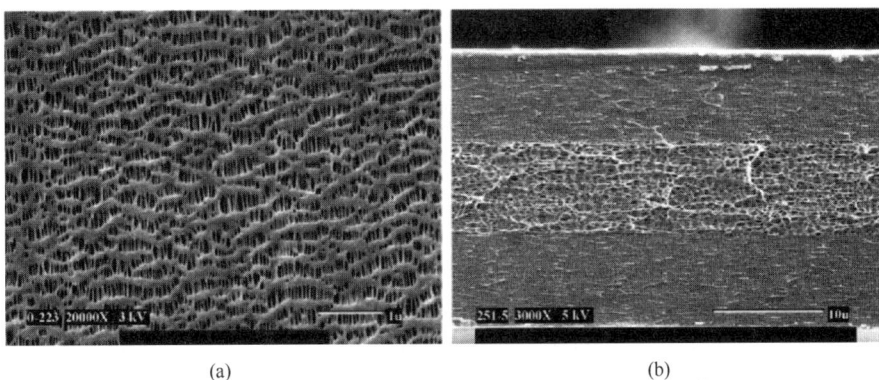

图 8.13 PP/PE/PP 隔膜的表面形貌（a）和截面形貌（b）

（2）无纺布隔膜

无纺布隔膜是通过化学、物理或机械相互作用将许多纤维结合在一起的隔膜，制造过程中不需要对纤维进行纺织。它具有良好的机械特性和热稳定性，作为锂离子电池隔板的替代材料受到广泛关注。无纺布隔膜的原材料可以划分为天然纤维和合成纤维，其中天然纤维主要是纤维素及其衍生物，合成纤维包括聚烯烃、聚酰胺、聚四氟乙烯、聚偏氟乙烯、聚氯乙烯和聚酯。无纺布隔膜的制备通常采用干铺法、湿铺法、熔喷法和静电纺丝法等。干铺法是采用气流成网技术的一种工艺，将分散纤维通过空气输送到移动皮带上形成一层纤网，同时使用聚合物黏合剂来加固纤维丝从而增强纤网的机械完整性，也可以通过压延工艺对纤网进行热黏合，黏合过后即无纺布隔膜。湿铺法可以在造纸机上进行，纤维首先悬浮在水中，造纸机用于分离水以形成均匀的纤网，然后将纤网黏合并干燥以实现机械完整性。熔喷法是一种通过将熔融聚合物以细丝的形式从装置喷嘴中喷出来生产无纺布隔膜的方法，工艺示意图如图 8.14（a）所示。该过程可分为两个阶段，首先熔融聚合物流经喷嘴，纤维在热空气中高速拉伸和冷却，大量纤维形成纤维网，沉积在收集器上。其次，所得纤维网被收集成线圈，然后在高温和高压下压制，以提高其机械强度。吹塑条件、温度、纺丝速度和纤维成型模具参数对无纺布隔膜的性能有很大影响。通过熔喷法制备的隔膜具有良好的热稳定性和机械稳定性。它被认为是一种有前途的低成本技术。然而，一些分解温度低于熔化温度的聚合物不适合这种制备方法。

静电纺丝是一种非常适合用来制造无纺布隔膜的技术，工艺示意图如图8.14(b)所示。静电纺丝的设备主要由三部分组成：聚合物溶液输出装置、外部高压静电场和无纺布隔膜收集装置。其工作过程如下：用金属针头将聚合物溶液注入高压静电场，聚合物液滴在静电场作用下会发生变形，从球状液滴变成半球状，甚至锥形的泰勒锥。随着静电场力增加到一定值，可以使液滴克服表面张力，拉伸泰勒锥形成纤维束。随后，纤维束在溶剂挥发后固化，并在电场中心拉伸。最后，将纤维随机沉积在接收装置上形成无纺布隔膜。静电纺丝参数如聚合物溶液的性质、静电纺丝装置的参数和外部环境等，对聚合物溶液转化为纳米纤维并进一步转化为无纺布隔膜至关重要，因为这些因素直接影响隔膜的纤维直径、厚度、孔隙率等性质，进而影响电池的性能。静电纺丝生产的隔膜由多根纤维重复搭叠而成，所以静电纺丝隔膜具有许多小于微米尺寸的通孔，这些丰富的孔道可以提升隔膜的孔隙率、电解液吸收率和离子电导率。另外，静电纺丝的原材料可以选择耐高温的聚合物材质，所以隔膜的耐热性同样表现优异。但是静电纺丝隔膜的力学性能较差，因为其力学性能主要依靠纤维之间的摩擦力来提供。总的来说，静电纺丝隔膜具有很多优点，但是静电纺丝工艺的生产效率较低，这限制了其大规模商业化应用，使其只能用在特殊场合。

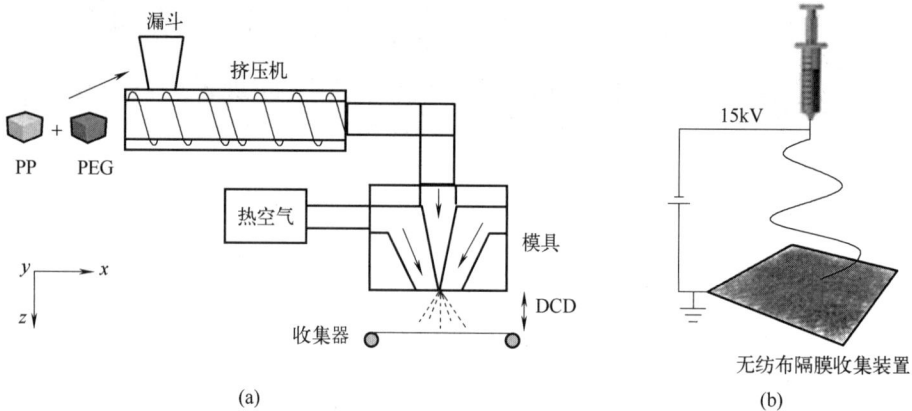

图 8.14 熔融工艺（a）和静电纺丝工艺（b）

（3）有机-无机复合隔膜

有机隔膜的热稳定性、电解液润湿性和机械强度都有待提升，而无机颗粒本身具有高热稳定性和高亲水性，所以向有机隔膜中引入无机纳米颗粒有利于提升隔膜的综合性能。首先，加入无机纳米颗粒能够提升隔膜的热稳定性，降低隔膜的热收缩率；其次，无机纳米颗粒表面的—OH作用可以提升隔膜的电解液亲和性，增加电解液吸收率，从而能够提升隔膜的离子电导率。根据复合隔膜中无机物的作用机制可以将有机-无机复合隔膜划分为无机颗粒包覆隔膜和无机颗粒掺杂隔膜两种。

无机颗粒包覆复合隔膜就是将无机颗粒附着在原有的聚合物隔膜上，形成具有无机层和聚合物隔膜层的多层结构，较为常用的方式有涂覆法、浸涂法、气相沉积法和抽滤法等。涂覆法的工艺流程是首先将无机纳米颗粒、黏结剂和溶剂按照一定的比例配制为均匀的浆料，然后采用涂覆设备（如辊涂仪、线棒、刮刀等）将其涂覆在聚合物隔膜基底上，最后将涂覆好的隔膜烘干即得到无机涂覆隔膜（图 8.15）。涂覆法对选用的无机颗粒的粒径大小有一定的要求，粒径过大或过小时涂覆效果均不好，一般选用粒径 500nm 左右的颗粒。黏结剂可以分为有机系黏结剂和水系黏结剂，有机系黏结剂通常采用 PVDF，有机溶剂一般采用 N-甲基吡咯烷酮（NMP），水系黏结剂常采用价格低廉的羧甲基纤维素（CMC）。与有机系黏结剂相比，水系黏结剂具有对环境的污染较小和成本更低的优势。涂覆法制备的涂层厚度可以通过调节刮刀来控制，所以涂层厚度较为均匀。浸涂法是制备无机颗粒包覆隔膜的一种方便快捷的工艺，首先同样要将无机纳米颗粒、黏结剂和溶剂按照一定的比例制备成均匀的浆料，然后将基膜浸泡在浆料内一定时间后取出，使涂覆物可以很好地黏附在基膜上，多余的浆料可以回流到浆料池内，取出烘干后可多次重复上述步骤，进而可以控制涂层的厚度。浸涂法的优势是效率高、浆料损失少和工艺简单。

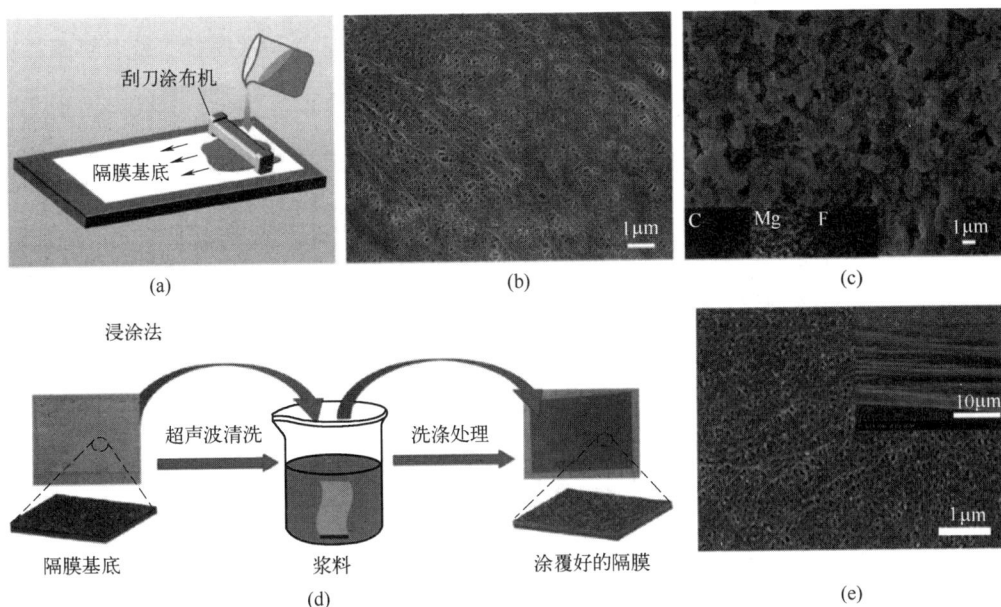

图 8.15　隔膜制备及表征

（a）涂覆法制备 PE-MF 隔膜；（b）PE 隔膜的 SEM 照片；（c）PE-MF 隔膜的 SEM 照片；（d）浸涂法制备隔膜；

（e）浸涂法制备隔膜的 SEM 照片

无机颗粒包覆复合隔膜的基膜可以是聚烯烃微孔隔膜，也可以是无纺布隔膜。常用的无机纳米颗粒有一水软铝石（勃姆石），SiO_2、TiO_2 等氧化物和无机固态电解质颗粒。总的来说，氧化物无机涂层具有优异的导热性能，可以提升隔膜的热稳定性；无机涂层也具有刚性支撑作用，可以改善隔膜的力学性能，减少隔膜的热收缩率；无机物颗粒还可以提升电解液亲和性；一些无机氧化物（SiO_2 等）在电池内部可以有效地捕捉循环过程中生成的 HF，减少其对电极的损害，进而提升电池性能。但是，无机涂层导致隔膜的厚度和重量增加，降低了锂离子电池的能量密度，同时也增加了隔膜生产成本；另外，无机层和基膜的界面较差，在生产和使用过程中可能会出现脱落；涂覆工艺的参数比较难控制，若涂层不够致密，则对隔膜的改善不明显，若过于致密会导致基膜的孔道被堵塞，将会降低隔膜的离子电导率和锂离子迁移数。

与无机颗粒包覆复合隔膜不同，无机颗粒填充复合隔膜的无机颗粒分散在隔膜的内部。无机颗粒填充隔膜常用的制备方法有溶液浇铸法和静电纺丝法。通过静电纺丝方法制备复合隔膜的工艺流程及原理和制备单一聚合物静电纺丝隔膜相同，不同之处在于复合隔膜的浆料内含有一定比例的无机颗粒。溶液浇铸法制备的复合隔膜的厚度易于控制，工艺简单，价格低廉，被广泛使用。其工艺流程如图 8.16（a）所示，将聚合物原材料、无机颗粒和黏结剂按照一定比例溶解在溶剂中通过剧烈搅拌获得均匀浆料，然后使用刮刀涂布机将浆料均匀地涂覆在玻璃板或其他平面上，然后将其放置在合适的温度下干燥。通过该模式制备的复合隔膜的机械强度取决于聚合物的物理性质、无机颗粒的大小和聚合物与无机颗粒的比例等因素，但是所制备的隔膜孔隙率较低，不利于离子的传导。非溶剂相诱导法可轻松控制复合隔膜的微孔，进而获得分布均匀的小尺寸微孔。其与溶液浇铸法不同的一点是在浇铸成膜后，将玻璃板浸入水或其他非溶剂中以实现相转化过程，在此过程中溶剂与水交换，最后将薄膜剥离并干燥获得复合隔膜，该方法的工艺流程如图 8.16（b）所示。

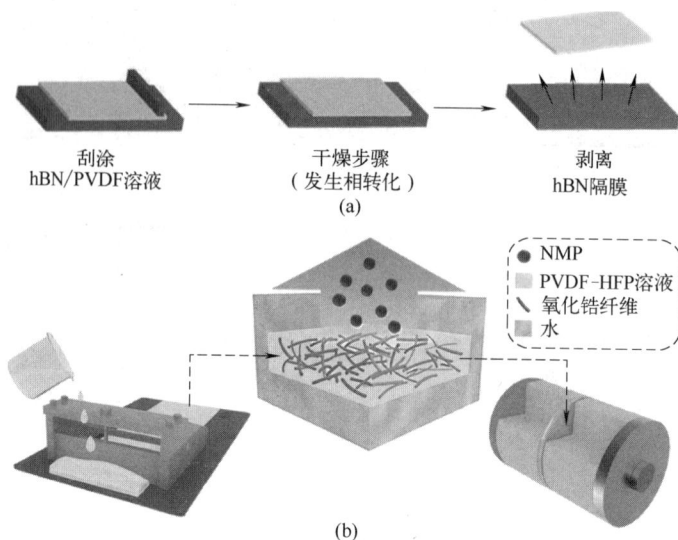

图 8.16　溶液浇铸法（a）和非溶剂相诱导法（b）

8.1.5　锂离子电池电解质

8.1.5.1　电解质应具备的条件

众所周知，电解质在锂离子电池所有组成中具有十分重要的地位，尤其是随着全固态锂离子电池的发展，作为核心部件的全固态电解质的研究更加受到研究者们的关注。电解质在锂离子电池整个的充放电循环过程中通过将锂离子传递到正负极以完成正负电极的氧化还原反应。因此，锂离子电池电解质应满足以下几点要求。

① 因为电解质在锂离子电池实际充放电工作过程中主要发挥传递锂离子且阻挡电子的

作用，因此电解质应该是离子导体且为电子绝缘体，即具有足够高的离子电导率（通常室温电导率应达到 10^{-3}S/cm 数量级）；

② 电解质应具有较好的化学稳定性和热稳定性，确保电池在使用过程中电解质不会与电极材料、电池包装材料和电池壳等其他部件发生反应，并且应保证电解质具有较宽泛的温度使用范围，确保其使用过程中的安全性；

③ 电解质应具有宽泛的电化学窗口，保证电池在实际使用过程中在较宽的电压范围内可以稳定工作，性能得以充分发挥；

④ 电解质本身应具有较好的质量，不仅要求其对环境友好，并且电解质的降解时间应长于电极的工作寿命；

⑤ 电解质的制备工艺应尽量简单且易于实现大规模生产。

8.1.5.2 电解质分类

锂离子电池电解质按物理状态可主要分为三类：液态电解质、凝胶电解质和固态电解质。

液态电解质具体为有机液态电解质，主要包括有机溶剂和锂盐两部分，此类电解质是目前市场上使用最为广泛的商用电解质。有机溶剂的选择一般有以下几条标准：

① 具有较高的介电常数且对所选锂盐有足够高的溶解度；

② 具有较宽泛的温度使用范围；

③ 应属绿色环保、环境友好型物质。

常用的满足上述要求的有机溶剂具有相似的结构，均属于环状或线性碳酸酯，其中，乙烯碳酸酯（EC）等为环状碳酸酯的主要代表。随着科技的发展，碳酸二甲酯（DMC）、碳酸二乙酯（DEC）等一系列线性碳酸酯被发现并应用于锂离子电池电解质中，并且这些有机溶剂由于其黏度很低有效提高了锂离子在电解质中的迁移。

除了有机溶剂的选择，锂盐的选择也极为重要，它的主要选择标准如下：

① 锂盐在相应溶剂中有较好的溶解度但其阴离子不与溶剂反应，且锂离子能轻松在正负极之间传递；

② 锂盐阴离子不参与正负极在充放电过程中的氧化还原反应；

③ 具有较好的热稳定性，且无毒、无害，对环境友好无污染。

满足上述条件且目前应用较为广泛的几种锂盐如表 8.2 所示。

表 8.2 锂离子电池中常用锂盐性质

锂盐	温度/℃	溶液中分解温度/℃	相对于铝的腐蚀性	室温离子电导率/（S/cm）
$LiBF_4$	293	4.1×10^{-5}	否	4.9×10^{-4}
$LiAsF_6$	340	>100	否	1.1×10^{-2}
$LiPF_6$	200	80	否	1.1×10^{-2}
$LiClO_4$	236	>100	否	8.4×10^{-3}
$LiCF_3SO_3$	>300	>100	是	1.7×10^{-3}
$LiN(SO_2CF_3)_2$	234	>100	是	9.0×10^{-3}

几种锂盐在实际应用中各有优缺点，其中四氟硼酸锂（$LiBF_4$）和六氟砷酸锂（$LiAsF_6$）在实际应用中使用较少，主要是因为 $LiAsF_6$ 属于有毒物质而 $LiBF_4$ 的阴离子是无机大分子导致其在有机溶剂中电导率较低，因此这两种锂盐在实际使用过程中较为受限。

高氯酸锂（$LiClO_4$）由于其具有良好溶解性、高离子电导率等优点而被广泛应用于锂离子电池电解质中，但其问题在于 $LiClO_4$ 中因含有高氧化价态的氯元素而成为一种强氧化剂，在使用温度升高时易与有机溶剂发生剧烈化学反应，其安全性得不到保证。因此，目前 $LiClO_4$ 更多的是在实验室中应用而实际生产中应用较少。

与 $LiClO_4$ 相比，六氟磷酸锂（$LiPF_6$）在商用电解质中得到了大规模的应用，主要原因在于其在有机溶剂中既有较高的离子运动能力又有较好的溶解能力，各项性能均较好地满足了平衡共存的实际要求。唯一美中不足的是 $LiPF_6$ 使用温度范围较为受限，而原因是其对水较为敏感且热稳定性较差。

三氟甲基磺酸锂（$LiCF_3SO_3$）的阴离子为具有共轭结构的有机大分子，从而导致其在有机溶剂中具有较高溶解度。同时，$LiCF_3SO_3$ 还具有相较于其他锂盐更高的抗氧化性和热稳定性等多种优点。但其缺点也同样明显，如其离子运动能力不强导致离子电导率较低。另外，常用锂离子电池的正极材料都是涂敷在铝箔上加以使用的，但 $LiCF_3SO_3$ 会腐蚀铝箔集流体，因而大大限制了其在锂离子电解质中的实际使用。

双三氟甲基磺酰亚胺锂［$LiN(SO_2CF_3)_2$］由于共轭结构的存在，再加上 $LiN(SO_2CF_3)_2$ 中氮原子上孤对电子的存在使得其具有更好的溶解度。另外，$LiN(SO_2CF_3)_2$ 具有安全无毒、热稳定性好、电导率优良和良好的溶剂性等诸多优点，因此被广泛应用于锂离子电池聚合物电解质中。但由于其对正极铝集流体具有腐蚀性而一直未成功实现在锂离子电池中的商业应用。

固态电解质分为无机固态电解质、聚合物固态电解质。无机固体电解质材料主要包括氧化物体系和硫化物体系两大类。其中，氧化物体系中（反）钙钛矿型结构、NaSiCON 型结构、LiSiCON 型结构和石榴石型等晶型结构具有较高的室温离子电导率。与氧化物体系相比，硫化物体系对锂离子具有更小的束缚力，且硫系同氧系相比具有更大的离子半径，使得硫化物体系晶格结构中具有更大的离子迁移通道，因此对锂离子的快速传递更有帮助。其中，硫化物体系电解质主要以 $Li_2S-P_2S_5$ 基二元硫化物和 $Li_2S-P_2S_5-MS_2$（M=Si、Ge、Sn 等）基三元硫化物固体电解质材料为代表。但其共有缺点为电解质偏硬、偏脆而难以满足各种形状电池的要求。聚合物全固态电解质通常由聚合物基体和锂盐两部分组成。通过聚合物基体材料上的配位基团和锂离子的配位/解配位而实现锂离子的传递及电池的正常工作。聚合物基体材料最常用的为聚氧化乙烯（PEO）基材料，其具有良好的成膜性、柔顺性、黏弹性及良好的正负极界面稳定性，更重要的是其链端基与锂离子具有很好的配位效果。但其室温电导率太低（$10^{-7}\sim10^{-6}$S/m），难以满足电解质的实际应用要求，使用过程中必须对其进行改性，除添加大阴离子体积的锂盐外，主要方法还有物理共混（添加无机填料、增塑剂等）和化学共聚（在 PEO 主链中引入乙氧基）等。除聚氧化乙烯外，其他几种常用的聚合物基体材料主要有以下几种。

① 聚丙烯腈（PAN）基材料：化学稳定性好、制备简单以及耐温性好。但其与锂电极接触界面会在循环过程中产生严重钝化且脆性较大，最终限制了其在实际应用中的推广。

② 聚甲基丙烯酸甲酯（PMMA）基材料：由于吸液率较高，导致与金属锂间具有较小的

界面阻抗。缺点是力学性能较差，实际使用过程中由于其硬脆而容易破碎，不易组装成电池。

③ 聚偏氟乙烯（PVDF）基材料：具有高热稳定性、良好成膜性和高抗电化学氧化的诸多优点，对锂盐解离、离子迁移数的增加有明显的促进作用。但其问题在于其规整的结构也导致离子传导能力差，并且 PVDF 中的 F 与 Li 具有很强的反应活性，界面稳定性差，易反应生成 LiF 等杂质影响电池的实际使用性能。

凝胶电解质是在聚合物固态电解质中加入增塑剂而出现的一种全新电解质，增塑剂的加入明显提高了离子电导率。固态聚合物电解质的体系组成基本与聚合物固态电解质类似，一般也分为聚合物基体材料和锂盐，基体材料常用的也是聚氧化乙烯（PEO）、聚甲基丙烯酸甲酯（PMMA）、聚丙烯腈（PAN）和聚偏氟乙烯（PVDF），与固态电解质相比只是制备方法有所不同。凝胶电解质主要制备方法为 Bellcore 法：将聚合物、有机溶剂、锂盐和增塑剂在较高温度下混合搅拌均匀，一段时间后得到黏度较高的糊状物，然后蒸发溶剂制得初步的聚合物基质膜，再使用有机溶剂对增塑剂进行进一步提取，干燥后即制得凝胶聚合物电解质。但是问题在于增塑剂的加入严重降低了聚合物电解质的机械强度，使得工业生产难以得到推广。

8.2 锂硫电池

8.2.1 锂硫电池的基本原理

锂硫电池与锂离子电池相似，整个电池由含硫或硫化物的正极、锂金属负极、隔膜以及电解液组成，但与锂离子电池嵌入/脱嵌的原理不同，锂硫电池的充放电过程是不同价态硫离子的多步转换过程（图 8.17）。负极的锂金属在放电过程中失去电子并被氧化，锂离子在电化学势的作用下通过电解液迁移到正极。而正极的 S_8 分子中的原子以八元环的形式排布，获得电子并与锂离子反应形成长链多硫化锂（Li_2S_n，$n \geq 4$）。在后续的放电过程中，长链多硫化锂会被还原成短链多硫化锂或最终产物固态硫化锂。相应地，当电池充电时，锂离子迁移回负极被还原成锂金属单质，正极的硫离子被氧化，向外电路提供电子的同时转化为硫单质。具体而言，锂硫电池的放电过程主要按以下步骤逐步进行：

$$S_8(s) \longrightarrow S_8(l) \tag{8.11}$$

$$S_8 + 2Li \longrightarrow Li_2S_8 \tag{8.12}$$

$$Li_2S_8 + 2Li \longrightarrow 2Li_2S_4 \tag{8.13}$$

$$Li_2S_4 + 2Li \longrightarrow 2Li_2S_2(s) \tag{8.14}$$

$$Li_2S_2(s) + 2Li \longrightarrow 2Li_2S(s) \tag{8.15}$$

如图 8.18 所示，Li_2S_8 被还原成 Li_2S_4 等多硫化物，对应 2.3V 左右的第一个放电平台，并贡献 418mA·h/g 的容量（占总理论容量的 25%）；之后随着放电程度的加深，长链多硫化锂被还原成短链的 Li_2S_2 和 Li_2S，对应 2.05V 左右的第二个放电平台，贡献 1255mA·h/g 的容量（占总理论容量的 75%）。

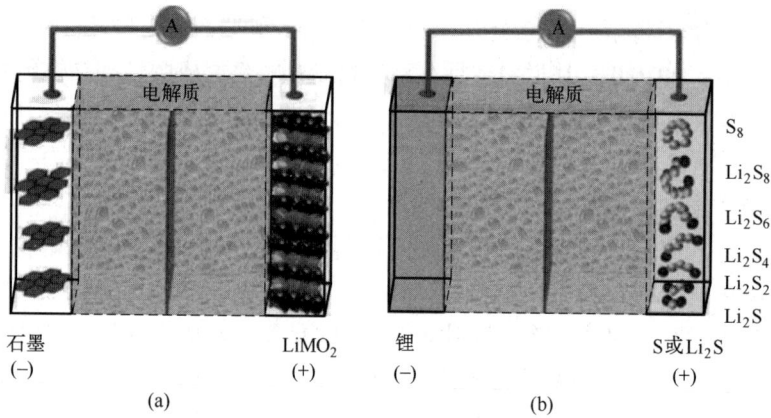

图 8.17　锂离子电池的嵌入/脱嵌原理（a）和锂硫电池的转化产物（b）

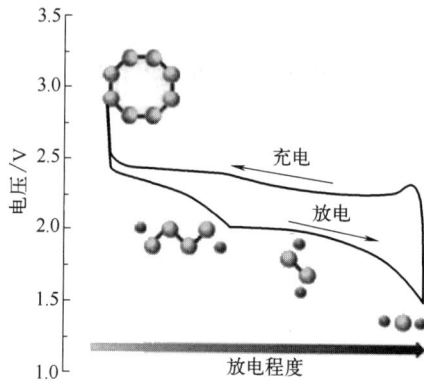

图 8.18　锂硫电池充放电示意图

8.2.2　锂硫电池面临的技术挑战

锂硫电池虽然有着高的理论容量和能量密度，吸引了世界上大量学者和研究人员的目光，但是目前仍存在以下几个方面的问题。

① 硫及含硫放电产物的绝缘性。硫单质的电导率低（5.0×10^{-30}S/cm），在室温下近乎绝缘，因此为了提高电极的导电性，需要添加导电剂来制备导电正极，然而导电剂的加入会降低硫在整个电极中的比例，在一定程度上降低了电池的容量和能量密度。而正极放电产物 Li_2S_2 和 Li_2S 同样具有较差的离子导电性和电子导电性，由于 Li_2S_2 转变为 Li_2S 的反应为固-固的相变过程，转换反应动力学缓慢，因此在反复的充放电过程中，Li_2S_2 和 Li_2S 逐渐沉积在正极表面，既增大正极材料的电阻，也使活性物质利用率降低，造成容量衰减。

② 穿梭效应。锂硫电池充放电过程的中间产物——长链多硫化锂，容易溶解在醚类电解液中，一方面增加了电解液的黏性，形成浓度梯度，影响锂离子在正极表面的传输，增加电极反应的极化程度；另一方面，在浓度梯度的驱动下，长链多硫化锂通过隔膜向锂金属负极迁移，与正极类似，绝缘产物 Li_2S_2 和 Li_2S 也会在负极表面形成并沉积，破坏负极的导电性，降低电池的循环稳定性和库仑效率，并造成活性物质不可逆的损失，导致容量降低，缩短电池寿命。

③ 自放电。金属锂是活泼金属，表面不稳定，易与迁移至负极的长链多硫化锂发生自放电现象，另外锂负极表面的电解质界面膜（SEI膜）也会与多硫化锂反应，均匀包覆锂金属表面的SEI膜遭到破坏后，易导致锂的不均匀沉积，造成锂枝晶的生成和粉化。

④ 体积变化。由于初始的正极材料硫单质和最终放电产物密度分别为 $2.07g/cm^3$ 和 $1.67g/cm^3$，因此在充放电过程中，正极会不断发生高达80%的体积膨胀和收缩，造成原正极结构的破坏，导致活性物质硫脱离原本的骨架结构，从而降低容量和影响循环性能。实验室制备的电池通常为纽扣电池，这种体积变化带来的影响不明显，但是在商业化的大型电池中，会产生显著的容量衰减和寿命降低。此外，当体积膨胀到一定程度，会导致空气进入，在大型电池中会有起火甚至爆炸的风险，存在安全隐患。

这些问题阻碍了锂硫电池实用化的进程。因此，为了改善锂硫电池的循环性能和活性物质利用率，研究者们从电池的各个组成部分入手，通过设计新型电极材料、中间层以及隔膜，负极表面包覆钝化膜，电解液改性等手段，对电池的性能进行改善。

8.2.3　锂硫电池正极材料

硫正极作为锂硫电池应用的关键环节，由于硫正极是活性物质提供者并且是产生多硫化物的根本原因，硫正极改性被认为是提高其电化学性能的有效途径，合格的硫正极应具备以下特点。

① 高导电性，以弥补硫单质本身电导率差的劣势，加速离子和电子输运能力。
② 良好的孔隙结构，以缓解充放电循环过程中的体积膨胀，提高硫含量。
③ 合理的吸附能力，以抑制穿梭效应。
④ 结构稳定，以适应不同工作环境下的电池循环过程。

因此，硫正极的设计思路通常以增加硫含量、提高导电性以及吸附多硫化物为原则，与其他材料复合以优化电极结构。

8.2.3.1　硫/碳复合正极

碳材料［具体而言，碳材料通常由一维的碳纳米管（CNT）和碳纳米纤维（CNF）、二维的石墨烯，以及微米级或纳米级的三维碳骨架材料构成］具有大的孔隙体积和比表面积、稳定的化学性质，以及优异的力学性能和导电性，此外，碳材料可变尺寸结构丰富，可调控特性高，易于修饰和改性，是一种成本低廉的硫宿主材料。

多孔碳通常为无定形碳材料，其结晶度和石墨化程度相对较低，但是来源广泛，成本低廉，孔隙结构丰富多样，具有微孔（<2nm）、介孔（2~50nm）和大孔（>50nm）等不同尺寸的孔径结构。微孔结构能装载 S_8 分子熔融后裂解形成的 S_6、S_4、S_2 等，作为小分子存在的硫元素与锂离子反应速度更快，避免了 S_8 分子到多硫化锂再到 Li_2S 的固-液-固的复杂转化过程，加快了反应动力学速度，此外，硫离子和锂离子可直接形成多硫化锂或 Li_2S，被包覆在微孔结构中，避免了多硫化锂的溶出，从而抑制穿梭效应；介孔结构是硫元素的主要承载者，并为多硫化物的扩散提供了运输通道，因此能提高硫的利用效率和电化学反应过程的稳定性，提供较大的容量和能量密度；大孔结构能有效吸收电解液，有利于多硫化物的充分反应，也提高了硫的利用效率，并承载更多的活性物质。

　　一维的碳纳米材料有碳纳米管和碳纳米纤维。从外观上看，碳纳米管是由六边形排列的碳原子构成的单层或多层同轴圆管，其中的碳原子为 sp^2 杂化，在一定的弯曲度下形成空间拓扑结构，具有更高的有序度。因此，碳纳米管具有高的长径比、模量、弯曲度和良好的力学性能。此外，碳纳米管作为阴极的基体材料，具有良好的导电性，可以构成整个电极的导电网络。高比表面积和微孔结构改善了微结构中硫和碳的相容性，为多硫化物的捕获提供了物理屏障。并且碳纳米管作为纳米材料，它的轻质性使其能够满足轻质大容量储能装置的要求。另外，根据不同的预处理方法可以得到性能各异的碳纳米管，以满足不同工作环境的要求。碳纳米纤维的形貌与碳纳米管相似，可以看作是长径比较大的实心或空心碳纳米管，其径向尺寸为纳米级，轴向尺寸为微米级。纳米颗粒修饰的微米级碳纤维也可以定义为纳米纤维。由于碳纳米管的疏水性和小体积，难以将大量的活性物质包封在碳纳米管内部，因此，规模大、整体性强的碳纳米纤维拥有更高比表面积、高导电性和高硫含量，也是一种高使用率的硫宿主材料。

　　石墨烯是最为典型的二维碳纳米材料，同样是 sp^2 杂化的六边形晶格状碳原子排列形成一个蜂窝状单原子层。石墨烯具有重量轻、电导率高、机械强度高等优点，被广泛应用于电子、医药、储能等领域。与一维碳材料相比，石墨烯层间形成的 π-π 共轭结构进一步增强了其原子结合力，可以大面积连续生长并自组装，赋予石墨烯很高的拉伸强度和柔韧性以及大比表面积，在缓解体积膨胀的同时，为硫提供足够的承载空间和化学活性位点。层间作用力也使石墨烯片层堆叠，在碳原子固有的范德瓦耳斯力对多硫化物的吸附基础上，形成了一层物理屏障，进一步抑制了多硫化物的穿梭。此外，石墨烯具有良好的分散性能，减少了颗粒团聚，有利于活性物质的均匀分布，提高了利用率，降低了电解液与材料接触不均匀造成电极损坏的风险。对于离子和电子的迁移，石墨烯大面积的层状结构和轻微的起伏性使它们比一维材料的移动更加自由。

8.2.3.2　硫/金属化合物复合正极

　　碳原子与硫的相互作用仅由范德瓦耳斯力控制，因此单纯的碳材料带来的是非极性的弱吸附作用，对于多硫化锂的锚固能力有限。金属化合物的引入可以通过与官能团的相互作用增强对硫及其化合物的捕获，从而改善电化学动力学。金属氧化物、硫化物、氮化物以及金属有机框架（MOF）等金属化合物通过与多硫化锂之间的极性-极性相互作用，例如金属氧化物中的 O^{2-} 为氧化态，表面极性较强，对多硫化锂具有比较强的吸附作用，可以将多硫化锂锚固在其表面。此外，根据路易斯（Lewis）酸碱理论，多硫化锂中具有孤对电子的聚硫离子 S_n^{2-} 为 Lewis 碱性材料，则选取具有 Lewis 酸性的材料就能强化对多硫化锂的吸附作用。利用复合的金属化合物中的还原态金属离子对聚硫离子中孤对电子的接收，结合处形成活性位点，以此对多硫化锂进行锚固。同样地，以金属氧化物为例，硫/金属氧化物复合材料在放电过程中，金属氧化物会与多硫化锂反应，生成中间产物硫代硫酸盐，作为连接长链多硫化物与短链多硫化物的中间体，一方面锚固多硫化锂以抑制穿梭效应，另一方面减少充放电过程中活性物质的损失，为最终产物 Li_2S 的形成提供了稳定的界面。值得注意的是，金属有机框架不仅具有极性吸附作用，其比表面积巨大，孔径结构可调控，有丰富的官能团结构和大比表面积，除了提供化学吸附作用，也能在一定程度上增加硫的储量，并作为包覆骨架抑制多硫化物的溶解，改善循环稳定性。

8.2.3.3 硫/导电聚合物复合正极

导电聚合物材料，如聚吡咯（PPy）、聚噻吩、聚多巴胺（PDA）和聚苯胺（PANi）等，具有良好的化学稳定性，与硫和有机电解质的相容性优良。导电聚合物本身导电性优良，此外具有疏松的结构，有利于缓解硫在氧化还原过程中的体积变化，同时有丰富的官能团和分子链结构，利用自由电子在共轭体系中电荷轨道上的传输，形成极性位点，吸附和固定硫和多硫化物，提高活性物质的利用率。在合成技术方面，相比碳材料和金属化合物，导电聚合物的合成工艺更为简便，聚合反应在常温或者低温下也能进行。由于聚合物易分散或溶解在溶剂中，因此反应产物颗粒团聚较轻、粒度均匀，有利于离子和电子的扩散，加快氧化还原动力学速度，提高活性物质利用率和充放电稳定性。

8.2.4 锂金属负极

锂金属负极由于具有极高的理论比容量（3860mA·h/g）和最低的电化学势 [−3.04V（vs. 标准氢电极）] 而被称为"圣杯"电极，得到研究人员的极大关注。然而，采用锂金属作为电池的负极容易出现枝晶生长现象，它将导致电池库仑效率低下、循环稳定性差等问题，严重时甚至引起电池着火、爆炸，这严重阻碍了锂金属电池的发展。根据大量文献报道，目前解决锂金属负极问题的策略有以下几方面。

① 设计均一、稳定的人造固态电解质界面（SEI）膜来替代不均一、易碎的原生 SEI 膜，从而实现锂的均匀沉积。

② 开发高效的电解液添加剂促进锂均匀沉积或帮助活性物质表面生成均匀、柔韧的 SEI 膜。

③ 采用高模量固态电解质以抑制锂枝晶的生长。

④ 用锂合金代替锂金属实现无枝晶负极。

⑤ 通过纳米技术构建新型结构化的锂金属负极以调节锂离子的沉积/剥离行为，并减轻重复循环过程中电极的体积变化。

以上改善锂金属负极性能的策略各有其优缺点，例如，人造 SEI 膜改性后的锂金属负极的能量密度几乎不降低，但是其强度大多不足以抵抗电极体积无休止的膨胀/收缩，经过长时间的循环最终还是会破裂；向电解液中加入添加剂这一策略操作简单，可适应目前已有的商业化锂电生产流程和设备，但往往这类添加剂是消耗性的，会随着电池循环次数的增长而慢慢变少；固态电解质由于其固有的安全特性和抑制锂枝晶生长的潜力而被认为非常具有发展前景，不过目前固态电解质电池还无法有效解决离子电导率低和界面阻抗大的问题；合金化负极可以有效抑制锂枝晶的形成，可是缺点也很明显，即额外引入的没有活性的金属成分会大大增加电极的质量，导致电池能量密度降低；结构化负极可以在多个方面改善锂金属负极的性能，前提是它要具有良好的力学性能，并且几乎所有结构化的负极都面临金属锂和电解液严重的副反应。有时，研究者往往会在一个电池上采用两种或两种以上的策略，使其在各方面都具备优越的性能。

8.2.4.1 锂金属负极的失效机理

图 8.19 展示了充放电过程锂金属负极存在的问题。锂金属的化学性质非常活泼，在首次循环时，会与电解液发生氧化还原反应，在电极活性物质和电解液之间生成一层离子导电、电子绝缘的薄膜，由于这层薄膜的性质非常类似于固态电解质，因此被称为固态电解质界面膜（SEI 膜）。原生的 SEI 膜质地不均匀且相对脆弱，易破裂。在纳米尺度下，金属锂表面并非绝对平坦，而是存在许多小凸起，在这些小凸起上更容易发生电荷积聚，因而电解液中的锂离子更容易在这里发生沉积，随着沉积过程不断继续，在这个位置就形成了树枝状的锂金属，即锂枝晶。同时，自发生成的 SEI 膜不够均匀，有的地方厚、有的地方薄，造成锂离子穿过不同区域 SEI 膜的速度不一样，从而影响锂的沉积速度，也促进了枝晶的形成。枝晶的形成和生长以及电极体积的膨胀又使得脆弱的 SEI 膜破裂，新鲜的锂金属直接裸露在电解液中，进一步加快了枝晶的生长速度，严重时枝晶甚至会刺穿隔膜直接接触正极，引起电池短路。并且，SEI 膜破裂处裸露的锂会不断消耗电解液，生成新的 SEI 膜，造成 SEI 的积聚。而在放电时，一些断掉的锂枝晶脱离锂基体，被电子绝缘的 SEI 膜包裹，成为无用的"死锂"，死锂的堆积一方面浪费了大量的金属锂，另一方面也和积聚的 SEI 一起增加了电极表面的阻抗。

以上过程发生在电池的每一圈循环中，在循环过程中不断消耗着电解液和活性锂，导致锂金属电池循环寿命短，库仑效率低。

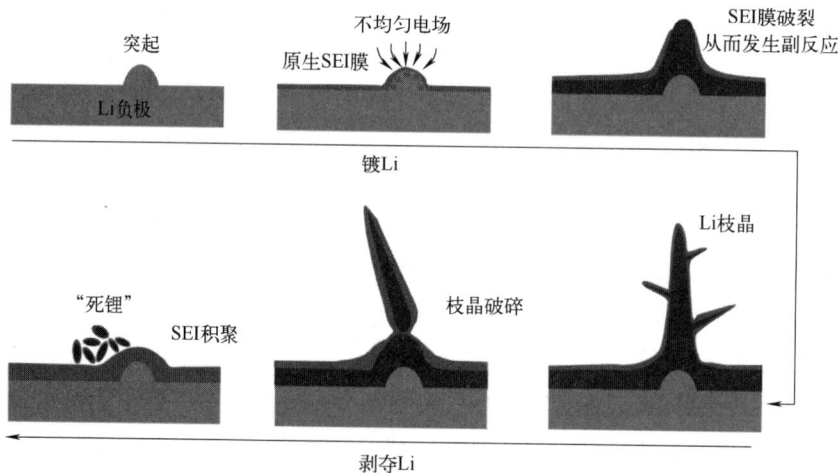

图 8.19　充放电过程锂金属负极存在的问题

8.2.4.2 锂金属负极保护的研究进展

（1）人造 SEI 膜

正如前文提到的那样，锂金属负极和电解液之间会形成 SEI 膜，SEI 膜是由各种各样的有机或无机锂盐［如 Li_2O、LiF、Li_2CO_3、$LiOH$、$ROLi$、$ROCO_2Li$（R 代表有机官能团）等］组成的，SEI 膜的组成成分和每种成分的含量决定了它的性能，而其组成又主要取决于电解质溶剂和锂盐的类型。SEI 膜阻挡电解液中阴离子团和溶剂分子通过，同时却可以让锂离子进出，这就保护了活泼的金属锂不再受到电解液的侵蚀。但是，自发生成的 SEI 膜成分与厚度分布不均匀且韧性低，易破裂，不能为锂金属负极提供长久的保护。为解决这个问题，研究者们提出了一种有效的方案，即在把锂金属装配进电池之前，先通过物理或化学的方法在其表面人为构造一层均匀、高机械强度的薄层，这种薄层可以适应极片较大的体积变化而不至于破裂，同时对抑制锂枝晶生长也有较好效果。

构造人造 SEI 膜最简单、成本最低的方法就是涂布法，即通过特定设备将含有效成分的预涂液直接涂到锂片或者集流体表面，干燥成膜。Nafion 具有优越的离子导电性，它允许锂离子在其内部自由移动而阻挡阴离子和电子通过，非常适合制作人造 SEI 膜。

PVDF 抗腐蚀和抗老化能力强、韧性好，是一种被广泛应用于工业生产和实验室的聚合物材料，在电池中也常常被用作黏结剂和固态电解质，最近有文献报道将 PVDF 应用于锂金属负极人造 SEI 膜。

除了涂布法外，通过原子层沉积（ALD）、分子层沉积（MLD）或者溅射等方法直接在基体上沉积一层保护膜也是一种常用的方法。通过这些方法制得的薄膜往往具有优异的物理和化学性能，而且厚度非常薄且非常均匀。Jeffrey 课题组以三甲基铝和乙二醇作为前驱体，通过分子层沉积的方法在锂箔表面制备了一层厚度为 6nm 的超薄新型铝基有机/无机复合薄膜作为金属锂的保护层，有效提升了锂金属负极的性能。

制备人造 SEI 膜还有一种方法是化学预处理法，即先将锂箔作一些化学处理，使其表面生成具有特定性质的保护膜，再将其装配进电池中。LiF 被证明是 SEI 膜中的有益成分，密度泛函理论显示，与 Li_2CO_3（Li_2CO_3 是原生 SEI 膜的主要成分之一）相比，富含锂的卤化物的 SEI 膜表面能更高、表面扩散能障更低，因而更有利于锂的均匀沉积。

（2）电解液改性

与其他方法相比，电解液改性是提高锂金属电池性能最简单的方法，并且具有容易规模化的特点。电解液添加剂是一类添加到电解液中并有助于提升电池循环稳定性的物质，到目前为止，已经有许多添加剂如氟代碳酸乙烯酯、碳酸亚乙烯酯、双（氟磺酰）亚胺锂、硝酸锂等被开发出来。最初硝酸锂被用作锂硫电池电解液的有效添加剂，其有利于在锂金属表面生成稳定的 SEI 膜并阻止电解液中多硫化物对锂金属的腐蚀。

（3）固态电解质

目前市场上绝大多数锂电池使用的电解质是液态的，然而，这些液态电解质大多数采用易燃有机溶剂，容易导致电解液泄漏、起火等安全事故。使用固态电解质，就可以避免上述安全隐患。而且由于固态电解质具有高剪切模量，可以有效阻挡枝晶的生长，使用固态电解质还可以避免液态电解质电池中出现的电解液和电极活性物质之间的副反应，因此用固态电解质代替传统的液态电解质被视为最有前景的电池改进方案，有望实现大规模应用。固态电解质在锂电池中的应用可追溯到 20 世纪 80 年代，按固态电解质的组成成分可分为聚合物固态电解质、无机固态电解质和聚合物/无机复合固态电解质。

（4）结构化负极

在电池循环过程中，锂金属负极经历着巨大的体积波动，这给 SEI 膜带来很大的应力并导致 SEI 膜破裂，活泼的锂金属重新暴露在电解液中，导致持续的电解液和活性锂的消耗，以及 SEI 膜的累积。人为替锂金属制造保护层或给电解液添加成膜添加剂虽然使得 SEI 膜具有更好的性能，但电池循环中无休止的巨大的体积变化使其很难为锂金属提供长时间的保护，而通过引入三维多孔骨架作为锂沉积基体则可以解决这个问题。具有多孔结构的骨架材料其内部存在足够的空间来容纳锂金属，可以有效地减缓循环过程中锂金属的体积膨胀。

碳材料重量轻、导电性和力学性能优异，非常适合用作锂金属负极的框架材料，截至目前，已有很多种类的碳材料被应用到锂金属电池中，其中最常见的有碳纳米球、碳纳米管、碳纤维、石墨烯等。通过一些物理或化学方法获得的具有特定结构的碳骨架材料可以极大地改善锂金属负极的性能，从而抑制电极粉化并促进锂的均匀沉积。

8.3　固体氧化物燃料电池

8.3.1　固体氧化物燃料电池概述

固体氧化物燃料电池（solid oxide fuel cell，SOFC）是在中高温环境下（600~850℃）一种将燃料中储存的化学能直接转化为电能、高效、清洁的全固态发电装置，因其发电效率高、燃料气选择范围广、几乎没有有毒有害气体排放而吸引广大科研工作者研究。

8.3.2　固体氧化物燃料电池工作原理

SOFC 单电池主要由固体氧化物电解质、存放燃料气的阳极、传递氧化性气体的阴极和其他材料组成。SOFC 的典型工作原理如图 8.20 所示，将内部产生的化学能直接转化为电能。

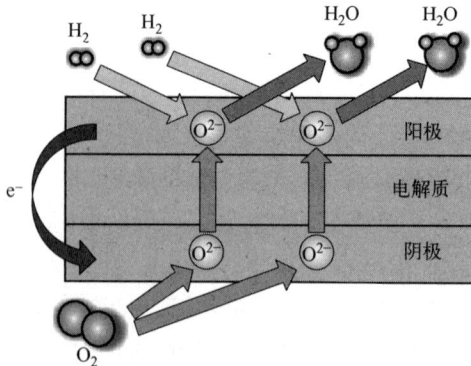

图 8.20　固体氧化物燃料电池工作原理

在 SOFC 的工作过程中，氧分子在阴极上被还原为氧离子：

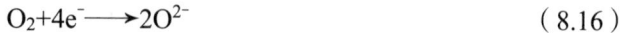

$$O_2+4e^- \longrightarrow 2O^{2-} \tag{8.16}$$

在离子浓度和电位差的作用下，O^{2-}通过电解质向阳极转移，在阳极表面和H_2发生电化学反应生成H_2O：

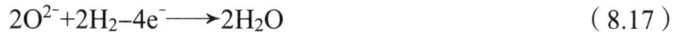

$$2O^{2-}+2H_2-4e^-\longrightarrow 2H_2O \qquad (8.17)$$

电池总反应为：

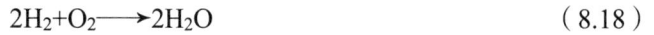

$$2H_2+O_2\longrightarrow 2H_2O \qquad (8.18)$$

8.3.3　固体氧化物燃料电池特点及结构类型

SOFC 与其他几种燃料电池相比，具有许多显著优点：

① 电池的结构是全固态的，因此不会出现液态电解质腐蚀和泄漏现象；

② 由于不使用贵金属，生产成本大大降低；

③ 电池总能源转换效率高，可达到80%甚至更高，其余热可用于其他用途；

④ SOFC 适用于几乎所有的燃料，不仅可以用氢气、一氧化碳等燃料，而且可直接使用天然气、煤气和其他碳氢化合物作为燃料。

SOFC 单电池结构中，主要分为管式和平板式两种基本结构，如图 8.21 所示。二者主要区别在于电池的燃料通道与氧化剂通道的密封形式以及电池组中单电池的电路连接。管式 SOFC 不需要高温密封来分离阴极的空气和阳极的燃料气，并且管式结构能提高电池的强度，适用于大型发电场所。但是其内阻消耗大，成本高。平板式 SOFC 由于电池结构简单、密封和导电功能好而受到更为广泛的使用。其中，阳极支撑型平板式 SOFC 是目前研究开发的主要方向。

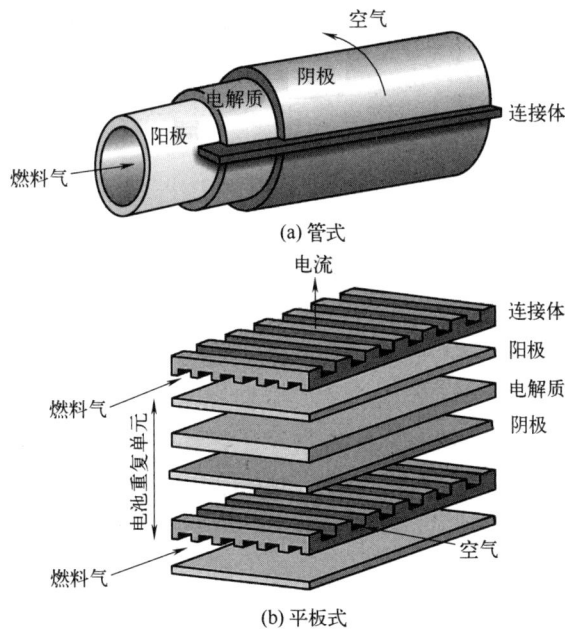

(a) 管式

(b) 平板式

图 8.21　SOFC 的主要结构类型

8.3.4　固体氧化物燃料电池的组成部分

SOFC 组成部件有电解质、阴极、阳极、连接体和其他材料。在 SOFC 长时间高温且复杂的工作环境中，其组件都必须满足其自身极为严格的使用要求，如各组件与 SOFC 和各组件相互之间都需要具备相匹配的热膨胀系数，使得各组件不会发生分离、脱落等现象，并且具有良好的高温导电性、较高的离子转移数以及化学稳定性。

（1）电解质

SOFC 的核心组成部件之一是电解质，它在两电极之间分隔阳极处的燃料气和阴极处的氧气，并且将阴极处的氧离子传递到阳极处发生化学反应。因此，电解质必须具备良好的化学稳定性，不与两极材料及气体发生反应；具备高的离子转移率和离子电导率；高温环境下与其他组件的热膨胀系数相匹配，不与两极发生分离现象；也要有良好的结构稳定性。因此，电解质材料至关重要，其关系到电池性能。因此电解质材料的选择尤为重要。在过去的几十年中，人们一直在研究各种适用于电解质的氧化物材料，例如 ZrO_2 陶瓷材料、CeO_2 陶瓷材料、Bi_2O_3 陶瓷材料。三氧化二钇稳定的二氧化锆（Y_2O_3-Stabilized-ZrO_2，YSZ）是目前使用最为广泛的，它的工作温度为 650~1000℃，并且阳离子在 YSZ 中显示出高的电导率。

（2）阴极

阴极又称空气电极，它是电子传导的通道，是氧气和电子发生化学反应生成氧离子的场所。SOFC 对阴极的要求如下：①具有较高的电导率（>100S/cm）和一定的离子电导率，对氧的还原反应有较高的催化活性；②具有适当的孔隙率，保证反应物及产物的传质扩散；③在长期运行过程中，具有较好的化学物理稳定性；④与接触组件如电解质、连接体等的热膨胀系数匹配。阴极材料种类众多，主要分为钙钛矿结构、尖晶石结构、绿烧石等。其中 Sr 掺杂的 $LaMnO_3$（$La_{0.8}Sr_{0.2}MnO_3$，LSM）和 Sr、Co 掺杂的 $LaFeO_3$（$La_{0.8}Sr_{0.2}Co_{0.2}Fe_{0.8}O_{3-\delta}$，LSCF）是目前较为成熟的阴极材料。

（3）阳极

阳极又称燃料电极，它的主要作用是储存燃料气、输送燃料气和传导电子。从功能和结构的角度来看，阳极材料为催化剂，必须满足以下要求：①在氧化还原气氛下具有很好的稳定性，同时具有很高的催化活性；②无高温相变，电子电导率高；③具有适当的孔隙率，保证反应物及产物的传质扩散；④与其接触的材料拥有优异的化学兼容性和热膨胀匹配性。阳极材料主要有 Ni/YSZ 材料、Cu-CeO_2 材料、（双）钙钛矿材料几种。目前，阳极的最佳选择是利用单相金属与导电陶瓷材料组成的复合阳极。例如，常用的 Ni/YSZ 阳极，YSZ 起阳极骨架的作用，Ni 则作为氧化反应催化剂提高阳极的催化活性。

（4）连接体

SOFC 单电池工作电压一般在 1V 左右，很难满足实际应用需求，所以需要借助连接件将多个单体电池串联或并联起来提升电压，组成电池堆。其中，起连接作用的电池组件即为连接体。连接体两面分别接触阳极和阴极，因此连接体又称为双极板。

连接体是 SOFC 的核心部件之一。阳极、电解质和阴极组成一个单电池。连接体将单电池串联或者并联起来，即将一个单电池的阴极和下一个单电池的阳极连接起来，如图 8.22 所示。连接体必须具备以下功能：①将阳极的燃料与阴极的空气或氧气分隔开；②相邻的两个电极可以通过连接体导电和导热；③将单电池串联或者并联以提升电堆的总电压或总电流；④通常与气道设计为一体，起输送燃料、氧化剂，同时排出尾气的作用；⑤确保 SOFC 堆栈的机械强度及结构完整性。根据以上功能需求并考虑到其工作环境，在设计 SOFC 连接体时，一般要求连接体应具备以下性质：①优良的导电传热性能；②热膨胀系数与其他电池组件相匹配；③优良的高温抗氧化性能；④高温下物理化学性能长期稳定；⑤足够的高温强度和耐蠕变能力；⑥制造成本低，易于加工和生产。因此，SOFC 工作环境对连接体材料要求非常苛刻，再加上成本的限制，导致连接体材料本身及其低成本制备已成为 SOFC 的性能和寿命进一步提升的关键技术瓶颈之一。

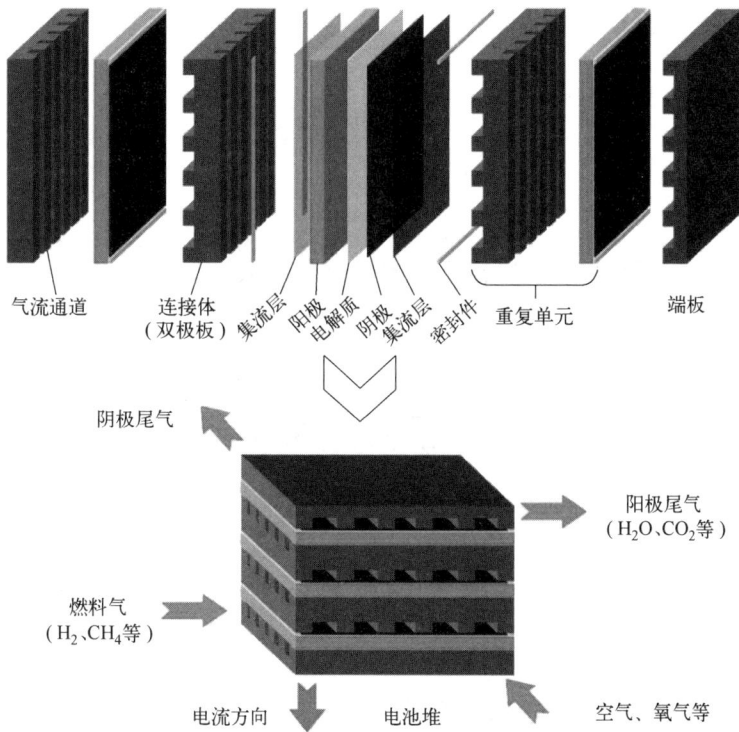

图 8.22　SOFC 连接体及电堆

8.3.5　固体氧化物电解池结构和工作原理

固体氧化物电解池（SOEC）是一种可以将电能和热能高效地转化为化学能的全固态能量转化装置，可以看作固体氧化物燃料电池（solid oxide fuel cell，SOFC）的逆运行过程。SOEC 单电池由阴极、阳极和电解质三部分组成。在工作状态下，SOEC 和 SOFC 的电极名称相反，为了避免混淆，下面将使用"氢电极"和"氧电极"分别代替阳极、阴极。

SOEC 单电池的结构和工作原理如图 8.23 所示。以氧离子传导型（O-SOEC）为例，致密的电解质位于两个电极的中间，氢电极主要是 H_2O/CO_2 反应和产生燃料气的场所，氧电极主要是空气反应的场所。SOEC 的工作温度通常为 600~1000℃，氢电极包含促进反应的催化位点，CO_2 或者 H_2O 进入多孔氢电极，与催化位点相接触并在外加电压作用下被还原为 CO 或 H_2 并生成 O^{2-}。同时，在外加电压作用下，O^{2-} 穿过电解质进入氧电极失去电子被氧化成 O_2。两电极的具体反应式如下：

氢电极反应：

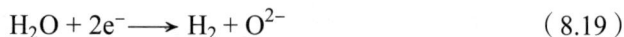
$$H_2O + 2e^- \longrightarrow H_2 + O^{2-} \tag{8.19}$$

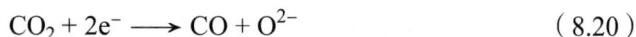
$$CO_2 + 2e^- \longrightarrow CO + O^{2-} \tag{8.20}$$

氧电极反应：

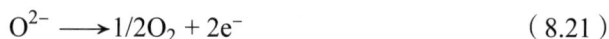
$$O^{2-} \longrightarrow 1/2O_2 + 2e^- \tag{8.21}$$

总反应：

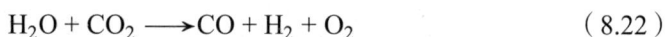
$$H_2O + CO_2 \longrightarrow CO + H_2 + O_2 \tag{8.22}$$

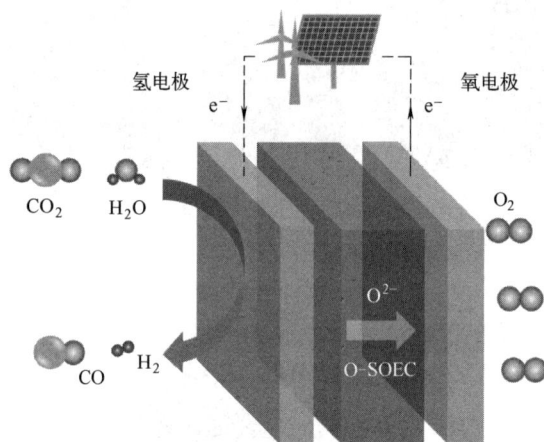

图 8.23 固体氧化物电解池单电池结构及工作原理

8.3.6 固体氧化物电解池关键材料

由上述可知，固体氧化物电解池单电解池由氢电极、氧电极和致密电解质组成，且对不同组分有不同要求，以下将综述目前国内外对 SOEC 组成材料的研究现状。

8.3.6.1 电解质材料

由图 8.23 可知，电解质是 SOEC 的核心部件之一，其主要作用是传递离子和隔绝电极两侧气氛。因此，电解质首先需要具有致密的结构，避免两侧气体透过电解质混合；其次，要求电解质具有较高的离子电导率（＞0.1S/cm）以及可以忽略不计的电子电导率；最后，要求其具有良好的氧化还原稳定性和一定的机械强度。

目前 SOEC 常用的电解质主要有 ZrO_2 基、$LaGaO_3$ 基和 CeO_2 基材料。以 ZrO_2 为基础的材料是目前应用最为广泛的氧离子导体电解质。纯 ZrO_2 具有三种不同的晶体结构,在低于 1170℃时表现为单斜晶体,在 1170~2370℃范围内表现为四方晶体,当温度高于 2370℃时表现为立方晶体。在晶体结构转变的过程中伴随着晶体体积的变化,这使得纯 ZrO_2 材料的热稳定性很差。因此,通常在 ZrO_2 中掺杂氧化物如立方晶型碱土金属氧化物(CaO、MgO)、稀土金属氧化物(Y_2O_3、Sc_2O_3、Yb_2O_3、Gd_2O_3、Sm_2O_3、In_2O_3 等)和某些可变金属氧化物(CeO_2、TiO_2),ZrO_2 与氧化物形成固溶体,起稳定剂的作用。用合适的三价或二价阳离子取代部分 Zr,一方面引入氧空位提升材料的氧离子电导率;另一方面可以提高材料的力学性能和热稳定性。研究表明,掺杂三价离子(稀土金属)比掺杂二价离子(碱金属)更有效,这主要是因为立方萤石的缺陷缔合倾向更高,热力学稳定性较低。同时,对于三价离子来说,掺杂对氧离子电导率的影响顺序为 Eu<Gd<Dy<Y<Er<Yb<Sc。其中 Sc_2O_3 稳定的 ZrO_2 的离子电导率最高,在 500℃时达到 0.003S/cm。但是富含 Sc 的矿物稀缺,同时 Sc 的分离和提取也非常困难,这使得含 Sc 的化合物价格昂贵,难以大规模使用。与 Sc_2O_3 相比,Er_2O_3 和 Yb_2O_3 较便宜,同时 Er_2O_3 和 Yb_2O_3 稳定的 ZrO_2 的离子电导率可以接受,其在未来可能会具有更大的应用前景。

$LaGaO_3$ 基电解质主要是指在 $LaGaO_3$ 的 A 位掺杂 Sr 和在 B 位掺杂 Mg 的 $La_{0.8}Sr_{0.2}Ga_{0.8}Mg_{0.2}O_{3-\delta}$($LSGM$)材料。LSGM 是一种很有前景的中温电解质材料,但 LSGM 材料机械强度较差和高温下稳定性不佳限制了其大规模的使用。在 CeO_2 中掺杂低价阳离子(如 Gd_2O_3 和 Sm_2O_3)制备的 $Gd_{0.1}Ce_{0.9}O_{1.95}$(GDC)和 $Sm_{0.8}Ce_{0.2}O_{1.9}$(SDC)是目前常见的中低温电解质材料,但 CeO_2 基电解质在 SOEC 模式下 Ce^{4+} 会向 Ce^{3+} 转变,增加电子电导率从而使电解效率下降。

目前商业应用较为广泛的是 Y_2O_3 稳定的 ZrO_2(YSZ)。作为一种优质的电解质材料,其性能如最佳掺杂量、结构稳定性和烧结性能等得到了广泛的研究。研究表明,YSZ 的电导率与其内部的氧空位浓度有着密切的关系,而氧空位的浓度通常受 Y_2O_3 掺杂量的影响,YSZ 的离子电导率一般随着 Y_2O_3 掺杂比例的提高先增大后减小;在掺杂量为 8%(物质的量分数)时达到最大值,但当掺杂量大于 8%时,氧离子电导率显著降低。8% Y_2O_3 稳定的 ZrO_2($8YSZ$)的离子电导率和机械强度也随着温度的降低而迅速减小。此外,当电极材料为 LSM 或者 LSCF 时,电极材料中的 La 和 Sr 会在高温下与 YSZ 反应生成低导电相的 $La_2Zr_2O_7$ 和 $SrZrO_3$,因此,通常需要在电极与 YSZ 间增加隔离层材料。

8.3.6.2 氧电极材料

氧电极是 SOEC 的关键组成和影响因素之一,因此对氧电极材料同样有高的要求:首先,材料需要在氧化气氛下有足够的化学稳定性,以满足电池长期运行的需求;其次,材料需要有高的电子电导率和一定的离子电导率;最后,材料在工作条件下有较高的氧化催化活性。

在 SOEC 的早期发展阶段,人们使用贵金属铂(Pt)作氧电极材料,但是 Pt 是一种纯电子导体,只允许电子导电,同时由于 Pt 的材料成本较高,难以被商业化应用。锰酸镧($LaMnO_3$)基材料是目前研究最为成熟的氧电极材料,$LaMnO_3$ 在室温下是正交晶系,随着温度的提高,

Mn 由低价态向高价态转变，晶体结构由正交晶系转化为菱形晶系，此外，$LaMnO_3$ 在 1000℃时电导率高达 100S/cm。在 $LaMnO_3$ 中掺杂 Sr 制备的 $La_{1-x}Sr_xMnO_{3-\delta}$（LSM）材料，因为其在空气气氛下具有高的电子电导率，同时和大多数电解质材料具有良好的化学相容性而被广泛使用。但 LSM 是一种纯电子导体材料，作为电池的氧电极时，氧还原反应被限制在空气、电极和电解质接触的三相边界（TPB）区域，极大地影响反应速率。目前，大多数研究致力于通过添加二次离子导电相或使用混合离子电子导体（MIEC）增加反应区域来提升电池的性能。通常将 LSM 与 YSZ 相复合制备 LSM-YSZ 复合材料，以提高氧电极性能。然而两相在物理混合前的烧结温度不同，复合材料的表面氧离子电导率通常低于纯氧离子导电相，使得性能的提升并不明显。

与锰酸钙钛矿氧化物相比，钴酸钙钛矿型氧化物是具有较高氧离子导电性的电子离子混合导电材料。因此，作为氧电极时反应区可以从电极、电解质和空气的三相边界区延伸到电极内部，极大地提高了电极的性能。作为钴酸钙钛矿材料的代表，$La_{1-x}Sr_xCoO_{3-\delta}$（LSC）在相同条件下的电导率明显高于 LSM 材料。此外，在 SOEC 模式下运行时，LSC 氧电极比 LSM 氧电极具有更高的催化性能，但 LSC 材料在空气中的热膨胀系数较大、与电解质材料的热匹配性较差，电池在长期运行过程中，电极和电解质之间易发生分层和电极脱落等现象，最终导致电解池性能下降和失效。

8.3.6.3 氢电极材料

根据图 8.23 可知，H_2O 和 CO_2 的电还原主要在氢电极侧进行，因此氢电极侧复杂的电化学反应和独特的氧化还原条件使得对氢电极材料的要求更为严格。与氧电极材料相似，首先，氢电极材料需要具备高的电子电导率和一定的离子电导率；其次，在工作温度下与电解质之间有良好的物理和化学相容性；最后，需要氢电极对 H_2O 和 CO_2 的电还原有足够高的催化性能。

氢电极是 H_2O 和 CO_2 的电还原反应场所，同时也是燃料输入和产出的排出通道。但是对固体氧化物电解池的氢电极来说，并不是一个完全的还原性的环境，因为 SOEC 的氢电极侧通常伴随有 H_2O、CO_2 或者 H_2O/CO_2 的混合物。因此相较于 SOFC，SOEC 对氢电极有更高的要求，其中在混合气氛下的稳定性是关键因素之一。此外，SOEC 氢电极侧的气体扩散和电极极化过程不同于 SOFC，如果在 SOEC 中使用与 SOFC 相同的电极，通常电解池的性能会相对较低。

金属材料可以作为 SOEC 的氢电极。贵金属（如 Pt）具有高的电催化活性，曾被用作 SOEC 氢电极材料。研究表明，Pt 氢电极和 Co 氢电极都具有良好的性能，但是比 Ni 材料要稍差一些，多孔镍和镍基双金属氢电极在 CO_2 电解时表现出极高的性能。当 Fe、Cu、Co 或 Pt 与 Ni 混合时，Ni-Fe 双金属材料通常表现出较好的性能，因为 Fe 在一定程度上抑制了 Ni 颗粒的积碳和团聚。据报道 Ni-Fe 合金电极在较低温度下也可以表现出良好的电解 H_2O 性能，电极表面形成的稳定 Ni 颗粒可以显著提高氢电极的活性。虽然非贵金属已经表现出良好的性能，但是仍存在一些问题需要解决。例如，金属氢电极在还原气氛中显示出高的初始活性，但颗粒团聚和金属再氧化生成氧化物并不能完全避免；同时氧化会降低材料的电子导电性，并可能进一步引起机械强度的失效；另一个问题是金属氢电极的活性位点有限，反应只发生在金属和电解质之间非常有限的界面上。

Ni-YSZ 金属陶瓷是一种具备高催化活性的 SOC 氢电极材料，也是目前商业化 SOFC 应用最广泛的氢电极。自 20 世纪 90 年代末以来，Ni-YSZ 金属陶瓷氢电极在高温电解 CO_2 和 CO_2/H_2O 共电解方面得到了广泛的研究。Ni-YSZ 陶瓷复合材料由 NiO 和 8%（物质的量分数）Y_2O_3 稳定的 ZrO_2（8YSZ）制备而成。经过还原，Ni 和 YSZ 两相形成三维互联的渗透路径，其中 Ni 提供电子传导，YSZ 提供离子传导。然而长期试验表明，使用 Ni-YSZ 作为 SOEC 氢电极时通常存在性能衰减过快的问题，并且电极的衰减与施加电流密度没有直接关系，而是与 Ni-YSZ 电极中杂质的吸附有关。这已被确定为 Ni-YSZ 电极在 SOEC 条件下运行的主要衰减机制之一，其衰减率远高于 SOFC 模式下的衰减率。此外，Ni-YSZ 材料在纯 CO_2 和 H_2O 的氧化作用下会发生严重的再氧化损伤，因此在电解过程中需要加入一定量的还原性气体以保持电极始终处于还原气氛条件下。

8.4 太阳能电池材料

目前，在新能源领域中已经被开发并且得到利用的清洁能源主要有风能、地热能、太阳能等。在没有对全球气候带来负面影响的前提下，将太阳光转化为电能的研究是最有希望的研究之一，这可以用来满足日益增长的能源需求。太阳能电池技术提供了一种生态友好的、可再生的能源途径，将光子能量直接转换为电能，并且太阳能具有来源广、可持续、清洁无污染等特点。随着能源的消耗，我国的矿物能源资源储存量捉襟见肘，但我国太阳能资源比较丰富，全国总面积三分之二以上地区年日照射时数大于 2000h，年辐射量在 $5000MJ/m^2$ 以上。据资料分析，中国陆地面积每年接受的太阳辐射总量为 $3.3\times10^3{\sim}8.4\times10^3MJ/m^2$，所以利用好太阳能可以从根本上解决我国的能源和环境问题。不仅如此，事实上太阳能和我们的生活息息相关，我们使用的能源都是直接或者间接地来自太阳能，煤炭、石油和天然气等这些不可再生的化石燃料也是由古代埋在地下的动植物体经过漫长时间演变形成的。据报道，由于太阳能的辐射量大，地球上所捕获的太阳能的能量相当于人类目前消耗量的一万倍，这意味着如果我们用光电转化效率 10%的太阳能电池占用 0.1%地球表面，就可以满足全世界对能源的需求。目前，自然界对太阳能的利用主要有两种方式：一种方式是光能转化成热能；另一种方式是光能转化为电能。

目前市场上产业化的主流是硅基太阳能电池，但是硅基太阳能电池生产制备过程有很多缺点，如生产过程中会使用到强酸性的化学药品，并产生一些对环境有很大负面影响的废弃物。所以，开发环境友好型的新型太阳能电池成为科学家研究的新方向。钙钛矿太阳能电池（perovskite solar cell）因其在短短的几年内功率转换效率（PCE）不断提高，相对低成本的材料成分和简单的生产工艺而备受关注，曾经被 *Science* 期刊评为十大科学突破之一。钙钛矿太阳能电池从 2009 年初始效率为 3.8%到 2019 年被认证的有效功率转换效率超过了 23%，短短十年的时间，转换效率以惊人的速度提升，并且可以与商用晶硅太阳能电池、铜铟镓硒

（CIGS）等薄膜太阳能电池相媲美。目前钙钛矿太阳能电池的实验室最高效率为 31.25%，随着研究人员对钙钛矿太阳能电池研究的进一步深入，钙钛矿太阳能电池的缺点越来越少，并且稳定性也得到了很大的提高，使钙钛矿太阳能电池在未来实现产业化成为可能。

8.4.1　钙钛矿太阳能电池介绍

钙钛矿太阳能电池是科学家发明的一种太阳能电池，具有工艺简单、光吸收系数大、载流子迁移率高、带隙可调节等优点。有机-无机杂化钙钛矿材料作为新的光电器件的活性层材料被广泛关注。

有机-无机杂化钙钛矿材料最早发现于俄国，其结构通常具有 ABX_3 型晶体结构（即与钛酸钙 $CaTiO_3$ 相同的晶体结构）。如图 8.24 所示，其中八面体的顶角位置 A 通常为有机阳离子甲胺离子，八面体的中心位置 B 通常是二价的金属阳离子铅离子（Pb^{2+}），八面体的面心位置 X 是第 IV 主族的卤素阴离子，通常在实验中使用碘离子。

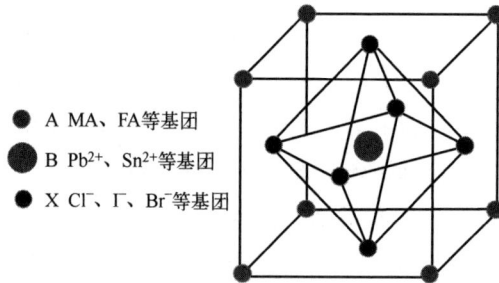

图 8.24　钙钛矿的晶体结构

文献报道，单纯的有机半导体和无机半导体都无法做到其电荷迁移率和介电常数二者俱佳，并且不出现解离现象，所以科学家们尝试将有机阳离子掺入无机半导体材料中，使这种半导体材料不出现解离现象，并使其具有较高的电荷迁移率。其结构如图 8.24 所示，这种结构具有有机和无机半导体优良的材料性能，即钙钛矿太阳能电池具有优异的半导体性能。

8.4.2　钙钛矿太阳能电池的发展

钙钛矿电池被发现时的效率只有 3.8%，经过瑞士 Gratzel 院士、韩国 Park 教授、美国杨阳教授，以及我国黄劲松教授、中国科学院半导体研究所的游经碧研究员、北京大学朱瑞教授等研究人员的不断努力，钙钛矿太阳能电池的效率得到了飞速提高，尤其是近几年，每年都会有新的最高效率被认证出来从而刷新之前的最高效率，钙钛矿太阳能电池这么快的发展速度与各国研究人员的努力是密不可分的。就在 2018 年，韩国的 Seok 课题组通过合成新的空穴传输材料（DM）替换传统的 spiro-OMeTAD，将面积为 $0.094cm^2$ 的钙钛矿电池光电转化效率提升到 23%，并使其具有良好的热稳定性，其在 60℃下加热 500h 后的效率仍然有初始效率的 95%。2019 年，中国科学院半导体研究所的游经碧课题组，在活性层和空穴传输层之间加入 PEAI 作为钝化层，最终认证的器件效率高达 23.35%。单结钙钛矿电池仅用十余年时间就将转化效率从 3.8% 提升至 26.1%，晶硅/钙钛矿叠层电池转化效率更是迅速升至 33.9%，而晶硅太阳能电池达到 26.1% 的转化效率用了近 40 年。

此外，钙钛矿叠层电池也是当前研发热点之一，其理论极限转化效率可达 45%。2024 年 5 月 24 日，经国家光伏产业计量测试中心认证，深圳光因科技有限公司与上海交通大学科研团队合作，在全钙钛矿叠层太阳能电池上，实现了 29.34% 的转化效率。在此之前，全球最高的全钙钛矿叠层电池效率记录为 29.1%。29.34% 的转化效率不仅刷新了全球范围内同类技术的效率纪录，更标志着我国在全钙钛矿叠层太阳能电池领域取得了里程碑式的突破。

8.4.3 钙钛矿太阳能电池的结构

太阳能电池进行工作的过程包括光吸收、电荷分离、电荷传输以及电荷收集。结构决定功能，为了实现以上功能需要选择与吸光材料相匹配的电池结构。例如，吸光半导体是本征半导体，就需要构建 p-i-n 结，如果是 p 型或 n 型半导体，那么需要构成 p-n 结来平衡电子和空穴的传输性质。

钙钛矿是一种具有特殊性能的材料，这种材料的半导体性能属于本征半导体，并且这种材料作为光电器件的活性层具有既能传输空穴又能传输电子的能力。根据历年来的文献了解到钙钛矿太阳能电池结构主要分为两种——平面结构和介孔结构，如图 8.25 所示。

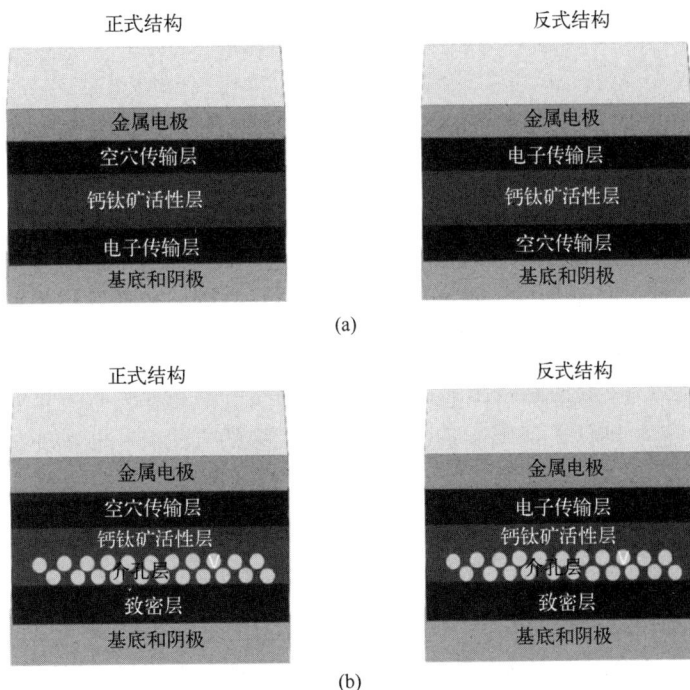

图 8.25 钙钛矿太阳能电池主要的几种结构

（a）平面结构；（b）介孔结构

（1）平面结构

这种结构的每一层结构都是平面结构，器件结构中合适的活性层薄膜厚度可以满足对光的吸收，产生足够的载流子，并先在活性层中进行空穴和电子的分离传输，这种结构的钙钛矿太阳能电池器件的制备过程简单，制备活性层时退火结晶过程温度不高。由于这种器件结构制备的过程中每一层都是独立制备的，所以对每层制备的薄膜质量要求比较高。薄膜质量可以直接反映在器件最后的光电性能测试中，最直接的反映就是钙钛矿太阳能电池的光电转化效率。活性层的薄膜质量差也会使器件在不同的扫描方向上与 I-V 曲线的一致性相差较大，即迟滞效应变大。

（2）介孔结构

介孔结构与平面结构的主要不同在电子传输层上。介孔结构主要是在原来平面致密的 TiO_2 电子传输层和钙钛矿的活性层之间加上一层介孔的氧化钛，这种介孔的氧化钛可以促进对太阳光的有效吸收和电子的传输，可以使最终制备的钙钛矿太阳能电池短路、电流密度增大，提升最终的光电转化效率。但是，这种介孔结构需要高温煅烧，并且在制备的过程中熟练制备起着关键的作用。在制备电子传输层时，薄膜质量会直接影响活性层的薄膜晶粒的大小，还有薄膜之间的结合程度，这种器件在传输电子的时候电子很有可能被界面层之间的缺陷复合掉，使最终器件的开路电压偏小，导致光电转化效率降低。

这两种结构中正式器件结构和反式器件结构的区别在于与导电玻璃接触的是电子传输层还是空穴传输层，正式器件结构是电子传输层与电极接触，反之则是反式钙钛矿太阳能电池结构。

8.4.4 钙钛矿太阳能电池器件材料和制备

（1）钙钛矿活性层

首先介绍一下钙钛矿活性层（吸光层）的制备方法，钙钛矿活性层是钙钛矿太阳能电池的重要组成部分，为了使制备出的钙钛矿活性层能够对电荷有更快的分子传输速度，提高最终器件的光电转化效率，要使制备出的钙钛矿活性层尽可能多地吸收可见近红外光谱范围的光子。根据文献报道，钙钛矿薄膜制备过程中使用较多的方法有一步前驱体溶液沉积法［图 8.26（a）］、两步顺序沉积法［图 8.26（b）］、双源蒸汽沉积法［图 8.26（c）］、蒸汽辅助溶液加工法［图 8.26（d）］等。其中，一步前驱体溶液沉积法最简单。两步顺序沉积法：先是在 TiO_2 电极上涂一层碘化铅，然后在其上面再旋涂一层碘甲胺，使两者之间发生化学反应形成钙钛矿薄膜。从文献报道中可以知道，使用两步顺序沉积法制备的钙钛矿薄膜表面形貌较好，不需要用反溶剂，但容易有 PbI_2 残留。而蒸汽辅助溶液加工法不仅可以控制钙钛矿薄膜中的成分还可以诱发热处理中的熟化效应。这种方法可以更精确地控制钙钛矿薄膜的生长和成膜工艺。

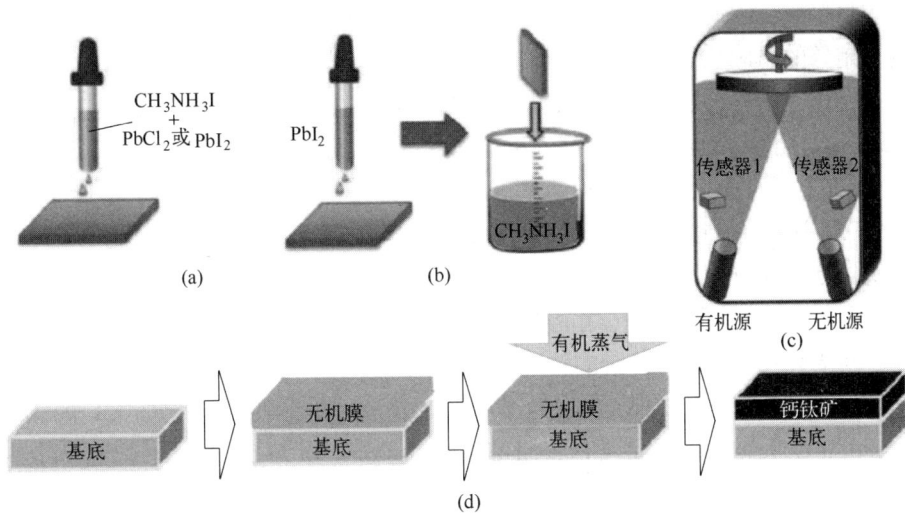

图 8.26　钙钛矿薄膜制备过程中使用较多的方法

（a）一步前驱体溶液沉积法；（b）两步顺序沉积法；（c）双源蒸汽沉积法；（d）蒸汽辅助溶液加工法

（2）电子传输层

电子传输层在钙钛矿的器件结构中起着重要作用，在制备钙钛矿太阳能电池器件选用电子传输层材料时，所要考虑的因素有电子传输层与钙钛矿活性层的能级是否能够匹配，该材料做电子传输层时对电子的分离提取速率能力，并且其在对电子传输的同时还要阻挡器件中的空穴不被传输过去，否则会使电子在未到达阴极之前就与空穴相互作用抵消掉。根据研究人员的经验，在钙钛矿太阳能电池器件结构中常用来做电子传输层的材料有 TiO_2、PCBM（苯基-C61-丁酸甲酯）、SnO_2 等。

TiO_2 是普通结构钙钛矿太阳能电池的典型电子传输材料，TiO_2 在钙钛矿太阳能电池中起电子提取和输送作用。然而，TiO_2 具有固有的低迁移率和紫外光产生陷阱两个关键缺点，导致电荷积累、重组损失和严重的 I-V 滞后。其中 TiO_2 作为电子传输层有两种结构：一种是致密 TiO_2；一种是两层 TiO_2 作为电子传输层，即介孔氧化钛/致密氧化钛。致密的氧化钛作为电子传输层的制备通常用水浴沉积法，将一定量的冰破碎加入 $TiCl_4$ 溶液，待溶液中的冰刚好融化后，将洗好的 FTO 片用紫外臭氧（UVO）清洗 15min 后，倒入配好的 $TiCl_4$ 溶液并放入恒温烘箱中 1h，沉积后的 TiO_2 转移到 200℃的热台上退火 30min，缓慢冷却后致密的 TiO_2 薄膜制备完成。SnO_2 电子传输层的制备，是将 SnO_2 的纳米胶体溶液加入超纯水稀释（SnO_2：水 ≈ 1：5），放入磁子搅拌过夜，使用之前用水性过滤头过滤，然后在清洗后的 ITO 或 FTO 上面 3000r 旋涂 30s，150℃退火 30min 即可。PCBM 常溶于氯苯中配成溶液，然后旋涂在界面层上作为电子传输层。

（3）空穴传输层

空穴传输层与电子传输层有着同样作用。在钙钛矿太阳能电池器件结构中，空穴传输层同样决定着器件最终的光电转化效率，其中钙钛矿活性层在钙钛矿太阳能电池中起着至关重要的作用,它的能级匹配以及空穴的分离传输对器件的光电转化效率具有极其重要的影响,并且空穴传输层制备的薄膜质量直接影响着器件的稳定性,所以在选取器件中的空穴材料时也需要考虑该材料做空穴传输层时的能级和对空穴的传输能力,以及其是否可以在空穴的传输过程中有效地阻挡电子的传输。经过研究人员的探索,目前实验室中常用的空穴传输材料有 spiro-OMeTAD〖2,2′,7,7′-四〖N,N-二(4-甲氧基苯基)氨基〗-9,9′-螺二芴〗和 PTAA〖聚〖双(4-苯基)(2,4,6-三甲基苯基)胺〗〗两种。这两种材料分别用于正式钙钛矿太阳能电池结构中和反式钙钛矿太阳能电池中。在选用 spiro-OMeTAD 作为空穴传输层时,纯的 spiro-OMeTAD 对空穴传输能力不是很强,在制备高传输能力的空穴传输层时需要对 spiro-OMeTAD 进行掺杂,在实验过程中制备空穴传输层时掺杂的物质主要有 TBP(4-叔丁基吡啶)和锂盐(将其溶于乙腈中),据文献报道,spiro-OMeTAD 作为空穴传输层前驱体溶液的制备:每 1mL 的氯苯溶液中加入 90mg spiro-OMeTAD,再加入 LiTFSI-乙腈溶液 36μL 和 22μL 的 TBP 常温搅拌 5~7h。在制备器件中的空穴传输层时,将一定量配制好的 spiro-OMeTAD 溶液加入钙钛矿太阳能电池器件中,使填充因子有一定提高,同时也提高了钙钛矿太阳能电池的稳定性。在用 PTAA 作空穴传输层时也会有同样的问题,纯的 PTAA 对空穴的提取率来说相对会弱一些,根据文献报道,在 PTAA 中掺入少量的 F4-TCNQ(2,3,5,6-四氟-7,7′,8,8′-四氰二甲基对苯醌)会提高空穴的迁移率,将最终的效率与掺杂前相比提高 2%。但是这些空穴传输材料都有一个共性就是价格比较贵,并且对材料的纯度要求高,在实验中用量很少,但是日后如要实现大规模产业化制备,其价格缺陷会愈发凸显,所以还需要开发出新的高效廉价的空穴传输材料或者取缔带空穴传输材料的钙钛矿太阳能电池器件。目前部分研究人员已经开始着手做无空穴传输材料的太阳能电池器件,黄劲松在一次报告中讲道,他们课题组在反式的器件结构中去掉了空穴传输材料 PTAA,制备出的钙钛矿太阳能电池器件的效率可达 20%以上,这个光电转化效率可以算是无空穴传输层的钙钛矿太阳能电池器件中最高的。

8.5 热电材料

8.5.1 热电转换效应

热电材料的三大转换效应于第一次世界大战前被发现,它们分别是 1821 年由 Thomas Johann Seebeck 发现的塞贝克效应、1834 年由 J. C. A. Peltier 发现的珀耳帖效应和 1856 年由 William Thomson 发现的汤姆孙效应。

1821 年,德国科学家塞贝克在实验中发现,将两种不同的金属两端紧密连接使之形成闭合回路,当对其中一端加热,而另一端保持低温状态,使这两端的连接处形成温度差时,闭合回路中会产生一个电动势。该现象被称为塞贝克效应,利用这个原理可以将热能转换为电能。1834 年,法国科学家珀耳帖发现当有电流通过两种不同金属的节点时,除了会产生不可逆的焦耳热之外,节点处还会呈现出一端吸热,另一端放热的现象,而且改变电流方向,吸热、放热端也会改变，这种效应称为珀耳帖效应。1856 年，英国科学家汤姆孙运用热力学原理解释了塞贝克效应和珀耳帖效应的关联性，进而预言了第三种温差热电现象的存在。他提出，当有电流经过具备温度梯度的均质导体时，除了发生不可逆焦耳热之外，导体还会吸收或者放出一定的热量，反之，当导体的两端存在温度梯度时，会产生一个电势差，这种效应被称为汤姆孙效应。

8.5.2　热电器件

热电器件是一种将 p 型热电材料与 n 型热电材料以电学上串联、热学上并联的方式组成的器件。它的性能取决于热电材料的性能，同时也受到器件的结构和制备工艺的影响。近年来，随着人们对热电材料的探索和对热电器件制备技术的不断研究，制备出了许多性能优良的热电器件，按照其应用可分为热电发电器件、热电制冷器件和传感器三大类。

图 8.27 为热电发电器件和热电制冷器件的工作原理图。热电器件最基本的组成是由两种不同半导体热电材料组成的 p-n 结。在热电发电过程中，当两种不同热电材料的两个接触端存在温度差时，固体内部的载流子就会由热端流向冷端，从而在两个接触端产生一个电势差，产生一个由 p 型半导体流向 n 型半导体的电流，这就是热电发电器件，如图 8.27（a）所示。在热电制冷过程中，当有电流通过由两种不同热电材料组成的回路时，半导体热电材料中的载流子会向基底运动，从而在材料的两个接触端形成吸热和放热的现象，利用这种现象可以实现吸热端的制冷作用，这就是制冷器件的工作原理，如图 8.27（b）所示。

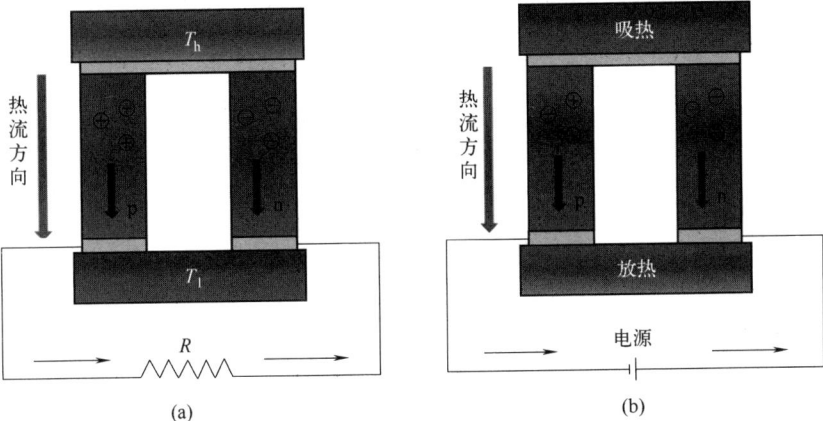

图 8.27　热电发电器件（a）和制冷器件（b）的工作原理图

尽管热电器件已经得到了广泛应用，但是转换效率低这一不足严重限制了热电材料的进一步发展，因此，如何提高热电转换效率得到了许多科研人员的广泛关注。热电转换效率可用下式表示：

$$\eta = \eta_c \times \frac{\sqrt{1+ZT}-1}{\sqrt{1+ZT}+T_c/T_h} \tag{8.23}$$

式中，η 是热电转换效率；T_c 和 T_h 分别是冷端和热端的温度；η_c 为库仑效率，且 η_c=1-

T_c/T_h；ZT 为热电优值，量纲为 1。通过上式我们可以看出，热电转换效率取决于 ZT，要想提高材料的热电转换效率，我们必须提高其 ZT。热电优值可用下式表示：

$$ZT = \frac{S^2\sigma}{\kappa}T \qquad (8.24)$$

式中，S 为材料的塞贝克系数；σ 为电导率；κ 为热导率；T 为热力学温度；$S^2\sigma$ 又被称为热电材料的功率因子（PF）。一个理想的高性能热电材料，须拥有高的塞贝克系数、高的电导率以及低的热导率。但是这三者之间又有比较复杂的联系，使得我们不能单一地调控其中的任一参数，它们之间的联系可以从以下几个公式中看出：

$$S = A \times T \times \frac{m^*}{n^{3/2}} \qquad (8.25)$$

$$\rho = 1/\sigma \qquad (8.26)$$

$$\kappa = \kappa_1 + L\sigma e \qquad (8.27)$$

式中，S 为塞贝克系数；A 为材料的横截面积，$A = \frac{8\pi^2 k^2}{3eh^2}$（$k$ 是玻尔兹曼常数；e 为元电荷迁移率；h 是普朗克常量）；T 是热力学温度；m^* 是有效质量；n 为载流子浓度；ρ 是电阻率；σ 是材料的电导率，$\sigma = ne\mu$（μ 代表载流子迁移率）；κ 是材料的热导率；κ_1 是晶格热导率；L 是洛伦兹常数。

从上述公式可以看出，材料的功率因子、电导率以及热导率这三个参数之间存在着严格的制约关系。对常规的热电材料来说，仅存在载流子这一个自由度，因此只能通过调节合适的载流子浓度，使得这三个参数相互匹配，从而使这一材料的综合热电性能达到最优。这三个参数与材料载流子浓度的关系如图 8.28 所示。

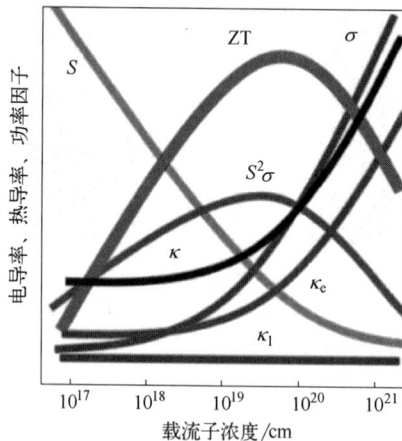

图 8.28　材料热电性能随载流子浓度变化关系图

（κ_e 为载流子热导率）

8.5.3　热电材料的研究进展

自三大热电效应被发现至今，热电材料的发展得到了许多科研工作者的广泛关注，并且

19 世纪是物理学发展的黄金时期,固体物理理论的提出使得热电理论也得到了充分的发展。一方面,通过研究常规的热电材料体系,补充完善了许多热电相关的理论,这些理论又成为调节热电材料性能的手段;另一方面,越来越多的高性能的新型热电材料也被研发出来。这两个方面相互借鉴互相补足,极大地加快了热电材料的发展。

8.5.3.1 热电理论的发展对热电材料的推动

热电材料的发展进步离不开热电理论的支持,热电发展史上三次革命都与其理论的重大突破息息相关。20 世纪 50 年代,Kane 提出的半导体能带模型等窄带隙半导体理论的发展,使得热电材料的发展取得重大突破,两种以上的半导体所形成的窄带隙半导体热电材料 Bi_2Te_3、PbTe、SiGe 等陆续被发现,这类窄带隙的半导体不但具有良好的电性能,同时其热导率相对于金属来说大幅度降低,是一种性能优良的半导体热电材料。在此之后,由于许多基础物理理论问题没有得到解决,热电材料方面的研究迟缓了下来。直到 20 世纪 90 年代,Slack 提出了一种叫作声子玻璃-电子晶体的新型热电材料概念,为新型热电材料的探索提供了新的方向。随后,越来越多的新型热电材料被开发出来,比如笼状化合物、half-Heusler 合金和填充方钴矿等,最大 ZT 也不断被刷新。21 世纪初到现在则是热电材料发展的第三次高峰,随着纳米理论的发展、共振能级的提出以及非谐振效应的提出,ZT 的最大值不断被提高,目前最高的单晶 SnSe 材料的 ZT 已经达到了 2.6。可以看出,热电理论的研究对热电材料的研究发展有着非常重要的作用,理论的进步无论是对提高已经存在的热电材料的性能还是探索新型的热电材料都有着重大的指导意义。

8.5.3.2 典型的新型热电材料

经过半个多世纪的发展,热电材料的种类也越来越多,如图 8.29（a）所示,进入 21 世纪以来,许多不同种类的新型热电材料被陆续发现,ZT 峰值也不断上升。一般,人们根据热电材料的适用温度区间和材料类型对其进行分类。图 8.29（b）展示了不同适用温度区间的热电材料,从图中我们可以看出,目前大部分热电材料还是适用于中温区,低温区和高温区的材料种类相对较少。根据热电材料的类型大致可以将其分为以下几类:金属碲化物和硫化物、声子玻璃-电子晶体（PGEC）、氧化物热电材料和声子液体-电子晶体。

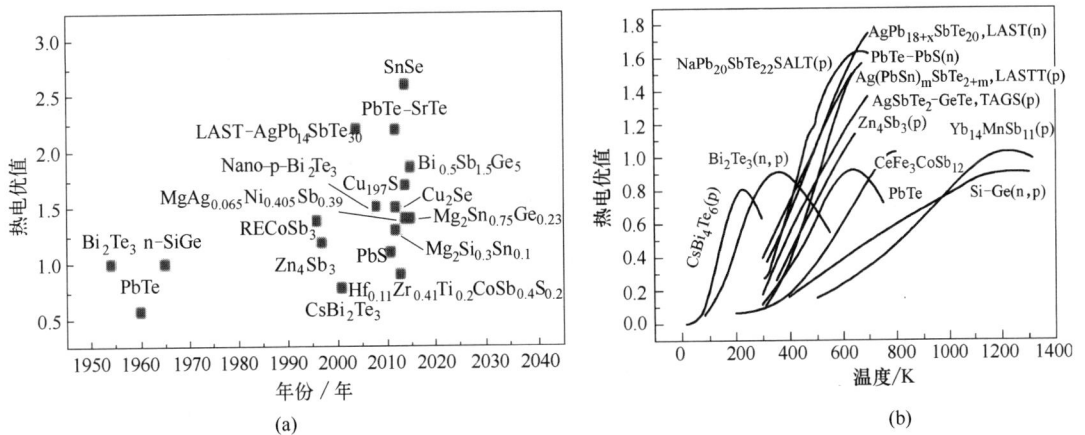

图 8.29 热电材料发展进程（a）和不同温区常见的热电材料（b）

（1）金属碲化物和硫化物

Bi₂Q₃（Q=Te，Se）基热电材料是迄今为止唯一商业化的热电材料。这类化合物室温热电性能优异，属于典型的窄带隙半导体，其中碲化铋（Bi_2Te_3）是最有代表性的。碲化铋的晶体结构为斜方晶系，沿着 c 轴方向可以看到明显的片层状结构。其晶胞单元内存在两种不同的碲原子，分别记作 Te(1) 和 Te(2)，其层状结构以 Te(1)-Bi-Te(2)-Bi-Te(1) 五层原子为一个重复周期的方式进行堆叠排列。Te(1)-Bi 之间以离子键的方式结合，Bi-Te(2) 之间以共价键结合，两个重复单元间的 Te(1)-Te(1) 则通过范德瓦耳斯力相结合。

从 20 世纪 50 年代开始，人们便尝试使用不同的方法来优化其热电性能。杨君友等总结了块体碲化铋基热电材料性能优化的方法，主要包括成分优化、结构优化、合成优化和成型优化四个方面。近年来，有人通过纳米化的方式，在未掺杂其他物质的情况下制备出在 373K 下 ZT 峰值达到 1.4 的 BiSbTe 合金。Feng 等报道了 Cu 掺杂的 $Bi_{0.5}Sb_{1.495}Cu_{0.005}Te_3$ 材料 ZT 最大值可达到 1.4，并且有效抑制了双极效应，极大提升了材料整体的 ZT 值。

PbQ（Q=S，Se，Te）基热电材料在很长一段时间里在低温到高温区都展现出了优越的热电性能。Pb 的硫族化合物具有典型的氯化钠结构，并且禁带宽度小，但是 Pb 是一种有毒元素，因此这类材料不适用于大规模的商业化应用。后来人们开始关注与 Pb 同主族的 Sn 的硫族化合物，发现 SnTe 与 PbTe 有着相似的晶体结构和能带结构。Zhang 等通过掺杂 In 引入共振能级的方法使得 SnTe 样品的 ZT 提升到了 1.1。Tan 等通过部分锰离子替代锡离子的位置使样品的 ZT 在 900K 下提升到了 1.3。

作为近年来热电研究领域的新星，SnSe 单晶在 b 轴方向具有锯齿状结构，这种结构能够对声子产生极大的散射，从而有效地降低 b 轴方向的晶格热导率，SnSe 各个方向的晶体结构如图 8.30 所示。目前 SnSe 基热电材料中的 ZT 峰值达到了 2.6，这一发现说明可以通过寻找一些本征低热导的材料来获得高 ZT。

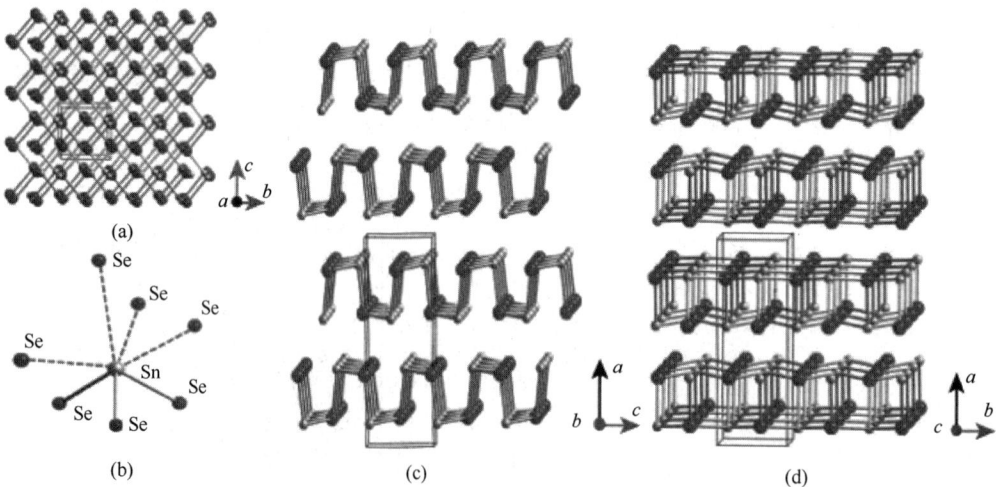

图 8.30　单晶 SnSe 晶体结构

（a）沿 a 轴的晶体结构；（b）Sn 与 Se 之间的化学键；（c）沿 b 轴的晶体结构；（d）沿 c 轴的晶体结构

（2）声子玻璃-电子晶体

声子玻璃-电子晶体（PGEC）是指一种好的热电材料应该具有玻璃般的低晶格热导率和晶体般的电子输运性能。目前被认为属于 PGEC 材料的只有两类具有笼状结构的热电化合物——方钴矿和笼状化合物。

方钴矿于 1845 年被发现，其主要成分的化学式为 $CoAs_3$。后来，又陆续发现了其他类型的方钴矿材料，一般用化学式 TPn_3 来代表方钴矿体系（T 代表过渡金属，Pn 代表氮族元素）。这种化合物具有 $CoAs_3$ 的晶体结构，空间群为 $Im3$。热电领域中目前应用较多的是 $CoSb_3$，这种材料本身热导率很高，但是通过在其本征孔洞中填充碱金属、碱土金属或稀土元素可以有效地降低材料的晶格热导率从而提升其热电性能。

笼状化合物主要有两种类型的晶体结构：一种是 $X_2Y_6E_{46}$ 型，E 为组成框架结构的原子，而 X 和 Y 作为填充原子填充到框架中；另一种是由 Ⅳ 族元素（Si、Ge 等）构成的五边形十二面体笼状框架。这两种类型的笼状化合物的典型化合物的晶体结构如图 8.31 所示，这种复杂的笼状结构框架中可以填充外来金属原子，而框架中的原子振动又会对声子产生强烈的散射作用，可以将材料晶格热导率降至理论最小值，使材料具备声子玻璃的特征。

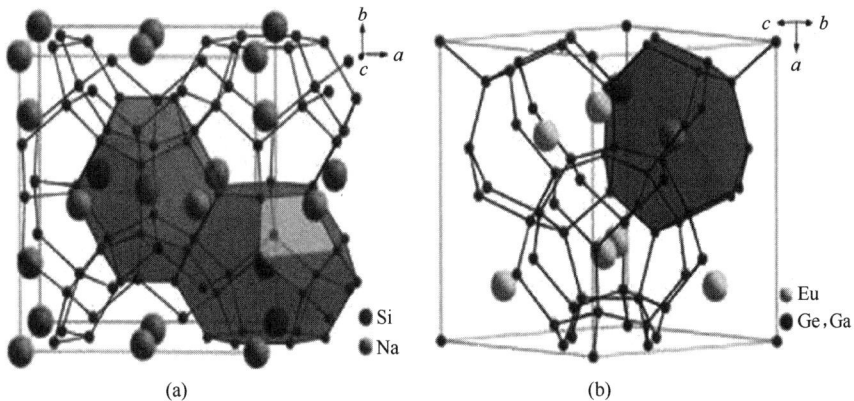

图 8.31　Ⅰ型笼合物 Na_8Si_{46} 的晶体结构（a）及Ⅱ型笼合物 $Eu_8Ga_{16}Ge_{30}$ 的晶体结构（b）

（3）氧化物热电材料

当前所研究的大多数的热电材料如碲化铋、碲化铅等，其制备工艺条件要求很高，一般需要在惰性气氛下进行制备，而且不适合应用于高温环境下，在实际情况下长时间使用也会不可避免地出现氧化等行为，严重限制了其使用寿命。相对而言，氧化物热电材料可以在氧气氛围下长期工作，同时制备工艺简单，成本较低。但是氧化物具有高的离子特征导致了强电子区域效应的存在，使得载流子迁移率低、导电性比较差，不适合应用于温差发电材料。随着对氧化物热电材料的不断研究，人们逐渐发现了许多性能优异的氧化物热电材料，最典型的就是钴基氧化物热电材料。类似于其他氧化物，阻碍钴基氧化物热电材料发展的最大问题就是电导率低，要提升这种材料的热电性能，主要从以下几方面入手：①采用稀土元素等进行掺杂处理；②改进合成工艺；③材料低维化。

在钴基氧化物热电材料中，$NaCo_2O_4$ 是一种较好的材料，其晶体结构为层状结构，由 Na^+ 和 CoO_2 单元沿着 c 轴交叠形成，如图 8.32（a）所示，其中 CoO_2 片层结构如图 8.32（b）所示。通过掺杂 Ag、Ni 等一系列元素进行调节可以有效地优化其功率因子从而提高热电性能。另外，诸如 Ca-Co-O 系、ZnO 基等氧化物热电材料也逐步被开发出来。

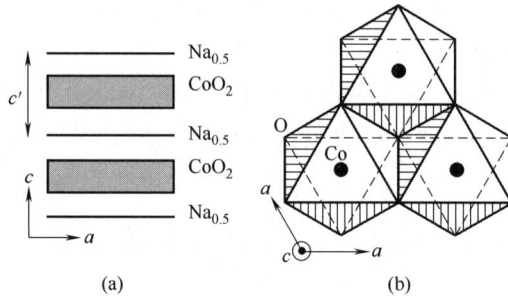

图 8.32　NaCo₂O₄ 层状结构（a）和 CoO₂ 片层结构（b）

（4）声子液体-电子晶体

$Cu_{2-x}X$（X=S，Se）是目前为止所发现的两种主要的声子液体热电材料，这种材料的晶体结构和物理化学性质均会随着温度的变化而发生改变。在较高温度下，β 相的 $Cu_{2-x}Se$ 和 α 相的 $Cu_{2-x}S$ 都属于立方结构空间群 $Fm3m$。在这种结构中，铜离子在由硫离子组成的面心立方晶格周围，且具有很高的离子迁移率，就像液体金属一样，如图 8.33（a）所示。这样高速运动的自由离子对声子能够产生强烈的散射作用，从而能够获得比较低的热导率。2012 年 Chen 课题组报道的 β-$Cu_{2-x}Se$ 相热电材料在 1000K 的温度下 ZT 达到了 1.5，两年后，Snyder 课题组证实了 α-$Cu_{2-x}S$ 热电材料在高温下具有良好的热电性能，它的热电优值在 1000K 下能够达到 1.7。并且，由于这类热电材料本身晶体结构简单、元素含量丰富、合成制备工艺简便以及不易被氧化，因此它们是极具前途的一类热电材料。

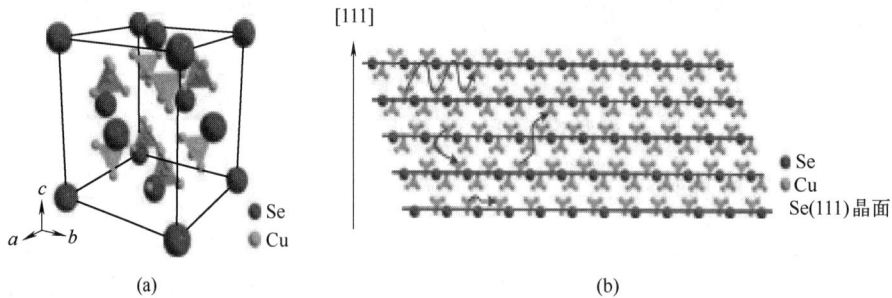

图 8.33　β-$Cu_{2-x}Se$ 的晶体结构图（a）和 Se 原子（111）晶面中 Cu^{2+} 运动状态示意图（b）

习题

1. 锂离子二次电池的特点与应用领域有哪些?

2. 锂离子电池常见的正负极材料有哪些？各有何特点？

3. 锂硫电池和锂离子电池有何异同？

4. 以氢为燃料，简述酸性电解池燃料电池发电原理。

5. 说明太阳能光伏发电的主要优点及缺点。

6. 简要概述质子交换膜的特点。

7. 固体氧化物燃料电池对阴极材料的要求是什么？

8. 什么是热电材料？其主要应用领域有哪些？

9. 钙钛矿太阳能电池的特点是什么？其面临的主要挑战有哪些？

参考文献

［1］ Wang J，Song W，Wang Z. Facile fabrication of binder-free metallic tin nanoparticle/carbon nanofiber hybrid electrodes for lithium-ion batteries［J］. Electrochimica Acta，2015，153：468-475.

［2］ Liu J. Carbon-coated SnO_2 nanorod array for lithium-ion battery anode material［J］. Nanoscale Res. Lett.，2010，5（3）：649-653.

［3］ Xue X Y，Chen Z H. $SnO_2/\alpha\text{-}MoO_3$ core-shell nanobelts and their extraordinarily high reversible capacity as lithium-ion battery anodes［J］. Chemical Communications，2011，47（18）：5205-5207.

［4］ Thomas R. SnO_2 nanowire anchored graphene nanosheet matrix for the superior performance of Li-ion thin film battery anode［J］. J. Mater. Chem. A，2015，3（1）：274-280.

［5］ Zhou D，Song W，Fan L. Hollow core-shell SnO_2/C fibers as highly stable anodes for lithium-ion batteries［J］. ACS Appl. Mater. Interfaces，2015，7（38）：21472-21478.

［6］ Lei Z，Hao B W. Growth of SnO_2 nanosheet arrays on various conductive substrates as integrated electrodes for lithium-ion batteries［J］. Materials Horizons，2014，1（1）：133-138.

［7］ Lin Y S，Duh J G. Shell-by-shell synthesis and applications of carbon-coated SnO_2 hollow nanospheres in lithium-ion battery［J］. J. Phys. Chem.，2010，114（30）：13136-13141.

［8］ Wang J H. Synthesis of mesoporous SnO_2 and its application in lithium-ion battery［J］. Acta Physico-Chimica Sinica，2008，24（4）：681-685.

［9］ 许德涟，李琪，乔庆东，等. 高安全性锂离子电池隔膜的研究进展［J］. 化工新型材料，2023，51（6）：40-44.

［10］ 胡利芬. 不同锂离子电池隔膜性能研究［J］. 化工新型材料，2021，49（S1）：133-135，145.

［11］ Luo W，Cheng S，Wu M，et al. A review of advanced separators for rechargeable batteries［J］. Journal of Power Sources，2021，509：230372.

［12］ Arora P，Zhang Z. Battery separators［J］. Chemical reviews，2004，104（10）：4419-4462.

［13］ Liu X，Huang J Q，Zhang Q，et al. Nanostructured metal oxides and sulfides for Lithium-Sulfur batteries［J］. Adv. Mater.，2017，29（20）：1601759.

［14］ Zhou L，Danilov D L，Eichel R A，et al. Host materials anchoring polysulfides in Li-S batteries reviewed［J］. Advanced Energy Materials，2021，11（15）：2001304.

［15］ Wild M, O'Neill L, Zhang T, et al. Lithium sulfur batteries, a mechanistic review ［J］. Energy & Environmental Science, 2015, 8（12）: 3477-3494.

［16］ Pang Q, Liang X, Kwok C Y, et al. Advances in lithium-sulfur batteries based on multifunctional cathodes and electrolytes ［J］. Nature Energy, 2016, 1（9）: 16132.

［17］ Lyu W, Li Z, Deng Y, et al. Graphene-based materials for electrochemical energy storage devices: opportunities and challenges ［J］. Energy Storage Materials, 2016, 2: 107-138.

［18］ Navrotsky A. Thermochemical insights into refractory ceramic materials based on oxides with large tetravalent cations ［J］. Journal of Materials Chemistry, 2005, 15（19）: 1883-1890.

［19］ Yamamoto O, Arachi Y, Sakai H, et al. Zirconia based oxide ion conductors for solid oxide fuel cells ［J］. Ionics, 1998, 4（5）: 403-408.

［20］ Lee D, Lee I, Jeon Y, et al. Characterization of scandia stabilized zirconia prepared by glycine nitrate process and its performance as the electrolyte for IT-SOFC ［J］. Solid State Ionics, 2005, 176（11/12）: 1021-1025.

［21］ Ye L, Xie K. High-temperature electrocatalysis and key materials in solid oxide electrolysis cells ［J］. Journal of Energy Chemistry, 2021, 54: 736-745.

［22］ Meng B, Lin Z L, Zhu Y J, et al. Effects of Fe-dopings through solid solution and grain-boundary segregation on the electrical properties of CeO_2-based solid electrolyte ［J］. Ionics, 2015, 21（9）: 2575-2581.

［23］ 韩敏芳, 彭苏萍. 固体氧化物燃料电池发展及展望 ［J］. 新材料产业, 2005（7）: 39-41.

［24］ 李栋, 付梦雨, 金英敏, 等. 固体氧化物燃料电池阴极性能稳定性的研究进展 ［J］. 陶瓷学报, 2020, 41（6）: 820-834.

［25］ 杨志宾, 张盼盼, 雷泽, 等. 可逆固体氧化物电池电极材料研究进展 ［J］. 硅酸盐学报, 2021, 49（1）: 56-69.

［26］ Im J H, Lee C R, Lee J W, et al. 6.5% efficient perovskite quantum-dot -sensitized solar cell ［J］. Nanoscale, 2011, 3（10）: 4088-4093.

［27］ Kim H S, Lee C R, Im J H, et al. Lead iodide perovskite sensitized - all-solid state submicron thin film mesoscopic solar cell with efficiency exceeding 9% ［J］. Scientific reports, 2012, 2: 591.

［28］ Burschka J, Pellet N, Moon S J, et al. Sequential deposition as a route to high-performance perovskite-sensitized solar cells ［J］. Nature, 2013, 499（7458）: 316-319.

［29］ Zhou H, Chen Q, Li G, et al. Interface engineering of highly efficient perovskite solar cells ［J］. Science, 2014, 345（6196）: 542-546.

［30］ Jeon N J, Noh J H, Kim Y C, et al. Solvent engineering for high-performance inorganic-organic hybrid perovskite solar cells ［J］. Nature Materials, 2014, 13（9）: 897-903.

［31］ Chen W, Wu Y, Yue Y, et al. Efficient and stable large-area perovskite solar cells with inorganic charge extraction layers ［J］. Science, 2015, 350（6263）: 944-948.

［32］ Yang W S, Noh J H, Jeon N J, et al. High-performance photovoltaic perovskite layers fabricated through intramolecular exchange ［J］. Science, 2015, 348（6240）: 1234-1237.

［33］ Zhao L D, He J, Berardan D, et al. BiCuSeO oxyselenides: New promising thermoelectric materials ［J］. Energy & Environmental Science, 2014, 7（9）: 2900-2924.

［34］ Zhao L D, Lo S H, Zhang Y, et al. Ultralow thermal conductivity and high thermoelectric figure of merit in SnSe crystals ［J］. Nature, 2014, 508（7496）: 373-377.

［35］ 李丹丹. 几种新型热电材料的热输运机制和相关物性研究 ［D］. 北京: 中国科学院大学, 2016.

［36］ 张志伟. 高性能 Bi_2Te_3 基热电薄膜材料及其器件研究 ［D］. 北京: 北京航空航天大学, 2011.

［37］ 樊希安, 杨君友, 陈柔刚, 等. 块体 Bi_2Te_3 基热电材料性能优化及最新进展 ［J］. 功能材料, 2005, 36（8）: 1162-1166.

第**9**章

纳米材料

　　随着科技的不断进步，人类对物质和文化的需求不断提升。为了满足需求，人类不断地开拓认识和改造自然世界的新路径，在探索创新的过程中走进了纳米科技的研究领域。纳米材料是一门将基础科学和应用科学集于一体的新兴科学，主要包括纳米电子学、纳米材料学和纳米生物学等。纳米材料是指至少在一维（长、宽或厚度）上尺寸小于100nm的材料。纳米材料具有许多与同种大尺寸材料不同的物理、化学特性，这些特性是由其尺寸效应、表面效应和界面效应导致的，从而需要用量子力学的观点代替传统力学的理论来描述其在声、电、光、磁、热等领域产生的特殊行为和性质。纳米材料在生物医疗、航空航天、环境保护、医疗电子、机械化工等领域得到了日益广泛的应用。近年来，有关金属材料、有机高分子材料、生物材料和复合材料等3D打印用纳米材料成为关注的焦点（图9.1）。尽管我国当前纳米材料产业进入健康有序的稳定发展阶段，包含纳米材料的标准和产业法规陆续出台，但在创新交叉潜力方面仍有较大的进步和挖掘空间。

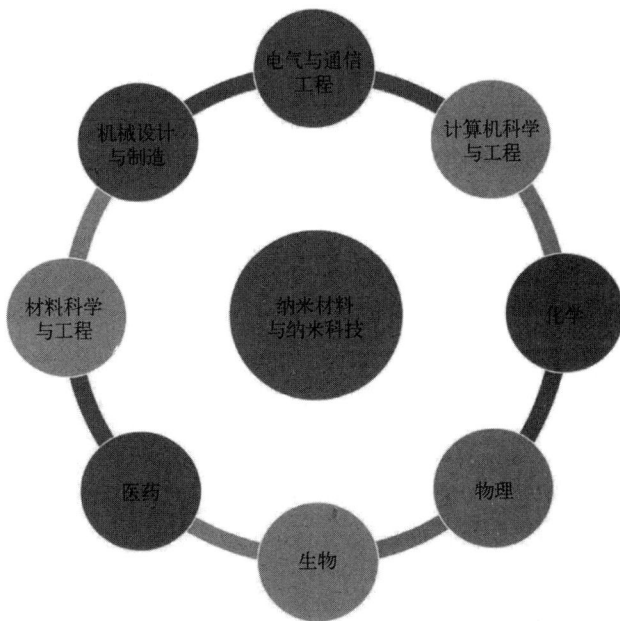

图 9.1　纳米材料与纳米技术在科学与工程中的应用

9.1 概述

理查德·费曼（Richard Phillips Feynman）曾指出："如果有一天人类能够按照意志去安排一个原子和分子，那将会产生什么样的奇迹？"他还提出了著名的"有趣的问题"，即"在实验室里制造一把足够小的锤子，这样就可以将物质分解成其最基本的成分"。然而，限于技术和设备的不足，纳米尺度的研究一直到20世纪80年代才开始得到广泛的关注。

19世纪60年代，胶体颗粒的特殊尺寸效应引发了人们对纳米材料科学研究的关注，20世纪60年代后，具有纳米尺寸的金属微粒制备与性能研究引起了人们的广泛关注，直至20世纪90年代，准一维纳米材料的科学研究处于巅峰时期，德国萨尔布吕肯的格莱特教授把粒径为6nm的金属铁粉原位加压制成世界上第一块纳米材料（首次提出"纳米材料"这一概念）从此开创了纳米材料学的先河。

目前，纳米材料已经成为世界各国纳米科技发展的热点。随着科学技术手段的提升和对材料认识的不断深入，一些具有新奇功能特性的纳米材料，如导电性能类似金属铜的石墨烯，通过改变尺寸就可以控制发射光谱的量子点等不断被发现，继而在能源、医学、服装及信息等领域得到了广泛的应用。在能源领域，纳米技术为锂电池、水系锌电池的发展和应用带来了全新的机遇。目前，针对锂电池的纳米材料的研究已经完善并实现了产业化，锂电池动力汽车的续航里程可达700km，随着纳米材料和纳米科技的进一步发展，锂电池性能将会继续优化，有望实现800公里的续航目标。纳米材料制备的超级电容器充电速度快且功率密度高。如采用碳纳米管二维纳米材料制备的超级电容器，充放电速度约是传统使用电池的1000倍，能够在短短数秒完成汽车充电，充电周期可以高达100万次。纳米材料的引入成功降低了超级电容器的重量，成为炙手可热的新能源汽车用电池材料。

在医学研究领域，纳米科技为靶向药物的传输和疾病的治疗提供了全新的方式和途径。目前部分针对癌症的纳米药物已经面市，如借助纳米载体的特殊功能和人为可操控性，药物可以忽略人体的生物屏障作用，直接到达患者的病灶，增强了药物治疗的效果，减少了对其他组织的损害。此外，随着纳米材料的尺寸不断减小，集成化程度较高且具有特定癌症治疗功能的纳米机器人也相继出现，如能够在60s内杀死癌细胞的纳米机器人，或者可以锁定癌细胞并投递药物的纳米机器人等。这些纳米科技的使用，为非侵入性癌症治疗提供了一个良好的发展契机，提高了患者的生存率。

在化纤纺织领域，曾有研究人员开发出可以预防感冒的"神奇外套"。这款衣服由普通的棉料制成，布料里添加了一种纳米微粒，这种纳米微粒能够侦测并且"抓住"空气中的病毒和病菌。衣服的兜帽、衣袖和口袋中添加了独特的钯微粒，其功能与微型排气净化器类似，能够分解有害的空气污染成分，在一定程度上可以达到隔绝病毒、预防感冒的神奇效果。纳米材料还可用来制造防水衣服，研究人员从自然界中荷叶的疏水表面［图9.2（a）］得到灵感，在织物表面附着一层纳米材料，在纳米材料表面形成空气层，达到疏水效果。这种防水衣服［图 9.2（b）］与传统衣服相比，不沾水、易于清洗。

(a) (b)

图 9.2　疏水荷叶表面（a）及纳米材料制造的防水衣服（b）

除此之外，纳米材料还被广泛应用在信息、生物、能源、环境、宇航等方面，中国科学院王恩哥院士认为：谁掌握了材料谁就掌握了未来。

总的来说，随着科研工作者的不断探索，我国纳米科技方面的研究正在向产业化转变，相信在不久的将来，生活中衣食住行各个方面都会有纳米材料的参与，我们也将充分享受纳米科技给人类带来的便捷。

9.2　纳米材料的发展

我国古代便开始利用蜡烛燃烧后的石墨作为原料和染料。除此之外，我国古代的铜镜表面存在一层纳米级别的氧化物颗粒薄膜，使铜镜在经历很长时间后保存完好且不会发生锈钝问题。

直到 18 世纪 50 年代后期，胶体化学学科发展过程中，人们开始对 1~100nm 的粒子开展研究。受限于实验技术手段和微观检测方法的限制，探索纳米材料的科技进展较为缓慢，人们有意识地将这种尺寸的胶体颗粒称为纳米溶胶。在探索过程中，人们制备了铂黑纳米粉体，并将其作为催化剂。

20 世纪 60 年代，通过实验研究，探索不同尺寸的粉末材料，研究评估和表征的方法，探索纳米材料有别于宏观材料的特殊性质。1985 年，纳米原子团簇（C_{60}）问世，其结构如图 9.3 所示，该材料碳原子数稳定，具有绝缘特征，掺杂碱金属后由绝缘体转变为导电性良好的导体材料，甚至具有潜在的超导特性和低温铁磁性。

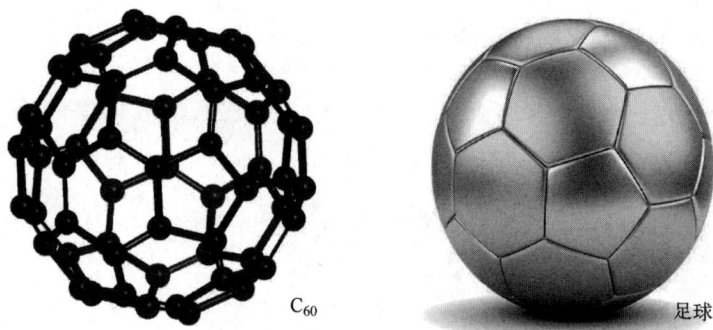

图 9.3　C₆₀结构

20 世纪 90 年代，随着扫描隧道显微镜（STM）、原子力显微镜（AFM）等高分辨率表征技术的发展，纳米尺寸的研究和制备方法日趋成熟。在美国巴尔的摩召开的第一届国际纳米科学技术学术会议上，纳米材料被定义为材料科学与工程的一个新的分支。2000 年后，更多具有特殊性能的纳米材料如金属纳米粒子、量子点、纳米线、纳米棒等被成功制备。同时，生物纳米材料、功能性纳米材料等也得到了广泛的应用。

人们通过不断设计、合成、调控与组装，制造出形貌各异、性能千差万别的纳米级颗粒物质，这些颗粒内部包含几十个到几万个原子不等，按照特定结构排列成具有一定基本结构单元的零维量子点、一维纳米线、二维量子面和三维纳米固体。目前，纳米材料的研究已成为一个高速发展的领域，其在纳米电子、纳米传感、纳米医学及能源等领域都具有广泛的应用前景。

9.3　纳米材料的研究内容

纳米材料广义上是三维空间中至少有一维处于纳米尺度范围或者由该尺度范围的物质为基本结构单元所构成的超精细颗粒材料的总称。根据这个定义，我们认为纳米材料需要具备两个基本条件：①材料的特征尺寸在 1~100nm 之间；②材料具有区别常规尺寸材料的一些特殊物理化学特性。

20 世纪 90 年代中期后，从事纳米材料生产开发的企业不断增多，资金投入也不断增加，纳米材料应用产业兴起。进入 21 世纪，我国纳米材料产业进入稳定、健康的发展阶段，各种包括纳米材料在内的新材料产业法规、标准也陆续出台，纳米行业从业者的外部环境逐渐变好，竞争更加有序。

纳米材料的研究内容主要包括以下几个方面：

① 利用化学、物理、生物和工程学等方法合成、制备具有特定形貌、结构和性质的纳米材料。

② 正确使用高分辨的表征和分析技术，如扫描电子显微镜（SEM）、透射电子显微镜

（TEM）、原子力显微镜（AFM）、X 射线晶体衍射（XRD）等，对纳米材料进行表征和分析。

③ 纳米尺度效应、表面效应和量子效应所产生的特殊物理、化学和生物学性质，如增强的电子、光学、磁学、力学性能等，并探索其基础及应用。

④ 纳米材料具有高表面能和特殊的化学反应性等特性，因此需要进行纳米材料的安全性评价研究，以确保其在环境和人体安全的前提下应用。

纳米材料的研究领域还需要通过多学科、多维度的研究来加深对其特性及应用的了解，进一步推动纳米科技的应用和发展。

9.4　纳米材料的分类

纳米材料大致可分为纳米粉末、纳米纤维、纳米膜、纳米块体四类。其中纳米粉末开发时间最长、技术最为成熟，是生产其他三类产品的基础。

9.4.1　纳米粉末

纳米粉末又称为超微粉或超细粉，一般指粒度在 100nm 以下的粉末或颗粒，是一种介于原子、分子与宏观物体之间，处于中间物态的固体颗粒材料。纳米粉末在热、化学、物理等特性上具有明显的差异，可用于高密度磁记录材料、吸波隐身材料、磁流体材料、防辐射材料、单晶硅和精密光学器件抛光材料、微芯片导热基片与布线材料、微电子封装材料、光电子材料、先进的电池电极材料、太阳能电池材料、高效催化剂、高效助燃剂、敏感元件、高韧性陶瓷材料（摔不裂的陶瓷，用于陶瓷发动机等）、人体修复材料、抗癌制剂等。

纳米粉末的制备方法主要包括物理、化学和生物法等。其中，物理法主要有机械合成法、热氧化法、溅射法等；化学法主要有溶胶-凝胶法、水热法等；生物法主要有细胞培养法等。研究者正在不断改进制备方法，以提高制备效率和降低成本。

纳米粉末的结构、相变和热稳定性等特性与其粒径大小密切相关。因此，研究者正在探索纳米粉末的结构和相变规律，并研究在纳米尺度下热稳定性和物理化学性质的变化情况。

纳米粉末的应用领域非常广泛，如制造新型材料、催化剂、能源存储材料、电子材料等。近年来，纳米粉末应用于催化、气体传感、制备新型低维材料等领域的研究取得了广泛的应用。

9.4.2　纳米纤维

纳米纤维指直径为纳米尺度且长度较长的线状材料，通常由高分子材料、金属或无机材料制成，具有巨大的比表面积和特殊的力学与光学性能，是目前研究的热点之一。纳米纤维可用于制备微导线、微光纤（未来量子计算机与光子计算机的重要元件）材料，新型激光或发光二极管材料等。

纳米纤维的制备方法包括静电纺丝法、气相沉积法、溶胶-凝胶法等，其中静电纺丝法方法简单、成本低且制备的纳米纤维具有良好的可扩展性，成为纳米纤维制备的重要方法。

纳米纤维的巨大比表面积和特殊的力学、光学、电学等性能被广泛研究，包括力学强度、偏振、光学吸收等。此外，纳米纤维在生物医学、能源、环境保护等领域中的应用也受到了广泛关注。

纳米纤维涉及多个学科，如物理学、化学、生物学等。因此，随着交叉学科的发展，研究者在纳米纤维的制备、特性与应用等方面取得了大量的研究成果。

9.4.3　纳米膜

纳米膜分为颗粒膜与致密膜。颗粒膜是纳米颗粒黏在一起，中间有极为细小的间隙薄膜。致密膜指膜层致密但晶粒尺寸为纳米级的薄膜。纳米膜可用于气体催化（如汽车尾气处理）材料、过滤器材料、高密度磁记录材料、光敏材料、平面显示器材料、超导材料等。

纳米膜材料的制备方法包括物理沉积法、化学沉积法、物理化学一体化法、物理气相沉积法等。研究者正在不断地改进制备方法，以提高制备效率和降低成本。

纳米膜材料的结构和性能之间的关系是研究的重点之一。近年来，研究者对纳米膜材料的性质和表征进行了深入研究，包括表面形貌、电学、光学、磁学等性质。

纳米膜材料的应用前景非常广泛，包括光电显示、太阳能电池、传感、摄像、医学诊断等领域。纳米膜材料也在智能手机、电子手表等大众消费类产品中得到了应用。

由于纳米膜材料的高比表面积等特性，其对环境及人体可能造成不良影响。因此，纳米膜材料的生态和毒性安全性成为重要的研究方向。

9.4.4　纳米块体

纳米块体材料是指在三维空间中尺寸在纳米级别的块体材料，其具有高比表面积，优异的物理、化学等特殊性质。纳米块体是将纳米粉末高压成型或控制金属液体结晶而得到的纳米晶粒材料，主要用作超高强度材料、智能金属材料等。

纳米块体材料的制备方法包括物理法、化学法、生物法等。近年来，研究者已经掌握了制备纳米块体材料的新方法，例如利用模板法和自组装法有效地改进了制备纳米块体材料的方法。

纳米块体材料的特性如比表面积大、能量捕捉敏感度高、导电性、气敏性等不同于传统的材料，因此其在催化、电化学、光学等领域具有广泛的应用，例如，纳米块体材料可以用于电化学储能器件、太阳能电池等。

近年来，过渡金属硫属体系纳米块体材料的研究成为热点。过渡金属硫属体系纳米块体材料具有优异的催化性能和光电学性质，具有广泛的应用前景。

9.5 纳米材料的基本理论

9.5.1 小尺寸效应

纳米材料具有比传统材料更好的力学性能、热学性能、光学性能和电学性能等方面的特点，这是由于纳米材料的尺寸变小，表面积相对于体积的比例增大，纳米材料相对于传统材料具有更多的表面缺陷和表面能量，因此纳米材料的硬度、弹性模量和强度等力学性能相对于同种材料的宏观形态上表现出更好的性能。

此外，纳米材料表现出独特的电学、热学和光学性能。纳米颗粒中的电子以量子态存在，因此具有不同于宏观物质的电学性能，例如量子阱效应和量子点效应等。在热学性能方面，纳米材料的尺寸效应导致热导率降低，导致纳米材料表现出更好的绝热性能，具有更高的热稳定性。在光学方面，纳米材料的尺寸可以调节其自身的光学特性，例如红外吸收等。

因此，纳米材料的尺寸效应使其具有更多的物理、化学和材料学的独特性质，这些特性使得纳米材料在现代材料科学、工程以及生物医学等领域有着广泛的应用。

在材料科学中，小尺寸效应会对材料的力学性能、热性能、电学性能等产生影响。当材料的尺寸减小到纳米级别时，由于表面积-体积比的变化，材料的力学性能和电学性能会发生较大的变化。例如，纳米材料的硬度、弹性模量和电导率等通常会比同种材料的宏观形态下的性能更好。

在电子学中，小尺寸效应主要是指当晶体管等元器件的尺寸减小到纳米级别时，由于量子效应的影响，元器件的性能会发生变化。例如，在纳米晶体管中，因为载流子的数量和自由程的限制，晶体管的电流-电压特性和开关速度等会改变。当场效应晶体管的通道长度缩小到纳米级别时，其导电特性受到明显影响。通道长度的缩小会增加电子的散射、预定向、量子效应等现象的发生，并且会影响器件的稳定性和抗噪声性能。量子点是材料粒子的一种形态，其尺寸通常在纳米级别。量子点具有优异的电学性能，能够进行光电转换，用于太阳能电池、LED 等器件中。热电效应是指在材料中，电流流过时会产生温度差，反之，材料存在温度差时，也会产生电荷。在纳米级别的材料中，热电效应显著，故其可以用于制造热电发电器件等。

在生物学中，小尺寸效应同样也是一个重要的研究领域。例如，纳米尺度的生物材料如 DNA 和蛋白质通常具有独特的生物活性和物理性质。人工骨、人工心脏瓣膜、人工血管等生物材料应用中，表面效应的控制非常重要，表面效应可以用来调节生物材料的生物相容性和力学性能，同时减少材料与人体的免疫反应。例如，在人工心脏瓣膜中引入表面有机化改性，可以增强生物材料的生物相容性。在生物分离和纯化技术方面，常见的生物分离技术是细胞及细胞器的富集和分离。利用表面效应改性纳米粒子的超级磁性的特性，可以实现对蛋白质、细胞、DNA 和 RNA 等的选择性分离和纯化。这些技术广泛应用于生物学和医学中，如癌症诊断和治疗等。生物传感器是一种检测生物分子、细胞或分子与细胞间相互作用的生物学工具。基于表面效应制备的纳米材料可用于增强信号放大和提高灵敏度。例如，在光谱和光学技术中，化学修饰的金纳米颗粒可以用于显微镜或荧光的检测和定量分析。

9.5.2 表面效应

表面效应在生物学中具有重要的应用价值，可达到在生物材料、生物技术和生物医学等领域中控制和改良性能性质的目的，未来随着表面科学的发展，这些领域中的表面效应也将得到更广泛的应用和深入研究。

除了小尺寸效应外，纳米材料的表面效应也是其独特性质之一。纳米材料的尺寸小于100nm，其具有很高的表面积与体积比，使得纳米材料的表面性质在整体材料性质中占据着重要的地位，这种性质被称为表面效应。

纳米材料的表面效应主要表现在三个方面：表面积增大、表面能量增加以及表面原子特性变化。在纳米材料中，由于尺寸的缩小，材料的表面积与体积的比值增大，这就使物理、化学、光学和电学性质，包括表面反应、吸附作用、化学反应等随之增强，例如，纳米颗粒表面上的官能团和有机分子容易发生化学反应。纳米材料表面积增加，可以大大提高催化反应的活性和效率。这是因为表面上的活性位点数量增加，催化反应活性中心数目明显增多，催化效果更出色。纳米材料表面积增大，会导致光学性能发生改变，如增强吸收谱、增加发光强度、支持表面等离子体共振等。例如，金和银纳米颗粒表面等离子体共振峰位将由纳米颗粒尺寸确定，表面积增加可引起等离子体共振带宽的扩展。纳米材料表面积增大，可以增加材料的热扩散系数，加快传热速度，同时还可以提高材料的热导率，使其在热管理等方面有更广阔的应用。纳米材料表面积增加可以增强其电导率和电子迁移率，因为材料表面电信号的传递变得更容易。纳米颗粒和纳米线等多相结构和表面缺陷也能够进一步优化电子输运。增大表面积对纳米材料的性能影响非常重要，这些影响往往在其他尺度的材料中是不易观察到的。这些影响的出现，为纳米材料未来在许多方面的应用提供了更广的可能和潜力。

表面积增加，表面能量也随之增加，表面能量增加会对纳米材料的性质产生显著影响。表面能量的增加使得纳米材料表现出更高的表面活性，更容易与其他物质发生相互作用，从而影响纳米材料的物理、化学、光学和生物学性质。纳米材料表面能量增加会导致一些物质的熔点降低和相变。当表面能量增加时，纳米颗粒表面上分子的吸附能力增强，溶解度降低，使其更容易形成相变。纳米颗粒表面能量增加会导致表面上的反应位点数量增加，从而提高催化剂的活性和选择性。此外，在光催化和电催化中，纳米材料表面能量也能影响光生载流子的分离和电传输，从而提高催化反应效率。纳米材料表面能量增加会导致表面吸附的杂质和氧化物的数量增加，这可能会降低材料的稳定性，从而导致纳米颗粒的晶格畸变和热稳定性降低。纳米材料表面能量增加会影响其光学性质，如表面等离子体共振峰位、荧光发射强度、吸收谱和光学色彩都可能发生变化。表面能量增加对纳米材料的性质具有重要影响，这也充分表明了粒子表面能是材料科学的一个重要参数，因此，通过控制材料的表面能量，可以实现对纳米材料的生长、性质和应用等方面的控制。

纳米材料表面上的原子与内部原子的晶格结构不同，表面原子与周围原子的配位数不同，具有不同的电子结构，纳米材料的表面原子特性与其他带有宏观尺寸的材料存在一些显著的差异，这也使得表面原子特性的变化对纳米材料的性能影响更加明显。纳米材料表面原子之间的相互作用也会影响化学键键长和键能。表面原子与其他原子键长的变化，往往会使其与原材料相比更加活泼。例如，纳米钯表面原子键长较短、键能较高，其在催化过程中表现出较高的活性与稳定性。与总体相比，纳米材料表面原子的带隙也发生变化，这涉及纳米材料中电子的价态，以及在掺杂和电学传输等应用中的关键特性。例如，掺杂 SiO_2 纳米颗粒的表面会导致表面态的形成，从而影响电子轨道的稳定性和电学行为。纳米材料的表面原子特性变化会对其在各种应用中的性能和行为产生显著的影响。因此，对纳米材料的表面原子特性的深入理解和控制，是实现其在各种领域中应用的最有效方法之一。

9.5.3 量子尺寸效应

纳米材料的尺寸比光子波长还小，使得电子处于量子态，发生量子限制现象。这种现象在尺寸小于一定范围时非常明显，常被称作量子尺寸效应。

在纳米材料中，对称性降低会导致电子能级的变化，而这种能级的变化取决于材料的尺寸，尤其是在尺寸小到纳米级别时对电子能级的变化有着显著的影响。当纳米材料的尺寸减小到比材料的波尔半径还小的时候，电子会被迫停留在离子芯层附近，无法自由运动。相应地，纳米材料的能带宽度出现明显变化，导致了纳米材料的物理性质与体积材料有很大的不同。一方面，表面效应会导致纳米材料表面原子与邻近原子的键长和键能变化，进而导致纳米材料表面的能带结构发生变化，对于金属纳米颗粒而言，表面电子态密度增大，因而导致费米能级的位置发生变化、态密度特征峰的移位等，对于半导体纳米材料而言，表面带隙与体积带隙之间的差异影响着表面电荷转移和催化反应。另一方面，量子尺寸效应也会导致纳米材料的能带宽度发生显著变化。在量子尺寸效应下，纳米材料中的电子和空穴被限制在空间非常小的区域内运动，其能量离散化，会出现能级分裂和能带宽度变窄等现象。这些现象在纳米晶或量子点、量子井等能很清晰地观察到。纳米材料表面和尺寸特征的变化明显影响着材料的能带宽度。这些变化的出现对纳米材料在光子学、电子学和能源材料等领域的应用具有重要的作用。

其中，最突出的尺寸效应是量子点效应：一种具有三维量子约束的纳米结构，其直径小于布拉格波长，受到量子限制效应的影响，从而产生了非常独特的物理和化学性质。例如，量子点的颜色会随着它的尺寸减小而向蓝色偏移，因为较小的量子点具有较大的能带宽度和优异的电子运载能力，因此表现出更好的光电转化能力，被广泛应用于太阳能电池中。尺寸效应和量子点效应是相关的概念，但不是完全相同的。尺寸效应指的是在纳米材料中，尺寸缩小到一定程度后，其性质会发生明显变化的现象。而量子点效应指的是三维空间中的量子约束效应，即在三维空间中限制了电子运动的同时，限制了电子势能，从而使能量出现离散化。

在实际应用中，尺寸效应和量子点效应都是非常重要的，这两种效应的贡献很难分离。例如，在半导体量子点中，由于尺寸的限制和量子限制，电子的能量出现离散化，并在光学、电学和传感应用方面发挥重要作用。因此，尺寸效应和量子点效应是密切相关的，并在纳米材料研究中起着重要作用。

尺寸效应和量子点效应是纳米材料中重要的物理现象，它们导致了许多新的物理、化学和电学特性出现，为纳米材料在材料科学和应用领域提供了广泛的应用前景。

量子尺寸效应是纳米材料独特的物理性质之一。在纳米材料中，这种效应会引起电子结构和能带结构的变化，从而决定其物理、化学和电学性能。在实践中，纳米材料可以被优化和设计，以获得独特的物理和化学性质，从而在材料科学、纳米电子学和光电子学等领域中得到广泛应用。

9.5.4　宏观量子隧道效应

在宏观尺寸下，物体的运动都是符合牛顿经典力学定律的，但当物体的尺寸减到纳米级别时，它们的行为就会发生变化。宏观量子隧道效应是在宏观尺度下，粒子拥有的总能量低于势垒的高度时，其仍然可以克服这一障碍，穿越这一势垒而逸出的现象（图9.4）。这种效应主要是通过针形探头场发射显微镜（scanning field emission microscopy，SFEM）和扫描隧道电子显微镜等实验手段进行研究和观测的。

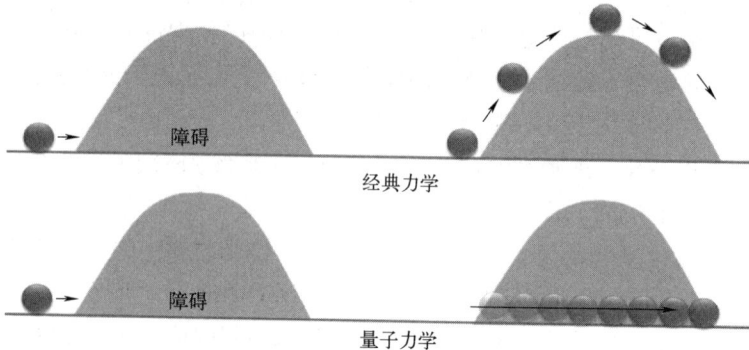

图 9.4　经典力学和量子力学示意图

针形探头场发射显微镜主要是利用发射针受电场影响而发射电子的原理，进行纳米尺度下的表面形貌、电学、光学等性质的研究。而宏观量子隧道效应则是指物质界面两侧的电子为了满足波函数的连续性需要在势垒下出现概率为指数函数的隧道效应。在纳米尺度下，由于表面形态和局部电场强度的变化，满足这种连续性的约束条件会更加严格和复杂，而针形探头场发射显微镜可以观察到这种效应。

针形探头场发射显微镜结合宏观量子隧道效应可以用来研究一些特殊的物质材料的表面性质、电子结构和电输运性质等。例如，可以用针形探头的小尺寸和高精度控制的优势，研究钙钛矿等压电材料的极化保留、减小尺寸对局部电场的影响、电极界面特性等问题，并通过量子隧道效应研究其电输运性质。有研究者展示了使用宏观量子隧道效应探究具有Si/Ge多重异质结构的纳米线的电输运性质等问题，也有相关研究探索使用针形探头场对一些生物分子和纳米材料的局部电场进行表征等。针形探头场发射显微镜结合宏观量子隧道效应为研究纳米材料的表面性质、电子结构和电输运性质等问题提供了一种非常有效的手段。

扫描隧道电子显微镜（scanning tunneling electron microscope，STEM）是一种利用电子隧道效应对物质表面进行成像和研究的高分辨率显微镜。

STEM中使用的电子波长很短，相应的动量很大，因此可以显著减少电子在物质中的散射和透过物质表面进行成像。在此过程中，电子穿过样品表面，会出现与宏观量子隧道效应类似的现象。当电子进入高势垒的障碍时，它们的波函数在势垒内衰减，并出现指数级隧穿概率。这些电子的缺失被填补，导致了与物质结构相关的扫描隧道电子显微镜图像的产生。

借助隧道电子显微镜和宏观量子隧道效应，可以对具有纳米结构的材料表面进行非常高分辨率的成像和局部测量，如晶格形貌、表面元素特征、电子结构、表面化学反应等。例如，在铁磁性材料中探测一定位置和尺寸的磁单极子，对铁磁性单层薄膜进行磁性控制，探测纳米材料中的缺陷和表面活性等。

隧道电子显微镜与宏观量子隧道效应相结合，可以提供一种非常有用和强大的工具来研究纳米材料表面的结构、电学和磁学性质，这是材料物理、表面科学和纳米技术等领域的重要研究手段。

纳米材料的量子隧道效应很常见，例如在纳米器件中，电子能够穿透由两个纳米尺寸距离之间的障碍物形成的双层障栅。这种现象是由量子力学中的波粒二象性（即电子或粒子可以被看作是既有波动性又有粒子性的）造成的。

利用宏观量子隧道效应，可以制造一些新型器件，如隧道二极管、隧穿储存器等。这些器件的主要特点是工作功耗低、速度快、操作精度高。此外，宏观量子隧道效应在微电子设备中应用还能够提高设备的性能、提高存储密度，其在信息处理、生物分析和光电子技术等领域的应用今后还将会越来越广泛。

9.6 纳米材料的制备

纳米材料的制备方法非常多样，包括物理、化学和生物制备等多种方法。

9.6.1 机械法

机械法是物理方法，是直接通过机械作用将大块物质破碎成纳米级物质的方法，如球磨法、真空抛光法、剪切法等。

机械法制备纳米材料的过程中，通常采用高能球磨法、喷雾干燥法、电弧放电法等工艺，这些工艺能够产生高能量的机械碰撞或高温高压环境。这种高能量的环境有利于纳米晶体的形成和晶格缺陷的修复，可以制备出高质量的纳米材料。机械法制备纳米材料的设备简单、操作方便、不需要消耗大量的能源和化学试剂，因此成本较低。机械法制备纳米材料的工艺灵活，可以制备出多种类型的纳米材料，如金属纳米颗粒、氧化物纳米材料、碳纳米管等。机械法制备纳米材料的工艺安全、稳定，且易于批量生产，能够满足大规模工业应用的需要。机械法制备纳米材料的表面通常具有高度活性，可以与周围环境发生显著的相互作用，因此在多个领域（如催化、生物医学、传感器等）有广泛应用。

在机械法制备纳米材料的过程中，粉末颗粒之间发生的机械碰撞和摩擦会导致颗粒破碎和聚合，使得产物的粒径分布范围较宽，不能够精确控制。该过程需要较长的处理时间，可能需要数小时或数天，以产生足够高的能量使纳米材料形成。采用该方法制备纳米材料的过程中，会产生大量的摩擦和热量，使得材料表面易受空气、水和其他杂质的污染，从而影响其性能和应用。不同实验室或生产厂家之间的机械法制备设备可能会存在一定的差异，而且制备过程需要调整和优化，这导致了机械法制备方法的标准化难度较高。制备的过程会产生大量异物粉尘，易导致爆炸等安全事故，因此需要在实验室或生产车间中严格控制操作条件。

9.6.1.1　球磨法

球磨法是常用的物理制备纳米材料的方法之一，通过在球磨罐中装入高能量的球磨介质，使其与待制备的原料混合摩擦，当颗粒之间发生碰撞时，就能够破坏原子键，使粒径缩小至纳米级别。

在制备过程中，需要合成中间体，同时考虑控制原材料的碎度。将原料与球磨介质按一定比例装入球磨罐中，通过机械力的作用，球磨介质会在球磨罐中抛起，使其与原料发生碰撞、摩擦，最终使材料粒度逐渐缩小。球磨后的材料要重新进行干燥、分散、筛分等处理，并对其进行结构分析和性能测试。

球磨法是一种简单有效的制备纳米材料的方法，通过球磨法得到的纳米材料结晶度高、比表面积大、材料结构的精细程度较高，表现出独特的材料学性能。但同时，球磨法也存在一些问题，如球磨参数的控制和材料团聚等问题，因此需要进行反复试验和优化以得到较理想的效果。

9.6.1.2　真空抛光法

纳米级原料通常为多孔性固体、金属元素或化合物等，同时，要控制原料的粒度、形状和比表面积等，因此，常选用真空抛光法制备纳米材料。

制备过程中需要将制备好的原料放在真空室中，将真空室中的压力降至高真空状态，一般在 $10^{-3}Pa$ 以下，通过电磁辐射等触发弱等离子体活动数秒，将制造好的等离子体喷射到原料表面上，等离子体与原料的碰撞作用会使原料表面受到剥蚀或者加工处理。原料表面被裸露出来之后，在实验条件下经过一段时间后，新的原子或离子可以沉积在原来的基体上，从而形成纳米尺寸的新材料。

真空抛光法的优点是制备工艺简单、制备时间较短，而且可应用于多种材料，制备出来的纳米材料纯度较高、粒度均一。其适用于制备高纯度、高结晶度、高质量的纳米材料，但同时也存在制备规模相对较小、设备和成本较高等缺陷。

9.6.2 化学法

化学法是一种利用化学反应制备纳米材料的方法，常用的化学法包括沉淀法、溶胶-凝胶法、水热法、微乳法、水相法等。它可以通过选择不同的前驱体、反应条件等，精确控制纳米材料的形貌、尺寸、分散性等物理和化学性质。

化学法能够制备出具有窄粒径分布的纳米材料，可以控制粒径和形貌，有利于实现对纳米材料性质的调控。相较于机械法，化学法制备纳米材料的过程简单，操作方便，不需要特殊的设备和复杂的处理流程，成本较低。大多化学法制备一次可以产生大量的纳米材料，能够满足新材料研究和应用中的需求。化学法可以通过改变不同的反应条件、配合物等因素控制纳米材料的形态、晶相、粒度大小等，以实现定向合成。化学法不仅适用于各种形式（如液相、气相、固相等）的原料，而且适用于各种纳米材料类型，如金属、氧化物、碳基等，在能量科学、光学、电子学、药物传输等领域得到广泛应用。

在制备纳米材料的过程中，化学试剂、处理温度和环境等都需要控制，因此需要一些特殊的设备和条件，增加了制备难度和成本。制备纳米材料需要高温高压环境，制备过程中需要消耗大量的能量和化学试剂，导致其制备过程存在能量消耗和环境成本大的问题。制备纳米材料一般在溶液体系中进行，所以在制备过程中，粒子表面易受溶液中小分子、水分、空气中氧气等的影响，从而影响其性能。在纳米材料的制备过程中，会产生聚集现象，形成很多大颗粒，从而导致纳米粉末的分散性较差，操作难度较大。纳米材料的特殊性质可能会带来不同的毒性和生物学效应，如生物酶、重金属等污染累积的问题，因此要求在制备过程中采取必要的防范措施，防止危害环境和人体。

化学法成功实现了一系列纳米材料构筑和精确制备，具有粒度和形貌可控等优点。然而，随着纳米材料制备的精度和复杂性的不断提高，其反应条件的复杂性和成本也在不断增加。因此，在真正的实际应用中，需要综合考虑不同材料制备方法的特点和需求，选择合理的方法。

9.6.2.1 溶胶-凝胶法

溶胶-凝胶法是一种常用的制备纳米材料的化学法。溶胶制备过程中需要将金属离子或化合物溶解在适量的溶剂中，并加入表面活性剂和其他辅助成分调制成的溶液，制备好的溶胶需要经过一定的处理过程，如水解、酸催化、过滤等，最终形成凝胶。制备好的凝胶干燥处理过程中，需要将其置于烘干器或真空系统中进行高温高压处理，使凝胶中的水分蒸发，形成干燥的凝胶。将干燥的凝胶经过一定时间和温度的热处理，凝胶的晶体结构进一步成长和变化，形成纳米级的晶粒，从而得到纳米材料。得到的纳米材料进行成型加工，如压制、烧结、涂敷等，制备出具有特定形状、尺寸和功能的纳米材料制品。

溶胶-凝胶法能够得到晶体尺寸较小、分布均匀且颗粒粒径与预期设计相符合的纳米材料，另外制备过程可控性强，制备效果容易复现。但因其制备过程复杂，所以需要合理设计和调制溶胶、凝胶等前处理工序，其可用于制备高品质、高应用价值的纳米材料。

溶胶-凝胶法可以用来制备二氧化钛（TiO_2）、氧化锌（ZnO）、氧化铁（Fe_2O_3）等金属氧化物的纳米材料，这些材料在光催化、光电化学等方面有重要应用。利用溶胶-凝胶法可以制备银、铜、镍等金属的纳米材料，这些材料可用于制备催化剂、传感器、涂料等。通过溶胶-凝胶法可以制备半导体材料如纳米硅、纳米碳化硅等，这些材料在电子器件、光电子学、化学传感器等方面有潜在应用。

溶胶-凝胶法在制备纳米材料方面具有诸多优点。溶胶-凝胶法制备出的纳米材料通常纯度高、均匀性好，可以避免一些传统制备方法中晶粒生长差异或掺杂杂质等问题。溶胶-凝胶法制备纳米材料的配方、温度、时间等参数都可以得到精确控制，因此可实现不同尺寸、形态的调控。

9.6.2.2　化学气相沉积法

在实际操作过程中，需要在反应炉中加入所需元素物质，如 SiH_4、WF_6、$TiCl_4$ 等，将反应炉加热至一定温度，使其中的气体混合反应，并产生固态产物，固态产物结晶并沉积在衬底（衬底就是所需的基材，如石英玻璃等）表面，经过一段时间的沉积作用，就可以得到所需的纳米材料。在此过程中还可通过物理学手段实现纳米材料器件制造，如蒸发法制备固态薄膜等。

化学气相沉积法制备纳米材料具有较多优点，该方法制备获得纳米材料的过程快速、自动化程度高，能够生产大量的纳米材料，因此在工业制造领域具有广泛应用。通过调节反应炉温度、压力等反应条件，可以实现高度可控制的纳米材料制备，如粒径的尺寸、形状、晶体结构等。化学气相沉积法具有制备大尺寸、高质量和多功能性的纳米材料的能力，可应用于多个领域。化学气相沉积法制备纳米材料的反应器件简单、成本相对较低，尤其适合大批量制造。

化学气相沉积法制备纳米材料在诸多领域得到广泛应用，如石墨烯。化学气相沉积法可以制备高质量的单层或多层石墨烯材料，石墨烯材料可应用于电子器件、传感器、催化剂等方面。碳纳米管是目前研究的热门话题，在许多领域有广泛应用。化学气相沉积法可以制备高质量的碳纳米管，其可应用于电子器件、生物医学等领域。二维材料如黑磷、硫化钼等，具有许多特殊的物理化学性质，其性质受维度限制，在化学气相沉积法中可以使用不同的沉积条件来制备不同性质的二维材料。化学气相沉积法可以制备太阳能电池用的钙钛矿材料，这些材料具有高转化效率和成本低等优点，是太阳能电池领域的热点。

9.6.2.3　水热法

水热法是将金属盐或氧化物等反应原料在水溶液中加热搅拌溶解，形成反应物溶液后，将反应物溶液密封到反应容器中，并通过加热形成高温高压条件，使反应物发生水热反应，形成纳米材料。用一定的稳定化剂或胶体保护剂对纳米材料表面进行修饰，避免聚集。最后，将制得的纳米材料经过适当的洗涤、分离、干燥等处理，得到纯净、均匀、具有纳米级结构和物理性质的纳米材料。

水热法简单易行，催化剂用量较少，操作过程相对容易掌控，易于进行规模化生产，该方法可通过调整反应物种类、比例、pH 值和反应温度等条件，精确控制纳米颗粒的尺寸、形状及化学组成等，合成目标产物。水热法制备的纳米材料具有晶格规整、结构稳定的特点。

水热法可以制备二氧化钛（TiO_2）、氧化锌（ZnO）等氧化物纳米材料，这些材料在光催化、光电化学、传感器、涂料等领域有广泛应用。水热法可以制备各种类型的碳基（如碳纳米管、石墨烯、炭黑等）纳米材料，这些材料在电池、超级电容器、传感器等领域有潜在应用。水热法可以制备各种类型的金属纳米材料，如银、金、铜、铁等，这些材料在催化、传感器、涂料等方面具有广泛应用。水热法的制备条件温和，适合制备生物医用纳米材料。例如，水热法制备的氧化铁纳米粒子能够用于磁共振成像、药物缓释等领域。

9.6.3　物理法

制备纳米材料的常用物理方法包括热蒸发法、溅射法、电化学反应法、等离子体处理法等。通过控制反应温度、反应时间、气氛、反应速率等因素，可以制备出具有较窄粒径分布的纳米材料。相较于化学法制备纳米材料，物理法不需要使用大量化学试剂，无毒无害，更为环保。采用热蒸发法、溅射法、等离子体处理法等物理方法制备的纳米材料通常具有优秀的物理性质，具有高强度、高硬度、高韧性等类似属性。物理法制备的纳米材料尺寸大小通常可以通过改变反应条件进行调控。物理法可以提供高温高压的环境，可制备出一些无法使用化学法制备的特殊结构的纳米材料。物理法制备纳米材料的过程中，不需要化学试剂，并且此过程可以在真空或惰性气氛下进行，不会产生污染。物理法制备纳米材料，是通过改变纳米材料的相变机制来实现尺寸调整的，其原理简单易懂，便于学习理解。

部分物理方法制备的纳米材料在表面上容易形成氧化层或氢化层等。物理方法制备纳米材料的方法简单、可控性好，并且可以制备高纯度的纳米材料。但是，相比于其他方法，物理方法存在设备成本较高、操作难度大等问题，而且制备中的缺陷和杂质不能避免。因此，需要根据实际需求进行综合考虑以选择合适的纳米材料制备方法。

9.6.4　光化学法

光化学法制备纳米材料是一种通过光照诱导化学反应的方法来制备纳米材料的方法，包括光还原法、溶液中光致化学反应法等。

相较于其他化学方法，光化学法制备纳米材料是一种一步法，具有快速可控的优点。光化学反应的反应过程易于控制，在决定材料结构和性能时，需要调整的主要参数是光照区域、强度和时间等。光化学法制备纳米材料的反应过程通常在常温下进行，无须高温高压的条件，可以大大减少能源消耗。通过光化学法合成的纳米材料，具有高比表面积和特殊结构特征，具有优异的催化、吸附、光催化和光电性能等。光化学法制备纳米材料的过程不使用有机溶剂和毒性物质，是一种绿色环保、低污染的制备方法。

光化学合成需要在光照条件下进行，光照强度的大小会直接影响制备的纳米材料性质，反应过程稳定性差，在不同实验条件下实验结果易出现波动。很多实验参数，如紫外线照射时间、辐照强度、反应溶液阳离子的浓度等，都会影响光化学反应的产率、选择性和产品形态。光引发的纳米材料合成方法种类繁多，且研究范围不断拓展，在实际应用中仍存在局限性，如仅适合于对纳米材料高度控制的生产，金属氧化物、半导体等限定的材料种类。虽然光化学法制备纳米材料的绿色环保特性较好，但也需要初始高成本的设备投入和高昂的试剂费用，产品的大规模生产仍需要加大材料研发的投入。

光化学法可以制备出具有良好晶体性和单分散的纳米材料，且具有易于操作、无须高反应温度或压力、对环境友好、可控制纳米材料形貌等优点。与此同时，它的反应条件需要控制得较为严格，光源所提供的能量也存在一定限制。

9.6.5　生物法

生物法是通过利用微生物、植物和动物细胞等自身的代谢、生长能力和遗传特性，利用生物体内部结构原理，人工调控材料的形态、大小、类型等属性来制备纳米材料，包括生物矿化法、生物还原法、生物模板法等。

生物制备纳米材料是一种绿色制备方法，制备过程无须使用有毒有害的溶剂或强酸强碱等化学物质，因而具有环保的优势；生物体对金属和其他化合物的生物可利用性比较强，可以利用生物体自身的酶、酸、碱和其他分子实现效率高、成本低的控制制备和精确控制。制备获得的纳米材料表面容易功能化处理、固定和光化学修饰，易于与许多生物分子和细胞结合，具有生物相容性优势。

纳米材料的制备方法多种多样，选择制备方法要考虑其成本、效率、工艺条件等因素，以达到制备高品质、高性能的纳米材料的目的。生物制备纳米材料是一种环保、低成本、具有功能化和生物相容性等优点的制备方法。然而，生物制备过程的操作性比物理和化学方法差，其产量也相对较小。

9.7　纳米材料的应用

纳米材料由于其具有较小的粒径、极高的比表面积、良好的表面特性及界面特性，因此在许多领域有广泛的应用前景。

9.7.1　材料科学

纳米材料具有尺寸效应和量子效应，其在材料科学领域中具有高度的应用价值，例如用纳米钻石制造超硬工具等。

纳米材料的大小比例与电子元器件尺寸相当，因此其可制成高性能、高密度电子元件，如纳米线、纳米管、纳米晶等。纳米材料对光学性能有着显著影响，如纳米颗粒、纳米线、石墨烯等，这些材料可以应用于显示屏、太阳能电池、发光二极管（LED）等领域。纳米材料在气体吸附、催化反应、电化学反应等方面具有较好的应用，且其粒径小、表面积大、比表面积大，更有利于催化发挥作用。纳米材料（如纳米金、纳米钻石、纳米磁粒子等）在医学成像、药物缓释、生物诊断和治疗等方面具有广泛的潜在应用。纳米级材料表面活性高，所制备的涂层（如纳米压电涂层、纳米金刚石涂层等）可以增加材料表面的硬度、电阻率、耐腐蚀性和耐磨性等特性。

纳米材料在材料科学中的应用广泛，涉及的领域非常多，从电子器件、光学材料到生物医用材料、纳米涂层等。纳米技术的发展为材料科学的研究和发展提供了更广阔的空间。

9.7.2 环境科学

纳米材料的高效化学反应和吸附特性使其在污染物检测、废水处理等领域中有着广泛的应用。

纳米材料可用于制备高灵敏度和快速响应的传感器，例如用纳米颗粒制成的化学传感器可以检测水中的重金属离子。纳米材料在吸附、催化、电化学等方面均有应用，可以有效地去除污染物，例如利用纳米铁进行地下水污染物的去除等。纳米材料具有高的比表面积和特殊的化学和物理特性，可以应用于水处理和净化中，例如纳米材料可用于水中有毒物质的去除、微生物的灭活等。纳米材料的解析性能和比表面积高，可有效地去除空气中的有害物质，例如利用光催化剂降解有害气体。纳米材料具有较高的比表面积和电荷传递效率，因此可以用于制备性能优越的超级电容器，以提高储能效率。

纳米材料在环境科学中的应用广泛，可以应用于水处理、空气净化、垃圾处理等多个领域。纳米技术的发展正在为环境科学研究和实践提供更多的解决方案。

9.7.3 生物医学

纳米材料因其体积小、良好的生物相容性和独特的功能特性，使其在生物医学领域中有着广泛的应用，如生物分子检测、治疗和诊断等方面。

纳米材料可通过表面修饰使其具有生物亲和性，能在体内选择性地识别和靶向癌细胞，例如纳米粒子可用于早期癌症定位和肿瘤标记物检测。纳米材料在体内稳定性较好可以长时间留存，具有提高药物的生物利用度、能耐受药物代谢和清除等特性，可以作为药物递送载体，例如纳米脂质体等。纳米材料在生物成像方面具有良好的应用潜力，例如通过表面修饰提高生物亲和力，利用纳米颗粒的性质来进行染料探针、磁共振、CT 等成像。纳米材料可以促进组织生长、细胞分化和新生组织的形成，如利用纳米羟磷灰石（n-HA）修复骨组织。纳米材料可用于检测疾病的生物标志物，例如利用纳米金粒子实现低成本、口服、非侵入性病理检测。纳米材料在生物医学中的应用是非常广泛的，其独特的物理和化学特性赋予了其在生物医学与诊断、治疗和生物成像等方面的优点。

9.7.4 能源领域

纳米材料所具有的高效传输、储存和分离能力，引起人们对其在能源领域中的广泛应用研究，如纳米材料在太阳能电池、燃料电池、储存介质等方面都有应用前景。

　　纳米材料在太阳能电池中可用于提高光电转换效率，例如利用钙钛矿纳米颗粒制造太阳能电池。纳米材料可用于制备高性能的电池储能器件，例如利用纳米钴酸锂靶材生产动力电池。纳米材料可用于燃料电池中催化剂的制备，例如通过制备纳米铂或其他金属复合材料提高燃料电池的效率和寿命。纳米材料的较大比表面积和优异的电荷传输能力使其适用于超级电容器和储氢合金中。纳米材料的高输出和较小的热损失使其适用于描边，例如利用纳米颗粒制造高效电子器件。纳米材料在能源领域中的应用日益广泛，是该领域的重要研究方向。随着对纳米材料的深入研究，其在能源领域中的应用还将不断扩展和完善。

9.7.5　电子信息

　　纳米材料在电子信息领域有着广泛的应用，如提高半导体元件的导电性和机械强度，制造微小元件、纳米电路和纳米存储器等。

　　纳米材料可以制成高性能的半导体元件，例如利用纳米颗粒制造超级晶体管，提高集成电路的性能。纳米材料可以制造高精度、高灵敏度的传感器，例如基于纳米结构的光学传感器可以用于检测化学或生物分子。纳米材料可以制备具有特殊性能和功能的液晶材料，例如利用纳米颗粒或纳米球制备液晶显示器中的背光源。纳米材料可以制成高性能、高效率的器件，例如利用纳米线、纳米管或纳米晶制造高亮度的 LED 或有机发光二极管（OLED）发光器件。纳米材料可以制造高能量密度、高功率密度的电池，例如利用纳米材料制造出的锂离子电池、太阳能电池等。纳米材料在电子信息领域中的应用非常广泛，涉及电子元件、传感器、液晶、器件以及电池等多个方面。

9.7.6　材料加工

　　纳米材料因其尺寸小、可控性高、化学反应率高等特性，在材料加工、涂层和喷涂等方面得到广泛应用。

　　纳米材料添加到宏观材料中可提高其力学性能和热学性能，例如利用纳米硬质颗粒强化金属材料。纳米材料可用于制备防腐、抗磨损、耐高温等特种表面涂层材料，例如利用纳米氧化铝制备耐高温涂层。纳米材料可用于制造具备复杂形状、高性能和高精度的 3D 打印成品，例如用碳纳米管增强增材制造 3D 打印件。纳米材料制备的切削工具可有效提高加工效率和加工质量，例如利用纳米钨钢制备的切削刀具具有较好的耐磨损性能。纳米材料可用于制备高性能的粉末冶金材料，利用纳米颗粒的表面能、扩散性、小尺寸等特性来增强其结构性能。纳米材料在材料加工领域中的应用使得工业制造更加高效、环保、低耗能。各种纳米材料制备技术的不断调整和发展，更有助于掌握和运用这些新型纳米材料制造技术，致力于推动加工技术和加工材料的发展，为制造和工业化生产奠定更加牢固的基础。

　　纳米材料因其独特的特性和广泛的应用价值，在多个领域有着重要的应用前景，并受到了广泛的关注。

习题

1. 什么是纳米材料？其与块体材料的本质区别是什么？
2. 列举纳米材料的特殊结构及其在生活中的应用。
3. 按照结构排列方式，纳米材料如何分类？
4. 纳米材料需要具备哪两个基本条件？
5. 纳米陶瓷克服了传统陶瓷的哪些缺点？
6. 纳米粉末的主要合成方法有哪些？
7. 纳米薄膜包括哪两类？列举其在生产生活中的应用领域。
8. 纳米材料包含哪些基本理论？宏观量子隧道效应可以解决哪些生产或生活中的问题？
9. 简述溶胶-凝胶法以及水热合成法的纳米材料制备过程。

参考文献

［1］ Feynman Richard P. The pleasure of finding things out：the best short works of Richard P. Feynman［M］. New York：Perseus Books Group，2005.

［2］ Marom R，Amalraj S F，Leifer N，et al. A review of advanced and practical lithium battery materials［J］. Journal of Materials Chemistry，2011，21（27）：9938-9954.

［3］ Yang H，Qiao Y，Chang Z，et al. Reducing water activity by zeolite molecular sieve membrane for long-life rechargeable zinc battery［J］. Advanced Materials，2021，33（38）：e2102415.

［4］ Ming W，Jiang Z，Luo G，et al. Progress in transparent nano-ceramics and their potential applications［J］. Nanomaterials，2022，12（9）：1491.

［5］ 宋丽. 聚集诱导发光性能的金属配合物的合成及其在海藻酸钙复合纤维应用［D］.青岛：青岛大学，2022.

［6］ Wei H，Zhao S，Zhang X，et al. The future of freshwater access：functional material-based nano-membranes for desalination［J］. Materials Today Energy，2021，22：100856.

［7］ Kleis J，Greeley J，Romero N A，et al. Finite size effects in chemical bonding：from small clusters to solids［J］. Catalysis Letters，2011，141（8）：1067-1071.

［8］ Ibrahim M Z，Sarhan A A，Yusuf F，et al. Biomedical materials and techniques to improve the tribological，mechanical and biomedical properties of orthopedic implants—A review article［J］. Journal of Alloys and Compounds，2017，714：636-667.

［9］ Guo Q M，Qin Z H. Development and application of vapor deposition technology in atomic manufacturing［J］. Acta Physica Sinica，2021，70（2）：028101.

［10］ Li X，Cai W，Colombo L，et al. Evolution of graphene growth on Ni and Cu by carbon isotope Labeling［J］. Nano Letters，2009，9（12）：4268-4272.

第**10**章

生物医用材料

生物材料通常有两种定义：一种是指天然生物材料，即在生命过程中形成的材料，如结构蛋白（胶原纤维、蚕丝等）和生物矿物（骨、贝壳等）；另一种是指生物医用材料，其含义随着医用材料的发展而不断演变。1992 年美国 Black 教授在《材料的生物学性能》中，将生物材料定义为用于取代、修复组织的天然或人造材料。1997 年，美国 Stupp 教授在《科学》杂志上的论文中，把生物材料定义为活组织中的天然材料和用于修复人体的材料。生物材料不仅包括植入材料，还包括在介入治疗中的应用。与体液和血液直接接触的医用导管材料、医疗器械以及皮肤创面保护膜等材料都属于生物材料的范畴，国际上将这类材料统称为生物医用材料。

生物医用材料根据成分及其性质可分为生物医用金属材料、生物医用高分子材料、生物医用陶瓷材料、生物医用复合材料和生物衍生材料。其中，生物医用金属、陶瓷、高分子材料及其复合材料是较为传统，且应用最为广泛的生物医用材料。近年来，发展迅猛的新型生物医用材料主要有智能高分子、生物可吸收与生物可侵蚀材料、生物医用纤维等，随着生物医用材料的研究与开发，新型的生物医用材料将会不断涌现。

10.1　医用金属材料

10.1.1　医用金属材料的生物学要求

生物医用材料的最主要特征是直接与生物体系相接触，因此生物材料除了应该满足最基本的生理功能外，必须具备生物性能，即生物相容性。医用材料的生物相容性要求材料不能对生物体产生明显危害，且不会因与生物体系的直接接触而降低其使用功能和寿命。

医用金属材料在生物材料领域有着重要的经济与临床应用意义，医用金属材料的选择应该严格满足以下生物学要求。

① 良好的生物相容性：首先要求植入生物体内的金属材料对生物体毒性较小，并且要求具有良好的稳定性，不会引起生物体的不良反应，保证生物体的新陈代谢处于正常生理范围。

② 良好的耐蚀性：由于生物体内环境非常复杂，尤其富含氯离子，植入金属材料必须具有良好的耐蚀性，从而避免其在服役期失效。

③ 力学性能匹配：医用金属材料通常用作生物承载部件，所以植入材料的力学性能应与植入部位相匹配，免除应力遮挡效应。

④ 与血液相接触的植入材料，除了需要满足上述条件外，还必须具有较好的血液相容性，即不溶血（血液中红细胞、血小板等不被破坏）、不扰乱生物体的电解质平衡等。

10.1.2 医用金属材料的种类

目前除医用贵金属，医用钛、钽、铌、锆等单质金属外，在临床广泛应用的金属植入材料主要为合金，其中使用较多的有不锈钢、钴基合金、钛基合金、镍钛基形状记忆合金。

（1）医用不锈钢

不锈钢作为最早的植入材料，主要有马氏体不锈钢、铁素体不锈钢、奥氏体不锈钢等，其中奥氏体不锈钢应用最为广泛。目前，常用的316和316L不锈钢（图10.1）比其他不锈钢具有更好的耐蚀性，也是制作人工关节中较为廉价的材料。但在生理环境中，有时会产生缝隙腐蚀、摩擦腐蚀或疲劳腐蚀破裂的问题，长期植入的稳定性不好；因摩擦磨损等原因极易释放 Ni^{2+}、Cr^{3+} 和 Cr^{5+}，对人体造成伤害。不锈钢的密度和弹性模量与人体硬组织差距较大，因此其力学相容性比较差。近年来，一些低镍和无镍的医用不锈钢正逐渐得到发展和应用。日本开发了一种能够简单生产不含镍硬质不锈钢的方法，可使不锈钢的强度和硬度提高至原来的1.4倍左右，该方法不仅降低了制造成本，还有效改善了医用不锈钢中 Ni^{2+} 的释放，有望广泛用于医疗领域。

图 10.1　心血管植入支架用 316L 不锈钢

（2）医用钛合金

工业纯 Ti 和 Ti-6Al-4V 合金是两种最常见的钛基植入生物材料。钛基合金的生物相容性好、密度较低、耐蚀性能良好，可用于人工关节、接骨钢板等内固定产品。其缺点是硬度较低、抗剪切和耐磨损性较差、表面氧化层易被磨损破坏。目前，通过表面改性技术可以克服这些缺点，采用氮离子植入技术可以提高钛基合金的表面硬度和光洁度，而等离子喷涂羟基磷灰石可使钛制品具有生物活性。

钛合金材料不仅用于制造创伤内固定产品（如接骨钢板、人工关节等），而且在制造脊椎矫形锭棒方面也有极大的应用（图 10.2）。但是目前临床使用的大多医用钛合金材料均含有能导致相关器官受损、骨组织软化、周围神经错乱等现象的铝元素，并且钛的使用成本较高，这在实际中限制了医用钛合金的推广使用。

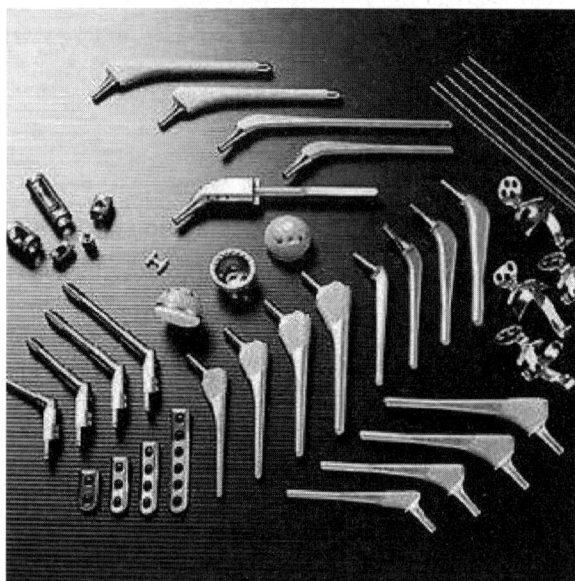

图 10.2　医用钛合金制品

（3）医用钴基合金

钴基合金通常指以钴和铬为主要成分的合金，目前最常用的为钴铬钼合金和钴铬钼镍合金，常用的有 Haynes-Stellite 21 和 Haynes-Stellite 25、铸造的 Co-Cr-Mo 合金，以及多相合金 MP35N。钴基合金在人体内保持钝化状态，植入体内无明显的组织反应，与不锈钢相比，其钝化膜更稳定、耐蚀性更好、更适合长期应用于体内承载条件苛刻的植入件（图 10.3）。临床的关节磨损部件多采用这种材料制造，通过改进其制造工艺，可提高钴基合金的疲劳强度、静力强度和抗腐蚀能力。另外，一种可热处理的、非磁性的钴基合金（Havar 合金）具有很高的强度和优异的抗腐蚀性，现已证明其具有医学植入的兼容性，试验表明，Havar 合金几乎无细胞毒性和系统毒性。

（4）医用贵金属

铂、金、银等惰性材料，它们的物理化学性质极其稳定并且难于被腐蚀。由于纯金较软，所以临床应用的主要是金合金，金及其合金主要用于口腔科室，对牙齿进行替换和修复，还可以用于颅骨修复和植入等。银及其合金广泛用于制作电子检测装置，或与汞形成汞合金用作口腔填充材料等。铂是惰性的，在室温下几乎除了和王水反应外，没有任何其他的化学变化，具有优良的耐腐蚀性能，是抗氧化性能最强的贵重金属。铂及铂合金目前主要应用于神经系统的检测等方面，但与钛合金相同，高昂的成本限制了贵金属在医学上的广泛应用。

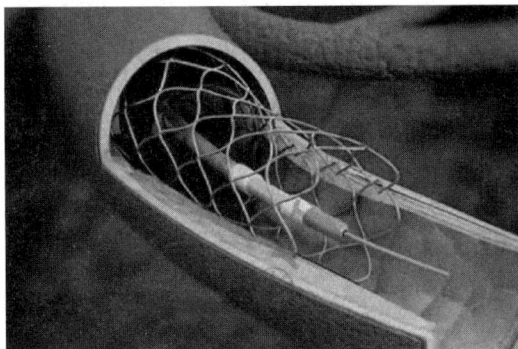

图 10.3　血管及心脏支架类钴基高温合金

钽具有很好的化学稳定性和抗生理腐蚀性，钽的氧化物基本上不被吸收也不呈现毒性反应。在临床上，钽也表现出良好的生物相容性。Tsao 等采用髓芯减压手术，使用多孔钽金属植入钉治疗早期股骨头坏死，多孔钽金属植入钉可以有效地延缓早期股骨头坏死的发展。近年来开发的多孔钽金属，可用于骨的修补、骨折固定、脊椎和关节固定、人工关节部件等硬组织以及软组织的治疗，而且早期的临床结果非常好。但总的来说，医用贵金属和钽、铌、锆等金属因其价格较贵，广泛应用受到很大的限制。

（5）医用形状记忆合金

形状记忆合金（shape memory alloy，SMA）是一种能够记忆原有形状的智能材料。形状记忆合金之所以具有变形恢复能力，是因为变形过程中材料内部产生热弹性马氏体相变，热弹性马氏体相变产生的低温相（马氏体）在加热时向高温相（奥氏体）进行可逆转变。

1932 年，美国学者奥兰德在金镉合金中首次观察到"记忆"效应；1951 年首次发现 Cu-Zn 和 Cu-Sn 合金具有形状记忆效应；1963 年，美国海军军械研究所 Buehler 首先发现 Ni-Ti 形状记忆合金，引起人们的广泛关注；1969 年 Raychem 首次将形状记忆合金应用于工业，制作出在温度变化下一直紧密连接的管道接头；1970 年"阿波罗"11 号登月舱的天线由形状记忆合金材料制成。1970 年至今，形状记忆合金迅速发展，在 Cu-Zn-Sn、Cu-Zn-Si、Cu-Sn、Cu-Zn-Ga、In-Ti、Au-Cu-Zn、Ni-Al、Fe-Pt、Ti-Ni、Ti-Ni-Pd、Ti-Nb 等多种合金系中发现了形状记忆效应，广泛应用于医疗器械、航空航天等领域。可以设计植入材料在体温下的结构形状，当记忆合金植入生物体内时即可达到预期效果。镍钛形状记忆合金若在正常哺乳动物体温的情况下即可发生形状记忆效应，这个特点对它的应用有很大的影响，当小于逆转变温度时，在 75~135MPa 应力作用下即产生相应的塑性变形，当大于逆转变温度时，仍可恢复至原本的形状和结构，但是医用形状记忆合金存在的最大使用障碍是对相变温度要求非常苛刻。

在牙齿矫正领域，通常牙齿矫形用不锈钢丝 Co-Cr 合金丝，但这些材料有弹性模量高、弹性应变小的缺点。为了给出适宜的矫正力，在矫正前就要加工成弓形，而且结扎固定要求熟练。如果用 Ti-Ni 形状记忆合金作牙齿矫形丝（图 10.4），即使应变高达 10%也不会产生塑性变形，而且应力诱发马氏体相变（stress-induced martensite）使弹性模量呈现非线性特性，即应变增大时矫正力波动很小。这种材料不仅操作简单、疗效好，还可减轻患者不适感。

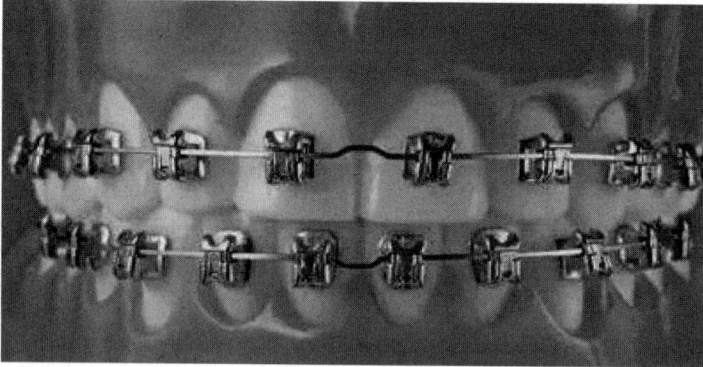

图 10.4　Ti-Ni 形状记忆合金作牙齿矫形丝

　　在脊柱侧弯矫形领域，过去治疗脊柱侧凸症疾病采用不锈钢制哈伦顿棒矫形，在手术中安放矫形棒时，要求固定后脊柱受到的矫正力保持在 30~40kg，一旦受力过大，矫形棒就会被破坏，结果不仅是脊柱，而且连神经也有损伤的危险。同时存在矫形棒安放后矫正力会随时间变化，大约矫正力降到初始时的 30%时，就需要再进行手术调整矫正力，这样给患者在精神和肉体上都带来极大痛苦。采用形状记忆合金制作的哈伦顿棒，只需要进行一次安放矫形棒固定。如果矫形棒的矫正力有变化，可以通过体外加热（热生理盐水）形状记忆合金，把温度升高到比体温约高 5℃，就能恢复足够的矫正力（图 10.5）。

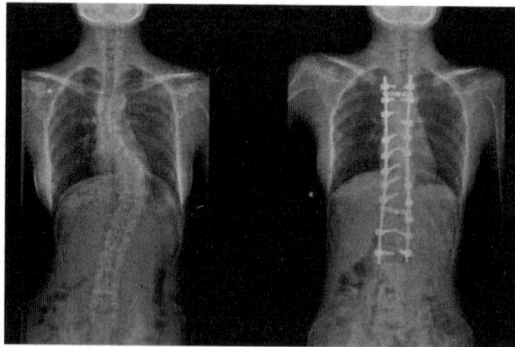

图 10.5　脊柱侧弯矫形 CT 实例

10.2　生物陶瓷材料

　　生物陶瓷具有良好的生物相容性，较高的机械强度，优异的表面相容性、物理和化学稳定性等性能，在组织缺损的治疗中应用广泛。根据材料是否具有生物活性，生物陶瓷材料可分为生物惰性陶瓷材料和生物活性陶瓷材料。生物惰性陶瓷材料，如氧化铝、氧化锆等，具有与骨组织相似的力学性能，主要作为体内植入物被放置到缺损部位，结构稳定，能够代替缺损的组织维持人体正常行动和生活。随着时间延长，由于其惰性，不与组织发生反应，植入物与周围组织无法形成紧密键合，往往会产生松动，导致植入失败。生物活性陶瓷材料能够克服这一不足，在植入后与机体缺损部位的界面发生生物学或化学反应，从而形成牢固的化学键合，防止植入体松动。广义的生物活性陶瓷材料包括生物玻璃、羟基磷灰石、磷基生物陶瓷、硅基生物陶瓷以及二氧化硅纳米颗粒等，是无机生物活性材料的统称，能释放生物活性离子，促进组织修复和再生。生物活性陶瓷材料与人体组织的物理化学性质相似，具有适宜的生物降解速率，广泛用于修复和替代骨、牙齿等硬组织以及皮肤、心肌等软组织缺损的修复。

10.2.1　生物惰性材料

生物惰性材料一般指的是植入生物体后既不能与组织相结合，也不能被吞噬或排出体外，最后被生物体内的结缔组织膜包裹与正常组织隔开的一类材料。从理化性能来看，一般生物惰性材料的分子键强、化学稳定性高、机械强度大、耐磨性好、抗腐蚀。所以，生物惰性陶瓷材料都具有较高的机械强度、化学稳定性等，可以制作成各种人工关节、人工骨、种植义齿等，典型的生物惰性材料有氧化铝、氧化锆等。

氧化铝（Al_2O_3）是一种化学惰性陶瓷材料，具有较高的机械强度与硬度，较强的抗腐蚀能力。自 1975 年，氧化铝生物陶瓷在瑞士被植入人体后，几十年来，惰性的氧化铝生物陶瓷一直是髋关节陶瓷假体的主要材料，也是应用最广泛的髋关节假体陶瓷材料。在 20 世纪 70 年代初，德国明显改进了医用级别的氧化铝陶瓷，经过后续的发展，生物医用氧化铝陶瓷的性能得到较大提升，具体的力学性能如表 10.1 所示。然而，氧化铝生物陶瓷的断裂韧性低，具有很高的骨折、断裂等风险。因此，如何提高氧化铝生物陶瓷的断裂韧性是氧化铝生物陶瓷面临的难题。

表 10.1　氧化铝生物陶瓷的力学性能

性能	第一代（20 世纪 70 年代）	第二代（20 世纪 80 年代）	第三代（20 世纪 90 年代）
抗压强度/MPa	400	500	580
硬度/HV	1800	1900	2000
弯曲强度/MPa	>450	>500	>550
杨氏模量/GPa	380	380	380
平均粒径/μm	<4.5	<3.2	<2.0
接触角/（°）	<50	<50	<50

氧化锆（ZrO_2）也是一种化学惰性陶瓷，它能够随着温度的变化转变自身的晶体结构。温度低于 1170℃时为单斜晶体，在 1170~2370℃之间时为四方晶体，而温度高于 2370℃时为立方晶体，温度在 2706℃时氧化锆开始熔化。其中，四方相的氧化锆陶瓷因其较好的断裂韧

性、高强度、高弹性模量、耐磨性和低温降解性而被广泛用于骨骼植入体、膝关节等置换材料与牙科材料。氧化锆陶瓷作为医用材料可追溯到 20 世纪 70 年代，由于其生物惰性及优秀的力学性能，前期研究主要集中在整形外科，如髋关节置换股骨、假肢、牙科植入物等。相比于氧化铝生物陶瓷，氧化锆陶瓷具有以下特殊性能：①氧化锆陶瓷具有相变增韧性能。当对氧化锆陶瓷施加外部应力时，其陶瓷内部会产生裂纹并扩展，陶瓷会由亚稳态的四方晶相转变为单斜多晶相且靠近裂纹尖端导致体积膨胀，并产生压应力，从而有效抑制陶瓷内部裂纹传播；②具有生物相容性和生物活性，能够促进成骨细胞增殖和分化；③不透射线性，氧化锆陶瓷在 X 射线照片中清晰可见，具有植入体监视的潜力。作为惰性的生物陶瓷材料，氧化锆生物陶瓷可以通过适当的表面改性或与其他生物活性陶瓷和玻璃组合来进一步改善性能。

生物惰性材料理化性能稳定，但由于这些陶瓷几乎完全是生物惰性的，导致植入体内的材料与周围组织之间的相互作用非常有限，容易松动、脱落导致手术失败。

10.2.2 生物活性玻璃

生物玻璃是一种能实现特定的生物、生理功能的玻璃。将生物玻璃植入人体骨缺损部位，它能与骨组织直接结合，起到修复骨组织、恢复其功能的作用。其主要成分有 SiO_2、CaO、Na_2O 和 P_2O_5。生物玻璃的制法与工业玻璃类似，在 1400℃左右高温下熔制，均化后浇注到不锈钢模具中成型，退火后即得到其制品。由于生物材料的特殊要求，制备生物玻璃须采用高纯试剂作原料，以铂坩埚为容器，尽可能减少杂质混入。由于生物玻璃化学稳定性差，易与环境中的水分反应，因此在其加工、灭菌和保存中，须保持干燥，防止变质。生物玻璃的机械强度低，只能用于承力不大的体位如耳小骨、指骨等的修复。将生物玻璃涂敷于钛合金或不锈钢表面，在临床上可制作人工牙或关节。

在 20 世纪 70 年代，美国佛罗里达州立大学 L. L. Hench 教授制备了一种名为 45S5 的生物活性玻璃（SiO_2-CaO-Na_2O-P_2O_5），各组分质量分数为 45% SiO_2、24.5% Na_2O、24.5% CaO 以及 6% P_2O_5。他们发现将 45S5 作为材料植入体内后，表面没有被纤维组织包裹，能够与周围的活体组织结合并刺激骨骼生长。而生物活性玻璃则是唯一被认定的可以在人体中使用的氧化物玻璃材料。随着时间的推移，医用生物材料的快速发展，45S5 生物活性玻璃的用途被进一步发掘出来，为硼酸盐、磷酸盐、硅酸盐生物活性玻璃的组合奠定了基础。图 10.6 展示了包含 45S5 在内的生物玻璃在生物医学应用中的关键节点及其首次实验应用的类型。从图中可以看出生物活性玻璃应用广泛，无论是硬组织还是软组织的组织治疗修复如 2000 年的创伤愈合作用、2005 年骨骼及韧带修复以及 2018 年的肝转移大肠癌的治疗等，都可以看到生物活性玻璃的重要作用。

1991 年，Kokubo 等首次证明了不含磷的纯 CaO-SiO_2 陶瓷也具有生物活性。进一步研究发现 SiO_2-CaO 是 45S5 生物玻璃具有生物活性的重要因素。钙离子与硅离子从生物活性玻璃中释放，不但能够增强材料的生物活性，还能刺激成骨细胞的增殖与分化。钙硅基类硅酸盐生物活性玻璃在此基础上快速发展。

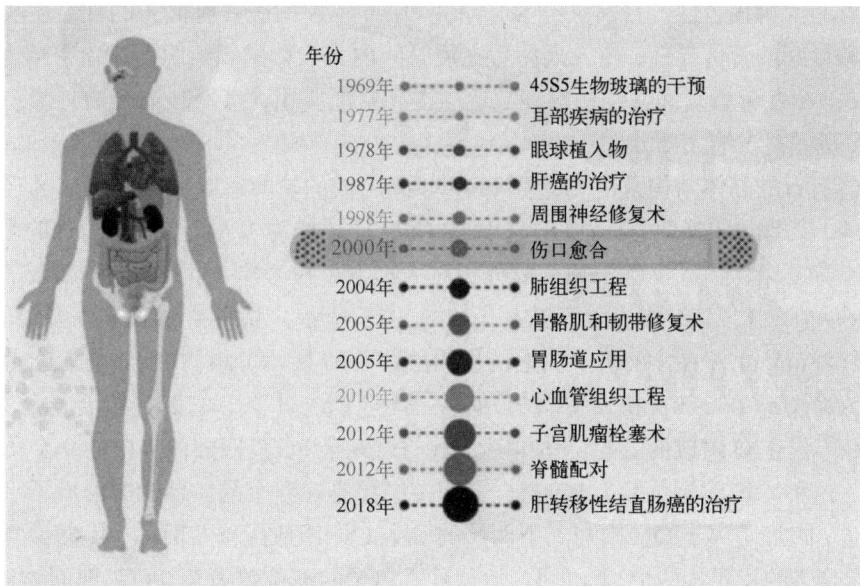

年份
1969年 ● 45S5生物玻璃的干预
1977年 ● 耳部疾病的治疗
1978年 ● 眼球植入物
1987年 ● 肝癌的治疗
1998年 ● 周围神经修复术
2000年 ● 伤口愈合
2004年 ● 肺组织工程
2005年 ● 骨骼肌和韧带修复术
2005年 ● 胃肠道应用
2010年 ● 心血管组织工程
2012年 ● 子宫肌瘤栓塞术
2012年 ● 脊髓配对
2018年 ● 肝转移性结直肠癌的治疗

图 10.6　生物活性玻璃在生物医学应用中的关键应用及其首次实验用途的类型

微晶玻璃是通过对玻璃进行一定组成与晶相设计并采用一定的热处理工艺使玻璃基相中发生有控制的析晶，从而形成一种含有大量均匀分布微晶和残余玻璃相的复合材料，又称为玻璃陶瓷。通过对微晶玻璃化学组成、晶相种类和比例的目标设计，可以使材料在保持一定生物活性的基础上，其力学性能（如抗折强度及断裂韧性等）及可加工性能得到显著改善。新型生物玻璃修复软骨组织可用于制作一些承力的骨植入部件，如人造颌骨、脊椎及四肢骨置换部件等（图 10.7）。

图 10.7　新型生物玻璃修复软骨组织

10.2.3　羟基磷灰石

羟基磷灰石（hydroxyapatite，HA）是人体和动物骨骼、牙齿的主要无机成分，在骨质中，羟基磷灰石大约占 65%，而在人的牙釉质中 HA 的质量分数大于 95%，因此人们认为 HA 具有非常优秀的生物相容性。目前已有大量研究表明，HA 的确具有优秀的骨、皮肤和肌肉生物相容性和良好的骨传导性，植入人体后在短时间内与人体的软组织形成紧密结合。正由于这个原因，HA 在骨修复和替代材料领域逐渐得到广泛应用，甚至在当今的骨修复和替代材料中，HA 基材料占绝大部分。

羟基磷灰石的晶体结构是由 Ca^{2+}、PO_4^{3-} 排列组成的磷酸钙层和 OH^- 构成的羟基层交替堆积而成的，其理论组成为 $Ca_{10}(PO_4)_6(OH)_2$。Ca/P 原子比为 1.76，受制备过程的影响，其真正的组成十分复杂，但人工制备 HA 成分相对生物 HA 较为单一。HA 晶体属于 $L6PC$ 对称型和 $P63/m$ 空间群，其结构为六方晶系，如图 10.8 所示，晶格参数 $a=b=0.938\sim0.943$nm，$c=0.686\sim0.688$nm。HA 在（0001）面上的投影如图 10.9 所示，结构中 10 个 Ca^{2+} 占据两种位置，其中 6 个 Ca^{2+} 在 $z=1/4$ 和 $z=3/4$ 的位置各三个［Ca（Ⅰ）］，它们分布于 6 个 PO_4^{3-} 四面体之间，Ca^{2+} 位于 O 组成的三配位体中心，且与这 6 个 PO_4^{3-} 四面体当中的 9 个角顶上的氧离子相连，这种 Ca^{2+} 的配位数为 9，这样的连接结果是在整个晶体结构中形成了平行于 c 轴的较大通道；附加阴离子 OH^- 则与上下两层的 6 个 Ca^{2+} 组成配位八面体，其余 4 个 Ca^{2+} 则位于 $z=0$ 和 $z=1/2$ 的位置各两个［Ca（Ⅱ）］，这种钙离子的配位数为 7。PO_4^{3-} 四面体形成了 HA 的骨架结构，使 HA 具有很好的稳定性。

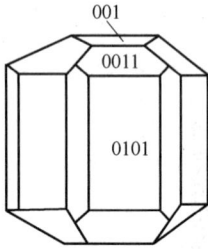

图 10.8　羟基磷灰石的晶型

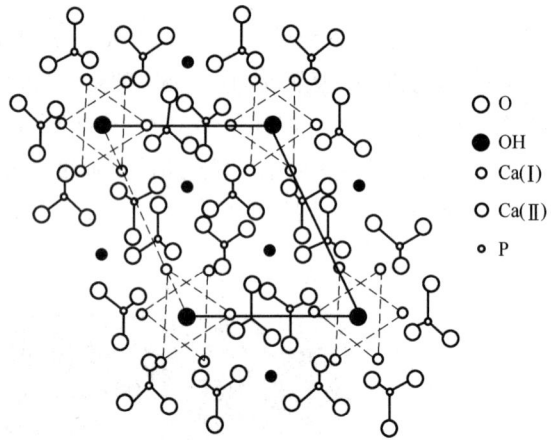

图 10.9　羟基磷灰石结构在（0001）面上的投影

HA 主要存在两种吸附位置，当 OH^- 位于晶体表面时，OH^- 与两个钙离子［Ca（Ⅰ）］连接，HA 溶于水，表面的 OH^- 在某一瞬间空缺，两个带正电的 Ca（Ⅰ）形成一个吸附位置，可以吸附 PO_4^{3-}、大分子上的磷酸根基团或者羟基基团；当 Ca^{2+} 位于晶体表面时，由于 Ca（Ⅱ）与 6 个带负电的 O 原子相连，Ca（Ⅰ）与 3 个带负电的 O 原子相连，HA 溶于水时，表面的 Ca（Ⅱ）位置具有较强的吸附能力，可以吸附 Sr^{3+}、K^+ 等阳离子及蛋白质分子的基团，而在 Ca（Ⅰ）位置则形成较弱的吸附位置；PO_4^{3-} 位于晶体的表面时，H_2O 通过氢键与 PO_4^{3-} 离子结合。

羟基磷灰石的晶体结构决定了其理化性质，组成 HA 的离子紧密排列，因此其理论密度较大，为 3.156g/cm^3，摩尔质量为 1004.64g/mol；溶度积 K_{sp} 为 $10^{-67.5}$ 或 3.16×10^{-68}，折射率为 1.64~1.65，莫氏硬度为 5，热膨胀系数为 13.3×10^{-6}K，孔隙率小于 4% 时弹性模量为 75~103GPa，孔隙率为 20%时的弹性模量为 42~44GPa。

HA 具有与人体骨无机质相似的化学成分和晶体结构，且对人体无毒、无害、无致癌作用，可以和自然骨通过体内的生物化学反应形成牢固的骨性结合，被认为是最有前途的人工骨置换材料。20 世纪 70 年代初，日本的青木秀希和美国的 Jarcho 成功地合成了人工羟基磷灰石，之后随着各国科学家不断深入，合成出了各种符合实际需求的纯羟基磷灰石材料，并逐步应用于临床，但 HA 的脆性大、抗弯强度和断裂韧性指标均低于人体致密骨且在生理环境中的疲劳强度较差，限制了其单独在人体负重部位的使用，只能作为承载较小或非承载的植入体。因此羟基磷灰石复合材料应运而生，目前主要有以下几种：

① 羟基磷灰石复合材料，主要有 CaO、TCP 等生物活性陶瓷和 ZrO_2、Al_2O_3 等。

② 羟基磷灰石/有机物复合材料，常用聚乙烯、聚甲基丙烯酸甲酯和胶原。

③ 羟基磷灰石/金属复合材料，将医用金属植入材料与羟基磷灰石相结合，采用不同表面改性的方式，制备 HA 涂层（图 10.10）。

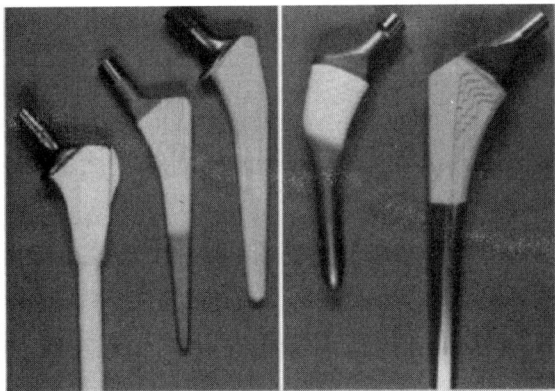

图 10.10　涂覆 HA 涂层的股骨柄

10.3　医用高分子材料

10.3.1　医用高分子材料的概念及发展简史

生命科学是 21 世纪备受关注的新兴学科。而与人类健康息息相关的医学在生命科学中占有相当重要的地位。生物医用材料是生物医学的分支之一，是由生物、医学、化学和材料等学科交叉形成的边缘学科。而医用高分子材料则是生物医用材料中的重要组成部分，主要用于人工器官、外科修复、理疗康复、诊断检查、患病治疗等医疗领域。

众所周知，生物体是有机高分子存在的最基本形式，有机高分子是生命的基础。动物体与植物体组成中最重要的物质——蛋白质、纤维素、淀粉、生物酶和果胶等都是高分子化合物。因此，可以说，生物界是天然高分子的产地。高分子化合物在生物界的普遍存在，决定了它们在医学领域中的特殊地位。在各种材料中，高分子材料的分子结构、化学组成和理化性质与生物体组织最为接近，因此最有可能用作医用材料。

医用高分子材料发展的动力来自医学领域的客观需求。当人体器官因疾病或外伤受到损坏时，需要器官移植。然而，只有在很少情况下，人体自身的器官（如少量皮肤）可以满足需要。采用同种异体移植或异种移植，往往具有排斥反应，严重时导致移植失败。在此情况下，人们自然设想利用其他材料修复或替代受损器官或组织。早在公元前3500年，埃及人就用棉花纤维、马鬃缝合伤口。公元前500年的中国和埃及墓葬中发现假牙、假鼻、假耳。进入20世纪，高分子科学迅速发展，新的合成高分子材料不断出现，为医学领域提供了更多的选择。1936年发明了有机玻璃，有机玻璃很快就用于制作假牙和补牙，至今仍在使用。1943年，硝酸纤维素塑料（赛璐珞）薄膜开始用于血液透析。1949年，美国首先发表了医用高分子的展望性论文。在文章中，第一次介绍了利用PMMA作为人的头盖骨、关节和股骨，利用聚酰胺纤维作为手术缝合线的临床应用情况。20世纪50年代，有机硅聚合物被用于医学领域，使人工器官的应用范围大大扩大，包括器官替代和整容等许多方面。此后，一大批人工器官如人工尿道（1950年）、人工血管（1951年）、人工食道（1951年）、人工心脏瓣膜（1952年）、人工心肺（1953年）、人工关节（1954年）、人工肝（1958年）等试用于临床。60年代以前，医用高分子材料的选用主要是根据特定需求，从已有的材料中筛选出合适的材料加以应用。由于这些材料不是专门为生物医学目的设计和合成的，在应用中发现了许多问题，如凝血问题、炎症反应、组织病变问题、补体激活与免疫反应问题等。人们由此意识到必须针对医学应用的特殊需要，设计合成专用的医用高分子材料。美国国立心肺血液研究所在这方面做了开创性的工作，他们发展了血液相容性高分子材料，以用于与血液接触的人工器官制造，如人工心脏等。从70年代始，高分子材料领域的科学家和医学家积极开展合作研究，使医用高分子材料快速发展起来。自80年代以来，发达国家的医用高分子材料产业化速度加快，基本形成了一个崭新的生物材料产业。目前用高分子材料制成的人工器官中，比较成功的有人工血管、人工食道、人工尿道、人工心脏瓣膜、人工关节、人工骨等。但还需不断完善的有人工肾、人工心脏、人工肺、人工胰脏、人工眼球等。另外，一些功能较为复杂的器官，如人工肝脏、人工胃、人造子宫等，则正处于大力研究开发之中。

医用高分子材料研发过程中遇到的一个巨大难题是材料的抗血栓问题。当材料用于人工器官植入体内时，必然要与血液接触。由于人体的自然保护性反应将产生排异现象，其中之一即为在材料与肌体接触表面产生凝血，即血栓，结果将造成手术失败，严重的还会引起生命危险。高分子材料的抗血栓性研制是医用高分子研究中的关键问题，至今尚未完全突破，将是今后医用高分子材料研究中的首要问题。

10.3.2　医用高分子材料的分类

目前医用高分子材料按来源、应用目的等可以分为多种类型。各种医用高分子材料的名称也不统一。日本医用高分子专家樱井靖久将医用高分子材料分为如下五大类。

（1）与生物体组织不直接接触的材料

这类材料用于制造虽在医疗卫生部门使用，但不直接与生物体组织接触的医疗器械和用品，如药剂容器、血浆袋、输血输液用具、注射器等。

（2）与皮肤、黏膜接触的材料

用这类材料制造的医疗器械和用品，需与人体肌肤与黏膜接触，但不与人体内部组织、血液、体液接触，因此要求无毒、无刺激，有一定的机械强度。用这类材料制造的物品如手术用手套、诊疗用品（气管插管，洗眼用具，耳镜，压舌片，灌肠用具，肠、胃、食管窥镜导管和探头，肛门镜，导尿管等）、绷带等。人体整容修复材料，例如假肢、假耳、假眼、假鼻等，也都可归入这一类中。

（3）与人体组织短期接触的材料

这类材料大多用来制造在手术中暂时使用或暂时替代病变器官的人工脏器，如人工血管、人工心脏、人工肺、人工肾脏渗析膜、人造皮肤等。这类材料在使用中需与肌体组织或血液接触，故一般要求有较好的生物体适应性和抗血栓性。

（4）长期植入体内的材料

用这类材料制造的人工脏器或医疗器具，一经植入人体内，将伴随人的终生，不再取出。因此要求有非常优异的生物体适应性和抗血栓性，并有较高的机械强度和稳定的化学、物理性质。用这类材料制备的人工脏器包括脑积水症髓液引流管、人工血管、人工瓣膜、人工气管、人工尿道、人工骨骼、人工关节、手术缝合线、组织黏合剂等。

（5）药用高分子材料

这类高分子包括大分子化药物和药物高分子。前者是指将传统的小分子药物大分子化，如聚青霉素；后者则指本身就有药理功能的高分子，如阴离子聚合物型的干扰素诱发剂。

医用高分子材料的分类方法，除上述方法外，还有以下一些常用的分类方法。

（1）按材料的来源分类

① 天然医用高分子材料：如胶原、明胶、丝蛋白、角质蛋白、纤维素、多糖、甲壳素及其衍生物等。

② 人工合成医用高分子材料：如聚氨酯、硅橡胶、聚酯等。

③ 天然生物组织与器官：取自患者自体的组织，例如采用自身隐静脉作为冠状动脉搭桥术的血管替代物；取自其他人的同种异体组织，例如利用他人角膜治疗患者的角膜疾病；来自其他动物的异种同类组织，例如采用猪的心脏瓣膜代替人的心脏瓣膜，治疗心脏病等。

（2）按材料与活体组织的相互作用关系分类

① 生物惰性高分子材料：在体内不降解、不变性、不会引起长期组织反应的高分子材料，适合长期植入体内。

② 生物活性高分子材料：指植入生物体内能与周围组织发生相互作用，促进肌体组织、

细胞等生长的材料。

③ 生物吸收高分子材料：这类材料又称生物降解高分子材料。这类材料在体内逐渐降解，其降解产物能被肌体吸收代谢，或通过排泄系统排出体外，对人体健康没有影响，如用聚乳酸制成的体内手术缝合线、体内黏合剂等。

10.3.3　医用高分子材料的基本要求

医用高分子材料是一类特殊用途的材料。它们在使用过程中，常需与生物肌体、血液、体液等接触，有些还需长期植入体内。由于医用高分子与人们的健康密切相关，因此对进入临床使用阶段的医用高分子材料具有严格的要求，要求其有十分优良的特性。归纳起来，具备了以下七个方面性能的材料，可以考虑用作医用材料。

（1）化学惰性，不会与体液接触发生反应

人体环境对高分子材料主要有以下一些影响：①体液引起聚合物的降解、交联和相变化；②体内的自由基引起材料的氧化降解反应；③生物酶引起的聚合物分解反应；④在体液作用下材料中添加剂的溶出；⑤血液、体液中的类脂质、类固醇及脂肪等物质渗入高分子材料，使材料增塑，强度下降。但对医用高分子材料来说，在某些情况下，"老化"并不一定是贬义的，有时甚至还有积极的意义。如作为医用黏合剂用于组织黏合，或作为医用手术缝合线时，在发挥了相应的效用后，反倒不希望它们有太好的化学稳定性，而是希望它们尽快地被组织分解、吸收或迅速排出体外。在这种情况下，对材料的附加要求是在分解过程中，不产生对人体有害的副产物。

（2）不会引起人体组织炎症或异物反应

有些高分子材料本身对人体有害，不能用作医用材料。而有些高分子材料本身对人体组织无不良影响，但在合成、加工过程中不可避免地会残留一些单体，或使用一些添加剂。当材料植入人体以后，这些单体和添加剂会慢慢从内部迁移到表面，从而对周围组织发生作用，引起炎症或组织畸变，严重的可引起全身性反应。

（3）不会致癌

现代医学理论认为，人体致癌的原因是正常细胞发生了变异。当这些变异细胞以极其迅速的速度增长并扩散时，就形成了癌。而引起细胞变异的原因是多方面的，有化学因素、物理因素，也有病毒的原因。当医用高分子材料植入人体后，高分子材料本身的性质，如化学组成、交联度、分子量及其分布、分子链构象、聚集态结构、高分子材料中所含的杂质、残留单体、添加剂都可能与致癌因素有关。但研究表明，排除小分子渗出物的影响，与其他材料相比，高分子材料本身并没有更大的致癌可能性。

（4）良好的血液相容性

当高分子材料用于人工脏器植入人体后，必然要长时间与体内的血液接触。因此，医用

高分子材料与血液的相容性是所有性能中最重要的。高分子材料的血液相容性问题是一个十分活跃的研究课题,但至今尚未制得一种能完全抗血栓的高分子材料。这一问题的彻底解决,还需各国科学家共同努力。

（5）长期植入体内不会减小机械强度

许多人工脏器一旦植入体内,将长期存留,有些甚至伴随人的一生。因此,要求植入体内的高分子材料在极其复杂的人体环境中,不会很快失去原有的机械强度。事实上,在长期的使用过程中,高分子材料受到各种因素的影响,其性能不可能永远保持不变。我们仅希望材料变化尽可能少一些,或者说材料寿命尽可能长一些。

一般来说,化学稳定性好的、不含易降解基团的高分子材料,机械稳定性也比较好。如聚酰胺的酰胺基团在酸性和碱性条件下都易降解,因此,用作人体各部件时,均会在短期内损失其机械强度,故一般不适宜选作植入材料。而聚四氟乙烯的化学稳定性较好,其在生物体内的稳定性也较好。

（6）能经受必要的清洁消毒措施而不产生变性

高分子材料在植入体内之前,都要经过严格的灭菌消毒。目前灭菌处理一般有三种方法:蒸汽灭菌、化学灭菌、γ射线灭菌。国内大多采用前两种方法。因此在选择材料时,要考虑能否耐受得了灭菌处理。

（7）易于加工成需要的复杂形状

人工脏器往往形状复杂,因此,用于人工脏器的高分子材料应具有优良的成型性能。否则,即使材料的其他各项性能都满足医用高分子材料的要求,却无法加工成所需的形状,则材料仍然是无法作为医用材料应用的。此外,还要防止在医用高分子材料生产、加工工程中引入对人体有害的物质(应严格控制原料的纯度;加工助剂必须符合医用标准;生产环境应当具有适宜的洁净级别,符合国家有关标准)。

10.3.4 医用高分子材料举例

（1）胶原

胶原是人体组织中最基本的蛋白质类物质,至今已经鉴别出13种胶原,其中I~III、V和XI型胶原为成纤维胶原。I型胶原在动物体内含量最多,已被广泛应用于生物医用材料和生化试剂。牛和猪的肌腱、生皮、骨骼是生产胶原的主要原料。由各种物种和肌体组织制备的胶原差异很小,最基本的胶原结构是由三条分子量大约为1×10^5的肽链组成的三股螺旋绳状结构,直径为1~1.5nm,长约300nm,每条肽链都具有左旋二级结构。

胶原分子的两端存在两个小的短链肽,称为端肽,不参与三股螺旋绳状结构。研究证明,端肽是免疫原性识别点,可通过酶解将其除去。除去端肽的胶原称为不全胶原,可用作生物医学材料。胶原可以用于制造止血海绵、创伤敷料、人工皮肤、手术缝合线、组织工程基质等。胶原在应用时必须交联,以控制其物理性质和生物可吸收性。戊二醛和环氧化合物是常用的交联剂。残留的戊二醛会引起生理毒性反应，因此必须注意使交联剂反应完全。胶原交联以后，酶降解速度显著下降。

（2）明胶

明胶是经高温加热变性的胶原，通常由动物的骨骼或皮肤经过蒸煮、过滤、蒸发干燥后获得。明胶在冷水中溶胀而不溶解，但可溶于热水中形成黏稠溶液，冷却后冻成凝胶状态。纯化的医用级明胶比胶原成本低，在机械强度要求较低时可以替代胶原用于生物医学领域。

明胶可以制成多种医用制品，如膜、管等。由于明胶溶于热水，在 60~80℃水浴中可以制备浓度为 5%~20%的溶液，如果要得到 25%~35%的浓溶液，则需要加热至 90~100℃。为了使制品具有适当的力学性能，可加入甘油或山梨糖醇作为增塑剂。用戊二醛和环氧化合物作交联剂可以延长降解吸收时间。

（3）纤维蛋白

纤维蛋白是纤维蛋白原的聚合产物。纤维蛋白原是一种血浆蛋白质，存在于动物体的血液中。人和牛的纤维蛋白原分子量在 330000~340000 之间，二者之间的氨基酸组成差别很小。纤维蛋白原由三对肽链构成，每条肽链的分子量在 47000~63500 之间。除了氨基酸之外，纤维蛋白原还含有糖基，其在人体内的主要功能是参与凝血过程。

纤维蛋白具有良好的生物相容性，具有止血、促进组织愈合等功能，在医学领域有着重要用途。纤维蛋白的降解包括酶降解和细胞吞噬两个过程，降解产物可以被肌体完全吸收，降解速度随产品不同从几天到几个月不等，交联和改变其聚集状态是控制其降解速度的重要手段。

（4）甲壳素与壳聚糖

甲壳素是由 β-(1,4)-2-乙酰氨基-2-脱氧-D-葡萄糖(N-乙酰-D-葡萄糖胺)组成的线性多糖。昆虫壳皮、虾蟹壳中均含有丰富的甲壳素。壳聚糖为甲壳素的脱乙酰衍生物，由甲壳素在 40%~50%浓度的氢氧化钠水溶液中 110~120℃下水解 2~4h 得到。甲壳素在甲磺酸、甲酸、六氟丙醇、六氟丙酮以及含有 5%氯化锂的二甲基乙酰胺中是可溶的，壳聚糖能在有机酸如甲酸和乙酸的稀溶液中溶解。利用溶解的甲壳素或壳聚糖，可以制备膜、纤维和凝胶等各种生物制品。

甲壳素能为肌体组织中的溶菌酶所分解，已用于制造吸收型手术缝合线。其抗拉强度优于其他类型的手术缝合线。在兔体内试验观察，甲壳素手术缝合线 4 个月可以完全吸收。甲壳素还具有促进伤口愈合的功能，可用作伤口包扎材料。当甲壳素膜用于覆盖外伤或新鲜烧伤的皮肤创伤面时，具有减轻疼痛和促进表皮形成的作用，因此是一种良好的人造皮肤材料。

（5）聚 α-羟基酸酯及其改性产物

聚酯主链上的酯键在酸性或者碱性条件下均容易水解，产物为相应的单体或短链段，且可参与生物组织的代谢。聚酯的降解速度可通过聚合单体的选择调节，例如随着单体中碳/氧比增加，聚酯的疏水性增大，酯键的水解性降低。

脂肪族聚酯有通过混缩聚和均缩聚制备的两类产品。在混缩聚聚酯中，由含 4~6 个碳原子的单体合成的聚酯在生物体系环境中可以水解。例如由己二酸和乙二醇缩聚制备的聚己二酸乙二醇酯，当其分子量小于 20000 时，有可能发生酶催化水解。但若分子量大于 20000，则酶催化水解较困难，水解速度变得非常缓慢。此外，混缩聚聚酯的内聚能较低、结晶性差，难以制备高强度材料。

由 2~5 个碳原子的 ω-羟基酸聚合得到的均缩聚聚酯能够以较快的速度水解，与人体组织的愈合速度相近。同时，这些聚酯结晶性高，具有较高的强度和模量，因此，适合于加工成不同的形状，以满足不同的医用目的。单组分聚酯中最典型的代表是聚 α-羟基酸及其衍生物。乙醇酸和乳酸是典型的 α-羟基酸，其缩聚产物为聚 α-羟基酸酯，即聚乙醇酸（PGA）和聚乳酸（PLA）（图 10.11）。乳酸中的 α-碳是不对称的，因此有 D-乳酸和 L-乳酸两种旋光异构体。由单纯的 D-乳酸或 L-乳酸制备的聚乳酸是旋光活性的，分别称为聚 D-乳酸（PDLA）和聚 L-乳酸（PLLA）。

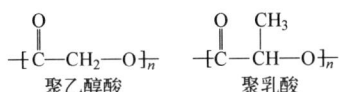

图 10.11　分子结构

由两种异构体乳酸的混合物消旋乳酸制备的聚乳酸，无旋光活性。PDLA 和 PLLA 的物理化学性质基本上相同，而 PLA 的性质与两种旋光活性聚乳酸有很大差别。在自然界存在的乳酸都是 L 乳酸，故用其制备的 PLLA 的生物相容性最好。

（6）聚醚酯及其相似聚合物

PGA 和 PLLA 为高结晶性高分子，质地较脆而柔顺性不足。因此人们设计开发了一类具有较好柔顺性生物吸收性高分子——聚醚酯，以弥补 PGA 和 PLLA 的不足。聚醚酯可通过含醚键的内酯为单体通过开环聚合得到。如由二氧六环开环聚合制备的聚二氧六环可用作单纤维手术缝合线。

将乙交酯或丙交酯与聚醚二醇共聚，可得到聚醚聚酯嵌段共聚物。例如由乙交酯或丙交酯与聚乙二醇或聚丙二醇共聚，可得到聚乙醇酸-聚醚嵌段共聚物和聚乳酸-聚醚嵌段共聚物。在这些共聚物中，硬段和软段是相分离的，结果其力学性能和亲水性均得以改善。据报道，由 PGA 和聚乙二醇组成的低聚物可用作骨形成基体。

10.3.5　医用高分子材料的应用

（1）人造皮肤材料

治疗大面积皮肤创伤的病人，需要将病人的正常皮肤移植到创伤部位上。但在移植之前，创伤面需要清洗，被移植皮肤需要养护，因此需要一定时间。在这段时间内，许多病人由于体液的大量损耗以及蛋白质与盐分的丢失而丧失生命。因此，人们用高亲水性的高分子材料作为人造皮肤，暂时覆盖在深度创伤的创面上，以减少体液的损耗和盐分的丢失，从而达到保护创面的目的。

聚乙烯醇微孔薄膜和硅橡胶多孔海绵是制作人造皮肤的两种重要材料。这两种人造皮肤使用简便，抗排异性好，移植成活率高，已应用于临床。高吸水性树脂用于制作人造皮肤方面的研究，亦已取得很多成果。此外，聚氨基酸、骨胶原、角蛋白衍生物等天然改性聚合物也都是人造皮肤的良好材料。

据报道，日本市场上近年出现一种人造皮肤，对严重烧伤的患者治疗效果显著。这种人造皮肤的原料是甲壳质材料，甲壳质材料从螃蟹壳、虾壳等物质中萃取出来，经过抽制成丝，再进行编织，其具有生理活性，可代替正常皮肤进行移植，因此可减少患者再次取皮的痛苦。临床试验表明，这种皮肤的移植成活率达90%以上。

（2）医用黏合剂

黏合剂作为高分子材料中的一大类别，近年来已扩展到医疗卫生部门，并且其适用范围正随着黏合剂性能的提高、使用趋于简便而不断扩大。医用黏合剂在医学临床中有十分重要的作用。医用黏合剂在外科手术中用于某些器官和组织的局部黏合和修补；手术后制止缝合处微血管渗血；骨科手术中用于骨骼、关节的结合与定位；齿科手术中用于牙齿的修补等。

从医用黏合剂的使用对象和性能要求来区分，可分成两大类：一类是齿科用黏合剂，另一类则是外科用（或体内用）黏合剂。由于口腔环境与体内环境完全不同，对黏合剂的要求也不相同。此外，齿科黏合剂用于修补牙齿，通常需要长期保留，因此，要求具有优良的耐久性能。而外科用黏合剂在用于黏合手术创伤后，一旦组织愈合，其作用亦告结束，此时要求其能迅速分解，并排出体外或被人体所吸收。

（3）血液相容性材料与人工心脏

许多医用高分子在应用中需长期与肌体接触，必须有良好的生物相容性，其中血液相容性是最重要的性能。人工心脏、人工肾脏、人工肝脏、人工血管等脏器和部件长期与血液接触，因此要求材料必须具有优良的抗血栓性能。

近年来，在对高分子材料抗血栓性能研究中，发现具有微相分离结构的聚合物往往具有优良的血液相容性，因而引起人们极大的兴趣。例如在聚苯乙烯、聚甲基丙烯酸甲酯的结构中接枝上亲水性的甲基丙烯酸-β-羟乙酯，当接枝共聚物的微区尺寸在20~30nm范围内时，就有优良的抗血栓性。在微相分离高分子材料中，国内外研究得最活跃的是聚醚型聚氨酯，或称聚醚氨酯。聚醚氨酯是一类线型多嵌段共聚物，宏观上表现为热塑性弹性体，具有优良的生物相容性和力学性能，因而引起人们广泛的重视。

习题

1. 什么是生物医用材料？
2. 生物相容性包含哪几个方面？

3. 生物医用材料设计方法除了依据一般材料的设计原则，还应考虑哪几个方面？

4. 植入用新型合金材料的开发一般应遵从哪些原则？

5. 生物医用无机材料的基本条件与要求有哪些？

6. 生物活性玻璃陶瓷作为一种人工骨植入材料，要求它具有哪些性能？

7. 天然和合成高分子材料各有哪些优缺点？

8. 高分子材料对组织生物学反应的哪些方面有影响？

参考文献

［1］ 马玲玲. Nd-Ca-Si 基多功能生物活性材料的制备及性能研究［D］. 上海：中国科学院大学（中国科学院上海硅酸盐研究所），2021.

［2］ 许晴. 生物活性陶瓷复合材料制备及其抗菌和再生修复研究［D］. 上海：中国科学院大学（中国科学院上海硅酸盐研究所），2021.

［3］ 沈健. 生物医用高分子材料的研制及其基础研究［D］. 南京：南京理工大学，2005.

［4］ 陈光. 新材料概论［M］. 北京：国防工业出版社，2013.

［5］ 郑子樵. 新材料概论［M］. 2 版. 长沙：中南大学出版社，2013.

［6］ 赵长生. 生物医用高分子材料［M］. 北京：化学工业出版社，2009.

［7］ Buddy D Ratner，Allan S Hoffman，等. 生物材料科学医用材料导论［M］. 2 版. 北京：清华大学出版社，2006.

［8］ 李世普. 生物医用材料导论［M］. 武汉：武汉工业大学出版社，2000.

［9］ 谈国强，苗鸿雁，宁青菊. 生物陶瓷材料［M］. 北京：化学工业出版社，2006.

［10］ 阮建明，邹检鹏，黄伯云. 生物材料学［M］. 北京：科学出版社，2004.

［11］ 冯庆玲. 生物材料概论［M］. 北京：清华大学出版社，2009.